"十二五"普通高等教育本科国家级规划教材

水处理工程实验技术

（第 2 版）

张学洪　梁延鹏　朱宗强　主编

北　京

冶 金 工 业 出 版 社

2024

内 容 提 要

本实验教材是在作者多年从事水处理工程技术研究和实验教学经验总结的基础上编写而成。在内容安排上，根据目前高校环境类学科本科专业知识体系重新整合以及专业调整的要求，把本学科专业实验内容重新整合为专业实验基础理论、水处理技术基础实验和水处理工程技术实验三部分。实验基础理论包括误差理论、实验数据的处理和实验设计等内容；水处理技术基础实验包括水力学（流体力学）实验、水泵与水泵站实验及水处理微生物实验；水处理工程技术实验包括混凝、沉淀、软化、生物处理技术等实验技术。

本实验教材可作为大专院校的环境工程、环境科学、给排水科学与工程、水文与水资源工程等专业的本科生、研究生实验教学用书，也可供有关工程技术人员参考。

图书在版编目（CIP）数据

水处理工程实验技术/张学洪，梁延鹏，朱宗强主编. —2 版. —北京：冶金工业出版社，2016.8（2024.8 重印）

"十二五"普通高等教育本科国家级规划教材

ISBN 978-7-5024-7218-4

Ⅰ.①水…　Ⅱ.①张…　②梁…　③朱…　Ⅲ.①水处理—实验—高等学校—教材　Ⅳ.①TU991.2-33

中国版本图书馆 CIP 数据核字（2016）第 071855 号

水处理工程实验技术（第 2 版）

出版发行	冶金工业出版社	**电　　话**	(010)64027926
地　　址	北京市东城区嵩祝院北巷 39 号	**邮　　编**	100009
网　　址	www.mip1953.com	**电子信箱**	service@mip1953.com

责任编辑　曾　媛　谢冠伦　**美术编辑**　吕欣童　**版式设计**　吕欣童
责任校对　石　静　**责任印制**　禹　蕊
北京捷迅佳彩印刷有限公司印刷
2008 年 9 月第 1 版，2016 年 8 月第 2 版，2024 年 8 月第 3 次印刷
787mm×1092mm　1/16；21.25 印张；510 千字；325 页
定价 39.00 元

投稿电话　(010)64027932　投稿信箱　tougao@cnmip.com.cn
营销中心电话　(010)64044283
冶金工业出版社天猫旗舰店　yjgycbs.tmall.com
（本书如有印装质量问题，本社营销中心负责退换）

第 2 版前言

《水处理工程实验技术》第 2 版是在第 1 版的基础上，根据高等院校环境学科本科专业知识体系和实践教学基本要求，以及作者多年来积累的教学经验，经过不断修改和完善编写而成，基本能满足当前环境学科专业实践技能训练要求。

全书共 12 章，分为四个部分：第一篇包括第 1~3 章，主要介绍误差理论、实验数据的处理和实验设计等实验基础理论内容；第二篇包括第 4~5 章，主要介绍流体力学、水泵与水泵站等水处理工程相关基础实验；第三篇包括第 6~9 章，主要介绍水处理中微生物的基本研究方法和相关的实验技术；第四篇包括第 10~12 章，主要讲解水质分析基础实验和水处理工程技术实验。

本书第 1 版主编之一张力老师因已退休，故未参加本次修订。本次修订由张学洪、梁延鹏、朱宗强主编，曾鸿鹄、李艳红、梁美娜、宋晓红、张萍、宋颖、黄月群、唐沈和张立浩参与编写。具体分工为：张学洪、朱宗强、梁美娜编写绪论和第一篇，梁延鹏、黄月群、曾鸿鹄编写第二篇和附录，李艳红、宋晓红、张立浩编写第三篇，张萍、梁美娜、宋颖、朱宗强、唐沈编写第四篇。

参考文献除所列主要书目外，尚有部分论文不能一一列出，在此一并致谢。

本实验教材于 2012 年入选第一批"十二五"普通高等教育本科国家级规划教材。

本实验教材的再版得到了广西环境污染控制理论与技术实验室、区域性行业废水治理与用水安全保障广西高校高水平创新团队、广西优势特色重点学科环境科学与工程、广西重点学科市政工程建设经费和桂林理工大学教材建设基金资助，在此表示感谢。

由于编者水平所限，书中不妥之处，敬请读者批评指正。

编　者
2016 年 2 月

第 1 版前言

"水处理工程实验技术"是高等院校环境工程、环境科学、给水排水工程等专业的一门重要必修课程，是培养学生实验研究能力和动手能力的重要手段。通过本课程的学习，可加深学生对水处理工程实验基本理论的理解，培养学生科学地设计和组织水处理工程实验方案的初步能力，培养学生进行水处理工程实验的一般技能以及使用实验仪器、设备和测试工具的基本能力；训练学生分析与处理实验数据的基本技能。

本实验教材是在作者多年从事水处理工程技术研究和实验教学经验总结的基础上，根据目前高校环境类学科本科专业知识体系重新整合以及专业调整的要求，把本学科专业实验内容重新整合为专业实验基础理论、水处理技术基础实验和水处理工程技术实验三部分。实验基础理论包括误差理论、实验数据处理与分析和实验设计等内容；水处理技术基础实验包括流体力学实验、水泵与水泵站实验及水处理微生物实验；水处理工程技术实验包括水样的采集与保存方法、水质分析基础实验和水质工程学实验。本书在编排上尽量做到由浅入深，在实验项目设计上具有较强的完整性、实用性、独立性、系统性、正确性和科学性。

本实验教材内容涵盖了环境类学科本科专业主导专业基础课和专业课的全部必做实验，并推荐了许多选做实验。本书主要面向高等院校本科教学，可作为环境工程、环境科学、给水排水工程、水文与水资源工程及相关专业的教学用书，也可供从事上述专业的工程技术人员参考。在应用时，各院校可根据自身办学特点、培养目标与要求和学时设计，对实验项目、内容酌情选择与组合，予以不同要求。

本实验教材的绪论和第一篇由张学洪、张力编写，第二篇和附录由梁延鹏、黄月群、曾鸿鹄编写，第三篇由李艳红和陆燕勤编写，第四篇由梁美娜、李艳红、张力、张萍编写。全书由曾鸿鹄负责统稿，由张学洪、张力、梁延鹏主编。本书在编写过程中，得到了桂林工学院及该院资源与环境工程系老师的大力支持和帮助；同时在编写本书的过程中，参考了大量文献资料，引用了其中部分内容。在此，谨向这些文献的作者表示感谢。

本实验教材由国家精品课程建设项目"水污染控制工程"、广西环境工程与保护评价重点实验室、广西高校人才小高地环境工程创新团队和广西高校重点建设专业市政工程建设经费资助。本教材的出版还得到了桂林工学院教材建设基金资助。

由于作者水平所限，书中有不妥之处，敬请读者批评指正。

编　者
2008 年 1 月

目　录

第三篇 水处理微生物实验

第四篇　水处理技术实验

绪　　论

水处理工程实验技术是对环境类学科本科专业流体力学、水处理微生物学、水污染控制工程（或水质工程学）等专业主干理论课程中重要知识点和规律的实验诠释。

水处理工程实验技术突出基础性和综合性。通过基础性实验操作训练，使学生掌握基本的实验技能和简单的仪器、设备及测量工具的使用方法；同时通过对直观实验现象的观察、分析，使学生在感性认识的基础上对专业基础技术知识的基本概念与规律能更准确的理解并加以巩固。在此基础之上，再通过专业的综合性实验操作训练，贴近生产和工程实践应用，使学生掌握开展科学研究的最基本方法和步骤的实验技能，培养学生进行实验设计和实验成果整理的综合分析问题、解决问题的能力。

一、实验教学目的

实验教学是使学生理论联系实际，培养学生观察问题、分析问题和解决问题能力的一个重要手段。本课程的教学目的是：

（1）从专业基础技术入手，逐步深入专业理论学习，增强综合性，使学生逐步从感性认识提升到理性分析和认识。

（2）通过对实验现象的观察、分析，加深对水处理基本概念、现象、规律与基本理论的理解。

（3）通过基础性和综合性实验操作训练，使学生掌握一般水处理实验技能和仪器、设备的使用方法，具有一定的解决实验技术问题的能力，了解现代测量、分析测试技术。

（4）使学生了解如何进行实验方案的设计，以及如何科学地组织和实施实验方案。

（5）培养分析实验数据、整理实验成果和编写实验报告的能力。

（6）培养实事求是的科学作风和融洽合作的共事态度以及爱护国家财产的良好风尚。

二、实验教学模式

为了更好地实现教学目的，使学生学好本课程、掌握科学组织与实施实验的基本技能，在实验的教学过程中结合实验内容逐步介绍组织和实施科学实验的一般程序。

1. 拟定实验研究计划

（1）确定实验的目的与要求。

（2）分析前人做过的与本课题有关的理论和实验成果，以取得借鉴。

（3）确定必须测量的主要物理量，分析它们的变化范围与动态特性。

（4）确定实验过程中必须严格控制的影响因素。

（5）根据对实验准确度的要求，运用误差理论，确定对原始数据的测量准确度要求和测量次数。

（6）确定数据点（自变量间隔或因素水平值），进行实验设计，编制实验方案。

(7) 根据技术、精度、经济、时间和可靠性要求等方面，比较几种可能的方案，选择最适当的实验方案。

(8) 编制人员、物资、进度与分工等计划。

2. 实验的准备

(1) 设计和制造专用的测试仪器和实验装置。

(2) 选择和采购所需其他仪器设备。

(3) 安排与布置实验场地，储备实验过程中需要的实验耗材、试剂、药品和工具。

(4) 安装和连接测量系统，并进行调试和校准。

(5) 编印记录用表格。

(6) 对少量实验点进行试测，初步分析测得数据以考核测量系统的工作可靠性和试验方案的可行性，必要时可以作调整。

3. 实验的实施

(1) 按预定实验方案收集实验数据——应指定专门的记录人员，并使用专用的记录本；对实验过程中出现的过失或异常现象应做详细的记载并有现场负责人的签署。

(2) 确保互相协调工作和正确操作仪器；如有必要，应指定专职的安全员，保证技术安全，以及规定命令、应答制度。

(3) 根据实验进程中的具体情况，对原定实验计划作必要的调整，增删某些实验项目或内容，或推迟实验进程。

4. 整理与分析实验结果

(1) 整理测量结果，估算测量误差，做出必要和可能的修正。

(2) 将实验数据及结果制成表格或曲线。

(3) 根据实验的目的与要求对试验结果进行分析计算，得出所需的结论，例如与理论分析的比较、经验公式、特征参数和系数等。

5. 编写实验报告

实验报告一般应包括下列内容：

(1) 引言。扼要地介绍实验的来由、意义和整个工作的要求。

(2) 说明。论证本实验所采用的方案和技术路线，及其预期的评价。

(3) 扼要的实验结果，尽量列成表、图和公式；可将原始数据作为附录。

(4) 结论与讨论，包括与理论分析或前人工作的对比由此得出的结论，以及实验改进方向。

(5) 注释及参考文献。

三、实验教学要求

1. 课前预习

实验课前，学生必须认真预习实验教材，明确实验目的、内容、原理和方法；了解实验设备的基本构造、工作原理和使用方法；写出简明的预习提纲。

2. 实验设计

实验设计是实验研究的重要环节，是获得满意的实验结果的基本保障。在实验教学中，先在专业基础实验中讲授实验设计基础知识，然后在专业实验项目中进行设计训练，以达到使学生掌握实验设计方法的目的。

3. 实验操作

学生实验前应仔细检查实验设备、仪器仪表是否完整齐全。实验时要有指挥，有分工，做到有条不紊；要严格按照操作规程认真操作，仔细观察实验现象，精心测定实验数据并详细填写实验记录。实验结束后，要将使用过的仪器、设备、测量工具整理复位，将实验场地打扫、整理干净。

4. 实验数据处理

通过实验取得大量数据以后，必须对数据进行科学的整理分析，去伪存真、去粗取精，以得到正确可靠的结论。

5. 编写实验报告

将每个实验结果整理编写成一份实验报告，是实验教学必不可缺的组成部分。通过这一环节的训练可为今后写好科学论文或科研报告打下基础。实验报告要用正规的实验报告纸书写，卷面清洁，字迹清楚，内容一般包括：

（1）报告人的姓名、班级、同组人、实验日期。

（2）实验名称。

（3）简述实验目的、实验原理、实验装置和实验步骤等。

（4）测量、记录原始数据，列明所用公式，计算有关成果。

（5）列出计算结果表。

（6）对实验结果进行讨论分析，找出产生误差的原因，完成"实验分析与讨论"。

对于实验报告绘制曲线部分要用正规的坐标纸或用计算机成图，图中需表明：

（1）图的标题。

（2）图的横、纵坐标含义。

（3）图的有效数字位。

（4）图中各项含义。

第一篇

实验基础理论

第一章 误 差 理 论

精准性原则是科学实验必须遵守的基本原则之一。为了更好地满足精准性的要求，就需要用误差理论来指导实验研究工作。误差理论包括误差的概念和性质、仪器的选择、误差的处理和如何给出实验结果等内容。

实验的成果最初往往是以数据的形式表达，如果要得到更深入的结果，就必须对实验数据作进一步的整理工作。为了保证最终结果的准确性，应该首先对原始数据的可靠性进行客观的评定，也就是需对实验数据进行误差分析。

在实验过程中由于实验仪器精度的限制、实验方法的不完善、科研人员认识能力的不足和科学水平的限制等方面的原因，在实验中获得的实验值与它的客观真实值并不一致，这种矛盾在数值上表现为误差。可见，误差是与准确相反的一个概念，可以用误差来说明实验数据的准确程度。实验结果都具有误差，误差自始至终存在于一切科学实验过程中。随着科学水平的提高和人们经验、技巧、专门知识的丰富，误差可以被控制得越来越小，但是不能完全消除。

第一节 真值与平均值

一、真值

真值是指在某一时刻和某一状态下，某量的客观值或实际值。真值一般是未知的，但从相对的意义上来说，真值又是已知的。例如，平面三角形三内角之和恒为180°；同一非零值自身之差为零，自身之比为1；国家标准物质的标称值；国际上公认的计量值，如碳12的相对原子质量为12，绝对零度等于-273.15℃等；高精度仪器所测之值和多次实验值的平均值等。

二、平均值

在科学实验中，虽然实验误差在所难免，但平均值可综合反映实验值在一定条件下的一般水平，所以在科学实验中，经常将多次实验值的平均值作为真值的近似值。平均值的种类很多，在处理实验结果时常用的平均值有以下几种。

1. 算术平均值

算术平均值是最常用的一种平均值。设有 n 个实验值：x_1，x_2，$\cdots$，x_n，则它们的算术平均值为：

$$\overline{X} = \frac{x_1 + x_2 + \cdots + x_n}{n} = \frac{\sum\limits_{i=1}^{n} x_i}{n} \qquad (1\text{-}1)$$

式中，x_i 表示单个实验值，下同。

同样实验条件下，如果多次实验值服从正态分布，则算术平均值是这组等精度实验值中的最佳值或最可信赖值。

2. 加权平均值

如果某组实验值是用不同的方法获得的，或由不同的实验人员得到的，则这组数据中不同值的精度或可靠性不一致，为了突出可靠性高的数值，则可采用加权平均值。设有 n 个实验值：x_1，x_2，$\cdots$，x_n，则它们的加权平均值为：

$$\overline{x}_w = \frac{w_1 x_1 + w_2 x_2 + \cdots + w_n x_n}{w_1 + w_2 + \cdots + w_n} = \frac{\sum\limits_{i=1}^{n} w_i x_i}{\sum\limits_{i=1}^{n} w_i} \qquad (1\text{-}2)$$

式中，w_1，w_2，$\cdots$，w_n 代表单个实验值对应的权重。如果某值精度较高，则可给以较大的权重，加重它在平均值中的分量。例如，如果我们认为某一个数比另一个数可靠两倍，则两者的权重的比是 2∶1 或 1∶0.5。显然，加权平均值的可靠性在很大程度上取决于科研人员的经验。

实验值的权重是相对值，因此可以是整数，也可以是分数或小数。权重不是任意给定的，除了依据实验者的经验之外，还可以按如下方法给予：

（1）当实验次数很多时，可以将权重理解为实验值 x_i 在很大的测量总数中出现的频率 n_i/n。

（2）如果实验值是在同样的实验条件下获得的，但来源于不同的组，这时加权平均值计算式中 x_i 代表各组的平均值，而 w_i 代表每组实验次数，见例 1-1。若认为各组实验值的可靠程度与其出现的次数成正比，则加权平均值即为总算术平均值。

（3）根据权重与绝对误差的平方成反比来确定权重，见例 1-2。

例 1-1　在实验室称量某样品时，不同的人得 4 组称量结果如表 1-1 所示，如果认为各测量结果的可靠程度仅与测量次数成正比，试求其加权平均值。

表 1-1　例 1-1 数据表

组	测　量　值	平均值
1	100.357，100.343，100.351	100.350
2	100.360，100.348	100.354
3	100.350，100.344，100.336，100.340，100.345	100.343
4	100.339，100.350，100.340	100.343

解：由于各测量结果的可靠程度仅与测量次数成正比，所以每组实验平均值的权值即为对应的实验次数，即 $w_1 = 3$，$w_2 = 2$，$w_3 = 5$，$w_4 = 3$，所以加权平均值为：

$$\overline{x}_w = \frac{w_1 \overline{x}_1 + w_2 \overline{x}_2 + w_3 \overline{x}_3 + w_4 \overline{x}_4}{w_1 + w_2 + w_3 + w_4}$$

$$= \frac{100.350 \times 3 + 100.354 \times 2 + 100.343 \times 5 + 100.343 \times 3}{3 + 2 + 5 + 3}$$

$$= 100.346$$

例 1-2 在测定溶液 pH 值时，得到两组实验数据，其平均值为：$\overline{x}_1 = 8.5 \pm 0.1$；$\overline{x}_2 = 8.53 \pm 0.02$，试求它们的平均值。

解：

$$w_1 = \frac{1}{0.1^2} = 100, \qquad w_2 = \frac{1}{0.02^2} = 2500$$

$$w_1 : w_2 = 1 : 25$$

$$\overline{pH} = \frac{8.5 \times 1 + 8.53 \times 25}{1 + 25} = 8.53$$

3. 对数平均值

如果实验数据的分布曲线具有对数特性，则宜使用对数平均值。设有两个数值 x_1，x_2 都为正数，则它们的对数平均值为：

$$\overline{x}_L = \frac{x_1 - x_2}{\ln x_1 - \ln x_2} = \frac{x_1 - x_2}{\ln \frac{x_1}{x_2}} = \frac{x_2 - x_1}{\ln \frac{x_2}{x_1}} \tag{1-3}$$

注意：两数的对数平均值总小于或等于它们的算术平均值。如果 $\frac{1}{2} \leq \frac{x_1}{x_2} \leq 2$ 时，可用算术平均值代替对数平均值，而且误差不大（不大于 4.4%）。

4. 几何平均值

设有 n 个正实验值：x_1，x_2，$\cdots$，x_n，则它们的几何平均值为：

$$\overline{x}_G = \sqrt[n]{x_1 x_2 \cdots x_n} = (x_1 x_2 \cdots x_n)^{\frac{1}{n}} \tag{1-4}$$

等式两边同时取对数，得：

$$\lg \overline{x}_G = \frac{\sum_{i=1}^{n} \lg x_i}{n} \tag{1-5}$$

可见，当一组实验值取对数后所得数据的分布曲线更加对称时，宜采用几何平均值。一组实验值的几何平均值常小于它们的算术平均值。

5. 调和平均值

设有 n 个正实验值 x_1，x_2，$\cdots$，x_n，则它们的调和平均值为：

$$H = \frac{n}{\frac{1}{x_1} + \frac{1}{x_2} + \cdots + \frac{1}{x_n}} = \frac{n}{\sum_{i=1}^{n} \frac{1}{x_i}} \tag{1-6}$$

或

$$\frac{1}{H} = \frac{\frac{1}{x_1} + \frac{1}{x_2} + \cdots + \frac{1}{x_n}}{n} = \frac{\sum_{i=1}^{n} \frac{1}{x_i}}{n} \tag{1-7}$$

可见调和平均值是实验值倒数的算术平均值的倒数，它常用在涉及与一些量的倒数有关的场合。调和平均值一般小于对应的几何平均值和算术平均值。

综上所述，不同的平均值都有各自适用场合，选择哪种求平均值的方法取决于实验数据本身的特点，如分布类型、可靠性程度等。

第二节　误差的基本概念

一、绝对误差

实验值与真值之差称为绝对误差，即：

$$绝对误差 = 实验值 - 真值 \tag{1-8}$$

绝对误差反映了实验值偏离真值的大小，这个偏差可正可负。通常所说的误差一般是指绝对误差。如果用 x，x_t，Δx 分别表示实验值、真值和绝对误差，则有：

$$\Delta x = x - x_t \tag{1-9}$$

所以有：

$$x_t - x = \pm \Delta x \tag{1-10}$$

或

$$x_t - x = \pm |\Delta x| \tag{1-11}$$

由此可得：

$$x - |\Delta x| \leqslant x_t \leqslant x + |\Delta x| \tag{1-12}$$

由于真值一般是未知的，所以绝对误差也就无法准确计算出来。虽然绝对误差的准确值通常不能求出，但是可以根据具体情况，估计出它的大小范围。设 $|\Delta x|_{max}$ 为最大的绝对误差，则有：

$$|\Delta x| = |x - x_t| \leqslant |\Delta x|_{max} \tag{1-13}$$

这里 $|\Delta x|_{max}$ 又称为实验值 x 的绝对误差限或绝对误差上界。

由式（1-13）可得：

$$x - |\Delta x|_{max} \leqslant x_t \leqslant x + |\Delta x|_{max} \tag{1-14}$$

所以有时也可以用式（1-15）表示真值的范围：

$$x_t \approx x \pm |\Delta x|_{max} \tag{1-15}$$

在实验中，如果对某物理量只进行一次测量，常常可依据测量仪器上注明的精度等级，或仪器最小刻度作为单次测量误差的计算依据。一般可取最小刻度值作为最大绝对误差，而取其最小刻度的一半作为绝对误差的计算值。

例如，某压强表注明的精度为 1.5 级，则表明该表绝对误差为最大量程的 1.5%，若最大量程为 0.4MPa，该压强表绝对误差为：$0.4 \times 1.5\% = 0.006MPa$；又如某天平的最小刻度为 0.1mg，则表明该天平有把握的最小称量质量是 0.1mg，所以它的最大绝对误差为 0.1mg。可见，对于同一真值的多个测量值，可以通过比较绝对误差限的大小，来判断它们精度的大小。

根据绝对误差、绝对误差限的定义可知，它们都具有与实验值相同的单位。

二、相对误差

绝对误差虽然在一定条件下能反映实验值的准确程度，但还不全面。例如，两城市之间的距离为 200450m，若测量的绝对误差为 2m，则这次测量的准确度是很高的；但是 2m

的绝对误差对于人身高的测量而言是不能允许的。所以，为了判断实验值的准确性，还必须考虑实验值本身的大小，故引出了相对误差。

$$相对误差 = \frac{绝对误差}{真值} \qquad (1\text{-}16)$$

如果用 E_R 表示相对误差，则有：

$$E_R = \frac{\Delta x}{x_t} = \frac{x - x_t}{x_t} \qquad (1\text{-}17)$$

或者

$$E_R = \frac{\Delta x}{x_t} \times 100\% \qquad (1\text{-}18)$$

显而易见，一般 $|E_R|$ 小的实验值精度较高。

由式（1-18）可知，相对误差可以由绝对误差求出；反之，绝对误差也可由相对误差求得，其关系为：

$$\Delta x = E_R x_t \qquad (1\text{-}19)$$

所以有：

$$x_t = x \pm |\Delta x| = x\left(1 \pm \left|\frac{\Delta x}{x}\right|\right) \approx x\left(1 \pm \left|\frac{\Delta x}{x_t}\right|\right) = x(1 \pm |E_R|) \qquad (1\text{-}20)$$

由于 x_t 和 Δx 都不能准确求出，所以相对误差也不能准确求出，与绝对误差类似，也可以估计出相对误差的大小范围，即：

$$|E_R| = \left|\frac{\Delta x}{x_t}\right| \leqslant \left|\frac{\Delta x}{x_t}\right|_{\max} \qquad (1\text{-}21)$$

这里 $\left|\dfrac{\Delta x}{x_t}\right|_{\max}$ 称为实验值 x 的最大相对误差，或称为相对误差限和相对误差上界。在实际计算中，由于真值 x_t 是未知数，所以常常将绝对误差与实验值或平均值之比作为相对误差，即

$$E_R = \frac{\Delta x}{x} \quad 或 \quad E_R = \frac{\Delta x}{\bar{x}} \qquad (1\text{-}22)$$

相对误差和相对误差限是无因次的。为了适应不同的精度，相对误差常常表示为百分数（%）。

需要指出的是，在科学实验中，由于绝对误差和相对误差一般都无法知道，所以通常将最大绝对误差和最大相对误差分别看作是绝对误差和相对误差，在表示符号上也可以不加区分。

例 1-3 已知某样品质量的称量结果为 $(58.7 \pm 0.2)\,g$，求其相对误差。

解：依题意，称量的绝对误差为 0.2g，所以相对误差为：

$$E_R = \frac{\Delta x}{x} = \frac{0.2}{58.7} = 3 \times 10^{-3} \quad 或 \quad 0.3\%$$

例 1-4 已知由实验测得水在 20℃ 时的密度 $\rho = 997.9\,\mathrm{kg/m^3}$，又已知其相对误差为 0.05%，试求 ρ 所在的范围。

解：

$$E_R = \frac{\Delta x}{x} = \frac{\Delta x}{997.9} = 0.05\%$$

因为 $\Delta x = 997.9 \times 0.05\% = 0.5 \text{kg/m}^3$

所以 ρ 所在的范围为 $997.4 \text{kg/m}^3 < \rho < 998.4 \text{kg/m}^3$。

三、算术平均误差

设实验值 x_i 与算术平均值 $\overline{x}$ 之间的偏差为 d_i，则算术平均误差定义式为：

$$\Delta = \frac{\sum\limits_{i=1}^{n} |x_i - \overline{x}|}{n} = \frac{\sum\limits_{i=1}^{n} |d_i|}{n} \tag{1-23}$$

求算术平均误差时，偏差 d_i 可能为正也可能为负，所以一定要取绝对值。显然，算术平均误差可以反映一组实验数据的误差大小，但是无法表达出各实验值间的彼此符合程度。

四、标准误差

标准误差也称作均方根误差、标准偏差，简称为标准差。当实验次数 n 无穷大时，称为总体标准差，其定义为：

$$\sigma = \sqrt{\frac{\sum\limits_{i=1}^{n} d_i^2}{n}} = \sqrt{\frac{\sum\limits_{i=1}^{n} (x_i - \overline{x})^2}{n}} \tag{1-24}$$

但在实际的科学实验中，实验次数一般为有限次，于是又有样本标准差，其定义为：

$$S = \sqrt{\frac{\sum\limits_{i=1}^{n} d_i^2}{n}} = \sqrt{\frac{\sum\limits_{i=1}^{n} (x_i - \overline{x})^2}{n-1}} \tag{1-25}$$

标准差不但与一组实验值中每一个数据有关，而且对其中较大或较小的误差敏感性很强，能明显地反映出较大的个别误差。它常用来表示实验值的精密度，标准差越小，则实验数据精密度越好。

在计算实验数据一些常用的统计量时，如算术平均值 $\overline{x}$、样本标准差 S、总体标准差 σ 等，如果按它们的基本定义式计算，计算量很大，尤其是对于实验次数很多时，这时可以使用计算器上的统计功能（可以参考计算器的说明书），或者借助一些计算机软件，如 Excel 等。

第三节 实验数据误差的来源及分类

误差根据其性质或产生的原因，可分为随机误差、系统误差和过失误差。

一、随机误差

1. 定义和特点

随机误差又称偶然误差或称抽样误差，是由测量过程中各种随机因素的共同作用造成的。在实际测量条件下，多次测量同一量时，误差的绝对值和符号的变化，时大时小，时正时负，以不可测定的方式变化。随机误差遵从正态分布，其特点如下：

（1）有界性。在一定条件下对同一量进行有限次测量的结果，其误差的绝对值不会超过一定界限。

（2）单峰性。绝对值小的误差出现次数比绝对值大的误差出现次数多。

（3）对称性。在测量次数足够多时，绝对值相等的正误差与负误差的出现次数大致相等。

（4）抵偿性。在一定测量条件下，对同一量进行测量，测量值误差的算术平均值随着测量次数的无限增加而趋于零。

2. 产生的原因

随机误差是由能够影响测量结果的许多不可控制或未加控制的因素之微小波动引起的。例如测量过程中环境温度的变化、电源电压的微小波动、仪器噪声的变动、分析人员判断能力和操作技术的微小差异及前后不一致等。因此，随机误差可视为大量随机因素导致的误差的叠加。

3. 减小的方法

除必须严格控制实验条件，正确地执行操作规程外，还可用增加测量次数的方法减小随机误差。

二、系统误差

1. 定义和特点

系统误差又称恒定误差、可测误差，指在多次测量时，其测量值与真值之间误差的绝对值和符号保持恒定，或在改变测量条件时，测量值常表现出按某一确定规律变化的误差。确定规律是指这种误差的变化，可以归结为某个或某几个因素的函数。这种函数一般可以用解析公式、曲线或数表表达。

实验或测量条件一经确定，系统误差就获得一个客观上的恒定值，多次测量的平均值也不能减弱它的影响。

2. 产生的原因

（1）方法误差。由分析方法不够完善所致。例如在某一容量分析中，由于指示剂对反应终点的影响，致使滴定终点与理论等当点不能完全重合所致的误差。

（2）仪器误差。常由使用未经校准的仪器所致。例如量瓶的标称容量与真实容量的不一致。

（3）试剂误差。由所用试剂（包括实验用水）含有杂质所致。

（4）操作误差。由测量者感觉器官的差异，反应的灵敏程度或固有习惯所致。如在取读数时对仪器标线的一贯偏右或偏左。

（5）环境误差。由测量时环境因素的显著改变（例如室温的明显变化）所致。

3. 消减的方法

（1）仪器校准。测量前预先对仪器进行校准，并对测量结果进行修正。

（2）空白实验。用空白实验结果修正测量结果，以消除实验中各种原因所产生的误差。

（3）标准物质对比分析。标准物质对比分析具体方法如下：

1）将实际样品与标准物质在完全相同的条件下进行测定。当标准物质的测定值与其保证值一致时，即可认为测量的系统误差已基本消除。

2）将同一样品用不同反应原理的分析方法进行分析。例如与经典分析方法进行比较，以校正方法误差。

（4）回收率实验法。在实际样品中加入已知量的标准物质，并与样品于相同条件下进行测量，用所得结果计算回收率，观察是否能定量回收，必要时可用回收率作校正因子。

三、过失误差

过失误差也称为粗差。这类误差是分析者在测量过程中发生不应有的错误造成的。例如器皿不洁净、错用样品、错加试剂、操作过程中的样品损失、仪器出现异常而未发现、错记读数以及计算错误等。过失误差无一定规律可循。

含有过失误差的测量数据，经常表现为离群数据，可按照离群数据的统计检验方法将其剔除。对于确知操作中存在错误情况的测量数据，无论结果好坏，都必须舍弃。

过失误差一经发现必须及时纠正。消除过失误差的关键在于改进和提高分析人员的业务素质和工作责任感，不断提高其理论和技术水平。

第四节　实验数据的精准度

误差的大小可以反映实验结果的好坏，误差可能是由于随机误差或系统误差单独造成的，还可能是两者的叠加。为了说明这一问题，引出了精密度、正确度和准确度这三个表示误差性质的术语。

一、精密度

精密度反映了随机误差大小的程度，是指在一定的实验条件下，多次实验值的彼此符合程度。精密度的概念与重复实验时单次实验值的变动性有关，如果实验数据分散程度较小，则说明是精密的。

例 1-5　甲、乙两人对同一个量进行测量，得到两组实验值：

甲：11.45，11.46，11.45，11.44

乙：11.39，11.45，11.48，11.50

很显然，甲组数据的彼此符合程度好于乙组，故甲组数据的精密度较高。

实验数据的精密度是建立在数据用途基础之上的，对某种用途可能认为是很精密的数据，但对另一用途可能显得不精密。

由于精密度表示了随机误差的大小，因此对于无系统误差的实验，可以通过增加实验次数而达到提高数据精密度的目的。如果实验过程足够精密，则只需少量几次实验就能满足要求。

二、正确度

正确度反映系统误差的大小，是指在一定的实验条件下，所有系统误差的综合。

由于随机误差和系统误差是两种不同性质的误差，因此对于某一组实验数据而言，精密度高并不意味着正确度也高；反之，精密度不好，但当实验次数相当多时，有时也会得到好的正确度。精密度和正确度的区别和联系，可通过图 1-1 得到说明。

三、准确度

准确度反映了系统误差和随机误差的综合，表示了重复测量结果平均值与真值的一致程度。

如图 1-2 所示，假设 A、B、C 三个实验都无系统误差，实验数据服从正态分布，而且

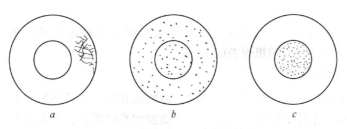

图 1-1 精密度和正确度的关系

a—精密度好，正确度不好；b—精密度不好，正确度不好；c—精密度好，正确度好

对应着同一个真值，则可以看出 A、B、C 的精密度依次降低；由于无系统误差，三组数的极限平均值（实验次数无穷多时的算术平均值）均接近真值，即它们的正确度是相当的；如将精密度和正确度综合考虑，则三组数据的准确度从高到低依次为 A、B、C。

又由图 1-3，假设 A'、B'、C' 三个实验都有系统误差，实验数据服从正态分布，而且对应着同一个真值，则可以看出 A'、B'、C' 的精密度依次降低，由于都有系统误差，三组数的极限平均值均与真值不符，所以它们是不准确的。但是，如果考虑到精密度因素则图 1-3 中 A' 大部分实验值可能比图 1-2 中 B 和 C 的实验值要准确。

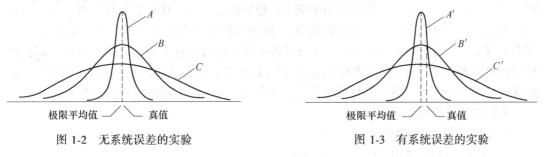

图 1-2 无系统误差的实验　　　　　　　图 1-3 有系统误差的实验

第五节　实验数据误差的估计与检验

一、随机误差的估计

随机误差的估计实际上是对实验值精密度高低的判断，随机误差的大小可用下述参数来描述。

1. 极差

极差是指一组实验值中最大值与最小值的差值。

$$R = x_{max} - x_{min} \tag{1-26}$$

虽然用极差反映随机误差的精度不高，但由于它计算方便，在快速检验中仍然得到广泛的应用。

2. 标准差

若随机误差服从正态分布，则可以用标准差来反映随机误差的大小。标准差 σ 或 S 分别用式（1-24）和式（1-25）来计算。

由计算式可以看出，标准差的数值大小反映了实验数据的分散程度，σ 或 S 越小，则数据的分散性越低，精密度越高，随机误差越小，实验数据的正态分布曲线也越尖。

3. 方差

方差即为标准差的平方，可用 σ^2（总体方差）或 S^2（样本方差）来表示。显然方差也反映了数据的分散性，即随机误差的大小。

二、系统误差的检验

实验结果有无系统误差，必须进行检验，以便能及时减小或消除系统误差，提高实验结果的正确度。相同条件下的多次重复实验不能发现系统误差，只有改变形成系统误差的条件，才能发现系统误差。

下面介绍一种有效、方便的检验方法——秩和检验法。利用这种检验方法可以检验两组数据之间是否存在显著性差异，所以当其中一组数据无系统误差时，就可利用该检验方法判断另一组数据有无系统误差。显然，利用秩和检验法，还可以用来证明新实验方法的可靠性。

设有两组实验数据：$x_1^{(1)}$，$x_2^{(1)}$，…，$x_{n_1}^{(1)}$ 与 $x_1^{(2)}$，$x_2^{(2)}$，…，$x_{n_2}^{(2)}$，其中 n_1、n_2 分别是两组数据的个数，这里假定 $n_1 \leqslant n_2$。假设这两组实验数据是相互独立的，如果其中一组数据无系统误差，则可以用秩和检验法检验另一组数据有无系统误差。

首先，将这 $n_1 + n_2$ 个实验数据混在一起，按从小到大的次序排列，每个实验值在序列中的次序称为该值的秩，然后将属于第 1 组数据的秩相加，其和记为 R_1，称为第 1 组数据的秩和，同理可以求得第 2 组数据的 R_2。如果两组数据之间无显著差异，则 R_1 就不应该太大或太小，对于给定的显著性水平 α（表示检验的可信程度为 $1-\alpha$）和 n_1、n_2，由秩和临界值表（见附录2）可查得 R_1 的上下限 T_2 和 T_1，如果 $R_1 > T_2$ 或 $R_1 < T_1$，则认为两组数据有显著差异，另一组数据有系统误差；如果 $T_1 < R_1 < T_2$，则两组数据无显著差异，另一组数据也无系统误差。

例1-6 设甲、乙两组测定值为：

甲：8.6，10.0，9.9，8.8，9.1，9.1

乙：8.7，8.4，9.2，8.9，7.4，8.0，7.3，8.1，6.8

已知甲组数据无系统误差，试用秩和检验法检验乙组测定值是否有系统误差（$\alpha = 0.05$）。

解： 先求出各数据的秩，如表 1-2 所示。

表 1-2 例 1-6 甲、乙两组实验数据的秩

秩	1	2	3	4	5	6	7	8	9	10	11.5	11.5	13	14	15
甲							8.6		8.8		9.1	9.1		9.9	10.0
乙	6.8	7.3	7.4	8.0	8.1	8.4		8.7		8.9			9.2		

此时，$n_1 = 6$，$n_2 = 9$，$n = n_1 + n_2 = 15$，$R_1 = 7+9+11.5+11.5+14+15 = 68$。

对于 $\alpha = 0.05$，查秩和临界值表，得 $T_1 = 33$，$T_2 = 63$。因为 $R_1 > T_2$，故两组数据有显著差异，乙组测定值有系统误差。

注意： 在进行秩和检验时，如果几个数据相等，则它们的秩应该是相等的，等于相应几个秩的算术平均值，如例 1-6 中，两个 9.1 的秩都为 11.5。

三、过失误差的检验

在整理实验数据时，往往会遇到这种情况，即在一组实验数据里，发现少数几个偏差

特别大的可疑数据，这类数据又称为离群值或异常值，它们往往是由于过失误差引起的。

对于可疑数据的取舍一定要慎重，一般处理原则如下：

（1）在实验过程中，若发现异常数据，应停止实验，分析原因，及时纠正错误。

（2）实验结束后，在分析实验结果时，如发现异常数据，则应先找出产生差异的原因，再对其进行取舍。

（3）在分析实验结果时，如不清楚产生异常值的确切原因，则应对数据进行统计处理，用的统计方法有拉依达（Pаǔta）准则、格拉布斯（Grubbs）准则、狄克逊（Dixon）准则、肖维勒（Chauvenet）准则、t 检验法、F 检验法等；若数据较少，则可重做一组数据。

（4）对于舍去的数据，在实验报告中应注明舍去的原因或所选用的统计方法。

总之，对待可疑数据要慎重，不能任意抛弃和修改。往往通过对可疑数据的考察，可以发现引起系统误差的原因，进而改进实验方法，有时甚至得到新实验方法的线索。

下面介绍三种检验可疑数据的统计方法。

1. 拉依达（Pаǔta）准则

如果可疑数据 x_p 与实验数据的算术平均值 $\overline{x}$ 的偏差的绝对值 $|d_p|$ 大于 3 倍（或 2 倍）的标准偏差，即：

$$|d_p| = |x_p - \overline{x}| > 3S \quad \text{或} \quad 2S \tag{1-27}$$

则应将 x_p 从该组实验值中剔除，至于选择 $3S$ 还是 $2S$ 与显著性水平 α 有关。显著性水平 α 表示检验出错的几率为 α，或者是检验的可信度为 $1 - \alpha$。$3S$ 相当于显著水平 $\alpha = 0.01$，$2S$ 相当于显著水平 $\alpha = 0.05$。

例 1-7 有一组分析测试数据：0.128，0.129，0.131，0.133，0.135，0.138，0.141，0.142，0.145，0.148，0.167，试问：其中偏差较大的 0.167 这一数据是否应被舍去？（$\alpha = 0.01$）

解：（1）计算包括可疑值 0.167 在内的平均值 $\overline{x}$ 及标准偏差 S：

$$\overline{x} = 0.140, \quad S = 0.01116$$

（2）计算 $|d_p|$ 和 $3S$：

$$|d_p| = |x_p - \overline{x}| = |0.167 - 0.140| = 0.027$$
$$3S = 3 \times 0.01116 = 0.0335$$

（3）比较 $|d_p|$ 与 $3S$：

$$|d_p| < 3S$$

按拉依达检验法，当 $\alpha = 0.01$ 时，0.167 这一可疑值不应舍去。

拉依达准则方法简单，无需查表，用起来方便。该检验法适用于实验次数较多或要求不高时，这是因为，当 $n < 10$ 时，用 $3S$ 作界限，即使有异常数据也无法剔除；若用 $2S$ 作界限，则 5 次以内的实验次数无法舍去异常数据。

2. 格拉布斯（Grubbs）准则

用格拉布斯准则检验可疑数据 x_p 时，当

$$|d_p| = |x_p - \overline{x}| > \lambda_{(\alpha, n)} S \tag{1-28}$$

时，则应将 x_p 从该组实验值中剔除。这里的 $\lambda_{(\alpha, n)}$ 称为格拉布斯检验临界值，它与实验次数 n 及给定的显著性水平 α 有关，附录 3 给出了 $\lambda_{(\alpha, n)}$ 的数值。

例 1-8　用容量法测定某样品中的锰，8 次平行测定数据为：10.29%，10.33%，10.38%，10.40%，10.43%，10.46%，10.52%，10.82%，试问是否有数据应被剔除？（$\alpha = 0.05$）

解：（1）检验 10.82%。该组数据的算术平均值为 $\bar{x} = 10.45\%$，其中 10.82% 的偏差最大，故首先检验该数。计算包括可疑值在内的平均值 $\bar{x}$ 及标准偏差 S：$\bar{x} = 10.45\%$，$S = 0.16\%$；查表得 $\lambda_{(0.05, 8)} = 2.03$，所以

$$\lambda_{(0.05, 8)} = 2.03 \times 0.16\% = 0.32\%$$

$$|d_p| = |x_p - \bar{x}| = |10.82\% - 10.45\%| = 0.37\% > 0.32\%$$

故 10.82% 这个测定值应该被剔除。

（2）检验 10.52%。剔除 10.82% 之后，重新计算平均值 $\bar{x}$ 及标准偏差 S：$\bar{x}' = 10.40\%$，$S' = 0.078\%$。这时，10.52% 与平均值的偏差最大，所以应检验 10.52%。

查表得 $\lambda_{(0.05, 7)} = 1.94$，所以

$$\lambda_{(0.05, 7)} = 1.94 \times 0.078\% = 0.15\%$$

$$|d_p| = |x_p - \bar{x}| = |10.52\% - 10.40\%| = 0.12\% < 0.15\%$$

故 10.52% 不应该被剔除。由于剩余数据的偏差都比 10.52% 小，所以都应保留。

格拉布斯准则也可以用于检验两个数据（x_1，x_2）偏小，或两个数据（x_{n-1}，x_n）偏大的情况，这里 $x_1 < x_2 < \cdots < x_{n-1} < x_n$，显然，最可疑的数据一定是在两端。此时可以先检验内侧数据，即前者检验 x_2，后者检验 x_{n-1}；如果 x_2 经检验应该被舍去，则 x_1、x_2 两个数都应该被舍去；同样，如果 x_{n-1} 应被舍去，则 x_{n-1}、x_n 都应被舍去。如果检验结果 x_2 或 x_{n-1} 不应被舍去，则继续检验 x_1、x_n。注意：在检验内侧数据时，所计算的 $\bar{x}$ 和 S 不应包括外侧数据。

3. 狄克逊（Dixon）准则

将 n 个实验数据按从小到大的顺序排列，得到：

$$x_1 \leqslant x_2 \leqslant \cdots \leqslant x_{n-1} \leqslant x_n \tag{1-29}$$

如果有异常值存在，必然出现在两端，即 x_1 或 x_n。检验 x_1 或 x_n 时，使用附录 4 中所列的公式，可以计算出 f_0，并查得临界值 $f_{(\alpha, n)}$。若 $f_0 > f_{(\alpha, n)}$，则应该剔除 x_1 或 x_n。临界值 $f_{(\alpha, n)}$ 与显著性水平 α 以及实验次数 n 有关。

可见狄克逊准则无需计算 $\bar{x}$ 和 S，所以计算量较小。

例 1-9　设有 15 个误差测定数据按从小到大的顺序排列为：-1.40，-0.44，-0.30，-0.24，-0.22，-0.13，-0.05，0.06，0.10，0.18，0.20，0.39，0.48，0.63，1.01。试分析其中有无数据应该被剔除？（$\alpha = 0.05$）

解：在这组数据中，与算术平均值偏差最大的数是 -1.40，故最为可疑，应首先检验，其次为 1.01。

（1）检验 -1.40。根据附录 4，可得：

$$f_0 = \frac{x_3 - x_1}{x_{n-2} - x_1} = \frac{-0.30 + 1.40}{0.48 + 1.40} = 0.585$$

$$f_{(0.05, 15)} = 0.565$$

所以 $f_0 > f_{(0.05, 15)}$，所以 -1.40 这个数应该被剔除。

（2）检验 1.01。由于 -1.40 已经被剔除，所以再检验 1.01 时，应将剩余的数据重新排序，这时 $n = 14$，所以有：

$$f_0 = \frac{x_{n'} - x_{n'-2}}{x_{n'} - x_3} = \frac{x_{14} - x_{12}}{x_{14} - x_3} = \frac{1.01 - 0.48}{1.01 + 0.24} = 0.424 < f_{(0.05, 14)} = 0.586$$

所以 1.01 不应剔除。

剩余数据与平均值的偏差都比 1.01 的小，故都不被剔除。

在用上面的准则检验多个可疑数据时，应注意以下几点：

（1）可疑数据应逐一检验，不能同时检验多个数据。这是因为不同数据的可疑程度是不一致的，应按照与 $\bar{x}$ 偏差的大小顺序来检验，首先检验偏差最大的数，如果这个数不被剔除，则所有的其他数都不应被剔除，也就不需再检验其他数了。

（2）剔除一个数后，如果还要检验下一个数，则应注意实验数据的总数发生了变化。例如，在用拉依达和格拉布斯准则检验时，$\bar{x}$ 和 S 都会发生变化；在用狄克逊准则检验时，各实验数据的大小顺序编号以及 f_0、$f_{(\alpha, n)}$ 也会随着变化。

（3）用不同的方法检验同一组实验数据，在相同的显著性水平上，可能会有不同的结论。

上面介绍的三个准则各有其特点。当实验数据较多时，使用拉依达准则最简单，但当实验数据较少时，不能应用；格拉布斯准则和狄克逊准则都能适用于实验数据较少时的检验，但是总的来说，还是实验数据越多，可疑数据被错误剔除的可能性越小，准确性越高。在一些国际标准中，常推荐格拉布斯准则和狄克逊准则来检验可疑数据。

习 题

1. 用三种方法测定某溶液浓度时，得到三组数据，其平均值如下：

$$\bar{x}_1 = 1.54 \pm 0.01 \text{mol/L}$$

$$\bar{x}_2 = 1.7 \pm 0.2 \text{mol/L}$$

$$\bar{x}_3 = 1.537 \pm 0.005 \text{mol/L}$$

试求它们的加权平均值。

2. 试解释为什么不宜用量程较大的仪表来测量数值较小的物理量。

3. 测量某种奶制品中蛋白质的含量为 $(25.3 \pm 0.2) \text{g/L}$，试求其相对误差。

4. 在测定菠萝中维生素 C 含量的试验中，测得每 100g 菠萝中含有 18.2mg 维生素 C，已知测量的相对误差为 0.1%，试求每 100g 菠萝中含有的维生素 C 的质量范围。

5. 今欲测量大约 8kPa（表压）的空气压力，实验仪表用：

（1）1.5 级，量程 0.2MPa 的弹簧管式压力表；

（2）标尺分度为 1mm 的 U 形管水银柱压差计；

（3）标尺分度为 1mm 的 U 形管水柱压差计。

求最大绝对误差和相对误差。

6. 在用发酵法生产赖氨酸的过程中，对产酸率（%）作 6 次测定。样本测定值为 3.48，3.37，3.47，3.38，3.40，3.43，求该组数据的算术平均值、几何平均值、调和平均值、标准差 S、标准差 σ、算术平均误差和极差 R。

7. 用新旧两种方法测得某种液体黏度（mPa·s）如下：

新方法：0.73　0.91　0.84　0.77　0.98　0.81　0.79　0.87　0.85

旧方法：0.76　0.92　0.86　0.74　0.96　0.83　0.79　0.80　0.75　0.79

其中旧方法无系统误差。试在显著性水平 $\alpha=0.05$ 时，用秩和检验法检验新方法是否可行。

8. 对同一铜合金，有 10 个分析人员分别进行分析，测得其中铜含量（%）的数据为：62.20，69.49，70.30，70.65，70.82，71.03，71.22，71.25，71.33，71.38。问这些数据中哪个（些）数据应被舍去，试用 3 种方法进行检验？（$\alpha=0.05$）

9. 在容量分析中，计算组分含量的公式为 $W=Vc$，其中 V 是滴定时消耗滴定液的体积，c 是滴定液的浓度。今用浓度为（1.000 ± 0.001）mg/mL 的标准溶液滴定某试液，滴定时消耗滴定液的体积为（20.00 ± 0.02）mL。试求滴定结果的绝对误差和相对误差。

10. 用天平称实验用的原料，由于天平量程偏小，需分 5 次来称，每次称量的标准误差都为 S，试求原料总质量的标准误差。设每次称得的质量为 x_1，x_2，$\cdots$，x_5，总质量为 y，即 $y=x_1+x_2+x_3+x_4+x_5$，且各次称量是独立进行的。

11. 在测定某溶液的密度 ρ 的实验中，需要测量液体的体积和质量，已知质量测量的相对误差不大于 0.02%，欲使测定结果的相对误差不大于 0.01%，测量液体体积所允许的最大相对误差为多大？

第二章　实验数据的处理

第一节　有效数字及其运算规则

一、有效数字

为了得到准确的分析结果，不仅要准确地进行测量，而且还要正确地记录数字的位数。因为数据的位数不仅表示数量的大小，也反映测量的精确程度。所谓有效数字，就是实际能测到的数字。

有效数字保留的位数，应当根据分析方法和仪器准确度来决定，应使数值中只有最后一位是可疑的。

例如，用分析天平称取 0.5000g 试样时应写作（0.5000±0.0002）g，表示最后一位是可疑数字，其相对误差为

$$\frac{\pm 0.0002g}{0.5000g} \times 100\% = \pm 0.04\%$$

而称取 0.5g 试样时应写作（0.5±0.2）g，则表示是用台秤称量的，其相对误差为

$$\frac{\pm 0.2g}{0.5g} \times 100\% = \pm 40\%$$

同样，如把量取溶液的体积记作 24mL，就表示是用量筒量取的，而从滴定管中放出的体积则应写作 24.00mL。

数字"0"具有双重意义。若作为普通数字使用，它就是有效数字；若作为定位用，则不是有效数字。例如，滴定管读数 20.30mL，两个"0"都是测量数字，都是有效数字，此有效数字为 4 位。若改用升表示则是 0.02030L，这时前面的两个"0"仅起定位作用，不是有效数字，此数仍是 4 位有效数字。改变单位并不改变有效数字的位数。当需要在数的末尾加"0"作定位用，最好采用指数形式表示，否则有效数字的位数含混不清。例如，质量为 25.0mg，若以 μg 为单位，则表示为 $2.50 \times 10^4 \mu g$。若表示成 $25000\mu g$，就易误解为 5 位有效数字。

在实验中常遇到倍数、分数关系，且非测量所得，可视为无限多位有效数字。而对 pH、pM、$\lg K$ 等对数数值，其有效数字的位数仅取决于尾数部分的位数，因其整数部分只代表该数 的方次。如 pH = 11.02，即 $[H^+] = 9.6 \times 10^{-12} mol/L$，其有效数字为 2 位而非 4 位。

在计算中若遇首位数大于等于 8 的数字，可多计一位有效数字，如 0.0985，可按 4 位有效数字对待。

二、数据修约规则

各种测量、计算的数据需要修约时，应遵守下列规则：四舍五入五考虑，五后非零则

进一，五后皆零视奇偶，五前为偶应舍去，五前为奇则进一。

例 2-1　将下列数据修约到只保留一位小数：

14.3426、14.2631、14.2501、14.2500、14.0500、14.1500

解： 按照上述修约规则：

（1）修约前　　　　　修约后

　　14.3426　　　　14.3

因保留一位小数，而小数点后第二位数小于、等于 4 者应予舍弃。

（2）修约前　　　　　修约后

　　14.2631　　　　14.3

小数点后第二位数字大于或等于 6，应予进一。

（3）修约前　　　　　修约后

　　14.2501　　　　14.3

小数点后第二位数字为 5，但 5 的右面并非全部为零，则进一。

（4）修约前　　　　　修约后

　　14.2500　　　　14.2

　　14.0500　　　　14.0

　　14.1500　　　　14.2

小数点后第二位数字为 5，其右面皆为零，则视左面一位数字，若为偶数（包括零）则不进，若为奇数则进一。若拟舍弃的数字为两位以上数字，应按规则一次修约，不得连续多次修约。

例 2-2　将 15.4546 修约成整数

正确的做法：

修约前　　　　　　　修约后

15.4546　　　　　　15

不正确的做法：

修约前　　一次修约　　二次修约　　三次修约　　四次修约

15.4546　　15.455　　15.46　　15.5　　16

第二节　实验数据整理

实验数据表和图是显示实验数据的两种基本方式。数据表能将杂乱的数据有条理地组织在一张简明的表格内；数据图则能将实验数据形象地显示出来。正确地使用表、图是实验数据分析处理的最基本技能。

一、列表法

在实验数据的获得、整理和分析过程中，表格是显示实验数据不可缺少的基本工具。许多杂乱无章的数据，既不便于阅读，也不便于理解和分析，整理在一张表格内，就会使这些实验数据变得一目了然，清晰易懂。充分利用和绘制表格是做好实验数据处理的基本要求。

列表法就是将实验数据列成表格，将各变量的数值依照一定的形式和顺序一一对应起来，它通常是整理数据的第一步，能为绘制曲线图或整理成数学公式打下基础。

实验数据表可分为两大类：记录表和结果表示表。

实验数据记录表是实验记录和实验数据初步整理的表格，它是根据实验内容设计的一种专门表格。表中数据可分为三类：原始数据、中间和最终计算结果数据。实验数据记录表应在实验正式开始之前列出，这样可以使实验数据的记录更有计划性，而且也不容易遗漏数据。例如表 2-1 所列就是离心泵特性曲线测定实验的数据记录。

表 2-1　离心泵特性曲线测定实验的数据记录表

序　号	流量计读数/L·h^{-1}	真空表读数/MPa	压力表读数/MPa	功率表读数/W
1				
2				
⋮				

附：泵入口管径：＿＿＿ mm；泵出口管径：＿＿＿ mm；真空表与压力表垂直距离：＿＿＿ mm；水温：＿＿＿℃；电动机转速：＿＿＿ r/min。

实验结果表示表所表达的是实验过程中得出的结论，即变量之间的依从关系。表示表应该简明扼要，只需包括所研究变量关系的数据，并能从中反映出关于研究结果的完整概念。例如表 2-2 所列是离心泵特性曲线测定实验的数据结果。

表 2-2　离心泵特性曲线测定实验结果表示表

序　号	流量 $Q/\mathrm{m^3 \cdot s^{-1}}$	压头 H/m	轴功率 N/W	效率 $\eta/\%$
1				
2				
⋮				

实验数据记录表和结果表示表之间的区别有时并不明显，如果实验数据不多，原始数据与实验结果之间的关系很明显，可以将上述两类表合二为一。

从上面两个表格可以看出，实验数据表一般由三部分组成，即表名、表头和数据资料，此外，必要时可以在表格的下方加上表外备注。表名应放在表的上方，主要用于说明表的主要内容，为了引用的方便，还应包含表号；表头通常放在第一行，也可以放在第一列，也可称为行标题或列标题，它主要是表示所研究问题的类别名称和指标名称；数据资料是表格的主要部分，应根据表头按一定的规律排列；表外备注通常放在表格的下方（如表 2-1 所示），主要是一些不便列在表内的内容，如指标注释、资料来源、不变的实验数据等。

由于使用者的目的和实验数据的特点不同，实验数据表在形式和结构上会有较大的差异，但基本原则应该是一致的。为了充分发挥实验数据表的作用，在拟定时应注意下列事项：

（1）表格设计应该简明合理、层次清晰，以便于阅读和使用。

（2）数据表的表头要列出变量的名称、符号和单位，如果表中的所有数据的单位都相同，这时单位可以在表的右上角标明。

（3）要注意有效数字位数，即记录的数字应与实验的精度相匹配。

（4）实验数据较大或较小时，要用科学记数法来表示，将$10^{\pm n}$记入表头，注意表头中的$10^{\pm n}$与表中的数据应服从下式：数据的实际值 $\times 10^{\pm n}$ = 表中数据。

（5）数据表格记录要正规，原始数据要书写得清楚整齐，不得潦草，要记录各种实验条件，并妥为保管。

二、图示法

实验数据图示法就是将实验数据用图形表示出来，它能用更加直观和形象的形式，将复杂的实验数据表现出来。在数据分析中，一张好的数据图，胜过冗长的文字表述。通过数据图，可以直观地看出实验数据变化的特征和规律。它的优点在于形象直观，便于比较，容易看出数据中的极值点、转折点、周期性、变化率以及其他特性。实验结果的图示法还可为后一步数学模型的建立提供依据。

用于实验数据处理的图形种类很多，根据图形的形状可以分为线图、柱形图、条形图、饼图、环形图、散点图、直方图、面积图、圆环图、雷达图、气泡图、曲面图等。图形的选择取决于实验数据的性质，一般情况下，计量性数据可以采用直方图和折线图等，计数性和表示性状的数据可采用柱形图和饼图等，如果要表示动态变化情况，则使用线图比较合适。下面就介绍一些在实验数据处理中常用的一些图形及其绘制方法。

1. *常用数据图*

A　线图

线图是实验数据处理中最常用的一类图形，它可以用来表示因变量随自变量的变化情况。线图可以分为单式线图和复式线图两种。

（1）单式线图：表示某一种事物或现象的动态。

（2）复式线图：在同一图中表示两种或两种以上事物或现象的动态，可用于不同事物或现象的比较。例如图 2-1 为复式线图，表示的是某种高吸水性树脂，在两种温度下的保水性能；图 2-2 也是一种复式线图，它与图 2-1 不同的是，这是一个双目标值的复式线图，它表示了离心泵的两个特性参数 η 和 H 随 Q 的变化曲线。

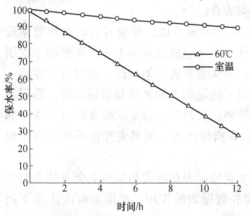

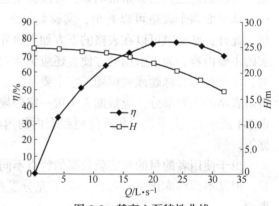

图 2-1　高吸水性树脂保水率与时间和温度的关系　　　图 2-2　某离心泵特性曲线

在绘制复式线图时，不同线上的数据点可用不同符号表示，以示区别，而且还应在图上明显地注明。

B 条形图

条形图是用等宽长条的长短或高低来表示数据的大小，以反映各数据点的差异。条形图可以横置或纵置，纵置时也称为柱形图。值得注意的是，这类图形的两个坐标轴的性质不同，其中一条轴为数值轴，用于表示数量性的因素或变量，另一条轴为分类轴，常表示的是属性（非数量性）因素或变量。此外，条形图也有单式条形图和复式条形图两种形式，如果只涉及提取方法及一项指标，则采用单式，如果涉及两个或两个以上的指标，则可采用复式。

例如，图 2-3 所示为单式柱形图，表示的是从某植物中提取有效成分的实验中，不同提取方法提取效果的比较，从中容易地看出，超声波提取法最有效。图 2-4 所示为复式条形图，它不仅具有单式条形图所表达的内容，还表示了不同提取方法对两种植物中有效成分提取率的比较。

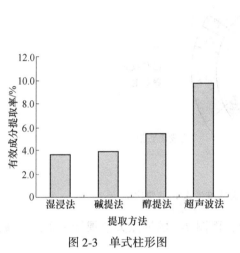

图 2-3 单式柱形图

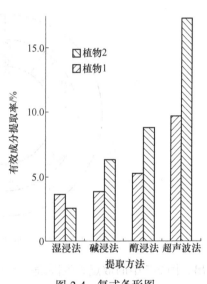

图 2-4 复式条形图

C 圆形图和环形图

圆形图也称为饼图，它可以表示总体中各组成部分所占的比例。圆形图只适合于包含一个数据系列的情况，它在需要重点突出某个重要项时十分有用。在绘制圆形图时，将圆的总面积看成100%，按各项的构成比将圆面积分成若干份，每 3.6° 圆心角所对应的面积为1%，以扇形面积的大小来分别表示各项的比例。图 2-5 所示为两种形状的饼图，表达了天然维生素 E 在各行业的消费比例。

环形图与圆形图类似，但也有较大的区别。环形图中间有一"空洞"，总体中的每一部分的数据用中间的一段环表示。圆形图只能显示一个总体各部分所占的比例，而环形图可显示多个总体各部分所占的相应比例，从而有利于比较研究。例如图 2-6 中，外边的环表示的是合成维生素 E 的消费比例，内环则为天然维生素 E 的消费比例，从中容易看出两种来源的维生素 E 各自主要的应用领域。

D XY 散点图

XY 散点图用于表示两个变量间的相互关系，从散点图可以看出变量关系的统计规律。图 2-7 所示为变量 x 和 y 实验值的散点图，图 2-8 所示为变量 T 和 S 实验值的散点图。可

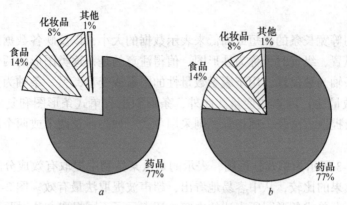

图 2-5   全球天然维生素 E 消费比例

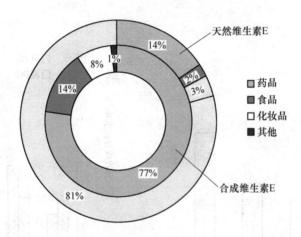

图 2-6   全球合成维生素 E、天然维生素 E 消费比例

以看出，图 2-7 中的散点大致围绕一条直线散布，而图 2-8 的散点大致围绕一条抛物线散布，这就是变量间统计规律的一种表现。

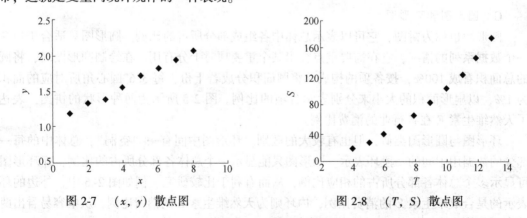

图 2-7 (x, y) 散点图　　　　　　　　图 2-8 (T, S) 散点图

不同类型、不同使用要求的实验数据，可以选用合适的、不同类型的图形。绘制图形时应注意以下几点：

（1）在绘制线图时，要求曲线光滑。可以利用曲线板等工具将各离散点连接成光滑曲线，并使曲线尽可能通过较多的实验点，或者使曲线以外的点尽可能位于曲线附近，并使曲线两侧的点数大致相等。

（2）定量的坐标轴，其分度不一定自零起，可用低于最小实验值的某一整数作起点，高于最大实验值的某一整数位作终点。

（3）定量绘制的坐标图，其坐标轴上必须标明该坐标所代表的变量名称、符号及所用的单位，一般用横轴代表因变量。

（4）图必须有图号和图名，以便于引用，必要时还应有图注。

随着计算机技术的发展，图形的绘制都可由计算机来完成，应学会用 Excel 的图表功能绘制各种图形的基本方法。

2. 坐标系的选择

大部分图形都是描述在一定的坐标系中，在不同的坐标系中，对同一组数据作图，可以得到不同的图形，所以在作图之前，应该对实验数据的变化规律有一个初步的判断，以选择合适的坐标系，使所作的图形规律性更明显。可以选用的坐标系有笛卡儿坐标系（又称普通直角坐标系）、半对数坐标系、对数坐标系、极坐标系、概率坐标系、三角形坐标系等。下面仅讨论最常用的笛卡儿坐标系、半对数坐标系和对数坐标系。

半对数坐标系，一个轴是分度均匀的普通坐标轴，另一个轴是分度不均匀的对数坐标轴。在对数轴上，某点与原点的实际距离为该点对应数的常用对数值，但是在该点标出的值是真数，所以对数轴的原点应该是 1 而不是 0。双对数坐标系的两个轴都是对数坐标轴（图 2-9），即每个轴的刻度都是按上面所述的原则得到的。

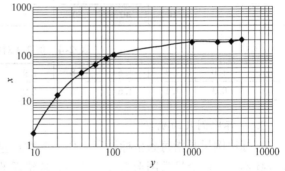

图 2-9　在双对数坐标系中 x 和 y 的关系

选用坐标系的基本原则如下：

（1）根据数据间的函数关系。

1）线性函数：$y = a + bx$，选用普通直角坐标系。

2）幂函数：$y = ax^b$，因为 $\lg y = \lg a + b \lg x$，选用双对数坐标系可以使图形线性化。

3）指数函数：$y = ab^x$，因 $\lg y$ 与 x 呈直线关系，故采用半对数坐标。

（2）根据数据的变化情况。

1）若实验数据的两个变量的变化幅度都不大，可选用普通直角坐标系。

2）若所研究的两个变量中，有一个变量的最小值与最大值之间数量级相差太大时，可以选用半对数坐标。

3）如果所研究的两个变量在数值上均变化了几个数量级，可选用双对数坐标。

4）在自变量由零开始逐渐增大的初始阶段，当自变量的少许变化引起因变量极大变化时，此时采用半对数坐标系或双对数坐标系，可使图形轮廓清楚，见例 2-3。

在普通直角坐标系中作图（图 2-10），当 x 的数值等于 10、20、40、60、80 时，几乎不能描出曲线开始部分的点，但是若采用对数坐标系则可以得到比较清楚的曲线（图 2-9）。如果将上述数据都取对数，可得到表 2-4 所示的数据，根据这组数据在普通直角坐标系中作图,得到图 2-11。比较图 2-9 和图 2-11,可以看出两条曲线是一致的。所以,没有对数坐标纸的情况下,可以采取这种方法来处理数据。

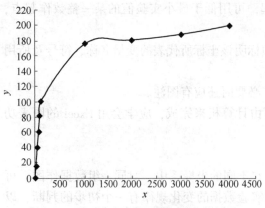

图 2-10   普通直角坐标系中 x 和 y 的关系   图 2-11   普通直角坐标系中 $\lg x$ 和 $\lg y$ 的关系

例 2-3   已知 x 和 y 的数据如表 2-3 所示。

表 2-3   例 2-3 原始数据

x	10	20	40	60	80	100	1000	2000	3000	4000
y	2	14	40	60	80	100	177	181	188	200

表 2-4   例 2-3 对数数据

$\lg x$	1.0	1.3	1.6	1.8	1.9	2.0	3.0	3.3	3.5	3.6
$\lg y$	0.3	1.1	1.6	1.8	1.9	2.0	2.2	2.3	2.3	2.3

3. 坐标比例尺的确定

坐标比例尺是指每条坐标轴所能代表的物理量的大小,即指坐标轴的分度。如果比例尺选择不当,就会导致图形失真,从而导致错误的结论。在一般情况下,坐标轴比例尺的确定,要既不会因比例常数过大而损失实验数据的准确度,又不会因比例常数过小而造成图中数据点分布异常的假象。坐标分度的确定可以采取如下方法:

(1)在变量 x 与 y 的误差 Δx、Δy 已知时,比例尺的取法应使实验"点"的边长为 $2\Delta x$、$2\Delta y$,而且使 $2\Delta x = 2\Delta y = 1 \sim 2\mathrm{mm}$,若 $2\Delta y = 2\mathrm{mm}$ 则 y 轴的比例尺 M_y 应为:

$$M_y = \frac{2\mathrm{mm}}{2\Delta y} = \frac{1}{\Delta y}\mathrm{mm}/y$$

例如,已知质量的测量误差 $\Delta m = 0.1\mathrm{g}$,若在坐标轴上取 $2\Delta m = 2\mathrm{mm}$,则

$$M_m = \frac{2\mathrm{mm}}{0.2\mathrm{g}} = \frac{1\mathrm{mm}}{0.1\mathrm{g}} = 10\mathrm{mm}/g$$

即坐标轴上 10mm 代表 1g。

(2)如果变量 x 和 y 的误差 Δx、Δy 未知,坐标轴的分度应与实验数据的有效数字位数相匹配,即坐标读数的有效数字位数与实验数据的位数相同。

(3)推荐坐标轴的比例常数 $M = (1,2,5) \times 10^{\pm n}$($n$ 为正整数),而 3、6、7、8 等的比例常数绝不可用。

（4）纵横坐标之间的比例不一定取得一致，应根据具体情况选择，使曲线的坡度介于 $30°\sim60°$ 之间，这样的曲线坐标读数准确度较高。

例 2-4 研究 pH 值对某溶液吸光度 A 的影响，已知 pH 值的测量误差 $\Delta\mathrm{pH}=0.1$，吸光度 A 的测量误差 $\Delta A=0.01$。在一定波长下，测得 pH 值与吸光度 A 的关系数据如表 2-5 所示。试在普通直角坐标系中画出两者间的关系曲线。

表 2-5 例 2-4 数据

pH 值	8.0	9.0	10.0	11.0
吸光度 A	1.34	1.36	1.45	1.36

如图 2-12 和图 2-13 所示，两图都是根据表 2-5 中的数据绘制的图。从图 2-12 中可以看出 pH 值对溶液吸光度几乎没有什么影响，因为图中的曲线几乎是水平的。而由图 2-13 可以明显地看出，当 pH = 10.0 时溶液的吸光度最大。这两个结论的不同是由于两图的比例尺不一样，不能说变量间的函数关系取决于比例尺，但到底哪一个结论是正确的呢？

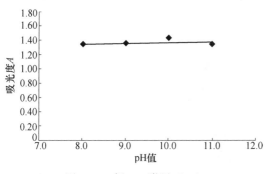

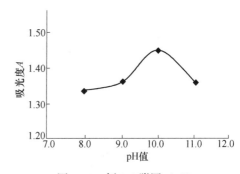

图 2-12 例 2-4 附图（一）　　　　　图 2-13 例 2-4 附图（二）

根据两个变量的误差，可以确定坐标系适宜的比例尺。

设　　　　　　　　　　　　　　$2\Delta\mathrm{pH}=2\Delta A=2\mathrm{mm}$

因　　　　　　　　　　　　　　$\Delta\mathrm{pH}=0.1,\quad \Delta A=0.01$

所以横轴的比例尺为：

$$M_{\mathrm{pH}}=\frac{2\mathrm{mm}}{2\Delta\mathrm{pH}}=\frac{2\mathrm{mm}}{0.2}=10(\mathrm{mm}/\text{单位 pH 值})$$

纵轴的比例尺为：

$$M_A=\frac{2\mathrm{mm}}{2\Delta A}=\frac{2\mathrm{mm}}{0.01}=100(\mathrm{mm}/\text{单位吸光度})$$

可见图 2-13 的比例尺是合适的，所以正确结论应为：溶液的 pH 值对吸光度有较大影响，当 pH = 10.0 时溶液的吸光度最大。

习　题

1. 研究两变量 x 与 y 之间的关系，已知 x 的测量误差 $\Delta x=0.05x$，y 的测量误差 $\Delta y=0.2$。实验测得 x 与 y 的关系数据如下表所示。试在普通直角坐标系中画出两者间的关系曲线。

x	1.00	2.00	3.00	4.00
y	8.0	8.2	8.3	8.0

2. 在制备高活性 α-生育酚的过程中，催化剂用量对目标产物中维生素 E 得率及 α-生育酚的含量均有影响，实验数据如下：

催化剂用量/%	α-生育酚含量/%	维生素 E 得率/%	催化剂用量/%	α-生育酚含量/%	维生素 E 得率/%
5	81.58	93.42	8	90.24	91.42
6	84.29	92.67	9	90.37	90.63
7	87.53	92.05	10	90.84	89.29

试根据上述数据，在一个普通直角坐标系中画出催化剂用量与 α-生育酚含量，以及催化剂用量与维生素 E 得率的关系曲线，并根据图形说明催化剂对两实验指标的影响规律。

第三章　实　验　设　计

实验是解决水处理问题必不可少的一个重要手段，通过实验可以解决如下一些问题：

（1）找出影响实验结果的因素及各因素的主次关系，为水处理方法揭示内在规律，建立理论基础。

（2）寻找各因素的最佳量，以使水处理方法在最佳条件下实施，达到高效、节能，从而节省土建与运行费用。

（3）确定某些数学公式中的参数，建立起经验式，以解决工程实际中的问题等。

在实验安排中，如果实验设计得好，次数不多，就能获得有用信息，通过实验数据的分析，可以掌握内在规律，得到满意结论。如果实验设计得不好，次数较多，也捉摸不到其中的变化规律，得不到满意的结论。因此如何合理地设计实验，实验后又如何对实验数据进行分析，以用较少的实验次数达到我们预期的目的，是很值得我们研究的一个问题。

优化实验设计是一种在实验进行之前，根据实验中的不同问题，利用数学原理，科学地安排实验，以求迅速找到最佳方案的科学实验方法。

它对于节省实验次数，节省原材料，较快得到有用信息是非常必要的。由于优化实验设计法为我们提供了科学安排实验的方法，因此，近年来优化实验设计越来越被科技人员重视，并得到广泛的应用。优化实验设计打破了传统均分安排实验等方法，其中单因素的均分法、对分法、黄金分割法和分数法；双因素的对开法、旋升法和平行线法；多因素的正交实验设计法在国内外已广泛地应用于科学实验上，取得了很好效果。

第一节　实验设计的几个基本概念

一、实验方法

通过做实验获得大量的自变量与因变量一一对应的数据，以此为基础来分析整理并得到客观规律的方法，称为实验方法。

二、实验设计

实验设计是指为节省人力、财力，迅速找到最佳条件，揭示事物内在规律，根据实验中不同问题，在实验前利用数学原理科学编排实验的过程。

三、实验指标

在实验设计中用来衡量实验效果好坏所采用的标准称为实验指标或简称指标。例如，天然水中存在大量胶体颗粒，使水浑浊，为了降低浑浊度需往水中投放混凝剂药物，当实验目的是求最佳投药量时，水样中剩余浊度即作为实验指标。

四、因素

对实验指标有影响的条件称为因素。例如，在水中投入适量的混凝剂可降低水中的浊度，因此水中投加的混凝剂即作为分析的实验因素，我们将简称其为因素。有一类因素，在实验中可以人为地加以调节和控制，如水质处理中的投药量，称为可控因素。另一类因素，由于自然条件和设备等条件的限制，暂时还不能人为地调节，如水质处理中的气温，称为不可控因素。在实验设计中，一般只考虑可控因素。因此，今后说到因素，凡没有特别说明的，都是指可控因素。

五、水平

因素在实验中所处的不同状态，可能引起指标的变化，因素变化的各种状态称为因素的水平。某个因素在实验中需要考察它的几种状态，就称它是几水平的因素。

因素的各个水平有的能用数量来表示，有的不能用数量来表示。例如：有几种混凝剂可以降低水的浑浊度，现要研究哪种混凝剂较好，各种混凝剂就表示混凝剂这个因素的各个水平，不能用数量表示。凡是不能用数量表示水平的因素，称为定性因素。在多因素实验中，经常会遇到定性因素。对定性因素，只要对每个水平规定具体含义，就可与通常的定量因素一样对待。

六、因素间交互作用

实验中所考察的各因素相互间没有影响，则称因素间没有交互作用，否则称为因素间有交互作用，并记为 A（因素）× B（因素）。

第二节　单因素实验设计

对于只有一个影响因素的实验，或影响因素虽多但在安排实验时，只考虑一个对指标影响最大的因素，其他因素尽量保持不变的实验，即为单因素实验。我们的任务是如何选择实验方案来安排实验，找出最优实验点，使实验的结果（指标）最好。

在安排单因素实验时，一般考虑三方面的内容：

（1）确定包括最优点的实验范围。设下限用 a 表示，上限用 b 表示（图 3-1），实验范围就用由 a 到 b 的线段表示，并记作 $[a, b]$。若 x 表示实验点，则写成 $a \leqslant x \leqslant b$，如果不考虑端点 a、b，就记为 (a, b) 或 $a < x < b$。

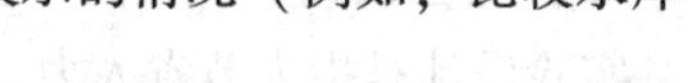

图 3-1　单因素实验范围

（2）确定指标。如果实验结果（y）和因素取值（x）的关系可写成数学表达式 $y = f(x)$，称 $f(x)$ 为指标函数（或称目标函数）。根据实际问题，在因素的最优点上，以指标函数 $f(x)$ 取最大值、最小值或满足某种规定的要求为评定指标。对于不能写成指标函数甚至实验结果不能定量表示的情况（例如，比较水库中的气味），就要确定评定实验结果好坏的标准。

（3）确定实验方法。科学地安排实验点。

本节主要介绍单因素优化实验设计方法，内容包括均分法、对分法、黄金分割法、分数法和分批实验法。

一、均分法与对分法

1. 均分法

均分法的做法如下，如果要做 n 次实验，就把实验范围等分成 $n+1$ 份，在各个分点上做实验。如图 3-2 所示。

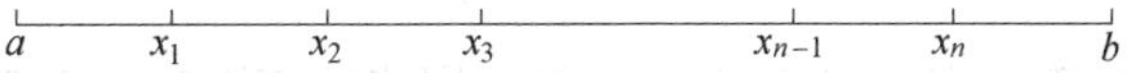

$$a \quad x_1 \quad x_2 \quad x_3 \quad x_{n-1} \quad x_n \quad b$$

图 3-2　均分法实验点

$$x_i = a + \frac{b-a}{n+1}i \qquad (i = 1, 2, \cdots, n) \tag{3-1}$$

把 n 次实验结果进行比较，选出所需要的最好结果，相对应的实验点即为 n 次实验中最优点。

均分法是一种古老的实验方法。

优点：只需把实验放在等分点上，实验可以同时安排，也可以一个接一个地安排。

缺点：实验次数较多，代价较大。

2. 对分法

对分法的要点是每次实验点取在实验范围的中点。若实验范围为 $[a, b]$，中点公式为

$$x = \frac{a+b}{2} \tag{3-2}$$

用这种方法，每次可去掉实验范围的一半，直到取得满意的实验结果为止。

使用对分法的条件：它只适用于每做一次实验，根据结果就可确定下次实验方向的情况。

如某种酸性污水，要求投加碱量调整 pH 值为 $7 \sim 8$，加碱量范围为 $[a, b]$，试确定最佳投药量。若采用对分法，第一次加药量 $x_1 = \dfrac{a+b}{2}$，加药后水样 pH 值小于 7（或 pH 值大于 8），则加药范围中小于 x_1（或大于 x_1）的范围可舍弃，而取另一半重复实验，直到满意为止。

优点：每次实验可以将实验范围缩短一半。

缺点：要求每次实验要能确定下次实验的方向。

有些实验不能满足这个要求，因此，对分法的应用受到一定限制。

二、黄金分割法（0.618 法）

科学实验中，有相当普遍的一类实验，目标函数只有一个峰值，在峰值的两侧实验效果都差，将这样的目标函数称为单峰函数。图 3-3 所示为一个上单峰函数。

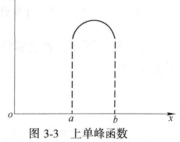

图 3-3　上单峰函数

黄金分割法适用于目标函数为单峰函数的情形。所谓黄金分割指的是把长为 L 的线段分为两部分，使其中一部分对于全部之比等于另一部分对于该部分之比，这个比例就是 $\omega = \dfrac{\sqrt{5}-1}{2} = 0.6180339887$ …，它的三位有效近似值就是 0.618，所以黄金分割法又称为 0.618 法。

其具体做法如下：

设实验范围为 $[a, b]$，第一次实验点 x_1 选在实验范围的 0.618 位置上，即

$$x_1 = a + 0.618(b - a) \qquad (3-3)$$

第二次实验点选在第一点 x_1 的对称点 x_2 处,即实验范围的 0.382 位置上。

$$x_2 = a + 0.382(b - a) \qquad (3-4)$$

实验点 x_1、x_2 如图 3-4 所示。

图 3-4   0.618 法第 1、2 个实验点分布

设 $f(x_1)$ 和 $f(x_2)$ 表示 x_1 与 x_2 两点的实验结果,且 $f(x)$ 值越大,效果越好。

(1)如果 $f(x_1)$ 比 $f(x_2)$ 好,根据"留好去坏"的原则,去掉实验范围 $[a, x_2)$ 部分,在剩余范围 $[x_2, b]$ 内继续做实验。

(2)如果 $f(x_1)$ 比 $f(x_2)$ 差,同样根据"留好去坏"的原则,去掉实验范围 $(x_1, b]$,在剩余范围 $[a, x_1]$ 内继续做实验。

(3)如果 $f(x_1)$ 和 $f(x_2)$ 实验效果一样,去掉两端,在剩余范围 $[x_1, x_2]$ 内继续做实验。

根据单峰函数性质,上述三种做法都可使好点留下,将坏点去掉,不会发生最优点丢掉的情况。

继续做实验:

第一种情况下,在剩余实验范围 $[x_2, b]$ 上用式(3-3)计算新的实验点 x_3

$$x_3 = x_2 + 0.618(b - x_2)$$

如图 3-5 所示,在实验点 x_3 安排一次新的实验。

第二种情况下,剩余实验范围 $[a, x_1]$,用式(3-4)计算新的实验点 x_3

$$x_3 = a + 0.382(x_1 - a)$$

如图 3-6 所示,在实验点 x_3 安排一次新的实验。

图 3-5   (1)时第 3 个实验点 x_3 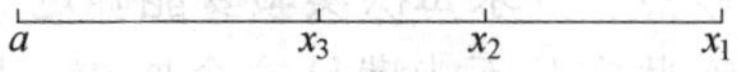   图 3-6   (2)时第 3 个实验点 x_3

第三种情况下,剩余实验范围 $[x_2, x_1]$,用式(3-3)和式(3-4)计算两个新的实验点 x_3 和 x_4

$$x_3 = x_2 + 0.618(x_1 - x_2)$$
$$x_4 = x_2 + 0.382(x_1 - x_2)$$

在 x_3、x_4 安排两次新的实验。

无论上述三种情况出现哪一种,在新的实验范围内都有两个实验点的实验结果,可以进行比较。仍然按照"留好去坏"原则,再去掉实验范围的一段或两段,这样反复做下去,直到找到满意的实验点,得到比较好的实验结果为止,或实验范围已很小,再做下去,实验结果差别不大,就可停止实验。

例 3-1   为降低水中的浑浊度,需要加入一种药剂,已知其最佳加入量在 1000~2000g 之间的某一点,现在要通过做实验找到它,按照 0.618 法选点,先在实验范围的 0.618 处做第一次实验，这一点的加入量可由式（3-3）计算出来。

$$x_1 = 1000 + 0.618(2000 - 1000) = 1618g$$

再在实验范围的 0.382 处做第二次实验，这一点的加入量可由式（3-4）算出，如图 3-7 所示。

$$1000 + 0.382(2000 - 1000) = 1382g$$

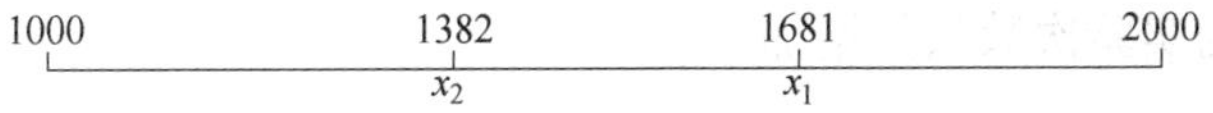

```
1000          1382          1681          2000
               x₂            x₁
```

图 3-7　降低水中浊度第 1、2 次实验加药量

比较两次实验结果，如果 x_1 点较 x_2 点好，则去掉 1382g 以下的部分，然后将留下部分再用式（3-3）找出第三个实验点 x_3，在点 x_3 做第三次实验，这一点的加入量为 1764g，如图 3-8 所示。

如果仍然是 x_1 点好，则去掉 1764g 以上的一段，在留下部分按式（3-4）计算得出第四个实验点 x_4，在点 x_4 做第四次实验，这一点的加入量为 1528g（图 3-9）。

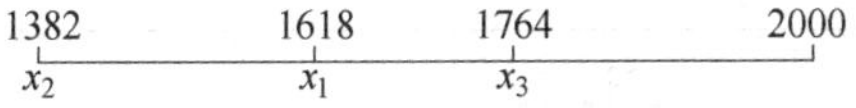

```
1382     1618     1764     2000        1382     1528     1618     1764
 x₂       x₁       x₃                    x₂       x₄       x₁       x₃
```

图 3-8　降低水中浊度第 3 次实验加药量 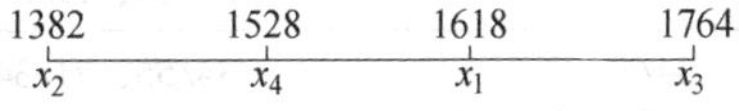　　　图 3-9　降低水中浊度第 4 次实验加药量

如果这一点比 x_1 点好，则去掉 1618~1764 这一段，在留下部分按同样方法继续做下去，如此重复最终即能找到最佳点。

总之，0.618 法简便易行，在每个实验范围都可计算出两个实验点进行比较，好点留下，从坏点处把实验范围切开，丢掉短而不包括好点的一段，实验范围就缩小了。在新的实验范围内，再用式（3-3）、式（3-4）算出两个实验点，其中一个就是刚才留下的好点，另一个是新的实验点。应用此法每次可以去掉实验范围的 0.382 倍，因此可以用较少的实验次数迅速找到最佳点。

三、分数法

分数法又称为菲波那契数列法，它是利用菲波那契数列进行单因素优化实验设计的一种方法。

根据菲波那契数列：

$$F_0 = 1, \quad F_1 = 1, \quad F_n = F_{n-1} + F_{n-2} \quad (n \geqslant 2)$$

可得以下数列：

1，1，2，3，5，8，13，21，34，55，89，144，233，…

我们知道任何小数都可以表示为分数，则 0.618 也可近似地用 $\dfrac{F_n}{F_{n+1}}$ 来表示，即

$$\frac{2}{3}, \frac{3}{5}, \frac{5}{8}, \frac{8}{13}, \frac{13}{21}, \frac{21}{34}, \frac{34}{55}, \frac{55}{89}, \frac{89}{144}, \frac{144}{233}, \cdots$$

分数法适用于实验点只能取整数或限制实验次数的情况。例如，在配制某种清洗液时，要优选某材料的加入量，其加入量用 150mL 的量杯来计算，该量杯的量程分为 15 格，

每格代表 10mL, 由于量杯是锥形的, 所以每格的高度不等, 很难量几毫升或几点几毫升, 因此不便用 0.618 法。这时, 可将实验范围定为 0~130mL, 中间正好有 13 格, 就以 8/13 代替 0.618。第一次实验点在 8/13 处, 即 80mL 处, 第二个实验点选在 8/13 的对称点 5/13 处, 即 50mL 处, 然后来回调试便可找到满意的结果。

在使用分数法进行单因素优选时, 应根据实验区间选择合适的分数, 所选择的分数不同, 实验次数也不一样。如表 3-1 所示, 虽然实验范围划分的份数随分数的分母增加得很快, 但相邻两分数的实验次数只是增加 1。

表 3-1   分数法实验

分数 F_n/F_{n+1}	第一批实验点位置	等分实验范围份数 F_{n+1}	实验次数
2/3	2/3, 1/3	3	2
3/5	3/5, 2/5	5	3
5/8	5/8, 3/8	8	4
8/13	8/13, 5/13	13	5
13/21	13/21, 8/21	21	6
21/34	21/34, 13/34	34	7
34/55	34/55, 21/34	55	8

有时实验范围中的份数不够分数中的分母数, 例如 10 份, 这时, 可以用两种方法来解决。一种是分析一下能否缩短实验范围, 如能缩短两份, 则可用 $\dfrac{5}{8}$, 如果不能缩短, 就可用第二种方法, 即添 3 个数, 凑足 13 份, 应用 $\dfrac{8}{13}$。

在受条件限制只能做几次实验的情况下, 采用分数法较好。

因此, 表 3-1 第一列各分数, 从分数 $\dfrac{2}{3}$ 开始, 以后的每一分数, 其分子都是前一分数的分母, 而其分母都等于前一分数的分子与分母之和, 照此方法不难写出所需要的第一次实验点位置。

分数法各实验点的位置, 可用下列公式求得:

$$第一个实验点 = [大数(右端点) - 小数] \times \frac{F_n}{F_{n+1}} + 小数 \tag{3-5}$$

$$新实验点 = (大数 - 中数) + 小数 \tag{3-6}$$

式中, 中数为已实验的实验点数值。

上述两式推导如下:

首先由于第一个实验点 x_1 取在实验范围内的 $\dfrac{F_n}{F_{n+1}}$ 处, 所以 x_1 与实验范围左端点 (小数) 的距离等于实验范围总长度的 $\dfrac{F_n}{F_{n+1}}$ 倍, 即

$$第一实验点 - 小数 = [大数(右端点) - 小数] \times \frac{F_n}{F_{n+1}}$$

移项后，即得式（3-5）。

又由于新实验点（x_2，x_3，…）安排在余下范围内与已实验点相对称的点上，因此不仅新实验点到余下范围的中点的距离等于已实验点到中点的距离，而且新实验点到左端点的距离也等于已实验点到右端点的距离（图3-10），即

新实验点 - 左端点 = 右端点 - 已实验点

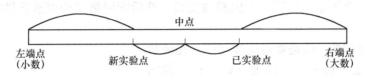

图 3-10　分数法实验点位置示意图

下面以一具体例子说明分数法的应用。

例 3-2　某污水厂准备投加三氯化铁来改善污泥的脱水性能，根据初步调查投药量在160mg/L 以下，要求通过 4 次实验确定出最佳投药量。具体计算方法如下：

（1）根据式（3-5）可得到第一个实验点位置：

$$(160 - 0) \times \frac{5}{8} + 0 = 100(\text{mg/L})$$

（2）根据式（3-6）得到第二个实验点位置：

$$(160 - 100) + 0 = 60(\text{mg/L})$$

（3）假定第一点比第二点好，所以在 60~160 之间找第三点，丢去 0~60 的一段，即

$$(160 - 100) + 60 = 120(\text{mg/L})$$

（4）第三点与第一点结果一样，此时可用对分法进行第四次实验，即在 $\frac{100 + 120}{2} = 110(\text{mg/L})$ 处进行实验得到的效果最好。

四、分批实验法

当完成实验需要较长的时间，或者测试一次要花很大代价，而每次同时测试几个样品和测试一个样品所花的时间、人力或费用相近时，采用分批实验法较好。分批实验法又可分为均匀分批实验法和比例分割实验法。这里仅介绍均匀分批实验法。

这种方法是每批实验均匀地安排在实验范围内。例如，每批要做 4 个实验，我们可以先将实验范围（a，b）均分为 5 份，在其 4 个分点 x_1、x_2、x_3、x_4 处做 4 个实验。将 4 个实验样品同时进行测试分析，如果 x_3 好，则去掉小于 x_2 和大于 x_4 的部分，留下（x_2，x_4）范围。然后将留下部分再分成 6 份，在未做过实验的 4 个分点实验，这样一直做下去，就能找到最佳点。对于每批要做 4 个实验的情况，用这种方法，第一批实验后范围缩小 $\frac{2}{5}$，以后每批实验后都能缩小为前次余下的 $\frac{1}{3}$（图3-11）。

例如，测定某种有毒物质进入生化处理构筑物的最大允许浓度时，可以用这种方法。

图 3-11　分批实验法示意图

第三节　双因素实验设计

对于双因素问题，往往采取把两个因素变成一个因素的办法（即降维法）来解决，也就是先固定第一个因素，做第二个因素的实验，然后固定第二个因素再做第一个因素的实验。

双因素优选问题，就是要迅速地找到二元函数 $z = f(x, y)$ 的最大值及其对应的 (x, y) 点的问题，这里 x、y 代表的是双因素。假定处理的是单峰问题，也就是把 x、y 平面作为水平面，实验结果 z 看成这一点的高度，这样的图形就是一座山，双因素优选法的几何意义是找出该山峰的最高点。如果在水平面上画出该山峰的等高线（z 值相等的点构成的曲线在 x-y 上的投影），如图 3-12 所示，最里边的一圈等高线即为最佳点。

下面介绍几种常用的双因素优选法。

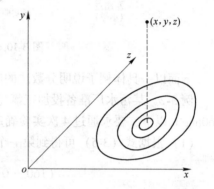

图 3-12　双因素优选法几何意义（单峰）

一、对开法

在直角坐标系中画出一矩形代表优选范围：

$$a < x < b, \quad c < y < d$$

在中线 $x = (a + b)/2$ 上用单因素法找最大值，设最大值在 P 点。在中线 $y = (c + d)/2$ 上用单因素法找最大值，设为 Q 点。比较 P 点和 Q 点的结果，如果 Q 点大，去掉 $x < (a + b)/2$ 部分，否则去掉另一半。再用同样的方法来处理余下的半个矩形，不断地去其一半，逐步地得到所需要的结果。优选过程如图 3-13 所示。

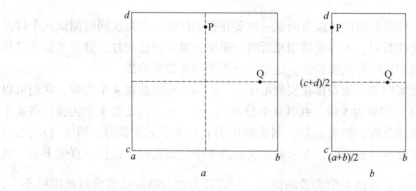

图 3-13　对开法优选过程

需要指出的是，如果 P、Q 两点的实验结果相等（或无法辨认好坏），说明 P 和 Q 两点位于同一条等高线上，所以可以将图 3-13a 的下半块和左半块都去掉，仅留下第一象限。

当两点实验数据的可分辨性十分接近时，可直接丢掉实验范围的3/4。

例 3-3 某化工厂试制磺酸钡，其原料磺酸是磺化油经乙醇水溶液萃取出来的。实验目的是选择乙醇水溶液的合适浓度和用量，使分离出的磺酸最多。根据经验，乙醇水溶液的浓度变化范围为50%～90%（体积分数），用量变化范围为30%～70%（质量分数）。

解：用对开法优选，如图3-14所示，先将乙醇用量固定在50%，用0.618法，求得A点较好，即体积分数为80%；而后上下对折，将体积分数固定在70%，用0.618法优选，结果B点较好，如图3-14a所示。比较A点与B点的实验结果，A点比B点好，于是丢掉下半部分。在剩下的范围内再上下对折，将体积分数固定于80%，对用量进行优选，结果还是A点最好，如图3-14b所示。于是A点即为所求。即乙醇水溶液的体积分数为80%，用量为50%（质量分数）。

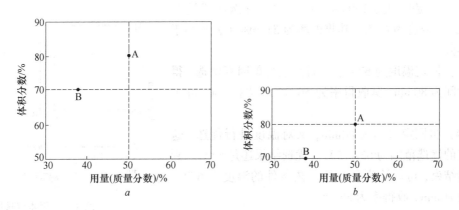

图 3-14 例 3-3 双因素优选图

二、旋升法

如图3-15所示，在直角坐标系中画出一矩形代表优选范围：

$$a < x < b, \quad c < y < d$$

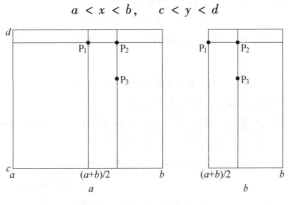

图 3-15 旋升法图例

先在一条中线，例如 $x = (a+b)/2$ 上，用单因素优选法求得最大值，假定在P_1点取得最大值，然后过P_1点作水平线，在这条水平线上进行单因素优选，找到最大值，假定在P_2点处取得最大值，如图3-15a所示，这时应去掉通过P_1点的直线所分开的不含P_2点的部分；又在通过P_2点的垂线上找最大值，假定在P_3点处取得最大值，如图3-15b所示，此时

应去掉 P_2 点的上部分，继续做下去，直到找到最佳点。

在这个方法中，每一次单因素优选时，都是将另一因素固定在前一次优选所得最优点的水平上，故也称为"从好点出发法"。

在这个方法中，哪些因素放在前面，哪些因素放在后面，对于选优的速度影响很大，一般按各因素对实验结果影响的大小顺序，往往能较快得到满意的结果。

例 3-4 阿托品是一种抗胆碱药，为了提高产量降低成本，利用优选法选择合适的酯化工艺条件。根据分析，主要影响因素为温度与时间，其实验范围为：温度 55~75℃，时间 30~310min。

解：（1）先固定温度为 65℃，用单因素优选时间，得最优时间为 150min，其收得率为 41.6%。

（2）固定时间为 150min，用单因素优选法优选温度，得最优温度为 67℃，其收得率为 51.6%（去掉小于 65℃部分）。

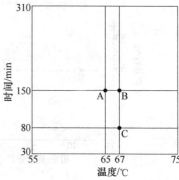

（3）固定温度为 67℃，对时间进行单因素优选，得最优时间为 80min，其收得率为 56.9%（去掉 150min 上半部）。

（4）再固定时间为 80min，又对温度进行优选，这时温度的优选范围为 65~75℃。优选结果还是 67℃。到此实验结束，可以认为最好的工艺条件的温度为 67℃，时间为 80min，收得率为 56.9%。

图 3-16   例 3-4 双因素优选图

优选过程如图 3-16 所示。

三、平行线法

两个因素中，一个（例如 x）易于调整，另一个（例如 y）不易调整，则建议用"平行线法"。先将 y 固定在范围 (c, d) 的 0.618 处，即取

$$y = c + (d - c) \times 0.618$$

用单因素法找最大值，假定在 P 点取得这一值，再把 y 固定在范围 (c, d) 的 0.382 处，即取：

$$y = c + (d - c) \times 0.382$$

用单因素法找最大值，假定在 Q 点取得这值，比较 P、Q 两点的结果，如果 P 点好，则去掉 Q 点下面部分，即去掉 $y \leqslant c + (d - c) \times 0.382$ 的部分（否则去掉 P 点上面的部分），再用同样的方法处理余下的部分，如此继续，如图 3-17 所示。

注意：因素 y 的取点方法不一定要按 0.618 法，也可以固定在其他合适的地方。

例如，混凝效果与混凝剂的投加量、pH 值、水流速度梯度三因素有关。根据经验分析，主要的影响因素是投药量和 pH 值，因此可以根据经验把水流速度梯度固定在某一水平上，然后，用双因素实验设计法选择实验点

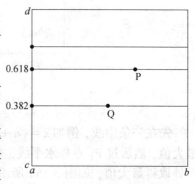

图 3-17   平行线法优选过程

进行实验。

最后指出，在生产和科学实验中遇到的大量问题，大多是多因素问题，双因素法虽然比普通的单因素法更适合处理多因素问题，但随着因素数的增多，实验次数也会迅速增加，所以在使用双因素法处理多因素问题时，不能把所有因素平等看待，而应该将那些影响不大的因素暂且撇开，着重于抓住少数几个、必不可少的、起决定作用的因素来进行研究。

可见，主、次因素的确定，对于双因素实验设计是很重要的。如果限于认识水平确定不了哪一个是主要因素，这时就可以通过实验来解决。这里介绍一种简单的实验判断方法，具体做法如下：先在因素的实验范围内做两次实验（一般可选 0.618 和 0.382 两点），如果这两点的效果差别显著，则为主要因素；如果这两点效果差别不大，则在（0.382~0.618）、（0~0.382）和（0.618~1）三段的中点分别再做一次实验，如果仍然差别不大，则此因素为非主要因素，在实验过程中可将该因素固定在 0.382~0.618 间的任一点。通过上述实验可得这样一个结论：当对某因素做了五点以上实验后，如果各点效果差别不明显，则该因素为次要因素，不要在该因素上继续实验，而应按同样的方法从其他因素中找到主要因素再做优选实验。

第四节　多因素正交实验设计

科学实验中考察的因素往往很多，而每个因素的水平数往往也多，此时要全面地进行实验，实验次数就相当多。如某个实验考察 4 个因素，每个因素 3 个水平，全部实验要 $3^4=81$ 次。要做这么多实验，费时又费力，而有时甚至是不可能的。由此可见，多因素的实验存在两个突出的问题：

第一是全面实验的次数与实际可行的实验次数之间的矛盾；

第二是实际所做的少数实验与全面掌握内在规律的要求之间的矛盾。

为解决第一个矛盾，就需要我们对实验进行合理的安排，挑选少数几个具有"代表性"的实验做，为解决第二个矛盾，需要我们对所挑选的几个实验的实验结果进行科学的分析。

我们把实验中需要考虑多个因素，而每个因素又要考虑多个水平的实验问题称为多因素实验。

如何合理地安排多因素实验？又如何对多因素实验结果进行科学的分析？目前应用的方法较多，而正交实验设计就是处理多因素实验的一种科学方法，它能帮助我们在实验前借助于事先已制好的正交表科学地设计实验方案，从而挑选出少量具有代表性的实验做，实验后经过简单的表格运算，分清各因素在实验中的主次作用并找出较好的运行方案，得到正确的分析结果。因此，正交实验在各个领域得到了广泛应用。

一、正交实验设计

正交实验设计，就是利用事先制好的特殊表格——正交表来安排多因素实验，并进行数据分析的一种方法。它不仅简单易行，计算表格化，而且科学地解决了上述两个矛盾。例如，要进行三因素二水平的一个实验，各因素分别用大写字母 A、B、C 表示，各因素的水平分别用 A_1、A_2、B_1、B_2、C_1、C_2 表示。这样，实验点就可用因素的水平组合表示。实验的目的是要从所有可能的水平组合中，找出一个最佳水平组合。怎样进行实验呢？一种办法是进行全面实验，即每个因素各水平的所有组合都做实验。共需做 $2^3 = 8$ 次实验，这 8 次实验分别是 $A_1B_1C_1$、$A_1B_1C_2$、$A_1B_2C_1$、$A_1B_2C_2$、$A_2B_1C_1$、$A_2B_1C_2$、$A_2B_2C_1$、$A_2B_2C_2$。为直观起见，将它们表示在图 3-18 中。

图 3-18 的正六面体的任意两个平行平面代表同一个因素的两个不同水平，比较这 8 次实验的结果，就可找出最佳生产条件。

进行全面实验对实验项目的内在规律揭示得比较清楚，但实验次数多，特别是当因素及因素的水平数较多时，实验量很大，例如，六个因素，每个因素五个水平的全面实验的次数为 $5^6 = 15625$ 次，实际上如此大量的实验是无法进行的。因此，在因素较多时，如何做到既要减少实验次数，又能较全面地揭示内在规律，这就需要用科学的方法进行合理的安排。

为了减少实验次数，一个简便的办法是采用简单对比法，即每次变化一个因素而固定其他因素进行实验。对三因素两水平的一个实验，首先固定 B、C 于 B_1、C_1，变化 A，如图 3-19 所示，较好的结果用 * 表示。

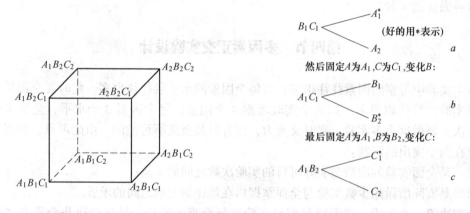

图 3-18 3 因素 2 水平全面实验点分布直观图   图 3-19 3 因素 2 水平简单对比法示意图

于是经过四次实验即可得出最佳条件为：$A_1B_2C_1$。这种方法称为简单对比法，一般也能获得一定效果。

但是刚才我们所取的四个实验点：$A_1B_1C_1$、$A_2B_1C_1$、$A_1B_2C_1$、$A_1B_2C_2$，它们在图中所占的位置如图 3-20 所示，从此图可以看出，4 个实验点在正六面体上分布得不均匀，有的平面上有 3 个实验点，有的平面上仅有一个实验点，因而代表性较差。如果我们利用 $L_4(2^3)$ 正交表安排 4 个实验点 $A_1B_1C_1$、$A_1B_2C_2$、$A_2B_1C_2$、$A_2B_2C_1$，如图 3-21 所示正六面体的任何一面上都取了两个实验点，这样分布就很均匀，因而代表性较好。它能较全面地反映各种信息。由此可见，最后一种安排实验的方法是比较好的方法。这就是我们大量应用正交实验设计法进行多因素实验设计的原因。

1. 正交表

正交表是正交实验设计法中合理安排实验，并对数据进行统计分析的一种特殊表格。常用的正交表有 $L_4(2^3)$，$L_8(2^7)$，$L_9(3^4)$，$L_8(4 \times 2^4)$，$L_{18}(2 \times 3^7)$ 等等。表 3-2 为 $L_4(2^3)$ 正交表。

（1）正交表符号的含义。如图 3-22 所示，"L"代表正交表，L 下角的数字表示横行数

（以后简称行），即要做的实验次数，括号内的指数，表示表中直列数（以后简称列），即最多允许安排的因素个数；括号内的底数，表示表中每列的数字，即因素的水平数。

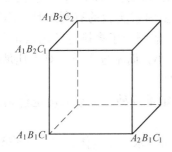

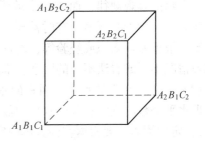

图 3-20　3 因素 2 水平简单对比法实验点分布　　　　图 3-21　3 因素 2 水平正交实验点分布

表 3-2　$L_4(2^3)$ 正交表

实验号	列　号			实验号	列　号		
	1	2	3		1	2	3
1	1	1	1	3	1	2	2
2	1	2	2	4	2	2	1

$L_4(2^3)$ 正交表告诉我们，用它安排实验，需做 4 次实验，最多可以考察 3 个 2 水平的因素，而 $L_8(4 \times 2^4)$ 正交表则要做 8 次实验，最多可考察一个 4 水平和 4 个 2 水平的因素。

（2）正交表具有以下两个特点：

1）每一列中，不同的数字出现的次数相等。如表 3-2 中不同的数字只有两个即 1 和 2。它们各出现 2 次。

2）任意两列中，将同一横行的两个数字看成有序数对（即左边的数放在前，右边的数放在后，按这一次序排出的数对）时，每种数对出现的次数相等。表 3-2 中有序数对共有四种：（1，1）、（1，2）、（2，1）、（2，2）它们各出现一次。

凡满足上述两个性质的表就称为正交表。

$L_4(2^3)$
── 正交表的直列数（因素数）
── 字码数（水平数）
── 正交表的横行数（实验次数）
── 正交表代号

$L_8(4 \times 2^4)$
── 有 4 列是 2 水平
── 有 1 列是 4 水平

图 3-22　正交表符号的意义

2. 利用正交表安排多因素实验

利用正交表进行多因素实验方案设计，一般步骤如下：

（1）明确实验目的，确定评价指标。即根据水处理工程实践明确本次实验要解决的问题，同时，要结合工程实际选用能定量、定性表达的突出指标作为实验分析的评价指标。指标可能有一个，也可能有几个。

（2）挑选因素。影响实验成果的因素很多，由于条件限制，不可能逐一或全面地加以研究，因此要根据已有专业知识及有关文献资料和实际情况，固定一些因素于最佳条件下，排除一些次要因素，而挑选一些主要因素。但是，对于不可控因素，由于测不出因素的数值，因而无法看出不同水平的差别，也就无法判断该因素的作用，所以不能被列为研究对象。

对于可控因素，考虑到若是丢掉了重要因素，可能会影响实验结果，不能正确地全面地反映事物的客观规律，而正交实验设计法正是安排多因素实验的有利工具。因素多几个，实验次数增加并不多，有时甚至不增加，因此，一般倾向于多挑选些因素进行考察，除非事先根据专业知识或经验等，能肯定某因素作用很小，而不选入外，对于凡是可能起作用或情况不明或看法不一的因素，都应当选入进行考察。

（3）确立各因素的水平。因素的水平分为定性与定量两种，水平的确定包括两个含义，即水平个数的确定和各个水平的数量确定。

1）定性因素。要根据实验具体内容，赋予该因素每个水平以具体含义。如药剂种类、操作方式或药剂投加次序等。

2）定量因素。因素的量大多是连续变化的，这就要根据有关知识或经验及有关文献资料等，首先确定该因素数量的变化范围，而后根据实验的目的及性质，并结合正交表的选用来确定因素的水平数和各水平的取值，每个因素的水平数可以相等也可以不等，重要因素或特别希望详细了解的因素，其水平可多一些，其他因素的水平可少一些。

（4）选择合适的正交表。常用的正交表有几十个，可以灵活选择，但应综合考虑以下三方面的情况：

1）考察因素及水平的多少；

2）实验工作量的大小及允许条件；

3）有无重点因素要加以详细的考察。

（5）制定因素水平表。根据上面选择的因素及水平的取值和正交表，制定出一张反映实验所要考察研究的因素及各因素水平的"因素水平综合表"。该表制定过程中，对于各个因素用哪个水平号码，对应哪个用量可以任意规定，一般讲最好是打乱次序安排，但一经选定之后，实验过程中就不许再变了。

（6）确定实验方案。根据因素水平表及选用的正交表，做到：

1）因素顺序上列。按照因素水平表中固定下来的因素次序，顺序地放到正交表的纵列上，每列上放一种。

2）水平对号入座。因素上列后，把相应的水平按因素水平表所确定的关系，对号入座。

3）确定实验条件。正交表在因素顺序上列、水平对号入座后，表的每一横行，即代表所要进行实验的一种条件，横行数即为实验次数。

（7）实验按照正交表中每横行规定的条件，即可进行实验。实验中，要严格操作，并记录实验数据，分析整理出每组条件下的评价指标值。

3. 正交实验结果的直观分析

实验进行之后获得了大量实验数据，如何利用这些数据进行科学的分析，从中得出正确结论，这是正交实验设计的一个重要方面。

正交实验设计的数据分析，就是要解决：哪些因素影响大，哪些因素影响小，因素的主次关系如何；各影响因素中，哪个水平能得到满意的结果，从而找出最佳生产运行条件。

要解决这些问题，需要对数据进行分析整理。分析、比较各个因素对实验结果的影响，分析、比较每个因素的各个水平对实验结果的影响，从而得出正确的结论。

直观分析法的具体步骤如下：

以正交表 $L_4(2^3)$ 为例（见表3-3），其中各数字以符号 $L_n(f^m)$ 表示。

（1）填写评价指标。将每组实验的数据分析处理后，求出相应的评价指标值 y，并填入正交表的右栏实验结果内。

表 3-3　$L_4(2^3)$ 正交表直观分析

水　平		列　号			实验结果
		1	2	3	（评价指标）y
实验号	1	1	1	1	y_1
	2	1	2	2	y_2
	3	2	1	2	y_3
	4	2	2	1	y_4
K_1					$\sum_{i=1}^{n} y_i$
K_2					$n=$实验组数
$\overline{K}_1$					
$\overline{K}_2$					
$R=\overline{K}_1-\overline{K}_2$ 极差					

（2）计算各列的各水平效应值 K_{mf}、$\overline{K}_{mf}$ 及极差 R 值。

$$K_{mf} = m \text{ 列中 } f \text{ 号的水平相应指标值之和}$$

$$\overline{K}_{mf} = \frac{K_{mf}}{m \text{ 列的 } f \text{ 号水平的重复次数}}$$

$$R_m = m \text{ 列中 } K_f \text{ 的极大值与极小值之差}$$

（3）比较各因素的极差 R 值，根据其大小，即可排出因素的主次关系。这从直观上很易理解，对实验结果影响大的因素一定是主要因素。所谓影响大，就是这一因素的不同水平所对应的指标间的差异大，相反，则是次要因素。

（4）比较同一因素下各水平的效应值 $\overline{K}_{mf}$。能使指标达到满意的值（最大或最小）为较理想的水平值。如此，可以确定最佳生产运行条件。

（5）作因素和指标关系图。即以各因素的水平值为横坐标，各因素水平相应的均值 $\overline{K}_{mf}$ 值为纵坐标，在直角坐标纸上绘图，可以更直观地反映出诸因素及水平对实验结果的影响。

4. 正交实验分析举例

例 3-5　污水生物处理所用曝气设备，不仅关系到处理厂（站）基建投资，还关系到运行费用，因而国内外均在研制新型高效节能的曝气设备。

自吸式射流曝气设备是一新型设备，为了研制设备结构尺寸、运行条件与充氧性能关系，拟用正交实验进行清水充氧实验。

实验是在 1.6m×1.6m×7.0m 的钢板池内进行，喷嘴直径 $d=20$mm（整个实验中的一部分）。

A　实验方案确定及实验

（1）实验目的：实验是为了找出影响曝气充氧性能的主要因素及确定曝气设备较理想的结构尺寸和运行条件。

（2）挑选因素：影响充氧的因素较多，根据有关文献资料及经验，对射流器本身结构主要考察两个，一是射流器的长径比，即混合段的长度 L 与其直径 D 之比 L/D，另一是射流器的面积比，即混合段的断面面积与喷嘴面积之比。

$$m = \frac{F_2}{F_1} = \frac{D^2}{d^2}$$

对射流器运行条件，主要考察喷嘴工作压力 p 和曝气水深 H。

（3）确定各因素的水平。为了能减少实验次数，又能说明问题，因此，每个因素选用3个水平，根据有关资料选用，结果如表3-4所示。

表 3-4　自吸式射流曝气实验因素水平表

因　素	1	2	3	4
内　容	水深 H（m）	压力 p（MPa）	面积比 m	长径比 L/D
水　平	1，2，3	1，2，3	1，2，3	1，2，3
数　值	4.5，5.5，6.5	0.1，0.2，0.25	9.0，4.0，6.3	60，90，120

（4）确定实验评价指标。本实验以充氧动力效率为评价指标。充氧动力效率系指曝气设备所消耗的理论功率为 $1kW \cdot h$ 时，向水中充入氧的数量，以 $kg/(kW \cdot h)$ 计。该值将曝气供氧与所消耗的动力联系在一起，是一个具有经济价值的指标，它的大小将影响到活性污泥处理厂的运行费用。

（5）选择正交表。根据以上所选择的因素与水平，确定选用 $L_9(3^4)$ 正交表，见表3-5。

表 3-5　$L_9(3^4)$ 正交实验表

实验号	列　号				实验号	列　号			
	1	2	3	4		1	2	3	4
1	1	1	1	1	6	2	3	1	2
2	1	2	2	2	7	3	1	3	2
3	1	3	3	3	8	3	2	1	3
4	2	1	2	3	9	3	3	2	1
5	2								

（6）确定实验方案。根据已定的因素、水平及选用的正交表：

1）因素顺序上列。

2）水平对号入座；则得出正交实验方案表3-6。

3）确定实验条件并进行实验。根据表3-6，共需组织9次实验，每组具体实验条件见表中1，2，…，9各横行，第一次实验在水深4.5m，喷嘴工作压力 $p=0.1MPa$，面积比 $m=\frac{D^2}{d^2}=9.0$，长径比 $L/D=60$ 倍的条件下进行。

表 3-6　自吸式射流曝气实验方案表 $L_9(3^4)$

实验号	因子				实验号	因子			
	H/m	p/MPa	m	L/D		H/m	p/MPa	m	L/D
1	4.5	0.10	9.0	60	6	5.5	0.25	9.0	90
2	4.5	0.20	4.0	90	7	6.5	0.10	6.3	90
3	4.5	0.25	6.3	120	8	6.5	0.20	9.0	120
4	5.5	0.10	4.0	120	9	6.5	0.25	4.0	60
5	5.5	0.20	6.3	60					

B　实验结果直观分析

实验结果直观分析如表 3-7 所示，具体做法如下。

表 3-7　自吸式射流曝气正交实验成果直观分析

实验号	因子				
	水深 H/m	压力 p/MPa	面积比 m	长径比 L/D	充氧动力效率 $E/\text{kg} \cdot (\text{kW} \cdot \text{h})^{-1}$
1	4.5	0.10	9.0	60	1.03
2	4.5	0.20	4.0	90	0.89
3	4.5	0.25	6.3	120	0.88
4	5.5	0.10	4.0	120	1.30
5	5.5	0.20	6.3	60	1.07
6	5.5	0.25	9.0	90	0.77
7	6.5	0.10	6.3	90	0.83
8	6.5	0.20	9.0	120	1.11
9	6.5	0.25	4.0	60	1.01
K_1	2.80	3.16	2.91	3.11	$\Sigma E = 8.89$
K_2	3.14	3.07	3.20	2.49	$\mu = \dfrac{\Sigma E}{9} = 0.99$
K_3	2.95	2.66	2.78	3.29	
$\overline{K}_1$	0.93	1.05	0.97	1.04	
$\overline{K}_2$	1.05	1.02	1.07	0.83	
$\overline{K}_3$	0.98	0.89	0.93	1.10	
R	0.12	0.16	0.14	0.27	

(1) 填写评价指标。将每一实验条件下的原始数据，通过数据处理后求出动力效率 E，并计算算术平均值，填写在相应的栏内。

(2) 计算各列的 K、$\overline{K}$ 及极差 R。如计算 H 这一列的因素时，各水平的 K 值如下：

第一个水平　　　　　　$K_{4.5} = 1.03 + 0.89 + 0.88 = 2.80$

第二个水平　　　　　　$K_{5.5} = 1.30 + 1.07 + 0.77 = 3.14$

第三个水平　　　　　　$K_{6.5} = 0.83 + 1.11 + 1.01 = 2.95$

其均值 K 分别为

$$\overline{K}_1 = \frac{2.80}{3} = 0.93$$

$$\overline{K}_2 = \frac{3.14}{3} = 1.05$$

$$\overline{K}_3 = \frac{2.95}{3} = 0.98$$

极差　　　　$R_1 = 1.05 - 0.93 = 0.12$

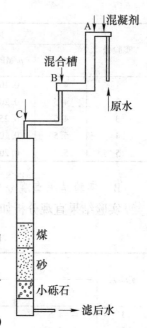

图 3-23　直接过滤
流程示意图

以此分别计算 2、3、4 列，结果如表 3-7 所示。

（3）成果分析。

1）由表 3-7 中极差大小可见，影响射流曝气设备充氧效率的因素主次顺序依次为 $L/D \rightarrow p \rightarrow m \rightarrow H$。

2）由表 3-7 中各因素水平值的均值可见各因素中较佳的水平条件分别为：$L/D = 120$，$p = 0.1MPa$，$m = 4.0$，$H = 5.5m$。

例 3-6　某直接过滤工艺流程如图 3-23 所示，原水浊度约 30 度，水温约 22℃。今欲考察混凝剂硫酸铝投加量，助滤剂聚丙烯酰胺投加量，助滤剂投加点及滤速对过滤周期平均出水浊度的影响，进行正交实验。每个因素选用 3 个水平，根据经验及小型实验，混凝剂投加量分别为 10mg/L、12mg/L 及 14mg/L；助滤剂投加量分别为 0.008mg/L、0.015mg/L 及 0.03mg/L；助滤剂投加点分别为 A、B、C 点；滤速分别为 8m/h、10m/h 及 12m/h。用 $L_9(3^4)$ 表安排实验，实验成果及分析如表 3-8 所示。

表 3-8　$L_9(3^4)$ 直接过滤正交实验成果及直观分析

试验号	混凝剂投量/mg·L⁻¹	助滤剂投量/mg·L⁻¹	助滤剂投点	滤速/m·h⁻¹	过滤出水平均浊度
1	10	0.008	A	8	0.60
2	10	0.015	B	10	0.55
3	10	0.030	C	12	0.72
4	12	0.008	B	12	0.54
5	12	0.015	C	8	0.50
6	12	0.030	A	10	0.48
7	14	0.008	C	10	0.50
8	14	0.015	A	12	0.45
9	14	0.030	B	8	0.37
K_1	1.87	1.64	1.53	1.47	
K_2	1.52	1.50	1.46	1.53	
K_3	1.32	1.57	1.72	1.71	
$\overline{K}_1$	0.62	0.55	0.51	0.49	
$\overline{K}_2$	0.51	0.50	0.49	0.51	
$\overline{K}_3$	0.44	0.52	0.57	0.57	
R	0.18	0.05	0.08	0.08	

注：助滤剂投点：A—药剂经过混合设备；B—药剂未经设备，但经过设备出口处 0.25m 跌水混合；C—原水投药后未经混合即进入滤柱。

由表 3-8 知，各因素较佳值分别为：混凝剂投加量 14mg/L；助滤剂投加量 0.015mg/L；助滤剂投加点 B；滤速 8m/h。

而影响因素的主次分别为：

$$混凝剂投加量 \rightarrow 助滤剂投加点 \rightarrow 滤速 \rightarrow 助滤剂投加量$$

二、多指标的正交实验及直观分析

科研生产中经常会遇到一些多指标的实验问题，它的结果分析比单指标要复杂一些，但实验计算方法均无区别，关键是如何将多指标化成单指标然后进行直观分析。

常用的方法有：指标拆开单个处理综合分析法和综合评分法。下面以具体例子加以说明。

1. 指标拆开单个处理综合分析法

以例 3-5 中自吸式射流曝气器实验为例。正交实验及结果如表 3-9 所示。

表 3-9　多指标正交实验及结果

实验号	H/m	p/MPa	m	L/D	$E/kg \cdot (kW \cdot h)^{-1}$	$K_{La}/1 \cdot h^{-1}$
1	4.5	0.10	9.0	60	1.03	3.42
2	4.5	0.20	4.0	90	0.89	8.82
3	4.5	0.25	6.3	120	0.88	14.88
4	5.5	0.10	4.0	120	1.30	4.74
5	5.5	0.20	6.3	60	1.07	7.86
6	5.5	0.25	9.0	90	0.77	9.78
7	6.5	0.10	6.3	90	0.83	2.34
8	6.5	0.20	9.0	120	1.11	8.10
9	6.5	0.25	4.0	60	1.01	11.28

例 3-6 中选用两个考核指标：充氧动力效率 E 及氧总转移系数 K_{La}。正交实验设计和实验与单指标正交实验没有区别。同样，也将实验结果填于表右栏内。但不同之处就在于将两个指标拆开，按两个单指标正交实验分别计算各因素不同水平的效应值 K、$\overline{K}$ 及极差 R 值，如表 3-10 所示。而后再进行综合分析。

表 3-10　自吸式射流曝气实验结果分析

K 值	指　　　标							
	充氧动力效率 E				氧总转移系数 K_{La}			
	因　　素				因　　素			
	H	p	m	L/D	H	p	m	L/D
K_1	2.80	3.16	2.91	3.11	27.12	10.50	21.30	22.56
K_2	3.14	3.07	3.20	2.49	22.38	24.78	24.84	20.94
K_3	2.95	2.66	2.78	3.29	21.72	35.94	25.08	27.72
$\overline{K}_1$	0.93	1.05	0.97	1.04	9.04	3.50	7.10	7.52
$\overline{K}_2$	1.05	1.02	1.07	0.83	7.46	8.26	8.28	6.98
$\overline{K}_3$	0.98	0.89	0.93	1.10	7.24	11.98	9.36	9.24
R	0.12	0.16	0.14	0.27	1.80	8.48	1.26	2.26

根据表 3-10 结果，考虑指标 E、K_{La} 值均是越高越好，因此各因素主次与最佳条件分析如下：

（1）分指标按极差大小列出因素的影响主次顺序，经综合分析后确立因素主次。

指　标	影响因素主次顺序
动力效率 E	$L/D \to p \to m \to H$
氧总转移系数 K_{La}	$p \to L/D \to H \to m$

由于动力效率指标 E，不仅反映了充氧能力，而且也反映了电耗，是一个比 K_{La} 更有价值的指标，而由两指标的各因素主次关系可见 L/D、p 均是主要的，m、H 相对是次要的，故影响因素主次可以定为：

$$L/D \to p \to m \to H$$

（2）各因素最佳条件确定：

1）主要因素 L/D。不论是从 E，还是从 K_{La} 指标来看，均是 $L/D = 120$ 为佳。故选 $L/D = 120$。因素 p 从 E 看，$p = 0.10$ 为佳，而从 K_{La} 看，$p = 0.25$ 为佳。由于指标 E 比 K_{La} 重要，当生产上主要考虑能量消耗时，以选 $p = 0.10$ 为宜，若生产中不计动力消耗而追求的是高速率的充氧时，以选 $p = 0.25$ 为宜。

2）因素 m。由指标 E 定为 $m = 4.0$，由指标 K_{La} 定为 $m = 6.3$，考虑 E 指标重于 K_{La}，又考虑 m 定为 4.0 或 6.3，对 K_{La} 影响不如对 E 值影响大，故选用 $m = 4.0$ 为佳。

3）因素 H。由指标 E 定为 $H = 5.5\mathrm{m}$，由指标 K_{La} 定为 $H = 2.8\mathrm{m}$，考虑 E 指标重于 K_{La}，并考虑实际生产中水深太浅，曝气池占地面积大，故选用 $H = 5.5\mathrm{m}$。

由此得出较佳条件为：$L/D = 120$；$p = 0.10\mathrm{MPa}$；$m = 4.0$；$H = 5.5\mathrm{m}$。

由上述分析可见，多指标正交实验分析要复杂些，但借助于数学分析提供的一些依据，并紧密地结合专业知识，综合考虑后，还是不难分析确定的。但是由上述分析也可看出，此法比较麻烦，有时较难得到各指标兼顾的好条件。

2. 综合评分法

多指标正交实验直观分析除了上述方法外，多根据问题性质采用综合评分法，将多指标化为单指标而后分析因素主次和各因素的较佳状态。常用的有指标叠加法和排队评分法。

A　指标叠加法

指标叠加法就是将多指标按照某种计算公式进行叠加，将多指标化为单指标，而后进行正交实验直观分析，至于指标间如 y_1，y_2，…，y_i 如何叠加，视指标的性质、重要程度而有不同的方式，如：

$$y = y_1 + y_2 + \cdots + y_i$$
$$y = ay_1 + by_2 + \cdots + ny_i$$

式中　　　　　y——多指标综合后的指标；

y_1，y_2，…，y_i——各单项指标；

a，b，…，n——系数，其大小正负要视指标性质和重要程度而定。

例如：为了进行某种污水的回收重复使用，采用正交实验来安排混凝沉淀实验，以出水 COD、SS 作为评价指标，实验结果如表 3-11 所示。

表 3-11 混凝沉淀实验结果及综合评分法（一）

实验号 \ 因素	药剂种类	投加量 /mg·L⁻¹	反应时间 /min	出水 COD /mg·L⁻¹	出水 SS /mg·L⁻¹	综合评分 COD+SS
1	FeCl$_3$	15	3	37.8	24.3	62.1
2	FeCl$_3$	5	5	43.1	25.6	68.7
3	FeCl$_3$	20	1	36.4	21.1	57.5
4	Al$_2$(SO$_4$)$_3$	15	5	17.4	9.7	27.1
5	Al$_2$(SO$_4$)$_3$	5	1	21.6	12.3	33.9
6	Al$_2$(SO$_4$)$_3$	20	3	15.3	8.2	23.5
7	FeSO$_4$	15	1	31.6	14.2	45.8
8	FeSO$_4$	5	3	35.7	16.7	52.4
9	FeSO$_4$	20	5	28.4	12.3	40.7
K_1	188.3	135.0	138.0			
K_2	84.5	155.0	136.5			
K_3	138.9	121.7	137.2			
$\overline{K}_1$	62.77	45.00	46.00			
$\overline{K}_2$	28.17	51.67	45.50			
$\overline{K}_3$	46.30	40.57	45.73			
R	34.60	11.10	0.50			

本例中：

（1）如回用水对 COD、SS 指标具有同等重要的要求，则采用综合指标 $y = y_1 + y_2$ 的计算方法。按此计算后所得综合指标如表 3-11 所示。根据计算结果则：

按极差大小因素主次关系为：药剂种类→投加量→反应时间

由各因素水平效应值 K 所得较佳状态为：药剂种类——Al$_2$(SO$_4$)$_3$；药剂投加量——20mg/L；反应时间——5min。

（2）如果回用水对 COD 指标要求比 SS 指标要重要得多，则可采用 $y = ay_1 + by_2$ 的算法，此时由于 COD、SS 均是越小越好，因此取 $a_1 \leqslant 1, b = 1$ 的系数进行指标叠加，如表 3-12 所示。

表 3-12 混凝沉淀实验结果及综合评分法（二）

实验号 \ 因素	药剂种类	投加量 /mg·L⁻¹	反应时间 /min	出水 COD /mg·L⁻¹	出水 SS /mg·L⁻¹	综合评分 0.5COD+SS
1	FeCl$_3$	15	3	37.8	24.3	43.2
2	FeCl$_3$	5	5	43.1	25.6	47.2
3	FeCl$_3$	20	1	36.4	21.1	39.3
4	Al$_2$(SO$_4$)$_3$	15	5	17.4	9.7	18.4
5	Al$_2$(SO$_4$)$_3$	5	1	21.6	12.3	23.1
6	Al$_2$(SO$_4$)$_3$	20	3	15.3	8.2	15.9
7	FeSO$_4$	15	1	31.6	14.2	30.0
8	FeSO$_4$	5	3	35.7	16.7	34.6
9	FeSO$_4$	20	5	28.4	12.3	26.5
K_1	129.7	91.6	93.7			
K_2	57.4	104.9	92.1			
K_3	91.7	81.7	92.4			
$\overline{K}_1$	43.23	30.53	31.23			
$\overline{K}_2$	19.13	34.97	30.70			
$\overline{K}_3$	30.37	27.23	30.80			
R	24.10	7.74	0.53			

例 3-6 中采用综合指标：

$$y = 0.5COD + SS$$

计算结果因素主次及较佳水平同前：

主次   药剂种类──→投加量──→反应时间

较佳水平 $Al_2(SO_4)_3$ 20mg/L   5min

B 排队评分法

所谓排队评分法，是将全部实验结果按照指标从优到劣进行排队，然后评分。最好的给 100 分，依次逐个减少，减少多少分大体上与它们效果的差距相对应，这种方法虽然粗糙些，但比较简便。

以表 3-11、表 3-12 实验为例，9 组实验中第 6 组 COD、SS 指标均最小，故得分为 100 分，而第 2 组 COD、SS 指标均最高，若以 50 分计，则参考其指标效果按比例计算，出水 COD 和 SS 两者之和每增加 10mg/L，分数可减少 11 分，按此计算排队评分并按综合指标进行单指标正交实验直观分析，结果如表 3-13 所示。

表 3-13   混凝沉淀实验结果及排队评分计算法

实验号	药剂种类	投加量 /mg·L^{-1}	反应时间 /min	出水 COD /mg·L^{-1}	出水 SS /mg·L^{-1}	综合评分 /%
1	FeCl$_3$	15	3	37.8	24.3	58
2	FeCl$_3$	5	5	43.1	25.6	50
3	FeCl$_3$	20	1	36.4	21.1	63
4	Al$_2$(SO$_4$)$_3$	15	5	17.4	9.7	96
5	Al$_2$(SO$_4$)$_3$	5	1	21.6	12.3	89
6	Al$_2$(SO$_4$)$_3$	20	3	15.3	8.2	100
7	FeSO$_4$	15	1	31.6	14.2	75
8	FeSO$_4$	5	3	35.7	16.7	68
9	FeSO$_4$	20	5	28.4	12.3	81
K_1	171	229	226			
K_2	285	207	227			
K_3	224	244	227			
$\overline{K}_1$	57	76	75			
$\overline{K}_2$	95	69	76			
$\overline{K}_3$	75	81	76			
R	38	12	1			

由极差 R 值及各因素水平效应值 $\overline{K}$ 可得出因素主次关系及较佳水平。

计算结果因素主次及较佳水平同前：

主次　　　　　药剂种类——→投加量——→反应时间

较佳水平　　　$Al_2(SO_4)_3$　　20mg/L　　5min

习　题

1. 已知某合成实验的反应温度范围为340~420℃，通过单因素优选法得到：温度为400℃时，产品的合成率最高，如果使用的是0.618法，问优选过程是如何进行的，共需做多少次实验。假设在实验范围内合成率是温度的单峰函数。

2. 某厂在制作某种饮料时，需要加入白砂糖，为了工人操作和投料的方便，白砂糖的加入以桶为单位，经初步摸索，加入量在3~8桶范围中优选。由于桶数只宜取整数，采用分数法进行单因素优选，优选结果为6桶，试问优选过程是如何进行的。假设在实验范围内实验指标是白砂糖桶数的单峰函数。

3. 要将200mL的某酸性溶液中和到中性（可用pH试纸判断），已知需加入20~80mL的某碱溶液，试问使用哪种单因素优选法可以较快地找到最合适的碱液用量（55mL），并说明优选过程。

4. 某产品的质量受反应温度和反应时间两个因素的影响，已知温度范围为20~100min，时间范围为30~160min，试选用一种双因素优选法进行优选，并简单说明可能的优选过程。假设产品质量是温度和时间的单峰函数。

5. 为了提高污水中某种物质的转化率，选择了三个有关的因素：反应温度A，加碱量B和加酸量C，每个因素选3个水平，见表3-14。

表 3-14　实验因素、水平表（一）

水平 ＼ 因素	A 反应温度/℃	B 加碱量/kg	C 加酸量/kg
1	80	35	25
2	85	48	30
3	90	55	35

（1）试按 $L_9(3^4)$ 安排实验。

（2）按实验方案进行9次实验，转化率依次为51%、71%、58%、69%、59%、77%、85%、84%。试分析实验结果，求出最好生产条件。

6. 为了了解制革消化污泥化学调节的控制条件，对其比阻R影响进行实验。选用因素、水平见表3-15。

表 3-15　实验因素、水平表（二）

水平 ＼ 因素	A 加药体积/mL	B 加药浓度/mL·L^{-1}	C 反应时间/min
1	1	5	20
2	5	10	40
3	9	15	60

问：（1）选用哪张正交表合适；

（2）试排出实验方案；

（3）如果将3个因素依次放在 $L_9(3^4)$ 的第1、2、3列所得比阻值（R 约 $10^8 s^2/g$）为1.122、1.119、1.154、1.091、0.979、1.206、0.938、0.990、0.702。

试分析实验结果，并找出制革消化污泥进行化学调节时其控制条件的较佳值组合。

7. 某原水进行直接过滤正交实验，投加药剂为碱式氯化铝，考察的因素、水平见表3-16，以出水浊度为评定指标，共进行9次实验，所得出水浊度依次为 0.75 度、0.80 度、0.85 度、0.90 度、0.45 度、0.65 度、

0.65 度、0.85 度及 0.35 度。试进行成果分析，确定因素的主次顺序及各因素中较佳的水平条件。

表 3-16   实验因素、水平表 （三）

水平 \ 因素	混合速度梯度/s^{-1}	滤速/m·h^{-1}	混合时间/s	投药量/mg·L^{-1}
1	400	10	10	9
2	500	8	20	7
3	600	6	30	5

8. 为了考察对活性污泥法二沉池的影响，选择因素水平见表 3-16，考察指标为出水悬浮物浓度 SS （mg/L），污泥浓缩倍数 x_R/x。实验结果见表 3-17。试进行直观分析。

表 3-17   实验因素、水平表 （四）

水平 \ 因素	进水负荷 /m^3·(m^2·h)$^{-1}$	池型	空白	x_R/x	SS/mg·L^{-1}
1	0.45	斜	1	2.06	60
2	0.45	矩	2	2.20	48
3	0.60	斜	2	1.49	77
4	0.60	矩	1	2.04	63

第二篇

流体力学与水泵实验

第四章 流体力学实验

实验1 流体静力学实验

一、实验目的

（1）测定静止液体内部某点的静水压强，验证流体静止压强的分布规律，加深对流体静力学基本方程 $p=p_0+\gamma h$ 的理解。

（2）测定未知液体密度，并通过实验加深理解位置水头、压强水头和测压管水头的基本概念以及它们之间的关系，观察静水中任意两点测压管水头 $z+\dfrac{p}{\gamma}=$ 常数。

（3）掌握用测压管测量流体静压强的技能。

（4）通过对诸多流体静力学现象的实验分析与讨论，进一步提高解决静力学实际问题的能力。

二、实验装置

实验装置如图 4-1 所示。

说明：

（1）所有测管液面标高均以标尺（测压管 2）零读数为基准。

（2）仪器铭牌所注 ∇_B、∇_C、∇_D 系测点 B、C、D 标高；若同时取标尺零点作为静力学基本方程的基准，则 ∇_B、∇_C、∇_D 亦为 z_B、z_C、z_D。

（3）本仪器中所有阀门旋柄顺管轴线为开。

三、实验原理

在重力作用下不可压缩流体静力学基本

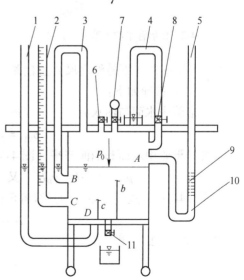

图 4-1　流体静力学实验装置

1—测压管；2—带标尺的测压管；3—连通管；
4—真空测压管；5—U 形测压管；6—通气阀；
7—加压打气球；8—截止阀；9—油柱；
10—水柱；11—减压放水阀

方程

$$z + \frac{p}{\gamma} = \text{const} \quad \text{或} \quad p = p_0 + \gamma h \tag{4-1}$$

式中　z——被测点在基准面以上的位置高度；

　　　p——被测点的静水压强，用相对压强表示，以下同；

　　　p_0——水箱中液面的表面压强；

　　　γ——液体容重；

　　　h——被测点的液体深度。

另对装有水油（图 4-2 及图 4-3）的 U 形测管，应用等压面可得油的密度 ρ_0 有下列关系：

$$\rho_0 = \frac{\gamma_0}{\gamma_w} = \frac{h_1}{h_1 + h_2} \tag{4-2}$$

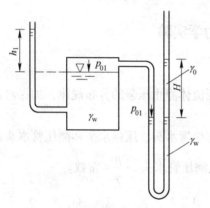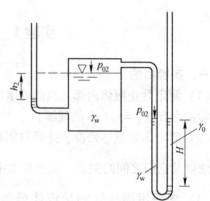

图 4-2　U 形管中油水液面（$p>0$）　　　　　图 4-3　U 形管中油水液面（$p<0$）

据此可用仪器（不另外用尺）直接测得 ρ_0。

式（4-2）推导如下：

当 U 形管中水面与油水界面齐平（图 4-2）时，取其顶面为等压面，有

$$p_{01} = \gamma_w h_1 = \gamma_0 H \tag{4-2a}$$

另当 U 形管中水面和油面齐平（图 4-3）时，取其油水界面为等压面，则有

$$p_{02} + \gamma_w H = \gamma_0 H \quad \text{又} \quad p_{02} = -\gamma_w h = \gamma_0 H - \gamma_w H \tag{4-2b}$$

由式（4-2a）、式（4-2b）两式联解可得：

$$H = h_1 + h_2$$

代入式（4-2a）得

$$\frac{\gamma_0}{\gamma_w} = \frac{h_1}{h_1 + h_2} \tag{4-2c}$$

四、实验步骤

（1）搞清仪器组成及其用法。包括：

1）各阀门的开关。

2）加压方法，关闭所有阀门（包括截止阀），然后用打气球充气。

3）减压方法，开启筒底放水阀 11 放水。

4）检查仪器是否密封，加压后检查测压管 1、2、5 液面高程是否恒定。若下降，表明漏气，应查明原因并加以处理。

（2）记录仪器号 No. 及各常数（记入表 4-1）。

表 4-1　流体静压强测量记录及计算表格　　　　　　单位：cm

实验条件	次序	水箱液面 ∇_0	测压管液面 ∇_H	压 强 水 头				测压管水头	
				$\dfrac{p_A}{\gamma}=\nabla_H-\nabla_A$	$\dfrac{p_B}{\gamma}=\nabla_H-\nabla_B$	$\dfrac{p_C}{\gamma}=\nabla_H-\nabla_C$	$\dfrac{p_D}{\gamma}=\nabla_H-\nabla_D$	$z_C+\dfrac{p_C}{\gamma}$	$z_D+\dfrac{p_D}{\gamma}$
$p_0=0$	1								
$p_0>0$	1								
	2								
	3								
$p_0<0$（其中一次 $p_B<0$）	1								
	2								
	3								

注：表中基准面选在_____；$z_C=$_____ cm；$z_D=$_____ cm。

（3）量测点静压强（各点压强用 Pa 表示）。

1）打开通气阀 6（此时 $p_0=0$），记录水箱液面标高 ∇_0 和测压管 2 液面标高 ∇_H（此时 $\nabla_0=\nabla_H$）。

2）关闭通气阀 6 及截止阀 8，加压使之形成 $p_0>0$，测记 ∇_0 及 ∇_H。

3）打开放水阀 11，使之形成 $p_0<0$（要求其中一次 $\dfrac{p_B}{\gamma}<0$，即 $\nabla_H<\nabla_B$），测记 ∇_0 及 ∇_H。

（4）测出 4 号测压管插入小水杯中的深度。

（5）测定油密度 ρ_0。

1）开启通气阀 6，测记 ∇_0。

2）关闭通气阀 6，打气加压（$p_0>0$），微调放气螺母使 U 形管中水面与油水交界面齐平（图 4-2），测记 ∇_0 及 ∇_H（此过程反复进行 3 次）。

3）打开通气阀，待液面稳定后，关闭所有阀门；然后开启放水阀 11 降压（$p_0<0$），使 U 形管中的水面与油面齐平（图 4-3），测记 ∇_0 及 ∇_H（此过程亦反复进行 3 次）。

五、注意事项

（1）读取测压管及容器水面标高时，视线必须和液面同在一水平面，以免发生误差。

（2）实验前应检查好仪器设备，如发现测压管水位改变，说明容器或测压管漏气，此时应采取措施。

（3）每次调压后，压力有一短时间稳定过程，待各测压管液面平稳后方可读数。

（4）在加压（或减压）过程中应严格控制 U 形管中水自由面和油水交界面，不得使其中任何一个界面至达 U 形管底部，否则将造成通气侧油水喷出或两侧油水混装，导致设备无法使用。

（5）设备采用玻璃或有机玻璃制成，使用时注意动作力度。

六、实验结果整理

（1）记录有关常数。

实验台号：No. _____。

各测点的标尺读数为 $\nabla_B =$ _____ cm；$\nabla_C =$ _____ cm；$\nabla_D =$ _____ cm。

（2）分别求出各次测量时，A、B、C、D 点的压强，并选择一基准验证同一静止液体内的任意两点 C、D 的 $z + \dfrac{p}{\gamma}$ 是否为常数。

（3）求出油的容重，$\gamma_0 =$ _____ N/cm^3（记入表 4-2）。

（4）测出 4 号测压管插入小水杯水中深度，$\Delta h_4 =$ _____ cm。

表 4-2　油容重测量记录及计算表格　　　　　　　　　单位：cm

条　件	次序	水箱液面标尺读数 ∇_0	测压管 2 液面标尺读数 ∇_H	$h_1 = \nabla_H - \nabla_0$	$\bar{h}_1$	$h_2 = \nabla_0 - \nabla_H$	$\bar{h}_2$	$\dfrac{\gamma_0}{\gamma_w} = \dfrac{\bar{h}_1}{\bar{h}_1 + \bar{h}_2}$
$p_0>0$ 且 U 形管中水面与油水交界齐平	1							
	2							
	3							
$p_0<0$ 且 U 形管中水面与油水交界齐平	1							
	2							
	3							

七、思考与讨论

（1）重力作用下流体的静压强的基本规律是什么，试从实验结果分析证明 $z+\dfrac{p}{\gamma}=C$。

（2）同一静止液体内的测压管水头线是根什么线？

（3）当 $p_B<0$ 时，试根据记录数据确定水箱内的真空区域。

（4）如测压管太细，对测压管液面的读数将有何影响？

（5）过 C 点作一水平面，相对管 1、2、5 及水箱中液体而言，这个水平面是不是等压面，哪一部分液体是同一等压面？

实验 2　自循环静水压强传递演示实验

一、实验目的

（1）了解本实验装置的性能及结构特征。

（2）观察静水压强传递的现象，掌握静水压强传递的原理。

二、实验装置

静水压强传递仪由上、下密封压力水箱、扬水喷管、虹吸管和逆止阀等组成，并与水泵、可控硅无级调速器、水泵热保护器及集水箱等固定装配在一起的自循环静水压强传递实验仪器，其装置如图4-4所示。

三、演示指导

1. 特点

静水压强传递仪是利用液体静压传递，通过能量转换自动扬水的教学实验仪器。可进行液体的静压传递特性、"静压奇观"的工作原理及其产生条件、虹吸原理等方面的实验分析和研究，有利于培养同学们的实验观察分析能力、提高学习兴趣。本仪器与其他同类仪器相比具有如下特点：

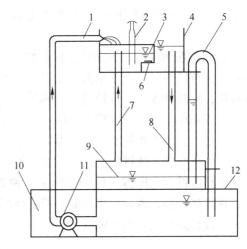

图 4-4　静水压强传递扬水仪装置

1—供水管；2—扬水管与喷头；3—上密封压力水箱；4—上集水箱；5—虹吸管；6—逆止阀；7—通气管；8—下水管；9—下密封压力水箱；10—水泵、电气室；11—水泵；12—下集水箱

（1）有自循环供水、虹吸式排水和逆止阀式自动补水等装置，可往复地连续工作。

（2）扬水仪采用大出水量的喷泉型，喷射高，"静压奇观"鲜明，实验原理清晰。

（3）全由透明的有机玻璃制作，内部结构与工作原理一目了然，造型美观。

2. 实验原理

具有一定位置势能的上集水箱4中的水体经下水管8流入下密封压力水箱9，使压力水箱9中表压强增大，并经通气管7等压传至上密封压力水箱3，压力水箱3中的水体在表面压强作用下经过扬水管与喷头2喷射到高处。仪器的喷射高度可达30cm以上。当压力水箱9中的水位满顶后，水压继续上升，直到虹吸管5工作，使压力水箱9中的水体排入下集水箱12。由于压力水箱9与压力水箱3中的表面压强同时降低，逆止阀6被自动开启，上集水箱4流入压力水箱3。这时上集水箱4中的水位低于下水管8的进口，当压力水箱9中的水体排完以后，上集水箱4中的水体在水泵11的供给下，亦逐渐满过下水管8的进口处，于是，第二次扬水循环接着开始。如此周而复始，形成了自循环式静压传递自动扬水的"静压奇观"现象。

供水泵的作用仅仅补给上集水箱4的耗水，在扬水发生时，即使关闭水泵，扬水过程仍然继续，直到虹吸发生，这里需要强调说明以下几点：

（1）"静压奇观"不是"永动机"。世界上没有也不可能有永动机，那么水怎么能自动流向高处呢？它做功所需的能量来自何处？这是因部分水体从上集水箱4落到下密封压力水箱9，它的势能传递给了上密封压力水箱3中的水体，因而使其获得了能量。经能量转换，由势能转换成动能，才能喷向高处。从总能量来看，在静压传递过程中，只有损耗，没有再生，因此"静压奇观"的现象，实际上是一个能量传递与转换的过程。

（2）喷水高度与落差关系。上集水箱4与压力水箱9的落差越大，则压力水箱9与压力水箱3中表面压强越大，喷水高度也越高。利用本装置原理，可以设计具有实用性的提水设施，它可把半山腰的水源送到山顶，这种提水装置的优点是无传动部件、经济、实用。

（3）虹吸现象及产生条件。仪器虹吸管 5 相当于一个带有自动阀门的旁通管。当压力水箱 9 没有满顶时，由于水流自上集水箱 4 进入压力水箱 9 时，部分压能变成了动能，并被耗损，虹吸管 5 中水位较低（未满管），不可能流动。而当压力水箱 9 满顶后，动能减小，耗损降低。当压力水箱 4 中的水位超过虹吸管顶时，必然导致虹吸管满管出流，虹吸管工作之后，压力水箱 9 中的表面压强很快降到大气压强，这时虹吸管仍能连续出水，直至压力水箱 9 中水体排出，这是因为具备了虹吸管的出口水位低于压力水箱 9 中的水位这一项工作条件。我国古人曾经制作了一种酒杯，即在电视剧《唐明皇》中所见的龙头酒杯，该酒杯最多只能盛大半杯酒，若贪杯斟满，则会自动排净而滴酒不剩，其奥妙就在于杯体内设有如同上述的虹吸器。

实验 3　毕托管测速实验

一、实验目的

（1）通过对管嘴淹没出流点流速及点流速系数的测量，掌握用毕托管测量点流速的技能。

（2）了解普朗特型毕托管的构造和适用性，并检验其量测精度，进一步明确传统流体力学量测仪器的现实作用。

二、实验装置

实验装置如图4-5所示。

说明：经淹没管嘴 6，将高低水箱水位差的位能转换成动能，并用毕托管测出其点流速值。测压计 10 的 1、2 测压管用以测量高、低水箱位置水头，3、4 测压管用以测量毕托管的全压水头和静压水头，水位调节阀 4 用以改变测点的流速大小。

三、实验原理

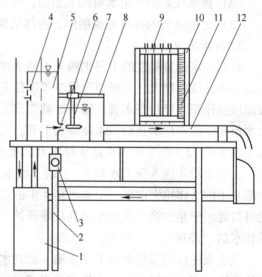

$$u = c\sqrt{2g\Delta h} = k\sqrt{\Delta h} \quad (4\text{-}3)$$

$$k = c\sqrt{2g} \quad (4\text{-}4)$$

式中　u——毕托管测点处的流速；
　　　c——毕托管的校正系数；
　　　Δh——毕托管全压水头与静水压头差。

$$u = \varphi'\sqrt{2g\Delta H} \quad (4\text{-}5)$$

图 4-5　毕托管测速实验装置

1—自循环供水器；2—实验台；3—可控硅无级调速器；
4—水位调节阀；5—恒压水箱；6—管嘴；7—毕托管；
8—尾水箱与导轨；9—测压管；10—测压计；
11—滑动测量尺；12—上回水管

联解上两式可得　　　　　　　　$$\varphi' = c\sqrt{\Delta h/\Delta H} \quad (4\text{-}6)$$

式中　u——测点处流速，由毕托管测定；

　　　φ'——测点流速系数；

　　　ΔH——管嘴的作用水头。

四、实验步骤

（1）准备：1）熟悉实验装置各部分名称、作用性能，搞清构造特征、实验原理；2）用医塑管将上、下游水箱的测点分别与测压计中的1、2测压管相连；3）将毕托管对准管嘴，距离管嘴出口处约2~3cm，上紧固定螺丝。

（2）开启水泵。顺时针打开调速器开关3，将流量调节到最大。

（3）排气。待上、下游溢流后，用吸气球（如医用洗耳球）放在测压管口部抽吸，排除毕托管及各连通管中的气体，用静水匣罩住毕托管，可检查测压计液面是否齐平，液面不齐平可能是空气没有排尽，必须重新排气。

（4）测记各有关常数和实验参数，填入实验表格。

（5）改变流速。操作调节阀4并相应调节调速器3，使溢流量适中，共可获得3个不同恒定水位与相应的不同流速。改变流速后，按上述方法重复测量。

（6）完成下面实验项目：

1）分别沿垂向和沿流向改变测点的位置，观察管嘴淹没射流的流速分布。

2）在有压管道测量中，管道直径相对毕托管的直径在6~10倍以内时误差在2%~5%以上，不宜使用。试将毕托管头部伸入到管嘴中，予以验证。

（7）实验结束时，按上述（3）的方法检查毕托管比压计是否齐平。

五、实验结果整理（表4-3）

表4-3　记录计算表

实验次序	上、下游水位差/cm			毕托管水头差/cm			测点流速/cm·s⁻¹ $(u = k\sqrt{\Delta h})$	测点流速系数 $(\varphi' = c\sqrt{\Delta h/\Delta H})$
	H_1	H_2	ΔH	H_3	H_4	Δh		

注：校正系数 $c=$ _____ ；$k=$ _____ $cm^{0.5}/s$。

六、思考与讨论

（1）利用测压管测量点压强时，为什么要排气，怎样检验排净与否？

（2）毕托管的压头差 Δh 和管嘴上、下游水位差 ΔH 之间的大小关系怎样，为什么？

（3）所测的流速系数 φ' 说明了什么？

（4）普朗特毕托管的测速范围为 0.2~2m/s，流速过小或过大都不宜采用，为什么？

（5）为什么在光、声、电技术高度发展的今天，仍然常用毕托管这一传统的流体测速仪器？

实验4　文丘里流量计实验

一、实验目的

（1）了解文丘里流量计的工作原理及其构造。

（2）通过测定流量系数，掌握文丘里流量计量测管道流量的技术和应用气—水多管压差计量测压差的技术。

（3）通过实验与量纲分析，了解应用量纲分析与实验结合研究水力学问题的途径，进而掌握文丘里流量计的水力特性。

二、实验装置

实验装置如图4-6所示。

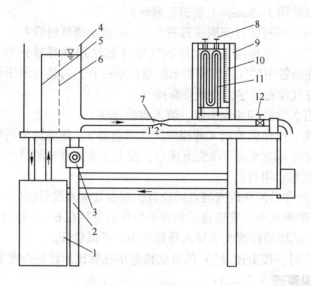

图4-6　文丘里流量计实验装置图

1—自循环供水器；2—实验台；3—可控硅无级调速器；4—恒压水箱；5—溢流板；6—稳水孔板；
7—文丘里实验管段；8—测压计气阀；9—测压计；10—滑尺；11—多管压差计；12—流量调节阀

在文丘里流量计的两个测量断面上，分别有4个测压孔与相应的均压环连通，经均压环均压后的断面压强由气—水多管压差计9测量（也可用电测仪量测）。

三、实验原理

根据能量方程和连续性方程，可得不计阻力作用时的文丘里管过水能力关系式

$$Q' = \frac{\frac{\pi}{4}d_1^2}{\sqrt{\left(\frac{d_1}{d_2}\right)^4 - 1}} \sqrt{2g\left[(z_1 + p_1/\gamma) - (z_2 + p_2/\gamma)\right]} = K\sqrt{\Delta h} \tag{4-7}$$

$$K = \frac{\pi}{4}d_1^2 \sqrt{2g} \Big/ \sqrt{(d_1/d_2)^4 - 1} \tag{4-8}$$

$$\Delta h = \left(z_1 + \frac{p_1}{\gamma}\right) - \left(z_2 + \frac{p_2}{\gamma}\right) \tag{4-9}$$

式中　Δh——两断面测压管水头差。

由于阻力的存在，实际通过的流量 Q 恒小于 Q'。今引入一无量纲系数 $\mu = Q/Q'$（μ 称为流量系数），对计算所得的流量值进行修正，即

$$Q = \mu Q' = \mu K \sqrt{\Delta h}$$

另，由静水力学基本方程可得气—水多管压差计的 Δh 为

$$\Delta h = h_1 - h_2 + h_3 - h_4$$

四、实验步骤

（1）测记各有关常数。

（2）打开电源开关，全关阀 12，检核测管液面读数 $h_1 - h_2 + h_3 - h_4$ 是否为 0，不为 0 时，需查出原因并予以排除。

（3）全开调节阀 12 检查各测管液面是否都处在滑尺读数范围内。否则，按下列步骤调节：拧开气阀 8；将清水注入测管 2、3；待 $h_2 = h_3 \approx 24cm$，打开电源开关充水；待连通管无气泡，渐关阀 12，并调开关 3；至 $h_1 = h_4 \approx 28.5cm$，即速拧紧气阀 8。

（4）全开调节阀门 12，待水流稳定后，读取各测压管的液面读数 h_1、h_2、h_3、h_4，并用秒表、小桶测定流量（重量时间法：$Q = V/t$，$m = \rho V$）。

（5）逐次关小调节阀，改变流量 7~9 次，重复步骤（4），注意调节阀门应缓慢。

（6）把测量值记录在实验表格内，并进行有关计算。

（7）如测管内液面波动时，应取时均值。

（8）实验结束，需按步骤（2）校核压差计是否回零。

五、实验结果整理

（1）记录有关常数：

$d_1 =$ _____ cm；$d_2 =$ _____ cm；水温 $t =$ _____ ℃；运动黏度

$$\nu = \frac{0.01775}{1 + 0.0337t + 0.000221t^2} = \underline{\hspace{3cm}} \ cm^2/s。$$

（2）整理记录计算表（表 4-4 和表 4-5）。

表 4-4　记录表

次　序	测压管读数/cm				水量/cm³	测量时间/s
	h_1	h_2	h_3	h_4		
1						
2						
3						
4						
5						
6						
7						
8						
9						

表 4-5　计算表　　　　　　　　　　　$K=\underline{\hspace{2cm}}$ cm$^{2.5}$/s

次序	$Q/\mathrm{cm^3 \cdot s^{-1}}$	$\Delta h/\mathrm{cm}$ ($\Delta h = h_1-h_2+h_3-h_4$)	Re	$Q'/\mathrm{cm^3 \cdot s^{-1}}$ ($Q' = K\sqrt{\Delta h}$)	$\mu = Q/Q'$
1					
2					
3					
4					
5					
6					
7					
8					
9					

（3）用方格纸绘制 Q-Δh 与 Re-μ 曲线图，分别取 Δh、μ 为纵坐标。

六、思考与讨论

（1）本实验中，影响管流量系数大小的因素有哪些，哪个因素最敏感？对本实验的管道而言，若因加工精度影响，误将 $(d_2-0.01)$ cm 值取代上述 d_2 值时，本实验在最大流量下的 μ 值将变为多少？

（2）为什么计算流量 Q' 与实际流量 Q 不相等？

（3）试应用量纲分析法，阐明文丘里流量计的水力特性。

（4）文丘里管喉颈处容易产生真空，允许最大真空度为 $6\sim7\mathrm{mH_2O}$。工程中应用文丘里管时，应检验其最大真空度是否在允许范围内。根据实验成果，分析本实验流量计喉颈最大真空值为多少？

实验 5　不可压缩流体恒定流能量方程（伯努利方程）实验

一、实验目的

（1）验证流体恒定总流的能量方程。

（2）通过对动水力学诸多水力现象的实验分析研讨，进一步掌握有压管流中动水力学的能量转换特性。

（3）掌握流速、流量、压强等动水力学水力要素的实验量测技能与计算。

二、实验装置

实验装置如图 4-7 所示。

说明：

本仪器测压管有两种：

（1）毕托管测压管（表 4-6 中标 * 的测压管），用以测读毕托管探头对准点的总水头 $H'\left(=z+\dfrac{p}{\gamma}+\dfrac{u^2}{2g}\right)$，须注意一般情况下 H' 与断面总水头 $H\left(=z+\dfrac{p}{\gamma}+\dfrac{v^2}{2g}\right)$ 不同（因一般 $u\neq v$），它的水头线只能定性表示总水头变化趋势。

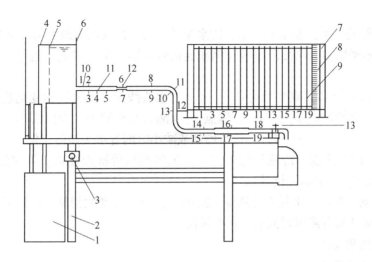

图 4-7　自循环伯努利方程实验装置

1—自循环供水器；2—实验台；3—可控硅无级调速器；4—溢流板；5—稳水孔板；
6—恒压水箱；7—测压计；8—滑动测量尺；9—测压管；10—实验管道；
11—测压点；12—毕托管；13—实验流量调节阀

（2）普通测压管（表 4-6 未标 * 者），用以定量量测测压管水头。

实验流量用调节阀 13 调节，流量由体积时间法（量筒、秒表另备）、重量时间法（电子秤另备）或电测法测量。

表 4-6　管径记录表

测点编号	1*	2 3	4	5	6* 7	8* 9	10 11	12* 13	14* 15	16* 17	18* 19
管径/cm											
两点间距/cm	4	4	6	6	4	13.5	6	10	29	16	16

注：1. 测点 6、7 所在断面内径为 D_2，测点 16、17 为 D_3，其余均为 D_1。

2. 标"*"者为毕托管测点。

3. 测点 2、3 为直管均匀流段同一断面上的两个测压点，10、11 为弯管非均匀流段同一断面上的两个测点。

三、实验原理

在实验管路中沿管内水流方向取 n 个过水断面。可以列出进口断面（1）至另一断面 (i) 的能量方程式 $(i=2,3,\cdots,n)$

$$z_1 + \frac{p_1}{\gamma} + \frac{a_1 v_1^2}{2g} = z_i + \frac{p_i}{\gamma} + \frac{a_i v_i^2}{2g} + hw_{1-i} \qquad (4\text{-}10)$$

取 $a_1 = a_2 = \cdots = a_n = 1$，选好基准面，从已设置的各断面的测压管中读出 $z+\dfrac{p}{\gamma}$ 值，测出通过管路的流量，即可计算出断面平均流速 v 及 $\dfrac{av^2}{2g}$，从而即可得到各断面测压管水头和总水头。

四、实验步骤

（1）熟悉实验设备，分清哪些测管是普通测压管，哪些是毕托管测压管，以及两者功能的区别。

（2）打开开关供水，使水箱充水，待水箱溢流后，检查调节阀关闭后所有测压管水面是否齐平。如不平则需查明故障原因（例如连通管受阻、漏气或夹气泡等）并加以排除，直至调平。

（3）打开调节阀 13，观察思考：1）测压管水头线和总水头线的变化趋势；2）位置水头、压强水头之间的相互关系；3）测点 2、3 测管水头同否，为什么？4）测点 12、13 测管水头是否不同，为什么？5）当流量增加或减小时测管水头如何变化？

（4）调节阀 13 开度，待流量稳定后，测记各测压管液面读数，同时测记实验流量（毕托管供演示用，不必测记读数）。

（5）改变流量两次，重复上述测量。其中一次阀门开度大到使 19 号测管液面接近标尺零点，但须保证所有测压管液面均在标尺读数范围内。

五、实验结果整理

（1）记录有关常数：

均匀段 $D_1 =$ _____ cm；缩管段 $D_2 =$ _____ cm；扩管段 $D_3 =$ _____ cm；水箱液面高程 $\nabla_0 =$ _____ cm。

（2）量测 $\left(z + \dfrac{p}{\gamma}\right)$ 并记入表 4-7。

表 4-7　测记 $\left(z + \dfrac{p}{\gamma}\right)$ 数值（基准面选在标尺的零点上）　　　　单位：cm

测点编号		2	3	4	5	7	9	10	11	13	15	17	19	$Q/\mathrm{cm^3 \cdot s^{-1}}$
实验次序	1													
	2													
	3													

（3）计算流速水头和总水头。

（4）在坐标纸上，绘制上述成果中最大流量下的总水头线 E-E 和测压管水头线 P-P 于同一图上（轴向尺寸参见图 4-8）。

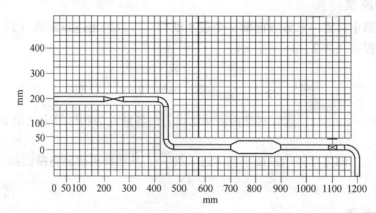

图 4-8　轴向尺寸

提示：

（1）*P-P* 线根据表 4-7 数据绘制，其中测点 10、11、13 数据不用。

（2）*E-E* 线根据表 4-8（2）数据绘制，其中测点 10、11 数据不用。

（3）在等直径管段 *E-E* 与 *P-P* 线平行。

表 4-8　计算数值表

（1）流速水头

管径 d /cm	$Q=$ _____ cm³/s			$Q=$ _____ cm³/s			$Q=$ _____ cm³/s		
	A/cm^2	$v/cm \cdot s^{-1}$	$\dfrac{v^2}{2g}$/cm	A/cm^2	$v/cm \cdot s^{-1}$	$\dfrac{v^2}{2g}$/cm	A/cm^2	$v/cm \cdot s^{-1}$	$\dfrac{v^2}{2g}$/cm

（2）水头 $\left(z+\dfrac{p}{\gamma}+\dfrac{av^2}{2g}\right)$　　　　　　　　单位：cm

测点编号		2	3	4	5	7	9	10	11	13	15	17	19	$Q/cm^3 \cdot s^{-1}$
实验次序	1													
	2													
	3													

六、思考与讨论

（1）测压管水头线和总水头线的变化趋势有何不同，为什么？

（2）流量增加，测压管水头线有何变化，为什么？

（3）测点 2、3 和测点 10、11 的测压管读数分别说明了什么问题？

（4）在管路流动中，若通过的流量相同、管段长度相同、管型变化不同的两段管路总水头损失有何不同，请举例说明。

（5）毕托管所显示的总水头线与实测绘制的总水头线一般都略有差异，试分析其原因。

实验 6　不可压缩流体恒定流动量定律实验

一、实验目的

（1）验证不可压缩流体恒定流的动量方程。

（2）通过对动量与流速、流量、出射角度、动量矩等因素间相关性的分析研讨，进一步掌握流体动力学的动量守恒定理。

（3）了解活塞式动量定律实验仪原理、构造，进一步启发与培养创造性思维的能力。

二、实验装置

实验装置如图 4-9 所示。

自循环供水装置 1 由离心式水泵和蓄水箱组合而成。水泵的开启、流量大小的调节均由调速器 3 控制。水流经供水管供给恒压水箱 5，溢流水经回水管流回蓄水箱。流经管嘴 6 的水流形成射流，冲击带活塞和翼片的抗冲平板 9，并以与入射角成 90°的方向离开抗冲

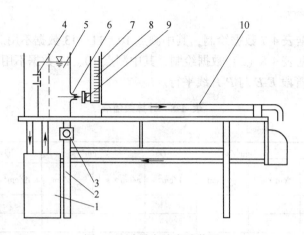

图 4-9   动量定律实验装置

1—自循环供水器；2—实验台；3—可控硅无级调速器；4—水位调节阀；
5—恒压水箱；6—管嘴；7—集水箱；8—带活塞套的测压管；
9—带活塞和翼片的抗冲平板；10—上回水管

平板。抗冲平板在射流冲力和测压管 8 中的水压力作用下处于平衡状态。活塞形心水深 h_c 可由测压管 8 测得，由此可求得射流的冲力，即动量力 F_0 冲击后的弃水经集水箱 7 汇集后，再经上回水管 10 流出，最后经漏斗和下回水管流回蓄水箱。

为了自动调节测压管内的水位，以使带活塞的平板受力平衡并减小摩擦阻力对活塞的影响，本实验装置应用了自动控制的反馈原理和动摩擦减阻技术，其构造如下：

图 4-10 所示为带活塞和翼片的抗冲平板 9 和带活塞套的测压管 8 在活塞退出活塞套时的分部示意图。活塞中心设有一细导水管 a，进口端位于平板中心，出口端伸出活塞头部，出口方向与轴向垂直。在平板上设有翼片 b，活塞套上设有窄槽 c。

工作时，在射流冲击力作用下，水流经导水管 a 向测压管内加水。当射流冲击力大于测压管内水柱对活塞的压力时，活塞内移，窄槽 c 关小，水流外溢减少，使测压管内水位升高，水压力增大。反之，活塞外移，窄槽开大，水流外溢增多，测压管内水位降低，水压力减小。在恒定射流冲击下，经短时段的自动调整，即可达

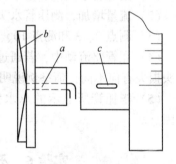

图 4-10   活塞与活塞套
分部示意图

到射流冲击力和水压力的平衡状态。这时活塞处在半进半出、窄槽部分开启的位置上，过 a 流进测压管的水量和过 c 外溢的水量相等。由于平板上设有翼片 b，在水流冲击下，平板带动活塞旋转，因而克服了活塞在沿轴向滑移时的静摩擦力。

为验证本装置的灵敏度，只要在实验中的恒定流受力平衡状态下，人为地增减测压管中的液位高度，可发现即使改变量不足总液柱高度的 ±0.5%（约 0.5~1mm），活塞在旋转下亦能有效地克服动摩擦力而作轴向位移，开大或减小窄槽 c，使过高的水位降低或过低的水位提高，恢复到原来的平衡状态。这表明该装置的灵敏度高达 0.5%，亦即活塞轴向动摩擦力不足总动量力的 0.5%。

三、实验原理

恒定总流动量方程为

$$F = \rho Q(\beta_2 \boldsymbol{v}_2 - \beta_1 \boldsymbol{v}_1) \qquad (4\text{-}11)$$

取脱离体如图 4-11 所示，因滑动摩擦阻力水平分力 $f_x < 0.5\% F_x$，可忽略不计，故 x 方向的动量方程化为

$$F_x = -p_c A = -rh_c \frac{\pi}{4} D^2 = \rho Q(0 - \beta_1 v_{1x}) \qquad (4\text{-}12)$$

即

$$\beta_1 \rho Q v_{1x} - \frac{\pi}{4} \gamma h_c D^2 = 0 \qquad (4\text{-}13)$$

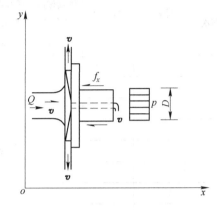

图 4-11 射流冲击力与
静水压力平衡示意图

式中 h_c——作用在活塞形心处的水深；

     D——活塞的直径；

     Q——射流流量；

     v_{1x}——射流的速度；

     β_1——动量修正系数。

实验中，在平衡状态下，只要测得流量 Q 和活塞形心水深 h_c，由给定的管嘴直径 d 和活塞直径 D，代入上式，便可率定射流的动量修正系数 β_1 值，并验证动量定律。其中，测压管的标尺零点已固定在活塞的圆心处，因此液面标尺读数即为作用在活塞圆心处的水深。

四、实验步骤

（1）准备。熟悉实验装置各部分名称、结构特征、作用与性能，记录有关常数。

（2）开启水泵。打开调速器开关，水泵启动 2~3min 后，关闭 2~3s，以利用回水排除离心式水泵内滞留的空气。

（3）调整测压管位置。待恒压水箱满顶溢流后，松开测压管固定螺丝，调整方位，要求测压管垂直、螺丝对准十字中心，使活塞转动松快。然后旋转螺丝固定好。

（4）测读水位。标尺的零点已固定在活塞圆心的高程上，当测压管内液面稳定后，记下测压管内液面的标尺读数，即 h_c 值。

（5）测量流量。用体积法或重量法测流量时，每次时间要求大于 20s，若用电测仪测流量时，则须在仪器量程范围内，均需重复测 3 次再取均值。

（6）改变水头重复实验。逐次打开不同高度上的溢水孔盖，改变管嘴的作用水头。调节调速器，使溢流量适中，待水头稳定后，按（3）~（5）步骤重复进行实验。

（7）验证 $v_{2x} \neq 0$ 对 F_x 的影响。取下平板活塞，使水流冲击到活塞套内，调整好位置，使反射水流的回射角度一致，记录回射角度的目估值、测压管作用水深 h_c' 和管嘴作用水头 H_0。

五、实验结果整理

（1）记录有关常数：

管嘴内径 $d =$ _____ cm；活塞直径 $D =$ _____ cm。

（2）设计实验参数记录、计算表（可参考表4-9），并填入实测数据。

（3）取某一流量，绘出脱离体图，阐明分析计算的过程。

表 4-9　测量记录及计算表

测次	体积 V /cm³	时间 T /s	管嘴作用 水头 H_0 /cm	活塞作用 水头 h_c /cm	流量 Q /cm³·s⁻¹	平均流量 $\bar{Q}$ /cm³·s⁻¹	流速 v /cm·s⁻¹	动量力 F /10⁻⁵N	动量修正 系数 β_1

六、思考与讨论

（1）实测$\bar{\beta}$（平均动量修正系数）与公认值（$\beta = 1.02 \sim 1.05$）符合与否，如不符合，试分析原因。

（2）带翼片的平板在射流作用下获得力矩，这对分析射流冲击翼片的平板沿 x 方向的动量方程有无影响，为什么？

（3）若通过细导水管的分流，其出流角度与 v_2 相同，对以上受力分析有无影响？

（4）滑动摩擦力 f_x 为什么可以忽略不计，试用实验来分析验证 f_x 大小，记录观察结果。（提示：平衡时，向测压管内加入或取出 1mm 左右深的水量，观察活塞及液位的变化）。

（5）v_{2x} 若不为零，会对实验结果带来什么影响，试结合实验步骤（7）的结果予以说明。

实验7　雷诺实验

一、实验目的

（1）观察层流、紊流的流态及其转换特征。

（2）测定临界雷诺数，掌握圆管流态判别准则。

（3）学习古典流体力学中应用无量纲（量纲为1）参数进行实验研究的方法，并了解其实用意义。

二、实验装置

实验装置如图4-12所示。

供水流量由无级调速器调控使恒压水箱4始终保持微溢流的程度，以提高进口前水体

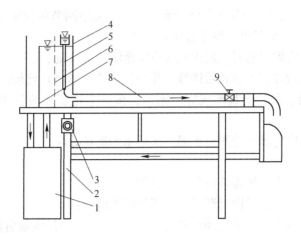

图 4-12　自循环雷诺实验装置

1—自循环供水器；2—实验台；3—可控硅无级调速器；4—恒压水箱；5—有色水水管；
6—稳水孔板；7—溢流板；8—实验管道；9—实验流量调节阀

稳定度。本恒压水箱还设有多道稳水隔板，可使稳水时间缩短到 3 ~ 5min。有色水经有色水水管 5 注入实验管道 8，可据有色水散开与否判别流态。为防止自循环水污染，有色指示水采用自行消色的专用有色水。

三、实验原理

$$Re = \frac{vd}{\nu} = \frac{4Q}{\pi d\nu} = KQ ; \quad K = \frac{4}{\pi d\nu} \tag{4-14}$$

式中　v——流体流速；

ν——流体黏度（液体的运动黏度系数）；

d——圆管直径；

Q——圆管内过流流量。

由于临界流速有两个，故临界雷诺数也有两个，当流量由零逐渐增大，产生一个上临界雷诺数 Re_c，$Re_c = \frac{v_c d}{\nu}$；当流量由大逐渐关小，产生一个下临界雷诺数 Re_c，$Re_c = \frac{v_c d}{\nu}$。上临界雷诺数易受外界干扰，数值不稳定，而下临界雷诺数 Re_c 值比较稳定。雷诺经过反复实验测试，测得圆管水流下临界雷诺数 Re_c 值为 2320。因此，一般以下临界雷诺数作为判别流态的标准，当 $Re < Re_c = 2320$ 时，管中液流为层流；当 $Re > Re_c = 2320$ 时，管中液流为紊流。

四、实验步骤

（1）测记本实验的有关常数。

（2）观察两种流态。打开开关 3 使水箱充水至溢流水位，经稳定后，稍微开启调节阀 9，并注入颜色水于实验管内，使颜色水流成一直线。通过颜色水质点的运动观察管内水流的层流流态，然后逐步开大调节阀，通过颜色水直线的变化观察层流转变到紊流的水力特征，待管中出现完全紊流后，再逐步关小调节阀，观察由紊流转变为层流的水力特征。

（3）测定下临界雷诺数。

1）将调节阀打开，使管中呈完全紊流，再逐步关小调节阀使流量减小。当流量调节到使颜色水在全管中刚呈现出一稳定直线时，即为下临界状态。

2）待管中出现临界状态时，用体积法或电测法测定流量。

3）根据所测流量计算下临界雷诺数，并与公认值（2320）比较，偏离过大，需重测。

4）重新打开调节阀，使其形成完全紊流，按照上述步骤测量下临界雷诺数不少于3次。

5）同时用水箱中的温度计测记水温，求得水的运动黏度。

注意：

1）每调节阀门一次，均需等待稳定几分钟；

2）关小阀门过程中，只许逐渐关小，不许时关时开；

3）随出水流量减小，应适当调小开关（右旋），以减小溢流量引发的扰动。

（4）测定上临界雷诺数。逐渐开启调节阀，使管中水流由层流过渡到紊流，当有色水线刚开始散开时，即为上临界状态，测定上临界雷诺数1~2次。

五、实验结果整理

（1）记录、计算有关常数：

管径 $d=$_____cm；水温 $t=$_____℃；运动黏度 $\nu=\dfrac{0.01775}{1+0.0337t+0.000221t^2}=$_____cm^2/s；计算常数 $K=$_____s/cm^3。

（2）整理、记录计算表（表4-10）。

表4-10　记录计算表

实验次序	颜色水线形态	水体积 V/cm^3	时间 T/s	流量 Q/cm$^3\cdot$s^{-1}	雷诺数 Re	阀门开度增（↑）或减（↓）	备　注
1							
2							
3							
4							
5							
6							
7							
8							
9							
10							

实测下临界雷诺数（平均值）$\overline{Re}_c=$

注：颜色水形态指：稳定直线，稳定略弯曲，直线摆动，直线抖动，断续，完全散开等。

六、思考与讨论

（1）为何认为上临界雷诺数无实际意义，而采用下临界雷诺数作了层流与紊流的判别依据，实测下临界雷诺数为多少？

（2）雷诺实验得出的圆管流动下临界雷诺数为2320，而目前有些教科书中介绍采用的下临界雷诺数是 2000，原因何在？

（3）分析层流和紊流在运动学特性和动力学特性方面各有何差异？

实验 8　沿程水头损失实验

一、实验目的

（1）加深了解圆管层流和紊流沿程损失随平均流速变化的规律，绘制 $\lg h_f$-$\lg v$ 曲线。

（2）掌握管道沿程阻力系数的量测技术和应用气—水压差计及电测仪测量压差的方法。

（3）将测得的 Re-λ 关系值与莫迪图对比，分析其合理性，进一步提高实验成果分析能力。

二、实验装置

实验装置如图 4-13 所示。

根据压差测法不同，有两种形式：

形式 1　压差计测压差。低压差用水压差计量测；高压差用多管式水银压差计量测（图 4-14）。

形式 2　电子量测仪测压差。低压差仍用水压计量测；而高压差用电子量测仪（简称电测仪）量测。与形式 1 比较，其唯一不同在于水银多管式压差计被电测仪（图 4-15）所取代。

沿程水头损失实验装置配备有：

（1）自动水泵与稳压器。自循环

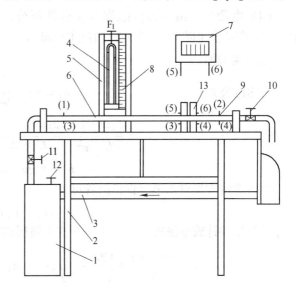

图 4-13　自循环沿程水头损失实验装置

1—自循环高压恒定全自动供水器；2—实验台；3—回水管；
4—水压差计；5—测压计；6—实验管道；7—电子量测仪；
8—滑动测量尺；9—测压点；10—实验流量调节阀；
11—供水管与供水阀；12—旁通管与旁通阀；13—稳压筒

高压恒定全自动供水器由离心泵、自动压力开关、气—水压力罐式稳压器等组成。压力超高时能自动停机，过低时能自动开机。为避免因水泵直接向实验管道供水而造成的压力波动等影响，离心泵的输水是先进入稳压器的压力罐，经稳压后再送向实验管道。

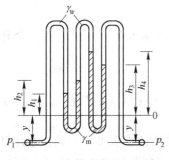

图 4-14　多管式水银压差计

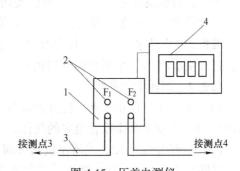

图 4-15　压差电测仪

1—压力传感器；2—排气旋钮；3—连通管；4—主机

（2）旁通管与旁通阀。由于实验装置所采用水泵的特性，在供小流量时有可能时开时停，从而造成供水压力的较大波动。为了避免这种情况出现，供水器设有与蓄水箱直通的旁通管（图中未标出），通过分流可使水泵持续稳定运行。旁通管中设有调节分流量至蓄水箱的阀门，即旁通阀，实验流量随旁通阀开度减小（分流量减小）而增大。实际上旁通阀又是此实验装置用以调节流量的重要阀门之一。

（3）稳压筒。为了简化排气，并防止实验中再进气，在传感器前连接由两只充水（不满顶）的密封立筒构成。

（4）电测仪。由压力传感器和主机两部分组成，经由连通管将其接入测点（图4-15）。压差读数（以 Pa 为单位）通过主机显示。

三、实验原理

由达西公式

$$h_f = \lambda \frac{L}{d} \frac{v^2}{2g} \tag{4-15}$$

得

$$\lambda = \frac{2gdh_f}{L} \frac{1}{v^2} = \frac{2gdh_f}{L} \left(\frac{\pi}{4} d^2 / Q \right)^2 = K \frac{h_f}{Q^2} \tag{4-16}$$

$$K = \pi^2 g d^5 / 8L$$

另由能量方程对水平等直径圆管可得

$$h_f = (p_1 - p_2) / r \tag{4-17}$$

压差可用压差计或电测得到。对于多管式水银压差有下列关系：

$$h_f = \frac{p_1 - p_2}{\gamma_w} = \left(\frac{\gamma_m}{\gamma_w} - 1 \right)(h_2 - h_1 + h_4 - h_3) = 12.6 \Delta h_m^*$$

$$\Delta h_m = h_2 - h_1 + h_4 - h_3 \tag{4-18}$$

式中，γ_m、γ_w 分别为水银和水的容重；Δh_m 为汞柱总差。

*由图4-14可知，据水静力学基本方程及等压面原理有

$$p_1 - \gamma_w(y + h_1) + \gamma_m(h_1 - h_2) + \gamma_w(h_2 - h_3) + \gamma_m(h_3 - h_4) + \gamma_w(h_4 + y) = p_2$$

$$\frac{p_1 - p_2}{\gamma_w} = h_f = \left(\frac{\gamma_m}{\gamma_w} - 1 \right)(h_2 - h_1 + h_4 - h_3) = 12.6 \Delta h_m$$

四、实验步骤

准备1　对照装置图和说明，弄清楚各组成部件的名称、作用及其工作原理；检查蓄水箱水位是否够高及旁通阀12是否已关闭。否则予以补水并关闭阀门；记录有关实验常数：工作管内径 d 和实验管长 L（标志于蓄水箱）。

准备2　启动水泵。实验用的供水装置采用的是自动水泵，接通电源，全开旁通阀12，打开供水阀11，水泵自动开启供水。

准备3　调通量测系统：

（1）夹紧水压计止水夹，打开流量调节阀10和供水阀11（逆时针），关闭旁通阀12（顺时针），启动水泵排除管道中的气体。

（2）全开旁通阀12，关闭流量调节阀10，松开水压计止水夹，并旋松水压计的旋塞 F_1，排除水压计中的气体。随后，关供水阀11，开流量调节阀10，使水压计液面降至标尺中部，即旋紧 F_1。再次开启供水阀11并立即关闭流量调节阀10，稍候片刻检查水压计

是否齐平，如不平则需重调。

（3）水压计齐平进，则可旋开电测仪排气旋钮，对电测仪的连接水管通水、排气，并将电测仪调至"000"显示。

（4）实验装置通水排气后，即可进行实验测量。在旁通阀12、供水阀11全开的前提下，逐次开大流量调节阀10，每次调节流量时，均需稳定2~3min，流量越小，稳定时间越长；测流量时间不小于8~10s；测流量的同时，需测记水压计（或电测仪）、温度计（温度表应挂在水箱中）等读数：

层流段：应在水压计 $\Delta h \sim 196.133\text{Pa}$（20mmH$_2$O，夏季）， $\Delta h \sim 294.199\text{Pa}$（30mmH$_2$O，冬季）量程范围内，测记3~5组数据。

紊流段：夹紧水压计止水夹，开大流量，用电测仪记录 h_f 值，每次增量可按 $\Delta h \sim 9.81\text{kPa}$（100cmH$_2$O）递加，直至测出最大的 h_f 值。阀的操作次序是：当供水阀11、流量调节阀10开至最大后，逐渐关小旁通阀12，直至 h_f 显示最大值。

（5）结束实验前，应全开旁通阀12，关闭流量调节阀10，检查水压计与电测仪是否指示为零，若均为零，则关闭供水阀11，切断电源。否则若不为零，则表明压力计已进气，需重做实验。

五、实验结果整理

（1）有关常数。圆管直径 $d =$ ＿＿＿＿ cm，量测段长度 $L = $ ＿85＿ cm。

（2）记录及计算（表4-11）。

表4-11　记录及计算

次序	体积 /cm^3	时间 /s	流量 Q /cm$^3 \cdot$ s^{-1}	流速 v /cm $\cdot$ s^{-1}	水温 /℃	黏度 ν /cm$^2 \cdot$ s^{-1}	雷诺数 Re	比压计、电测仪读数/cm		沿程损失 h_f/cm	沿程损失系数 λ	$Re<2320$, $\lambda = \dfrac{64}{Re}$
								h_1	h_2			
1												
2												
3												
4												
5												
6												
7												
8												
9												
10												
11												
12												
13												
14												

注：常数 $K = \pi^2 g d^5 / 8L =$ ＿＿＿＿＿＿ cm^5/s^2。

（3）绘图分析*。绘制 lgv-lgh_f 曲线，并确定指数关系值 m 的大小。在厘米纸上以 lgv 为横坐标，以 lgh_f 为纵坐标，点绘所测的 lgv-lgh_f 关系曲线，根据具体情况连成一段或几段直线。求厘米纸上直线的斜率：

$$m = \frac{\lg h_{f2} - \lg h_{f1}}{\lg v_2 - \lg v_1} \tag{4-19}$$

将从图上求得的 m 值与已知各流区的 m 值（即层流 $m=1$，光滑管流区 $m=1.75$，粗糙管紊流区 $m=2.0$，紊流过渡区 $1.75<m<2.0$）进行比较，确定流区。

　*实验曲线绘法建议：

（1）图纸。绘图纸可用普通厘米纸或对数纸，面积不小于 12cm×12cm。

（2）坐标确定。若采用厘米纸，取 lgh_f 为纵坐标（绘制实验曲线一般以因变量为纵坐标），lgv 为横坐标；采用对数纸，纵坐标定 h_f，横坐标用 v，即不定成对数。

（3）标注。在坐标轴上，分别标明变量名称、符号、单位以及分度值。

（4）绘点。据实验数据绘出实验点。

（5）绘曲线。据实验点分布绘制曲线，应使位于曲线两侧的实验点大致相等，且各点相对曲线的垂直距离总和也大致相等。

六、思考与讨论

（1）为什么压差计的水柱差就是沿程水头损失，如实验管道安装成倾斜，是否影响实验成果，为什么？

（2）据实测 m 值判别本实验的流动形态和流区。

（3）管道的当量粗糙度如何测得？

（4）本次实验结果与莫迪图吻合与否，试分析其原因。

实验9　局部阻力损失实验

一、实验目的

（1）掌握三点法、四点法量测局部阻力系数的技能。

（2）通过对圆管突扩局部阻力系数的包达公式和突缩局部阻力系数的经验公式的实验验证与分析，熟悉用理论分析法和经验法建立函数式的途径。

（3）加深对局部阻力损失机理的理解。

二、实验装置

实验装置如图 4-16 所示。

实验管道由小→大→小三种已知管径的管道组成，共设有 6 个测压孔，测孔 1~3 和 3~6 分别测量突扩和突缩的局部阻力系数。其中测孔 1 位于突扩界面处，用以测量小管出口端压强值。

三、实验原理

写出局部阻力前后断面的能量方程，根据推导条件，扣除沿程水头损失可得：

（1）突然扩大。采用三点法计算，式（4-20）中 h_{f1-2} 由 h_{f2-3} 按流长比例换算得出。

实测 $$h_{je} = \left[\left(z_1 + \frac{p_1}{r}\right) + \frac{av_1^2}{2g}\right] - \left[\left(z_2 + \frac{p_2}{r}\right) + \frac{av_2^2}{2g} + h_{f1-2}\right] \tag{4-20}$$

$$\zeta_e = h_{je} \left/ \frac{av_1^2}{2g} \right. \tag{4-21}$$

理论
$$\zeta_e' = \left(1 - \frac{A_1}{A_2}\right)^2 \tag{4-22}$$

$$h_{je}' = \zeta_e' \frac{av_1^2}{2g} \tag{4-23}$$

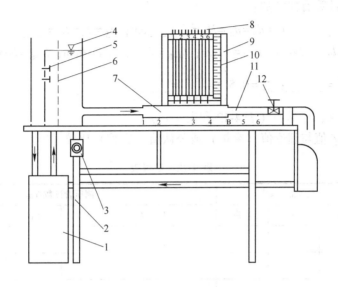

图 4-16 局部阻力系数实验装置

1—自循环供水器；2—实验台；3—可控硅无级调速器；4—恒压水箱；5—溢流板；
6—稳水孔板；7—突然扩大实验管段；8—测压计；9—滑动测量尺；
10—测压管；11—突然收缩实验管段；12—实验流量调节阀

（2）突然缩小。采用四点法计算，式（4-24）中 B 点为突缩点，h_{f4-B} 由 h_{f3-4} 换算得出，h_{fB-5} 由 h_{f5-6} 换算得出。

实测
$$h_{js} = \left[\left(z_4 + \frac{p_4}{r}\right) + \frac{av_4^2}{2g} - h_{f4-B}\right] - \left[\left(z_5 + \frac{p_5}{r}\right) + \frac{av_5^2}{2g} + h_{fB-5}\right] \tag{4-24}$$

$$\zeta_s = h_{js} \left/ \frac{av_5^2}{2g} \right. \tag{4-25}$$

经验
$$\zeta_s' = 0.5\left(1 - \frac{A_5}{A_3}\right) \tag{4-26}$$

$$h_{js}' = \zeta_s' \frac{av_5^2}{2g} \tag{4-27}$$

四、实验步骤

（1）测记实验有关常数。

（2）打开电子调速器开关，使恒压水箱充水，排除实验管道中的滞留气体。待水箱溢流后，检查泄水阀全关时，各测压管液面是否齐平，若不平，则需排气调平。

（3）打开泄水阀至最大开度，待流量稳定后，测记测压管读数，同时用体积法或用电测法测记流量。

（4）改变泄水阀开度 3~4 次，分别测记测压管读数及流量。

（5）实验完成后关闭泄水阀，检查测压管液面是否齐平，否则，需重做。

五、实验结果整理

（1）记录、计算有关常数：

$d_1 = D_1 =$ _____ cm；$d_2 = d_3 = d_4 = D_2 =$ _____ cm；$d_5 = d_6 = D_3 =$ _____ cm。

$l_{1-2} = 12\text{cm}$；$l_{2-3} = 24\text{cm}$；$l_{3-4} = 12\text{cm}$；$l_{4-B} = 6\text{cm}$；$l_{B-5} = 6\text{cm}$；$l_{5-6} = 6\text{cm}$。

$\zeta_e' = \left(1 - \dfrac{A_1}{A_2}\right)^2 =$ _____；$\zeta_s' = 0.5\left(1 - \dfrac{A_5}{A_3}\right) =$ _____。

（2）整理记录、计算表（表 4-12 和表 4-13）。

（3）将实测 ζ 值与理论值（突扩）或公认值（突缩）比较。

表 4-12　记录表

次　序	流量/cm³·s⁻¹			测压管读数/cm					
	体积/cm³	时间/s	流量	h_1	h_2	h_3	h_4	h_5	h_6
1									
2									
3									
4									
5									

表 4-13　计算表

阻力形式	次序	流量 /cm³·s⁻¹	前断面		后断面		h_f /cm	ζ	h_f' /cm
			$\dfrac{av^2}{2g}$/cm	E/cm	$\dfrac{av^2}{2g}$/cm	E/cm			
突然扩大	1								
	2								
	3								
	4								
	5								
突然缩小	1								
	2								
	3								
	4								
	5								

六、思考与讨论

（1）结合实验结果，分析比较突扩与突缩在相应条件下的局部损失大小关系。

（2）结合流动仪演示的水力现象，分析局部阻力损失机理何在，产生突扩与突缩局部阻力损失的主要部位在哪里，怎样减小局部阻力损失？

（3）现备有一段长度及连接方式与调节阀（图4-16）相同，内径与实验管道相同的直管段，如何用两点法测量阀门的局部阻力系数？

实验10　孔口与管嘴出流实验

一、实验目的

（1）掌握孔口与管嘴出流的流速系数、流量系数、侧收缩系数、局部阻力系数的量测技能。

（2）通过对不同管嘴与孔口的流量系数测量分析，了解进口形状对出流能力的影响及相关水力要素对孔口出流能力的影响。

二、实验装置

实验装置如图4-17所示。

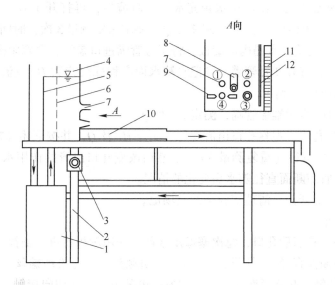

图4-17　孔口管嘴实验装置

1—自循环供水器；2—实验台；3—可控硅无级调速器；4—恒压水箱；5—溢流板；
6—稳水孔板；7—孔口管嘴（图中①为喇叭进口管嘴，②为直角进口管嘴，
③为圆锥形管嘴，④为孔口）；8—防溅板；9—测量孔口射流收缩直径
的移动触头；10—上回水槽；11—标尺；12—测压管

测压管12和标尺11用于测量水箱水位、孔口管嘴的位置高程及直角进口管嘴②的真空度。防溅旋板8用于管嘴的转换操作，当某一管嘴实验结束时，将旋板旋至进口截断水流，再用橡皮塞封口；当需开启时，先用旋板挡水，再打开橡皮塞。这样可防止水花四

溅。移动触头 9 位于射流收缩断面上，可在水平方向上伸缩，当两个触块分别调节至射流两侧外缘时，将螺丝固定，然后用游标卡尺测量两触块的间距，即为射流收缩断面直径。

三、实验原理

$$Q = \varphi \varepsilon A \sqrt{2gH_0} = \mu A \sqrt{2gH_0} \tag{4-28}$$

流量系数
$$\mu = \frac{Q}{A\sqrt{2gH_0}} \tag{4-29}$$

收缩系数
$$\varepsilon = \frac{A_c}{A} = \frac{d_c^2}{d^2} \tag{4-30}$$

流速系数
$$\varphi = \frac{v_c}{\sqrt{2gH_0}} = \frac{\mu}{\varepsilon} = \frac{1}{\sqrt{1+\zeta}} \tag{4-31}$$

阻力系数
$$\zeta = \frac{1}{\varphi^2} - 1 \tag{4-32}$$

四、实验步骤

（1）记录实验常数，各孔口管嘴用橡皮塞塞紧。

（2）打开调速器开关，使恒压水箱充水，至溢流后，再打开①号管嘴，待水面稳定后，测记水箱水在高程标尺读数 H_1，测流量 Q（要求重复测量 3 次，时间尽量长些，以求准确），测量完毕，先旋转水箱内的旋板，将①号管嘴进口盖好，再塞紧橡皮塞。

（3）依照上法，打开②号管嘴，测记水箱水面高程标尺读数 H_1 及流量 Q，观察和量测直角管嘴出流时的真空情况。

（4）依次打开③号圆锥形管嘴，测定 H_1 及 Q。

（5）打开④号孔口，观察孔口出流现象，测定 H_1 及 Q，并按下述（7）中2）的方法测记孔口收缩断面的直径（重复测量 3 次）。然后改变孔口出流的作用水头（可减少进口流量），观察孔口收缩断面直径随水头变化的情况。

（6）关闭调速器开关，清理实验桌面及场地。

（7）注意事项：

1）实验次序先管嘴后孔口，每次塞橡皮塞前，先用旋板将进口盖掉，以免水花溅开。

2）量测收缩断面直径，可用孔口两边的移动触头。首先松动螺丝，先移动一边触头将其与水股切向接触，并旋紧螺丝，再移动另一边触头，使之切向接触，并旋紧螺丝，再将旋板开关顺时针方向关上孔口，用卡尺测量触头间距，即为射流直径，实验时将旋板置于不工作的孔口（或管嘴）上，尽量减少旋板对工作孔口、管嘴的干扰。

3）进行以上实验时，注意观察各出流的流股形态，并作好记录。

五、实验结果整理

（1）有关常数如下：

圆角管嘴 $d_1 =$ _____ cm；直角管嘴 $d_2 =$ _____ cm；出口高程读数 $z_1 = z_2 =$ _____ cm。

圆锥管嘴 $d_3 =$ _____ cm；孔口 $d_4 =$ _____ cm；出口高程读数 $z_3 = z_4 =$ _____ cm。

（2）整理记录及计算表格（表4-14）。

表 4-14 孔口、管嘴出流实验记录及计算

项 目	圆角管嘴		直角管嘴		圆锥管嘴		孔 口	
水箱液面读数 H_1/cm								
体积/cm³								
时间/s								
流量/cm³·s⁻¹								
平均流量/cm³·s⁻¹								
水头/cm ($H_0 = H_1 - z_1$ (或 z_2))								
面积 A/cm²								
流量系数 μ								
测管读数 H_2/cm								
真空度 H_v/cm								
收缩直径 d_c/cm								
收缩断面 A_c/cm²								
收缩系数 ε								
流速系数 φ								
阻力系数 ζ								
流股形态								

注：流股形态：①光滑圆柱；②紊流；③圆柱形麻花状扭变；④具有侧收缩的光滑圆柱；⑤其他形状。

六、思考与讨论

（1）结合观测不同类型管嘴与孔口出流的流股特征，分析流量系数不同的原因及增大过流能力的途径。

（2）观察 $d/H>0$ 时，孔口出流的侧收缩率较 $d/H<0.1$ 时有何不同？

实验 11　水面曲线实验

一、实验目的

（1）观察棱柱体渠道中非均匀渐变流的十二种水面曲线。

（2）掌握十二种水面曲线的生成条件。

二、实验装置

实验装置如图 4-18 所示。

为改变水槽底坡，以演示十二种水面曲线，实验装置配有新型高比速直齿电机驱动的

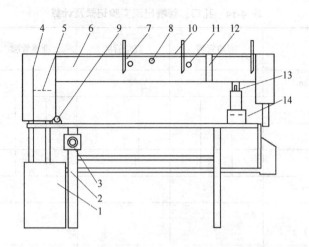

图 4-18   水面曲线实验装置

1—自循环供水器；2—实验台；3—可控硅无级调速器；4—溢流板；5—稳水孔板；

6—变坡水槽；7—闸板；8—底坡水准泡；9—变坡轴承；10—长度标尺；

11—闸板锁紧轮；12—垂向滑尺；13—带标尺的升降杆；14—升降机构

升降机构 14。按下 14 的升降开关，水槽 6 即绕轴承 9 摆动，从而改变水槽的底坡。坡度值由升降杆 13 的标尺值（∇_z）和轴承 9 与升降机上支点水平间距（L_0）算得；平坡可依底坡水准泡 8 判定。实验流量由可控硅无级调速器 3 调控，并用重量法（或体积法）测定。槽身设有两道闸板，用于调控上下游水位，以形成不同水面线型。闸板锁紧轮 11 用以夹紧闸板，使其定位。水深由垂向滑尺 12 量测。

三、实验原理

如图 4-19 所示，十二种水面线分别产生于五种不同底坡。因而实验时，必须先确定底坡性质，其中需测定的，也是最关键的是平坡和临界坡。平坡可依水准泡或升降标尺值判定。临界底坡应满足下列关系：

$$i_c = \frac{g p_c}{a C_c^2 B_c} \tag{4-33}$$

$$p_c = B_c + 2h_c \tag{4-34}$$

$$h_c = \left(\frac{a q^2}{g}\right)^{1/3} \tag{4-35}$$

$$C_c = \frac{1}{n} R_c^{1/6} \tag{4-36}$$

$$R_c = \frac{B_c h_c}{B_c + 2h_c} \tag{4-37}$$

式中，i_c、p_c、B_c、h_c、C_c 和 R_c 分别为明槽临界流时的底坡、湿周、槽宽、水深、谢才系数和水力半径；q 为单宽流量，m^2/s；n 为糙率。以上公式中长度单位均以 m 计。

临界底坡确定后，保持流量不变，改变渠槽底坡，就可形成陡坡（$i > i_c$），缓坡（$0 < i < i_c$），平坡（$i = 0$）和逆坡（$i < 0$），分别在不同坡度下调节闸板开度，则可得到不同形式的水面曲线。

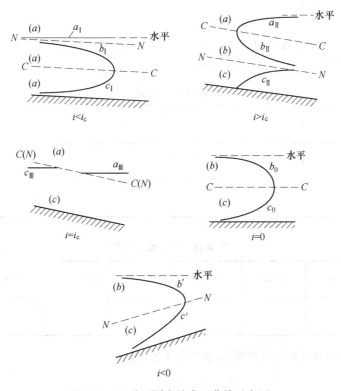

图 4-19　五种不同底坡水面曲线示意图

(注：图中水面线型号用另外符号的，以 ( ) 表示：$a_1(M_1)$、$b_1(M_2)$、$c_1(M_3)$；
$a_2(S_1)$、$b_2(S_2)$、$c_2(S_3)$；$a_3(C_1)$、$c_3(C_3)$；$b_0(H_2)$、$c_0(H_3)$；$b'(A_2)$、$c'(A_3)$)

四、实验步骤

(1) 测记设备有关常数。

(2) 开启水泵，调节调速器使供水流量最大，待稳定后测量过槽流量，重测两次取其均值。

(3) 计算临界底坡 i_c 值。

(4) 操纵升降机构，至所需的高程读数，使槽底坡度 $i=i_c$，观察槽中临界流 (均匀流) 时的水面曲线。然后插入闸板 2，观察闸前和闸后出现的 $a_{\text{Ⅲ}}$ 型和 $c_{\text{Ⅲ}}$ 型水面曲线，并将曲线绘于记录纸上。

(5) 操纵升降机使槽底坡度出现 $i>i_c$ (使底坡尽量陡些)，插入闸板 2，调节开度，使渠道上同时呈现 $a_{\text{Ⅱ}}$、$b_{\text{Ⅱ}}$、$c_{\text{Ⅱ}}$ 水面曲线，并绘于记录纸上。

(6) 操纵升降机，使槽中分别出现 $0<i<i_c$ (使底坡尽量接近于 0)，$i=0$ 和 $i<0$，插入闸板 1，调节开度，使槽中分别出现相应的水面曲线，并绘在记录纸上 (缓坡时，闸板 1 开启适度，能同时呈现 $a_{\text{Ⅰ}}$、$b_{\text{Ⅰ}}$、$c_{\text{Ⅰ}}$ 型水面线)。

(7) 实验结束，关闭水泵。

注：在以上实验时，为了在一个底坡上同时呈现三种水面曲线，要求缓坡宜缓些，陡坡宜陡些。

五、实验结果整理

（1）记录有关常数：

$B =$ _____ cm；$n = \underline{0.008}$ ；$L_0 =$ _____ cm（两支点间距）。

（2）记录及计算（表 4-15、表 4-16）。

表 4-15　流量

水体 V/cm^3			
时间 t/s			
流量 $Q/cm^3 \cdot s^{-1}$			$\overline{Q} =$

表 4-16　计算临界底坡　　　　$\nabla_z =$ _____ cm

$Q/m^3 \cdot s^{-1}$	h_c/m	A_c/m^2	P_c/m	R_c/m	$C_c/m^{0.5} \cdot s$	B_c/m	i_c

（3）定性绘制水面曲线并注明线型于图 4-20 上。

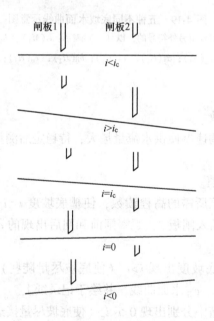

图 4-20　五种不同底坡产生的十二种水面曲线剖面

六、思考与讨论

（1）判别临界流除了采用 i_c 方法外，还有其他什么方法？

（2）分析计算水面线时，急流和缓流的控制断面应如何选择，为什么？

（3）在进行缓坡或陡坡实验时，为什么在接近临界底坡情况下，不容易同时出现三种水面线的流动形式？

（4）请利用本实验装置，独立构思测量活动水槽糙率 n 的实验方案（假定水槽中流动为阻力平方区）。

实验 12　堰　流　实　验

一、实验目的

（1）观察不同 δ/H 的有坎、无坎宽顶堰或实用堰的水流现象，以及下游水位变化对宽顶堰过流能力的影响。

（2）掌握测量堰流量系数 m 和淹没系数 δ_s 的实验技能，并测定无侧收缩宽顶堰的 m 和 δ_s 值。

二、实验设备

实验装置如图 4-21 所示。

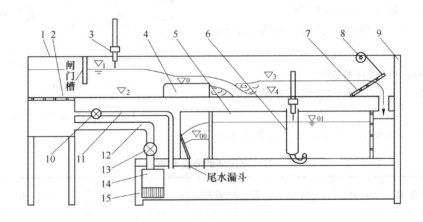

图 4-21　堰流实验装置

1—有机玻璃实验水槽；2—稳水孔板；3—测针；4—实验堰；5—三角堰量水槽；6—三角堰水位测针筒；
7—多孔尾门；8—尾门升降轮；9—支架；10—旁通管微调阀门；11—旁通管；12—供水管；
13—供水流量调节阀门；14—水泵；15—蓄水箱

设备为自循环供水，回水储存在蓄水箱 15 中。实验时，由水泵 14 向实验水槽 1 供水，水流经三角堰量水槽 5，流回到蓄水箱 15 中。水槽首部有稳水、消波装置，末端有多孔尾门及尾门升降机构。槽中可换装各种堰、闸模型。堰闸上下游与三角堰量水槽水位分别用测针 3 与 6 量测。为量测三角堰堰顶高程配有专用校验器。

设备通过变换不同堰体，可演示水力学课程中所介绍的各种堰流现象，及其下游水面衔接形式，包括有侧收缩无坎及其他各种常见宽顶堰流、底流、挑流、面流和戽流等现象。此外，还可演示平板闸下出流、薄壁堰流。同学们在完成规定的实验项目外，可任选其中一种或几种做实验观察，以拓宽自己的感性知识面。

三、实验原理

（1）堰流流量公式：

自由出流

$$Q = mb\sqrt{2g}\,H_0^{3/2} \tag{4-38}$$

淹没出流

$$Q = \sigma_s mb\sqrt{2g}\,H_0^{3/2} \tag{4-39}$$

（2）堰流流量系数经验公式：

1）圆角进口宽顶堰

当 $P_1/H \geqslant 3$ 时，$m = 0.36$

$$m = 0.36 + 0.01\frac{3 - P_1/H}{1.2 + 1.5P_1/H} \tag{4-40}$$

2）直角进口宽顶堰

当 $P_1/H \geqslant 3$ 时，$m = 0.32$

$$m = 0.32 + 0.01\frac{3 - P_1/H}{0.46 + 0.75P_1/H}$$

$$\tag{4-41}$$

3）WES 型标准剖面实用堰

当 $P_1/H_d \geqslant 1.33$ 时，属高坝范围，m 值如下：

$H_0 = H_d$，$m = m_d = 0.502$；

$H_0 \neq H_d$，m 值与 H_0/H_d 的关系曲线如图 4-22 所示。

（3）淹没系数 σ_s 的经验值，参见表 4-17。

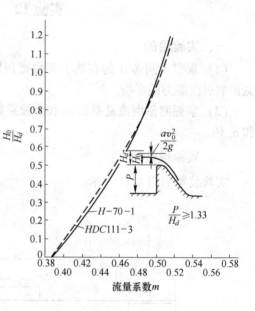

图 4-22　H_0/H_d-m 关系曲线

表 4-17　宽顶堰的淹没系数 σ_s 值

$\dfrac{h_s}{H_0}$	0.80	0.81	0.82	0.83	0.84	0.85	0.86	0.87	0.88	0.89
δ_s	1.00	0.995	0.99	0.98	0.97	0.96	0.95	0.93	0.90	0.87

$\dfrac{h_s}{H_0}$	0.90	0.91	0.92	0.93	0.94	0.95	0.96	0.97	0.98	
δ_s	0.84	0.82	0.78	0.74	0.70	0.65	0.59	0.50	0.40	

实验需测记渠宽 b，上游渠底高程 ∇_2、堰顶高程 ∇_0、宽顶堰厚度 δ、流量 Q、上游水位 ∇_1 及下游水位 ∇_3。还应检验是否符合宽顶堰条件 $2.5 \leqslant \delta/H \leqslant 10$。进而按下列各式确定上游堰高 P_1、行近流速 v_0、堰上水头 H、总水头 H_0：

$$P_1 = \nabla_0 - \nabla_2 \tag{4-42}$$

$$v_0 = \frac{Q}{b(\nabla_1 - \nabla_2)} \tag{4-43}$$

$$H = \nabla_1 - \nabla_2 \tag{4-44}$$

$$H_0 = H + av_0^2/2g \tag{4-45}$$

其中实验流量 Q（cm^3/s）由三角堰水槽 5 测量，三角堰的流量公式为：

$$Q = Ah^B \tag{4-46}$$

$$h = \nabla_{01} - \nabla_{00} \tag{4-47}$$

式中，∇_{01}、∇_{00} 分别为三角堰堰顶水位（实测）和堰顶高程（实验时为常数）；A、B 为率定常数，由设备制成后率定，标明于设备铭牌上。

四、实验步骤（以宽顶堰为例）

（1）把设备各常数测记于实验表格中。

（2）根据实验要求流量，调节阀门 13 和下游尾门开度，使之形成堰下自由出流，同时满足 $2.5 \leqslant \delta/H \leqslant 10$ 的条件。待水流稳定后，观察宽顶堰自由出流的流动情况，定性绘出其水面曲线图。

（3）用测针测量堰的上、下游水位。在实验过程中，不允许旋动测针针头（包括明渠所有实验均是如此）。

（4）待三角堰和测针筒中的水位完全稳定后（需待 5min 左右），测记测针筒中水位。

（5）改变进水阀门开度，测量 4~6 个不同流量下的实验参数。

（6）调节尾门，抬高下游水位，使宽顶堰成淹没出流（满足 $h_s/H_0 \geqslant 0.8$）。测记流量 Q' 及上、下游水位。改变流量重复 2 次。

（7）测算淹没系数有两种方法：

方法 1　根据步骤（6）测记的 Q' 及 H 值，由式（4-39）确定 σ_s，式中 m 需根据 H 值由自由出流下的实验绘制 m-$f_2(H)$ 曲线确定，也可由式（4-40）或式（4-41）计算得到（误差不大于 2%）。

方法 2　在完成步骤（4）后，已测得自由出流下的 Q 值。后调节尾门使之成淹没出流，此时由于流量没有改变，因淹没出流的影响，上游水位必高出原水位，为便于比较，可减少过水流量，待堰上游水位回复到原自由出流水位，测定此时的流量 Q'，据式（4-39）可得 $\sigma_s = Q'/Q$。

参照以上方法，改变 h_s 重复测 2 次。

对 WES 型实用堰，除淹没系数不测外，其余同上。

五、实验结果整理

（1）对堰流流量系数 m 的实测值与经验值进行分析比较。

（2）对宽顶堰淹没出流的实测淹没系数 σ_s，与经验值进行分析比较。

（3）完成下列实验报表：

1）记录有关常数：

实验装置台号 No. _____；渠槽宽度 b = _____ cm；上游堰底高程 ∇_2 = _____ cm；宽顶堰厚度 δ = _____ cm；上游堰高 P_1 = _____ cm；堰顶高程 ∇_0 = _____ cm；

三角堰流量公式为：

$Q = Ah^B$ = _____（cm^3/s）；$h = \nabla_{01} - \nabla_{00}$ = _____（cm）。其中，三角堰顶高程 ∇_{00}

= _____ cm；A = _____；B = _____。

2）流量系数测计表（表 4-18 与表 4-19）。

表 4-18 宽顶堰流量系数测记表

三角堰上游水位 $\bigtriangledown_{01}$ /cm	实测流量 Q /cm³·s⁻¹	堰上游水位 $\bigtriangledown_1$ /cm	堰顶水头 H /cm	行近流速 v_0 /cm·s⁻¹	流速水头 $(v_0^2/2g)$ /cm	堰顶总水头 H_0 /cm	流量系数/m		堰下游水位 $\bigtriangledown_3$ /cm	下游水位超顶高 h_s /cm	$\dfrac{h_s}{h_0}$	淹没系数 σ_s	
							实测值	经验值				实测值	经验值
直角进口													
圆角进口													

表 4-19 WES 型堰流量系数测记表

三角堰上游水位 $\bigtriangledown_{01}$ /cm	实测流量 Q /cm³·s⁻¹	堰上游水位 $\bigtriangledown_1$ /cm	堰顶水头 H /cm	行近流速 v_0 /cm·s⁻¹	流速水头 $(v_0^2/2g)$ /cm	堰顶总水头 H_0 /cm	流量系数/m		堰下游水位 $\bigtriangledown_3$ /cm	下游水位超顶高 h_s /cm	$\dfrac{h_s}{h_0}$	淹没系数 σ_s	
							实测值	经验值				实测值	经验值

六、思考与讨论

（1）量测堰上水头 H 值时，堰上游水位测针读数为何要在堰壁上游 (3~4)H 附近处测读？

（2）为什么宽顶堰要在 $2.5 \leqslant \delta/H \leqslant 10$ 的范围内进行实验？

（3）有哪些因素影响实验测流量系数的精度，如果行近流速水头略去不计，对实验结果会产生多大影响？

实验 13 消能池实验

一、实验目的

（1）掌握消能池模型试验的实验技能。

（2）观察坝下游设置消能工前后的水流衔接形式，并检验设置消能池的必要性。

（3）通过实验检验消能池设计方法的可靠性。

二、实验设备

实验基本设备如图 4-21 所示，图中宽顶堰更换成 WES 实用堰。更换后的局部装置如

图4-23所示。

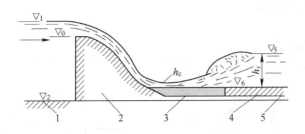

图 4-23　消能池实验局部装置

1—水槽底；2—WES 堰模型；3—活动模块；4—下游河床；5—坝下衔接底板

本实验装置在堰下游渠底设有可拆装的活动模块 3 与下游河床 4，以提供下列三种实验条件：（1）3 和 4 均设，演示坝后未开挖消能池时原渠槽流态；（2）拆 3 设 4，形成消能池流态；（3）3 和 4 均拆，量测坝下游为池底高程时的临界水跃共轭水深 h'_{co} 和 h''_{co}。

模型设计上游堰高 15cm，消能池深 2.0cm，长 45cm，但因安装误差，实验时均以实测为准。

三、实验原理

1. 已知参数

给定实验参数如表4-20所示，包括池深与池长的设计流量 Q_{d1} 与 Q_{d2}、渠宽 b、下游水深 h_i、池长 L_B、坝面与池末的流速系数 φ 与 φ'、池中水跃淹没度设计值 σ。另有实验常数 ∇_0、∇_2、∇_4、∇_6，需实验前测定。

表 4-20　常数测记表

池深设计流量 $Q_{d1}/\mathrm{cm^3 \cdot s^{-1}}$	池长设计流量 Q_{d2} $/\mathrm{cm^3 \cdot s^{-1}}$	渠宽 b /cm	堰顶高程 ∇_0 /cm	上游水位 ∇_1 /cm	上游堰底高程 ∇_2 /cm	下游水深 h_i/cm
2000	3000					

下游堰底高程 ∇_6 /cm	下游水位 $\nabla_5 = \nabla_6 + h_t$ /cm	池底高程 ∇_4 /cm	实验池深 $s = \nabla_6 - \nabla_4$ /cm	实验池长 L_B/cm	流速系数 $\varphi = \varphi'$	水跃淹没系数 σ
				45	0.95	1.05

2. 消能池水力设计

（1）池深 s 的确定。计算公式如下：

$$T_0 = T'_0 + s = h'_{\mathrm{co}} + \frac{q^2}{2g\varphi^2 h'^2_{\mathrm{co}}} \tag{4-48}$$

$$h'_t = \sigma \frac{h'_{\mathrm{co}}}{2}\left(\sqrt{1 + \frac{8q^2}{gh'^3_{\mathrm{co}}}} - 1\right) \tag{4-49}$$

$$\Delta_z = \frac{q^2}{2g\varphi'^2 h'^2_t} - \frac{q^2}{2gh'^2_t} \tag{4-50}$$

$$s = h'_t - h_t - \Delta_Z \tag{4-51}$$

式中各定义参见图 4-24。

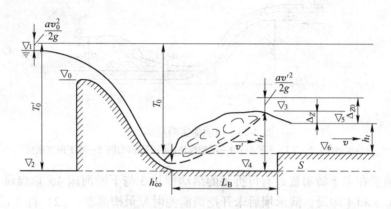

图 4-24　消能池量测计算示意图

（2）池长 L_B 的确定。计算公式如下：

$$L_B = (0.7 \sim 0.8)L_j \tag{4-52}$$

$$L_j = 6.1 h''_{co} \tag{4-53}$$

各计算结果汇总于表 4-21，表中 T'_0 是设消能池前的计算值，由式（4-54）计算确定：

$$T'_0 = [Q/mb\sqrt{2g}]^{2/3} + (\nabla_0 - \nabla_6) \quad (m \text{ 可取 } 0.5) \tag{4-54}$$

表 4-21　消能池测记表

项目		$T_0(T'_0)$	h'_{co}	h''_{co}	∇_3	h_i	h'_t	s	衔接形式与 σ 值
设消能池前	计算								
	实测				略				
设消能池后	计算								
	实测								

注：1. 表中单位均用 cm·s 制；

　　2. 与池深设计流量 $Q_{d1} = 2000 \text{cm}^3/\text{s}$ 相应；

　　3. 池长设计流量 $Q_{d2} = 3000 \text{cm}^3/\text{s}$，$h''_{co} = \underline{\qquad}$ cm，$L_j = \underline{\qquad}$ cm，池长 $L'_B = \underline{\qquad}$ cm。

式（4-48）~ 式（4-51）是多元隐函数方程组。可用迭代法求解。令初值 $i = 0$，$s = s_0 = 0$ 及计算精度 $\varepsilon = 0.001$。迭代步骤如下：

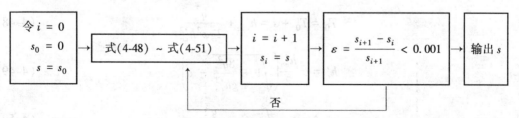

以上计算备有计算机程序，可供调用。其中，式（4-48）的求解如下：

式（4-48）是多元隐函数，不能直接求解，可用以下迭代法计算：

令

$$R = \frac{Q}{b\varphi\sqrt{2g}}$$

最初值

$$h'_{co} = \frac{R}{\sqrt{T_0}}$$

$$h'_{co(i+1)} = \frac{R}{\sqrt{T_0 - h'_{coi}}} \quad (i = 1, 2, \cdots, n)$$

四、实验方法与步骤

1. 方法

（1）未设消能池（装有活动模块3、下游河床4）坝下水流形态试验。将流量调到设计流量 Q_{d1}，待稳定后，再调尾门，使跃后水深达到设计下游水深 h_t。这时，可观察到坝下发生远驱式水跃，说明此时河床将被冲刷，从而危及大坝安全，故必须设消能池。

（2）消能池试验。拆除活动模块3，即形成了消能池流态（图4-24）。形成消能池后必须保持两个约束条件：一是 Q_{d1} 不变，这可带水操作，不要调节供水阀门；二是 h_t 不变，这往往易于忽视。由于活动模块3的拆除，虽尾门开度不变，仍会引起下游水深的显著变化。因此，为使下游水位 ∇_5 保持原值，必须重新调节尾门。

试验通过实测 σ' 值与设计取值（$\sigma = 1.05$）比较，以检验消能池设计方法的可靠性。实测 σ' 值根据式（4-55）测算：

$$\sigma' = (\nabla_3 - \nabla_4)h''_{co} \tag{4-55}$$

式中，h''_{co} 为拆除下游河床4，并调节尾门，使之形成临界水跃时所测得跃后水深。

2. 步骤

（1）量测有关常数，并测记于实验表格中。

（2）调控流量 $Q = Q_{d1}$（池深设计流量），然后调节尾门，使下游深达到与 Q_{d1} 相应的值。依据坝下水流的衔接形式，判定设置消能池的必要性，并绘出流态图。

在确定池深设计流量时，需绘制 Q-$(h''_{co} - h_t)$ 关系曲线，其中 Q、h_t 有如下对应关系：

$Q/\text{cm}^3 \cdot \text{s}^{-1}$	1000	1500	2000	2500	3000
h_t/cm	4.0	5.0	6.0	7.0	8.0

（3）拆除活动模块3（图4-23），使之形成消能池，再调节尾门，使下游水位仍保持在额定的 ∇_5 值。测记堰上游水位 ∇_1 和池末水位 ∇_3（图4-24），并测算 $h'_t = \nabla_3 - \nabla_4 = \sigma' h'_{co}$。

（4）保持流量不变，拆除下游河床4，并调节尾门使下游形成临界水跃，测记跃后水位 ∇_3，由此算得 $h''_{co} = \nabla_3 - \nabla_4$。

（5）依据下式确定实测的淹没系数 σ'：

$$\sigma' = h'_t/h''_{co} \tag{4-56}$$

五、实验结果整理

（1）按实验步骤中的要求绘制流态图，并验证设置消能工的必要性。

（2）依据已知的设计流量 Q_d、渠宽 b、下游水位 ∇_5、堰流量系数 m 以及上下游堰底高程 ∇_2 和 ∇_6 值。设计池深 s' 及池长 L'_B，并与实验池深 s 及池长 L_B 比较。试分析其设计方法的可靠性。

（3）实测淹没系数 σ' 与设计计算时采用的 σ 值比较。

（4）整理记录、计算表：

三角堰顶高程 ∇_{00} = _____ cm（表中单位为 cm·s 制，各水位均与 Q_{d1} 相应）。

六、思考与讨论

（1）池长和池深的设计流量为何不同，如何确定？

（2）虽然临界水跃的消能效果最好，但消能池设计中却采用淹没度 $\sigma = 1.05 \sim 1.1$ 的淹没水跃，原因何在？

实验 14 消能坎（墙）实验

一、实验目的

（1）通过独立构思实验方案与模型实验，掌握断面模型实验的设计方法与实验技能。

（2）检验已知条件下设置消能工的必要性。

（3）检验现在消能坎高度设计方法的可靠性。

（4）观察过坎水流现象。

二、实验设备

实验设备如图 4-25 所示，图中宽顶堰更换成 WSE 型曲线堰，并加设消能坎。

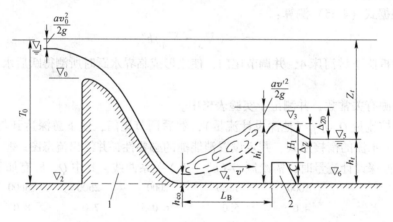

图 4-25 消能坎实验设备局部装置

1—WES 堰；2—可更换的不同尺寸的消能坎（$C = 3.5 \sim 4.2$cm）

模型提供了几种不同尺寸可更换的消能坎，可按设计结果选用相近高的坎。拆除消能坎后，可进行临界水跃共轭水深的测量。模型堰上游高为 15cm，消能池长为 45cm。

三、实验原理

按实验要求，需独立构思模型实验方案，包括下列两个相关环节：一是据原型设计资料进行原型消能坎水力设计；二是按重力相似准则完成模型设计。有关公式如下：

（1）消能坎高的设计

$$T_0 = h'_{co} + \frac{q^2}{2g\varphi^2 h_{co}'^2} \tag{4-57}$$

$$h''_{co} = \frac{h'_{co}}{2}\left(\sqrt{1 + 8\frac{q^2}{gh'^3_{co}}} - 1\right) \tag{4-58}$$

$$H_{10} = \left[q/(\sigma_s m_s \sqrt{2g}) \right]^{2/3} \tag{4-59}$$

其中 $\sigma_s = (1 - h_s/H_{10})/(0.959 - 0.9h_s/H_{10})$

$$H_1 = H_{10} - \frac{1}{2g}(q/\sigma h''_{co})^2 \tag{4-60}$$

$$C = \sigma h''_{co} - H_1 \tag{4-61}$$

以上各式中 q 为池深设计单宽流量，即 $q = q_{d1} = Q_{d1}/b$。

（2）池长的设计

$$L_B = (4.27 \sim 4.88)h''_{co} \tag{4-62}$$

式中，h''_{co} 为相应池长设计流量 Q_{d2} 的临界水跃跃后水深。

（3）模型比尺关系。因堰坝溢流重力起主要作用，故模型按重力相似准则设计。即

$$F_{rp} = F_{rm} \tag{4-63}$$

由此可得出各水力要素比尺与长度比尺 λ_l 的关系：

$$\lambda_v = \lambda_l^{1/2} \tag{4-64}$$

$$\lambda_Q = \lambda_l^{5/2} \tag{4-65}$$

$$\lambda_q = \lambda_l^{1.5} \quad (\lambda_g = 1, \; \lambda_\rho = 1) \tag{4-66}$$

四、实验步骤

（1）根据原型资料，分析确定消能坎高设计流量 Q_{d1} 和池长设计流量 Q_{d2}，并设计坎高 C 和池长 L_B（参见表4-23）。

（2）把原型参数（参见表4-24）按100∶1的比例尺换算成模型参数。

（3）测记模型中的有关常数列于表4-25中。

（4）装坎前先调控流量和尾门，使流量分别为 $Q = Q_{d1}$、$Q_1 = Q_{max}$、$Q_2 = Q_{min}$ 和 $Q_3 = \frac{Q_1 + Q_2}{2}$ 使槽中形成临界水跃，然后分别测定其 h''_{co1}、h''_{co2}、h''_{co3} 和 h''_{co4}（若 Q_2、Q_3、Q_4 中有与 Q_{d1} 同值则可删去），记入实验表4-26中，并与 Q-h_t 曲线给定的相应值比较，以检验设置消能坎的必要性。

（5）装上与模型设计高度相同的消能坎，调控流量 $Q = Q_{d1}$，然后调节尾门，使下游水位处于相应于 Q_{d1} 值。测记堰上游水位 ∇_1 和池末水位 ∇_3（图4-25）。由此可算得 $h'_{t1} = \nabla_3 - \nabla_4 = \sigma' h''_{co1}$，绘出流态图。并依据下式确定实测的淹没系数 σ'，并完成实验表4-25。

$$\sigma' = h'_t/h''_{co1} \tag{4-67}$$

（6）调控流量和尾门，分别使实验流量为 Q_1、Q_2、Q_3 相应水位 h_{t1}、h_{t2}、h_{t3}，以检验在给定的流量范围内消能工的水力设计是否安全，完成表4-26。

五、实验结果整理

（1）按实验步骤进行消能坎水力设计和模型设计，并作模型试验。要求检验各水力工况坎后衔接形式（参见表4-26）。

（2）在模型试验中，将设计的坎高、池长、淹没系数与实测的相应值比较，以检验消

能坎水力设计方法的可靠性（参见表4-25）。

（3）整理记录、计算表。消能坎有关设计资料：

某 WES 溢流坝，坝下拟设计消能坎消能，其过流范围 $q=20\sim30\text{m}^3/(\text{s}\cdot\text{m})$，下游水位由 $Q\text{-}h_t$ 曲线给定，已查得相应水位值如图4-25标注的有关高程值如表4-22所示。要求模型比例尺 1：100。取 WES 型的流量系数 $m=0.50$。

把以上设计结果换算成模型值填入表4-24。

表 4-22　原型设计资料

$Q_{\max}$ /cm³·s⁻¹	$Q_{\min}$ /cm³·s⁻¹	$\dfrac{Q_{\max}+Q_{\min}}{2}$ /cm³·s⁻¹	h_{t1}/cm ($Q=Q_{\max}$)	h_{t2}/cm ($Q=Q_{\min}$)	h_{t3}/cm ($Q=\bar{Q}$)	∇_0 /cm	∇_2 /cm	∇_4 /cm
30	20	23	9.22	6.17	8.02	133.5	118.5	119.5

表 4-23　消能坎水力计算表

	Q /m³·(s·m)⁻¹	φ /m	T_0 /m	h'_{co} /m	h''_{co} /m	h_t /m	h_s/h_{10}	σ_s	c /m	Q_{d1} /m³·(s·m)⁻¹	σ
原型											

表 4-24　模型设计换算表

$\lambda_d=100$	q_{d1}	T_0	h'_{co}	h''_{co}	h_{t1}	c	σ	∇_0	∇_2	∇_4
原型设计 (m·s)										
模型设计 (cm·s)										

表 4-25　模型的测记表

实验台号 No. ＿＿＿＿＿＿＿　　实验槽宽 $b=$＿＿＿＿＿＿ cm　　消能坎顶 $\nabla_6=$ ＿＿＿＿＿＿ cm

三角堰流量公式 $Q=AH^B\text{cm}^3/\text{s}$　$A=$ ＿＿＿＿＿ cm　　$B=$ ＿＿＿＿＿ cm

三角堰顶高程 $\nabla_{00}=$ ＿＿＿＿＿＿ cm　　三角堰水位 $\nabla_{01}=$ ＿＿＿＿＿ cm

项 目	坎高 C 设计流量		池长设计流量		堰顶高程 ∇_0	上游水位 ∇_1	上游堰底 ∇_2	下游堰底 ∇_4	下游水深 h_t
	q_{d1}	Q_{d1}	q_{d2}	Q_{d2}					
设计值									
实验值									

项 目	下游水位 ∇_5	坎高 C	池长 L_B	流速系数 φ	T_0	h''_{co}	池水位 ∇_3	坎前水深 h'_t	淹没度 σ
设计值									
实验值									

注：各水位均与 q_{d1} 相应。

表 4-26　消能坎测记表

流量组	设 坎 前				设 坎 后	
	Q	h''_{co}	h_t	衔接形式	坎前衔接形式	坎后衔接形式
1						
2						
3						

六、思考与讨论

（1）实验的模型设计为何选用重力相似准则而不选用阻力相似准则？

（2）若消能坎下游为自由出流时消能工应如何设计？

（3）如何用实验方法检验设计时选用的系数 φ 是否合理？

（4）为什么在计算 T_0 时，堰流量系数 m 可近似取作常数？

实验 15　挑流消能实验

一、实验目的

（1）掌握测量挑流挑距的实验技能。

（2）了解挑流的消能过程与效果。

（3）观察随下游水位的变化，挑流演变成临界戽流直至最后形成淹没戽流的流动特征。

二、实验装置

实验设备如图 4-21 所示，图中 WES 曲线堰的局部装置如图 4-26 所示。

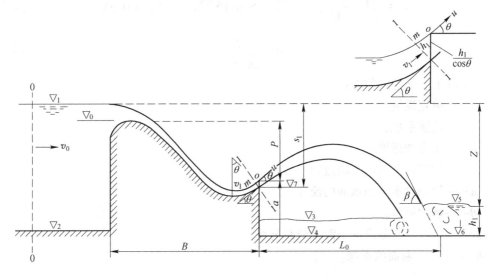

图 4-26　挑流实验局部装置

合理设计挑流消能工的鼻坎形式、反弧半径、鼻坎高程和挑射角度是关系到泄水建筑物的安全、经济等的重要问题。连续式挑流鼻坎由于其构造简单、挑距远、鼻坎上水流平顺和不易产生空蚀，而被广泛应用。理论上可推得当挑射角 $\theta = 45°$ 时，挑距最远。但由于须考虑自由起挑流量及出射水流的平顺性，一般工程鼻坎的挑角大都选在 15°~35° 的范围内。鼻坎高程高出下游水位。鼻坎反弧半径 R 太小时，水流轴向不够平顺，过大时，鼻坎向下游延伸太长，将增加工程量，一般取 $R=(8\sim12)h_1$（h_1 为坎上水深）。实验模型采用 WSE 型堰，挑坎反弧半径 $R=10\text{cm}$。

三、实验原理

连续式鼻坎由于其结构简单、紧凑、经济而成为最常用的一种挑流鼻坎。挑流消能是利用鼻坎将下泄的高速水流向空中抛射，使水流扩散，并掺入大量空气，然后降落在离建筑物较远的地点与下游水流相衔接。水流在同空气摩擦过程中和在下游水垫中消耗能量。若采用宽尾墩或其他类型鼻坎挑流，由于空中有较大的扩散，落水余能减少，可减轻对河床的冲刷，但应用较少。实验只限于连续式挑流鼻坎消能。

连续式挑流鼻坎的水平挑距，可按抛射运动原理计算，一般按水舌外缘轨迹的延长线与下游河床面的交点至鼻坎末端的水平距离作为挑距。挑距计算公式如下（参见图 4-26）：

$$L_0 = \frac{u^2\sin\theta\cos\theta}{g}\left[1 + \sqrt{1 + \frac{2g(a + h_1/\cos\theta)}{u^2\sin^2\theta}}\right] \tag{4-68}$$

$$u = 1.1v_1 \tag{4-69}$$

$$v_1 = \frac{q}{h_1} \tag{4-70}$$

$$s_1 - h_1/\cos\theta = \frac{v_1^2}{\varphi^2 2g} \quad (s_1 = \nabla_1 - \nabla_7) \tag{4-71}$$

$$\varphi = \sqrt[3]{1 - \frac{0.055}{K^{0.5}}} \quad (\text{当 } K > 0.15 \text{ 时，可取 } \varphi = 0.95) \tag{4-72}$$

$$K = \frac{q}{\sqrt{g}\ z^{1.5}} \tag{4-73}$$

式中 z——上、下游水位差；

q——单宽流量；

φ——流速系数；

g——重力加速度；

v_1——坎顶过水断面平均流速；

u——坎顶过水断面水面的流速；

θ——鼻坎挑角；

s_1——以坎顶为基准的上游来流总能头；

h_1——1—1 断面的水深；

K——流能比；

a——坎高，即挑坎顶部至下游河床的高差。

其中 q、z、∇_7、s_1、θ 和 a 为已知，∇_1 待测定。据此，由式（4-72）、式（4-73）可计算得 K、φ 值，然后再由式（4-70）代入式（4-71）计算 h_1、v_1，进而可求得挑距的理论值，以便将实测挑距与之比较。

四、实验步骤

（1）测记有关常数。

（2）打开进水阀，通过量水堰求得来水流量 $Q = Q_d = 2000 \text{cm}^3/\text{s}$，然后降低尾门，使下游水位保持在最低水位，依据下泄水流的挑流形式，绘出挑流流态图。

（3）测量各有关实验数据。

注意：

1）测量挑距时，要把尾门降低到最低，并用导杆分拨水舌脱离侧壁，以使水舌下空腔与大气相通。

2）水舌外缘与渠底相交处，为挑距下游测点。

3）保持上游来流条件不变，逐渐增加下游水位，观察消能形式逐渐从挑流到临界戽流，最后形成淹没戽流消能的过程，分别测记上述消能形式转换时的下游水位。

4）在下游水位为较低水位时，逐渐减少上游来流流量，使之由于动能不足，水流挑不出去，而在挑坎反弧段内形成旋滚，然后由坎顶漫溢跌至坝脚，冲刷近处基础，测记此时的上游水位及流量。

（4）关泵停水，试验结束。

五、实验结果整理

（1）定性绘出挑流消能上游至下游的总水头线及流态图。

（2）绘制临界戽流和淹没戽流形态示意图。

（3）依据已知设计流量、槽宽、鼻坎挑角等，求出理论挑距，并与实测值比较（参见表 4-27 和表 4-28）。

（4）整理计算下列表格。有关常数：

槽宽 $b =$ ＿＿＿ cm；挑角 $\theta =$ ＿＿＿ °；坝顶高程 $\nabla_0 =$ ＿＿＿ cm；坎顶高程 $\nabla_7 =$ ＿＿＿ cm；上游渠底高程 $\nabla_2 =$ ＿＿＿ cm；下游渠底高程 $\nabla_6 =$ ＿＿＿ cm；水堰顶高程 $\nabla_{00} =$ ＿＿＿ cm。

表 4-27 挑距量测表

三角堰上游水位 ∇_{01}/cm	实验流量 Q/cm³·s⁻¹	上游水位 ∇_1/cm	上游水位 ∇_5/cm	实测挑距 L_{01}/cm

表 4-28 挑距计算表

q /cm²·s⁻¹	z/cm	K	φ	s_1	h_1/cm	u /cm·s⁻¹	L_0/cm	$\dfrac{L_0 - L_{01}}{L_0}$

六、思考与讨论

（1）从理论上讲，当鼻坎挑角 $\theta = 45°$ 时，挑距最大，但实际工作中鼻坎挑角一般选用范围为 15°~35°，原因何在？

（2）鼻坎高程越低，出流断面流速越大，挑距越远，如何合理选择鼻坎高程？

（3）试分析在挑流消能中，能量消耗的主要途径。

（4）按式（4-68）计算得出的挑距与实测挑距有一定的误差，试分析其原因。

（5）根据实验观察和成果计算，简要分析挑流和戽流这两种消能方式的适用条件和范围。

实验16   自循环流谱流线演示实验

一、实验目的

（1）了解仪器的结构特征。

（2）观察势流、涡流、均匀流、渐变流及急变流的流线图谱及流线特征。

二、实验装置

实验装置如图4-27所示。

三、演示指导

目前已研制出的流谱仪分别为演示机翼绕流、圆柱绕流和管道过流三种，实验指导提要如下：

（1）Ⅰ型。单流道，演示机翼绕流的流线分布。由图像可见，机翼向天侧（外包线曲率较大）流线较密，由连续方程和能量方程知，流线较密，表明流速较大，压强较低；而在机翼向地侧，流线较疏，压强较高。这表明整个机翼受到一个向上的合力，该力被称为升力。

仪器采用下述构造能显示出升力的方向；在机翼腰部开有沟通两侧的孔道，孔道中有染色电极。在机翼两侧压力差的作用下，必有分流孔道从向地侧流至向天侧，这可通过孔道中

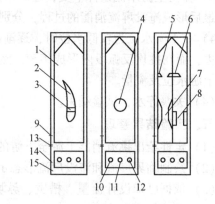

图 4-27   流谱流线显示仪

1—显示盘；2—机翼；3—孔道；4—圆柱；5—孔板；
6—闸板；7—文丘里管；8—突扩和突缩；9—侧板；
10—泵开关；11—对比度；12—电源开关；
13—电极电压测点；14—流速调节阀；
15—放空阀（14，15内置于侧板内）

染色电极释放的色素显现出来，染色液体流动的方向，即升力方向。

此外，在流道出口端（上端）还可观察到流线汇集到一处，并无交叉，从而验证流线不会重合的特性。

（2）Ⅱ型。单流道，演示圆柱绕流的流谱。因为流速很低（约为 $0.5 \sim 1.0\text{cm/s}$），能量损失极小，可忽略不计。故其流动可视为势流，因此所显示的流谱上下游几乎完全对称。这与圆柱绕流势流理论流谱基本一致；圆柱两侧转捩点趋于重合，零流线（沿圆柱表面的流线）在前驻点分成左右2支，经90°点（$u = u_{\max}$）势能最小，而到在后滞点（$u = 0$），动能又全转化为势能，势能又最大。故其流线又复原到驻点前的形状。

驻滞点的流线为何可分又可合，这与流线的性质是否矛盾呢？不矛盾。因为在驻滞点上流速为零，需静止液体中同一点的任意方向都可能是流体的流动方向。

然而，当适当增大流速，雷诺数增大，流动由势流变成涡流后，流线的对称性就不复存在。此时虽圆柱上游流谱不变，但下游原合二为一的染色线被分开，尾流出现。由此可知，势流与涡流是性质完全不同的两种流动（涡流流谱参见流动演示仪）。

（3）Ⅲ型。双流道。演示文丘里管、孔板、渐缩和突然扩大、突然缩小、明渠闸板等流段纵剖面上的流谱。演示是在小雷诺数下进行，液体在流经这些流段时，断面有扩有缩。由于边界本身也是一条流线，通过在边界上特布设的电极，该流线也能得以演示。同上，若适当提高流动的雷诺数，经过一定的流动起始时段后，就会在突然扩大拐角处流线脱离边界，形成旋涡，从而显示实际液体的总体流动图谱。

利用该流线仪，还可说明均匀流、渐变流、急变流的流线特征。如直管段流线平行，为均匀流。文丘里的喉管段，流线的切线大致平行，为渐变流。突缩、突扩处，流线夹角大或曲率大，为急变流。

应强调指出，上述各类仪器，其流道中的流动均为恒定流。因此，所显示的染色线既是流线，又是迹线和色线（脉线）。因为据定义：流线是一瞬时的曲线，线上任一点的切线方向与该点的流速方向相同；迹线是某一质点在某一时段内的运动轨迹线；色线是源于同一点的所有质点在同一瞬间的连线。固定在流场的起始段上的电极，所释放的颜色流过显示面后，会自动消色。放色-消色对流谱的显示均无任何干扰。另外应注意的是，由于所显示的流线太稳定，以致有可能被误认为是人工绘制的。为消除此误会，演示时可将水泵关闭一下再重新开启，由流线上各质点流动方向变化即可识别。

实验 17　自循环流动演示实验

一、实验目的

（1）了解仪器的结构特征。

（2）观察 ZL-1 型演示仪显示流体逐渐扩散、逐渐收缩、突然扩大、突然收缩、壁面冲击、直角弯道等平面上的流动图像。

（3）观察 ZL-2 型演示仪显示文丘里流量计、孔板流量计、圆弧进口各种流量计以及壁面冲击、圆弧形弯道等串联道纵剖面图上的流动图像。

（4）观察 ZL-3 型演示仪显示 30°弯头、直角圆弧弯头、直角弯头、45°弯头以及非自由射流等流段纵剖面上的流动图像。

（5）观察 ZL-4 型演示仪显示 30°弯头、分流、合流、45°弯头，YF 溢流型、闸阀及蝶阀等流段纵剖面上的流动图谱。

（6）观察 ZL-5 型演示仪显示明渠逐渐扩散、单圆柱绕流、多圆柱绕流及直角弯道等流段的流动图像。

（7）观察 ZL-6 型演示仪显示明渠渐扩、桥墩形钝体绕流、流线体绕流、直角弯道和正、反流线体绕流等流段上的流动图谱。

二、实验装置

实验装置如图 4-28 所示。

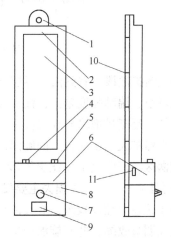

图 4-28　实验装置示意图

1—挂孔；2—彩色有机玻璃面罩；3—不同边界的
流动显示面；4—加水孔孔盖；5—掺气量调节阀；
6—蓄水箱；7—可控硅无级调速旋钮；8—电器、
水泵室；9—标牌；10—铝合金框架后盖；
11—水位观测窗

三、工作原理

仪器设备以气泡为示踪介质，狭缝流道中设有特定边界流场，用以显示内流、外流、射流等多种流动图谱。半封闭状态下的工作液体（水）由水泵驱动自蓄水箱 6（图 4-28）经掺气后流经显示板，形成无数小气泡随水流流动，在仪器内的日光灯照射和显示板的衬托下，小气泡发出明亮的折射光，清楚地显示出小气泡随水流流动的图像。由于气泡的粒径大小、掺气量的多少可由调节阀 5 任意调节，故能使小气泡相对水流流动具有足够的跟随性。显示板设计成多种不同形状边界的流道，因而，该仪器能十分形象、鲜明地显示不同边界流场的迹线、边界层分离、尾流、旋涡等多种流动图谱。

四、演示指导

各实验仪器演示内容及实验指导提要如下：

（1）ZL-1 型（图 4-29 中的 1）用以显示逐渐扩散、逐渐收缩、突然扩大、突然收缩、壁面冲击、直角弯道等平面上的流动图像，模拟串联管道纵剖面流谱。

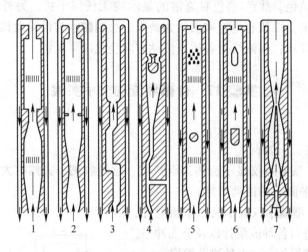

图 4-29　显示面过流道示意图

在逐渐扩散段可看到由边界层分离而形成的旋涡，且靠近上游喉颈处，流速越大，涡旋尺度越小，湍动强度越高；而在逐渐收缩段，流动无分离，流线均匀收缩，也无旋涡，由此可知，逐渐扩散段局部水头损失大于逐渐收缩段。

在突然扩大段出现较大的旋涡区，而突然收缩只在死角处和收缩断面的进口附近也较小的旋涡区。表明突扩段比突缩段有更大的局部水头损失（缩扩的直径比大于 0.7 时例外），而且突缩段的水头损失主要发生在突缩断面后部。

由于仪器突缩段较短，故其流谱亦可视为直角进口管嘴的流动图像。在管嘴进口附近，流线明显收缩，并有旋涡产生，致使有效过流断面减小，流速增大，从而在收缩断面出现真空。

在直角弯道和壁面冲击段，也有多处旋涡区出现。尤其在弯道流动中，流线弯曲更剧烈，越靠近弯道内侧，流速越小。在近内壁处，出现明显的回流，所形成的回流范围较大，将此与 ZL-2 型中圆角转弯流动对比，直角弯道旋涡大，回流更加明显。

旋涡的大小和湍动强度与流速有关，这可通过流量调节观察对比，例如流量减小，渐扩段流速较小，其湍动强度也较小，这时可看到在整个扩散段有明显的单个大尺度旋涡。反之，当流量增大时，这种单个尺度旋涡随之破碎，并形成无数个小尺度的旋涡，且流速越高，湍动强度越大，则旋涡越小，可以看到，几乎每一个质点都在其附近激烈地旋转着。又如，在突扩段，也可看到旋涡尺度的变化。据此清楚表明：湍动强度越大，旋涡尺度越小，几乎每一个质点都在其附近激烈地旋转着。水质点间的内摩擦越厉害，水头损失就越大。

（2）ZL-2 型（图 4-29 中的 2）显示文丘里流量计、孔板流量计、圆弧进口管嘴流量计以及壁面冲击、圆弧形弯道等串联流道纵剖面上的流动图像。

由显示可见，文丘里流量计的过流顺畅，流线顺直，无边界层分离和旋涡产生。在孔板前，流线逐渐收缩，汇集于孔板的孔口处，只在拐角处有小旋涡出现，孔板后的水流逐渐扩散，并在主流区的周围形成较大的旋涡区。由此可知，孔板流量计的过流阻力较大；圆弧进口管嘴流量计入流顺畅，管嘴过流段上无边界层分离和旋涡产生；在圆形弯道段，边界层分离的现象及分离点明显可见，与直角弯道比较，流线较顺畅，旋涡发生区域较小。

由上可了解三种流量计结构、优缺点及其用途。如孔板流量计结构简单，测量精度高，但水头损失很大。作为流量计损失大是缺点，但有时将其移作它用，例如工程上的孔板消能（详下述）又是优点。另外从 ZL-1 型或 ZL-2 型的弯道水流观察分析可知，在急变流段测压管水头不按静水压强的规律分布，其原因何在？这有两方面的影响：1）离心惯性力的作用；2）流速分布不均匀（外侧大、内侧小并产生回流）等原因所致。ZL-2 型演示仪所显示的现象还表征某些工程流程，如以下三例：

1）板式有压隧道的泄洪消能。如黄河小浪底电站，在有压隧洞中设置了五道孔板式消能工。使泄洪的余能在隧洞中消耗，从而解决了泄洪洞出口缺乏消能条件时的工程问题。其消耗的机理，水流形态及水流和隧洞间的相互作用等，与孔板出流相似。

2）圆弧形管嘴出流。进口流线顺畅，说明这种管嘴流量系数较大（最大可达 0.98）可将此与 ZL-1 型的直角管嘴对比观察，理解直角进口管嘴的流量系数较小（约为 0.82）的原因。

3）喇叭形管道取水口，结合 ZL-1 型的演示可帮助我们了解为什么喇叭形取水口的水头损失系数较小（约为 0.05～0.25，而直角形的约为 0.5）的原因。这是由于喇叭形进口符合流线型的要求。

（3）ZL-3 型（图 4-29 中的 3）显示 30°弯头、直角圆弧弯头、直角弯头、45°弯头以及非自由射流等流段纵剖面上的流动图像。

由显示可见，在每一转弯的后面，都因边界层分离而产生旋涡。转弯角度不同，旋涡大小、形状各异。在圆弧转弯段，流线较顺畅，该串联管道上，还显示局部水头损失叠加影响的图谱。在非自由射流段，射流离开喷口后，不断卷吸周围的流体，形成射流的紊动扩散。在此流段上还可看到射流的"附壁效应"现象（详细介绍见 ZL-7 型）。

综上所述，该仪器可演示的主要现象为：

1）各种弯道和水头损失的关系。

2）短管串联管道局部水头损失的叠加影响。这是计算短管局部水头损失时，各单个局部水头损失之和并不一定等于管道总局部水头损失的原因所在。

3）非自由射流。

（4）ZL-4型（图4-29中的4）显示30°弯头、分流、合流、45°弯头，YF-溢流阀、闸阀及蝶阀等流段纵剖面上的流动图谱。其中YF-溢流阀固定，为全开状态，蝶阀活动可调。

由显示可见，在转弯、分流、合流等过流段上，有不同形态的旋涡出现。合流旋涡较为典型，明显干扰主流，使主流受阻，这在工程上称之为"水塞"现象。为避免"水塞"，给排水技术要求合流时用45°三通连接。闸阀半开，尾部旋涡区较大，水头损失也大。蝶阀全开时，过流顺畅，阻力小，半开时，尾涡湍动激烈，表明阻力大且易引起振动。蝶阀通常作检修用，故只允许全开或全关。

YF-溢流阀广泛用于液压传动系统。其流动介质通常是油，阀门前后压差可高达31.5MPa，阀道处的流速每秒可高达二百多米。本装置流动介质是水，为了与实际阀门的流动相似（雷诺数相同），在阀门前加一减压分流，此装置能十分清晰地显示阀门前后的流动形态：高速流体经阀口喷出后，在阀芯的大反弧段发生边界层分离，出现一圈旋涡带；在射流和阀座的出口处，也产生一较大的旋涡环带。在阀后，尾迹区大而复杂，并有随机的卡门涡街产生。经阀芯芯部流过的小股流体也在尾迹区产生不规则的左右扰动。调节过流量，旋涡的形态基本不变，表明在相当大的雷诺数范围内，旋涡基本稳定。

YF-溢流阀在工作中，由于旋涡带的存在，必然会产生较激烈的振动，尤其是阀芯反弧段上的旋涡带，影响更大，由于高速紊动流体的随机脉动，引起旋涡区真空度的脉动，这一脉动压力直接作用在阀芯上，引起阀芯的振动，而阀芯的振动又作用于流体的脉动和旋涡区的压力脉动，因而引起阀芯的更激烈振动。显然这是一个很重要的振源，而且这一旋涡环带还可能引起阀芯的空蚀破坏。另外，显示还表明，阀芯的受力情况也不太好。

（5）ZL-5型（图4-29中的5）显示明渠逐渐扩散，单圆柱绕流、多圆柱绕流及直角弯道等流段的流动图像。圆柱绕流是ZL-5型演示仪的特征流谱。

由显示可见，单圆柱绕流时的边界层分离状况，分离点位置、卡门涡街的产生与发展过程以及多圆柱绕流时的流体混合、扩散、组合旋涡等流谱，现分述如下：

1）滞止点。观察流经前驻滞点的小气泡，可见流速的变化由 $v \rightarrow 0 \rightarrow v_{max}$，流动在滞止点上明显停滞（可结合说明能量的转化及毕托管测速原理）。

2）边界层分离。结合显示图谱，说明边界层、转捩点概念并观察边界层分离现象，边界层分离后的回流形态以及圆柱绕流转捩点的位置。

边界层分离将引起较大的能量损失。结合渐扩段的边界层分离现象，还可说明边界层分离后会产生局部低压，以至于有可能出现空化和空蚀破坏现象。如文氏管喉管出口处。

3）卡门涡街。圆柱的轴与来流方向垂直。在圆柱的两个对称点上产生边界层分离后，不断交替在两侧产生旋转方向相反的旋涡，并流向下游，形成冯·卡门（von Karman）"涡街"。

对卡门涡街的研究，在工程实际中有很重要的意义。每当一个旋涡脱离柱体时，根据汤姆逊（Thomson）环量不变定理，必须在柱体上产生一个与旋涡具有的环量大小相等方向相反的环量，由于这个环量使绕流体产生横向力，即升力。注意到在柱体的两侧交替地产生着旋转方向相反的旋涡，因此柱体环量的符号交替变化，横向力的方向也交替地变化。这样就使柱体产生一定频率的横向振动。若该频率接近柱体的自振频率，就可能产生共振，为此常采取一些工程措施加以解决。

应用方面，可举卡门涡街流量计，参照流动图谱加以说明。从圆柱绕流的图谱可见，卡门涡街的频率不仅与雷诺数有关，也与管流的过流量有关。若在绕流柱上，过圆心打一与来流方向相垂直的通道，在通道中装设热丝等感应测量元件，则可测得由于交变升力引起的流速脉动频率，根据频率就可测量管道的流量。

卡门涡街引起的振动及其实例：观察涡街现象，说明升力产生的原理。绕流体为何会产生振动以及为什么振动方向与来流方向相垂直等问题，都能通过对该图谱观测分析迎刃而解。作为实例，如风吹电线，电线会发出共鸣（风振）；潜艇在行进中，潜望镜会发生振动，高层建筑（高烟囱等）在大风中会发生振动等，其根源均出于卡门涡街。

4）多圆柱绕流，被广泛用于热工中的传热系统的"冷凝器"及其他工业管道的热交换器等，流体流经圆柱时，边界层内的流体和柱体发生热交换，柱体后的旋涡则起混掺作用，然后流经下一柱体，再交换再混掺，换热效果较佳。另外，对于高层建筑群，也有类似的流动图像，即当高层建筑群承受大风袭击时，建筑物周围也会出现复杂的风向和组合气旋，即使在独立的高建筑物下游附近，也会出现分离和尾流。这应引起建筑师的重视。

（6）ZL-6 型（图 4-29 中的 6）显示明渠渐扩、桥墩形钝体绕流、流线体绕流、直角弯道和正、反流线体绕流等流段上的流动图谱。

桥墩形柱体为圆头方尾的钝形体，水流脱离桥墩后，形成一个旋涡区——尾流，在尾流区两侧产生旋向相反且不断交替的旋涡，即卡门涡街。与圆柱绕流不同的是，该涡街的频率具有较明显的随机性。

ZL-6 型图谱主要作用有：

1）说明了非圆柱体绕流也会产生卡门涡街。

2）对比观察圆柱绕流和该钝体绕流可见：前者涡街频率 f 在雷诺数不变时它也不变；而后者，即使雷诺数不变 f 却随机变化。由此说明了为什么圆柱绕流频率可由公式计算，而非圆柱绕流频率一般不能计算的原因。

解决绕流体振动问题的途径有：①改变流速；②改变绕流体自振频率；③改变绕流体结构形式，以破坏涡街的固定频率，避免共振。如北大力学系曾据此成功地解决了一例 120m 烟囱的风振问题，其措施是在烟囱的外表加了几道螺纹形突体，从而破坏了圆柱绕流时的卡门涡街的结构并改变了它的频率，结果消除了风振。

流线形柱体绕流，这是绕流体的最好形式，流动顺畅，形体阻力最小。又从正、反流线体的对比流动可见，当流线体倒置时，也出现卡门涡街。因此，为使过流平稳，应采用顺流而放的圆头尖尾形柱体。

（7）ZL-7 型（图 4-29 中的 7）是"双稳放大射流阀"流动原理显示仪。经喷嘴喷射出的射流（大信号）可附于任一侧面，若先附于左壁，射流经左通道后，向右出口输出；当旋转仪器表面控制圆盘，使左气道与圆盘气孔相通时（通大气），因射流获得左侧的控制流（小信号），射流便切换至右壁，流体从左出口输出。这时若再转动控制圆盘，切断气流，射流稳定于原通道不变。如要使射流再切换回来，只要再转动控制圆盘，使右气道与圆盘气孔相通即可。因此，该装置既是一个射流阀，又是一个双稳射流控制元件。只要给一个小信号（气流），便能输出一个大信号（射流），并能把脉冲小信号保持记忆下来。

由演示所见的射流附壁现象，又被称作"附壁效应"。利用附壁效应可制成"或门"、

"非门"、"或非门"等各种射流元件，并可把它们组成自
动控制系统或自动检测系统。由于射流元件不受外界电磁
干扰，较之电子自控元件有其独特的优点，故在军工方面
也有它的用途。1962年被我解放军用导弹击落的入侵我国
领空的美制U-2型高空侦察机，所用的自控系统就是由这
种射流元件组成的。

　　作为射流元件在自动控制中的应用示例，ZL-7型还配
置了液位自动控制装置。图4-30所示为 a 通道自动向左水
箱加水状态。左右水箱的最高水位由溢流板（中板）控
制，最低水位由 a_1、b_1 的位置自动控制。其原理是：水泵
启动，仪器的流道喉管 a_2、b_2 处由于过流断面较小，流速
过大，形成真空。在水箱水位升高后产生溢流，喉管 a_2、
b_2 处所承受的外压保持恒定。当仪器运行到如图4-30状态
时，右水箱水位因 b_2 处真空作用下抽吸而下降，当液位降
到 b_1 小孔高程时，气流则经 b_1 进入 b_2，b_2 处升压（a_2 处压
力不变），使射流切换到另一流道即 a_2 侧，b_2 处进气造成
a_4、a_3 间断流，a_3 出口处的薄膜逆止阀关闭，而 $b_4 \to b_3$ 过
流，b_3 出口处的薄膜逆止阀打开，右水箱加水。其过程与
左水箱加水相同，如此往复循环，十分形象地展示了射流元件自动控制液位的过程。

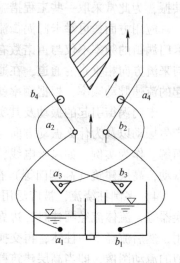

图4-30　射流元件示意图
（上半图为双稳放大射流阀；下半图为
双水箱容器 a_1、b_1、a_3、b_3 容器后
壁小孔分别是与孔 a_2、b_2 及毕托管
取水嘴 a_4、b_4 联通）

　　操作中还须注意，开机后需等 $1\sim2$min，待流道气体排净后再实验。否则仪器将不能
正常工作。

实验18　水击综合演示实验

一、实验目的
（1）了解实验装置结构特征。
（2）观察水击波传播、水击扬水、调压筒消减水击现象。
（3）掌握水击压强的定量观测。

二、实验装置
实验装置如图4-31所示。

三、演示指导
　　实验仪可用以演示水击波传播、水击扬水、调压筒水击以及水击压强的量测。演示指
导如下：

　　（1）水击的产生及传播。水泵7能把集水箱14中的水送入恒压供水箱1中，水箱1
内设有溢流板和回水管，能使水箱中的水位保持恒定。工作水流自水箱1经供水管9和水
击室13，再通过水击发生阀11的阀孔流出，回到集水箱14。

　　实验时，先全关截止阀10和4，触发启动水击发生阀11。当水流通过水击发生阀11
时，水的冲击力使水击发生阀11上移关闭而快速截止水流，因而在供水管9的末端首先
产生最大的水击升压，并使水击室13同时承受到这一水击压强。水击升压以水击波的形

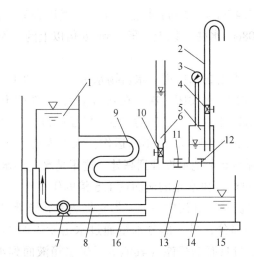

图 4-31　水击综合演示实验装置示意图

1—恒压供水箱；2—水击扬水机出水管；3—气压表；4—扬水机截止阀；5—压力室；6—调压筒；

7—水泵；8—水泵吸水管；9—供水管；10—调压筒截止阀；11—水击发生阀；

12—逆止阀；13—水击室；14—集水箱；15—底座；16—回水管

式迅速沿着压力管道向上游传播，到达进口以后，由进口反射回来一个减压波，使供水管 9 末端和水击室 13 内发生负的水击压强。

实验仪能通过水击发生阀 11 和逆止阀 12 的动作过程观察到水击波的来回传播变化现象。即水击发生阀 11 关闭，产生水击升压，使逆止阀 12 克服压力室 5 的压力而瞬时开启，水也随即注入压力室内，并看到气压表 3 随着产生压力波动。然后，在进口传来的负水击作用下，水击室 13 压强低于压力室 5，使逆止阀 12 关闭，同时，负水击又使水击发生阀 11 下移而开启。这一动作过程既能观察到水击波的传播变化现象，又能使本实验仪保持往复的自动工作状态，即当水击发生阀 11 再次开启后，水流又经阀孔流出，回复到初始工作状态。这样周而复始，水击发生阀 11 不断地开启、关闭，水击现象也就不断地重复发生。

（2）水击压强的定量观测。水击可在极短的时间内产生很大的压强，犹如重锤锤击管道一般，甚至可能造成对管道的破坏。由于水击的作用时间短、升压大，通常需用复杂而昂贵的电测仪系统作瞬态测量，而实验仪器用简便的方法可直接地量测出水击升压值。此法的测压系统是由逆止阀 12、压力室 5 和气压表 3 组成。水击发生阀 11 每一开一闭都产生一次水击升压，由于作用水头、管道特性和阀的开度均相同，故每次水击升压值相同。每当水击波往返一次，都将向压力室 5 内注入一定水量，因而压力室内的压力随着水量的增加而不断累加，一直到其值达到与最大水击压强相等时，逆止阀 12 才打不开，水流也不再注入压力室 5，压力室内的压力也就不再增高。这时，可从连接于压力空腔的气压表 3 测量压力室 5 中的压强，此压强即为水击发生阀 11 关闭时产生的最大水击压强。这一测量原理可用一个日常生活例子来加深理解：如一个用气筒每次以 0.3MPa 的压强向轮胎内打气，显然，只有反复多次地打，轮胎内的压强方可达到且只能达到 0.3MPa。

实验仪工作水头为 2.45kPa（25cm 水柱）左右，气压表显示的水击压强值最大可达 40kPa（300mm 汞柱，408cm 水柱）以上，即达到 16 倍以上的工作水头，表明水击有可能造成工程破坏。

（3）水击的利用——水击扬水原理。水击扬水机由图中的 1、9、11、12、13、5、4、2 等部件组成。水击发生阀 11 每关闭一次，在水击室 13 内就产生一次水击升压，逆止阀 12 随之被瞬时开启，部分高压水被注入压力室 5，当截止阀 4 开启时，压力室的水便经出水管 2 流向高处。由于水击发生阀 11 的不断运作，水击连续多次发生，水流也一次一次地不断注入压力室，源源不断地把水提升到高处。这正是水击扬水机工作原理，实验仪器扬水高度为 37cm，即超过恒压供水箱的液面达 1.5 倍的作用水头。

水击扬水虽然能使水流从低处流向高处，但它仍然遵循能量守恒规律。扬水提升的水量仅仅是流过供水管的一部分，另一部分水量通过水击发生阀 11 的阀孔流出了水击室，正是这后一部分水量把自身具有的势能（其值等于供水箱液面到水击发生阀 11 出口处的高差）以动量传输的方式，提供了扬水机扬水。由于水击的升压可达几十倍的作用水头，因而若提高扬水机的出水管 2 的高度，水击扬水机的扬程也可相应提高，但出水量会随着高度的增加而减小。

（4）水击危害的消除——调压筒（井）工作原理。如上所述，水击有可利用的一面，但更多的是它对工程具有危害性的一面如水击有可能使输水管爆裂。为了消除水击的危害，常在阀门附近设置减压阀或调压筒（井）、气压室等设施。实验仪器设有由调压筒截止阀 10 和调压筒 6 组成水击减装置。

操作步骤：实验时全关扬水机截止阀 4、全开调压筒截止阀 10。然后手动控制水击发生阀 11 的开与闭。由气压表 3 可见，此时，水击升压最大值约为 120mm 汞柱，其值仅为调压筒截止阀 10 关闭时的峰值的 1/3。同时，该装置还能演示调压系统中的水位波动现象。当水击发生阀 11 开启时，调压筒中水位低于供水箱水位（以下称库水位），而当水击发生阀 11 突然关闭时，调压筒中的水位很快涌高且超过库水位，并出现和竖立 U 形水管中水体摆动现象性质相同的振荡，上下波动的幅度逐次衰减，直至静止。

调压系统中的非恒定流和水击的消减作用，在实验中可作如下说明：

设了调压筒，在水击发生阀 11 全开下的恒定流时，调压筒中维持于库水位固定自由水面。当水击发生阀 11 突然关闭时，供水管 9 中的水流因惯性作用继续向下流动，流入调压筒，使其水位上升，一直上升到高出库水位的某一最大高度后才停止。这时管内流速为零，流动处于暂时停止状态，由于调压筒水位高于库水位，故水体作反向流动，从调压筒流向水库。又由于惯性作用，调压筒中水位逐渐下降，至低于库水位，直到反向流速等于零为止。此后供水管中的水流又开始流向调压筒，调压筒中水位再次回升。这样，伴随着供水管中水流的往返运动，调压筒中水位也不断上下波动，这种波动由于供水管和调压筒的阻尼作用而逐渐衰减，最后调压筒水位在正常水位。

设置调压筒之后，在过流量急剧改变时仍有水击发生，但调压筒的设置建立了一个边界条件，在相当大程度上限制或完全制止了水击向上游传播。同时水击波的传播距离因设置调压筒而大为缩短，这样既能避免直接水击的发生，又加快了减压波返回，因而使水击压强峰值大为降低，这就是利用调压筒消减水击危害的原理。

实验 19 自循环虹吸原理演示实验

一、实验目的
（1）了解实验装置的结构特征。
（2）验证虹吸原理、伯努利方程及虹吸阀原理。

二、实验装置
实验仪由虹吸管、高低位水箱、测压计、弯管流量计、水泵、可控硅无级调速器及虹吸管自动抽气装置等部件组合而成。实验装置如图 4-32 所示。

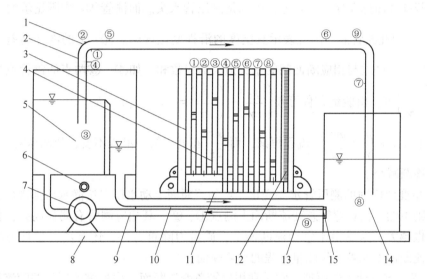

图 4-32 自循环虹吸原理实验仪

1—测点；2—虹吸管；3—测压计；4—测压管；5—高位水箱；6—调速器；
7—水泵；8—底座；9—吸水管；10—溢水管；11—测压计水箱；
12—滑尺；13—抽气嘴；14—低位水箱；15—流量调节阀

三、演示指导
实验仪可进行虹吸原理、伯努利方程及虹吸阀原理等实验教学。演示指导提要如下：

（1）虹吸管工作原理。遵循能量的转换及其守恒定律

$$z_1 + \frac{p_1}{\gamma} + \frac{a_1 v_1^2}{2g} = z_2 + \frac{p_2}{\gamma} + \frac{a_2 v_2^2}{2g} + h_{w1-2} \tag{4-74}$$

在实验中观察水流可知，水的位能、压能、动能三者之间的互相转换明显，这是虹吸管的特征。例如水流自测点③流到测点④，其 $\frac{p_3}{\gamma}>0$，在流动中部分压能转换成动能和测点④的位能，结果测点④出现了真空 $\left(\frac{p_4}{\gamma}<0\right)$。又根据弯管流量计测读出的流量，可分别算出③、④的总能量 E_3 和 E_4，表明流动中有水头损失存在。类似地，水自点⑥流向点⑦、⑧的过程中，又明显出现位能向压能的转换现象。

（2）虹吸管的启动。虹吸管在启用前由于有空气，水不连续就不能工作，为此，启用时，必须把虹吸管中的空气抽除。仪器通过测孔⑨自动抽气。因虹吸管透明，启动过程清晰可见。实验有两点值得注意：一是抽气孔应设在高管段末端，测点⑨；二是虹吸管的最大吸出高度不得超过 10m，为了安全，一般应小于 6~7m。

（3）真空度的沿程变化。由测压管显示可知真空度沿流逐渐增大，到测点⑥附近，真空度最大，此后，由于位能转化为压能，真空度又逐渐减小。

（4）测压管水头沿程变化。虹吸仪所显示的测压管的水柱高度不全是测压管高度。所谓测压管水头是指 $z + \dfrac{p}{\gamma}$，而测压管高度是指 $\dfrac{p}{\gamma}$。实验中所显示的测管①、②、③和⑧标尺读数，若基准面选在标尺零点上，则都是测压管水头。而测管④~⑦所显示的水柱高度是 $\left(-\dfrac{p}{\gamma}\right)$ 值。因此测管液面高程表示真空度的沿程变化规律。④~⑦的液柱高差，代表相应测点的位置高度差与相应断面间的水头损失的代数和。如④、⑤两点的测管液柱高度差 $\left(-\dfrac{p_5}{\gamma}\right) - \left(-\dfrac{p_4}{\gamma}\right)$ 值，由能量方程可知 $\left(-\dfrac{p_5}{\gamma}\right) - \left(-\dfrac{p_4}{\gamma}\right) = (z_5 - z_4) + h_{w4-5}$。

因总水头 $z + \dfrac{p}{\gamma} + \dfrac{av^2}{2g}$ 沿流程恒减，而 $\dfrac{av^2}{2g}$ 在虹吸管中沿程不变，故测压管水头 $z + \dfrac{p}{\gamma}$ 沿流程亦逐渐减小。

（5）急变流断面的测压管水头变化。均匀流断面上动水压强按静水压强规律分布，急变流断面则不然。例在弯管急变流断面上测点①、②，其相应测管有明显高差，且流量越大，高差也越大。这是由于急变流断面上，质量力除重力外，还有离心惯性力存在。因此，急变流断面不能被选作能量方程的计算断面。

（6）弯管流量计工作原理。它是利用弯管急变流断面，内外侧的压强差随流量变化极为敏感的特性。据此可选弯管作流量计使用。使用前，需先率定，绘制出 $Q\text{-}\nabla h$ 曲线（实验仪器已提供），实验时只要测得 ∇h 值，由曲线便可查得流量。

（7）虹吸阀工作原理。虹吸阀是由虹吸管、真空破坏阀和真空泵三部分组成，本虹吸仪中分别用虹吸管 2、抽气孔⑨和抽气嘴 13 代替。虹吸阀门直接利用虹吸管的原理工作，当虹吸管中气体抽除后，虹吸阀全开，当孔⑨打开（拔掉软塑管）时，即破坏了真空，虹吸管瞬间充气，虹吸阀全关。扬州江都抽水站就利用了此类虹吸阀。

第五章　水泵与水泵站实验

实验 20　水泵结构及运行原理演示实验

水泵运行时，被输送介质由低位水箱经水泵后，在高速旋转的叶轮的离心力作用下，将电能转化为被提升液体的动能和势能，完成能量的转换。在这一过程中水泵的各组成部件所起的作用，通过水泵动态演示运行和静态观察使学生对教材知识点有更好的理解和认识。

一、实验目的

（1）熟悉清水离心泵的铭牌上常见参数设置，通过识读铭牌分辨水泵类型。

（2）掌握单级单吸式、双级双吸式清水离心泵的基本结构、主要组成零部件。

（3）通过离心泵运行演示过程，了解水泵启动要点和水泵运行工作原理。

二、实验设备

单级单吸式清水离心泵模型泵、单级双吸式清水离心泵模型泵。单级单吸式清水离心泵运行管路装置一套。

三、实验内容和方法

1. 单级单吸式与双吸式清水离心泵铭牌识读及零件辨别

（1）通过识读离心泵铭牌辨别水泵类型，了解水泵运行参数。

（2）辨别水泵主要组成部件叶轮的基本构造，了解单吸式叶轮与双吸式叶轮的结构特点。

（3）了解水泵的轴封装置类型，分辨填料密封和机械密封装置的区别，通过讲解了解常用填料密封装置的组成和各组成部分的作用。

2. 单级单吸式离心泵结构说明

泵系根据国家标准 ISO2858 所规定的性能和尺寸设计的，主要由泵体 1、泵盖 2、叶轮 3、轴 4、密封环 5、轴套 8 及悬架轴承部件 12 等所组成，如图 5-1 所示。

泵的泵体和泵盖的部分，是从叶轮背面处剖分的，即通常所说的后开门结构形式。其优点是检修方便，检修时不动泵体、吸入管路、排出管路和电动机，只需拆下加长联轴器的中间连接件，即可退出转子部件，进行检修。

泵的壳体（即泵体和泵盖）构成泵的工作室、叶轮、轴和滚动轴承等为泵的转子。悬架轴承部件支承着泵的转子部件，滚动轴承承受泵的径向力和轴向力。

为了平衡泵的轴向力，大多数泵的叶轮前、后均设有密封环，并在叶轮后盖板上设有平衡孔，由于有些泵轴向力不大，叶轮背面未设密封环和平衡孔。

泵的轴向密封环是由填料压盖 9、填料环 10 和填料 11 等组成，以防止进气或大量漏水。泵的叶轮如有平衡，则装有软填料的空腔与叶轮吸入口相通，若叶轮入口处液体处于真空状态，则很容易沿着轴套表面进气，故在填料腔内装有填料环通过泵盖上的小孔将泵

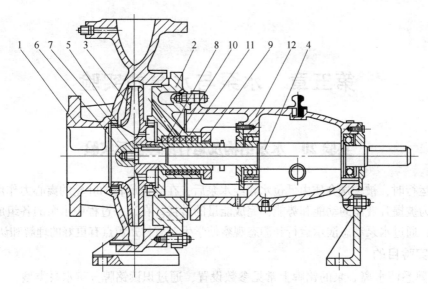

图 5-1　单级单吸式离心泵结构

1—泵体；2—泵盖；3—叶轮；4—轴；5—密封环；6—叶轮螺母；7—止动垫圈；
8—轴套；9—填料压盖；10—填料环；11—填料；12—悬架轴承部件

室内压力水引至填料环进行密封。泵的叶轮如没有平衡孔，由于叶轮背面液体压力大于大气压，因而不存在漏气问题，故可不装填料环。

为避免轴磨损，在轴通过填料腔的部位装有轴套保护，轴套与轴之间装有 O 形密封圈，以防止沿着配合表面进气或漏水。

泵的传动方式是通过加长弹性联轴器与电动机连接的。泵的旋转方向，从驱动端看，为顺时针方向旋转。

3. 单级双吸式离心泵结构说明

单级双吸式离心泵结构如图 5-2 所示。

单级双吸离心泵吸入口与吐出口均在水泵轴线下方，与轴线垂直呈水平方向，泵壳中开，检修时无需拆卸进水、排水管路及电动机房（或其他原动机）。从联轴器向泵的方向看去，水泵为顺时针方向旋转。根据需要也可生产逆时针旋转的泵，但订货时应特殊提出。此类型泵的主要零件有：泵体、泵盖、叶轮、轴、双吸密封环、轴套和轴承等。除轴的材料为优质碳素钢外，其余多为铸铁制成，但根据介质不同可换其他材质。

泵体与泵盖构成叶轮的工作室，在进、出水法兰上制有安装真空表和压力表的管螺孔，进、出水法兰的下部制有放水的管螺孔。叶轮经过静平衡校验，用轴套和两侧的轴套螺母固定，其轴向位置可以通过轴套螺母进行调整，叶轮的轴向力利用其叶片的对称布置达到平衡，可能还有一些剩余轴向力则由轴端的轴承承受。

泵轴由两个单列向心球轴承支承，轴承装在泵体两端的轴承体内，用黄油润滑，双吸密封环用以减少水泵叶轮处漏水。

水泵轴封为软填密封（根据用户需要也可采用机械密封结构），填料之间装有填料环，水泵工作时少量高压水通过泵盖中开面上的梯形凹槽或外部的水封管部件注流入填料腔，起水封作用。

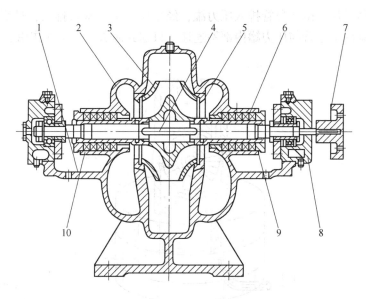

图 5-2　单级双吸式离心泵结构图

1—泵体；2—泵盖；3—叶轮；4—轴；5—双吸密封环；6—轴套；

7—联轴器；8—轴承体；9—填料压盖；10—填料

水泵通过联轴器由电动机直接传动（如果必须采用橡胶带传动时，应另设支架）。

单级双吸离心泵用于供输送清水及物理化学性质类似于水的液体。液体最高温度不得超过 80℃，适合工厂、矿山、城市、电站的给排水，农田排涝灌溉和各种水利工程。

4. 单级双吸式离心泵的启闭

（1）熟悉水泵灌水孔位置和作用，思考离心泵的启动方式和注意事项。

（2）水泵启动前检查各紧固处螺栓有无松动，有无异常响声，润滑部位油量是否充足等。

（3）水泵启动前应先灌引水。灌水前拧开放气螺塞，然后加水，直到从放气孔向外冒水，再转动几下泵轴，如继续冒水，表明水已充满，然后关闭放气螺塞，准备启动。

（4）启动时，操作人员与机组不要靠得太近，待水泵转速稳定后，即应打开真空表与压力表上的阀，此时，压力表上读数应上升至水泵零流量的空转扬程，表示水泵已经上压，可逐渐打开压力闸阀。启动工作待闸阀全开时，即告完成。

（5）水泵的停车。离心泵停车时，应先关出水闸阀，实行闭阀停车。然后，关闭真空及压力表上阀。

实验 21　水泵特性曲线的测定实验

一、实验目的

（1）掌握水泵的基本测试技术，了解实验设备及仪器仪表的性能和操作方法。

（2）测定 P-100 自吸泵的工作特性，绘制特性曲线。

二、实验装置

泵特性曲线实验仪实验泵的结构如图 5-3 所示。水泵由上下两部分组成，下部为稳压罐，上部为水泵电机。水泵工作方式为：由进水口进水，由压力罐内 1 号管直接将水送入水泵，经水泵增压后，由 2 号管排入压力罐，经稳压后由出水口排出，过程见图 5-3 中箭头指向。压力罐内 1 号管与压力罐内部不连通，只起到向水泵供水的作用。

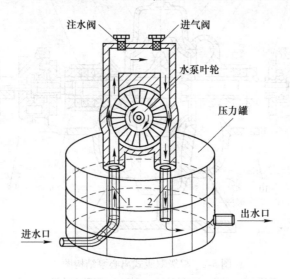

注水阀　进气阀

水泵叶轮

压力罐

出水口

进水口

图 5-3　泵特性曲线实验仪实验泵结构示意图

三、实验原理

对应某一额定转速 n，泵的实际扬程 H，轴功率 N，总效率 η 与泵的出水流量 Q 之间的关系以曲线表示，称为泵的特性曲线，它能反映出泵的工作性能，可作为选择泵的依据。泵的特性曲线测定装置如图 5-4 所示。

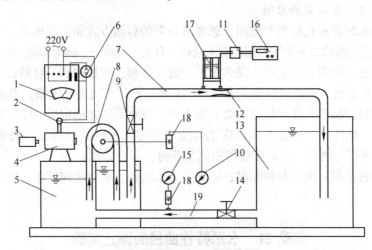

图 5-4　泵的特性曲线测定装置

1—功率表；2—电机电源插座；3—光电转速仪；4—电动机；5—稳水压力罐；6—功率表开关；
7—输水管道；8—P-100 自吸泵；9—流量调节阀；10—压力表；11—压差传感器；
12—文丘里流量计；13—蓄水箱；14—进水阀；15—压力真空表；16—压差
电测仪；17—电测仪稳压筒；18—压力表稳压筒；19—进水管道

泵的特性曲线可用下列三个函数关系表示

$$H = f_1(Q); \qquad N = f_2(Q); \qquad \eta = f_3(Q)$$

这些函数关系均可由实验测得，其测定方法如下：

（1）流量 Q（$10^{-6}\text{m}^3/\text{s}$）。用文丘里流量计 12、压差电测仪 16 测量，并据式（5-1）确定 Q 值

$$Q = A(\nabla h)^B \tag{5-1}$$

式中　A，B——预先以标定得出的系数，随仪器提供；

∇h——文丘里流量计的测压管水头差，由压差电测仪读出；

$\quad Q$——流量，$10^{-6}\text{m}^3/\text{s}$。

（2）实际扬程 H。泵的实际扬程系指水泵出口断面与进口断面之间总能头差，是在测得泵进、出口压强、流速和测压表表位差后，经计算求得。由于实验装置内各点流速较小，流速水头可忽略不计，故有：

$$H = 102(h_{\text{d}} - h_{\text{s}}) \tag{5-2}$$

式中　H——扬程，m；

h_{d}——水泵出口压强，MPa；

h_{s}——水泵进口压强，MPa，真空值用"–"表示。

（3）轴功率（泵的输入功率）$N(\text{W})$

$$N = p_0 \cdot \eta_{\text{电}} \tag{5-3}$$

$$P_0 = K \cdot P \tag{5-4}$$

$$\eta_{\text{电}} = \left[a\left(\frac{p_0}{100}\right)^3 + b\left(\frac{p_0}{100}\right)^2 + c\left(\frac{p_0}{100}\right) + d \right]/100 \tag{5-5}$$

式中　　K——功率表表头值转换成实际功率瓦特数的转换系数；

P——功率表读数值，W；

$\eta_{\text{电}}$——电动机效率，%；

a，b，c，d——电机效率拟合公式系数，预先标定提供。

（4）总效率 η

$$\eta = \frac{\rho g H Q}{N} \times 100\% \tag{5-6}$$

式中　ρ——水的密度，1000kg/m^3；

g——重力加速度，$g = 9.8\text{m/s}^2$。

（5）实验结果按额定转速的换算。如果泵实验转速 n 与额定转速 n_{sp} 不同，且满足 $|(n - n_{\text{sp}})/n_{\text{sp}} \times 100\%| < 20\%$，则应将实验结果按下面各式进行换算：

$$Q_0 = Q\left(\frac{n_{\text{sp}}}{n}\right) \tag{5-7}$$

$$H_0 = H\left(\frac{n_{\text{sp}}}{n}\right)^2 \tag{5-8}$$

$$N_0 = N\left(\frac{n_{\text{sp}}}{n}\right)^3 \tag{5-9}$$

$$\eta_0 = \eta \tag{5-10}$$

式中，带下标"0"的各参数都指额定转速下的值。

四、实验步骤

（1）准备：对照实验装置图，熟悉实验装置各部分名称与作用，检查水系统和电系统的连接是否正确，蓄水箱的水量是否达到规定要求。记录有关常数。

（2）排气：全开调节阀9与进水阀14，接通电源开启水泵（泵启动前，功率表开关6一定要置于"关"的位置）。待输水管7中气体排尽后，关闭调节阀9，然后拧开传感器11上的两只螺丝，对传感器和连接管排气，排气后将螺丝拧紧。

（3）电测仪16调零：在调节阀9全关下，电测仪应显示为零，否则应调节其调零旋钮使其显示为零。

（4）在进水阀14全开情况下，调节阀9控制泵的出水流量。此时打开功率表开关6，测记功率表1，同时测记电测仪16和压力表10与15的读值。

（5）测记转速：将光电测速仪射出的光束对准贴在电机转轴端黑纸上的反光纸，即可读出轴的转速。转速须对应每一工况进行测记。

（6）调节不同流量，按步骤（4）、（5）测量7~13次。

（7）在调节阀9半开（压力表10读数值约为0.15MPa）情况下，调节进水阀14，在不同开度下，按上述步骤（4）、（5）测量2~3次，其中一次应使压力真空表15的表值约为−0.08MPa。

（8）实验结束，先切断电动机电源，检查电测仪是否为零，如不为零应进行修正。最后切断电测仪电源。

五、实验成果及要求

（1）记录有关常数。

实验装置台号 No. ＿＿＿＿＿。

流量换算公式系数：$A=$＿＿＿＿＿；$B=$＿＿＿＿＿。

电动机效率换算公式系数：$a=$＿＿＿＿＿；$b=$＿＿＿＿＿；$c=$＿＿＿＿＿；$d=$＿＿＿＿＿。

功率表转换系数：$K=$＿4＿；泵额定转速：$n_{sp}=$＿＿＿＿＿ r/min。

（2）记录及计算表（表5-1和表5-2）。

表 5-1　实验记录表

序号	转速 n /r·min⁻¹	功率表读值 P /W	流量计读值 Δh /cmH₂O	真空表读值 h_s /MPa×10⁻²	压力表读值 h_d /MPa×10⁻²
1					
2					
3					
4					
5					
6					
7					
8					
9					
10					

续表 5-1

序号	转速 n /r·min⁻¹	功率表读值 P /W	流量计读值 Δh /cmH₂O	真空表读值 h_s /MPa×10⁻²	压力表读值 h_d /MPa×10⁻²
11					
12					
13					

注：1mmH₂O=9.80665Pa。

表 5-2　泵特性曲线测定实验结果

| 序号 | 实验换算值 | | | | $N_{sp}=2900r/min$ 时的值 | | | |
	转速 n /r·min⁻¹	流量 Q /m³·s⁻¹(×10⁻⁶)	总扬程 H /m	泵输入功率 N/W	流量 Q /m³·s⁻¹(×10⁻⁶)	总扬程 H/m	泵输入功率 N/W	泵效率 η/%
1								
2								
3								
4								
5								
6								
7								
8								
9								
10								
11								
12								
13								

（3）根据实验值在同一图上绘制 H_0-Q_0、N_0-Q_0、η_0-Q_0 曲线。

实验曲线应自备毫米方格纸绘制，图中的公用变量 Q_0 为横坐标，纵坐标则分别对应 H_0、N_0、η_0 用相应的分度值表示。坐标轴应注明分度值的有效数字、名称和单位，不同曲线分别以函数关系予以标注。

六、思考与讨论

（1）本实验 P-100 自吸泵与离心泵的特性曲线相比较有何异同，它们的使用操作分别注意什么？

（2）当水泵入口处真空度达 68.6~78.4kPa（7~8mH₂O）时，泵的性能明显恶化，试分析其原因。

（3）实验泵安装高程能否高于吸水井水面 7~8m，为什么？

实验 22　水泵双泵串联实验

一、实验目的

(1)掌握串联泵的测试技术。

(2)测定 P-100 自吸泵在双泵串联工况下扬程 H-Q 特性曲线,掌握双串联泵特性曲线与单泵特性曲线之间的关系。

二、实验装置

水泵双泵串联实验的装置(图 5-5)由 2 台 P-100 自吸泵及其自循环供水和回水系统组成,可进行单泵、双泵串联与并联实验。

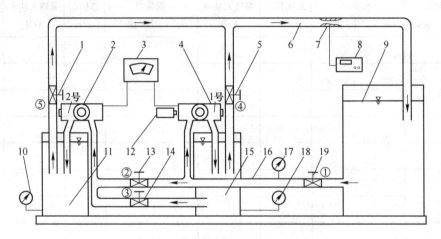

图 5-5　双泵串联实验装置图

1—5 号流量调节阀;2—2 号实验泵;3—功率表;4—1 号实验泵;5—4 号流量调节阀;6—出水管道;7—文丘里流量计;
8—压差电测仪;9—供水箱;10—2 号泵压力表;11—2 号泵稳压罐;12—光电转速计;13—2 号进水阀;14—3 号进水阀;
15—1 号泵稳压罐;16—进水管;17—压力真空表;18—1 号泵压力表;19—1 号进水阀

双泵串联实验条件设置:关闭功率表。在关闭 2 号、4 号阀,开启 1 号、3 号、5 号阀状态下,开启 1 号实验泵和 2 号实验泵,两台实验泵形成串联工作回路。

三、实验原理

前一台水泵的出口向后一台水泵的入口输送流体的工作方式,称为水泵的串联工作。

水泵的串联意味着水流再一次得到新的能量,前一台水泵把扬程提到 H_1 后,后一台水泵再把扬程提高 H_2。若两台泵之间连接管路很短,水头损失可忽略不计,已知水泵串联工作的两台水泵的性能曲线函数分别为 $H_1 = f_1(Q_1)$、$H_2 = f_2(Q_2)$,则水泵串联工作后的性能曲线函数为在流量相同情况下各串联水泵的扬程叠加。双泵串联性能与单泵性能之间的关系有:$Q = Q_1 = Q_2$,$H = H_1 + H_2$,$H = f(Q) = H_1 + H_2 = f_1(Q) + f_2(Q)$。

若两台泵性能相同,有 $f_1(Q) = f_2(Q)$,即 $H = 2f_1(Q) = 2H_1 = 2H_2$。

以上表明,在不计两串联水泵之间的管路水头损失且流量相同的情况下,性能相同的两泵串联总扬程是单泵扬程的 2 倍。

四、实验步骤

(1)实验前,必须先对照图5-5,熟悉实验装置各部分名称与作用,检查水系统和电系统的连接正确与否,供水箱的水量是否达到规定要求。记录有关常数。

(2)压差电测仪8调零:在流速为零状态下,压差电测仪8显示数值应为零,否则应调节其调零旋钮使其显示为零。

(3)测定1号实验泵流量、扬程:关闭2号、3号、5号阀,全开1号阀,关闭2号实验泵,开启1号实验泵,开启4号阀,待流量稳定后,测记流量 Q($Q = A(\Delta h)^B$,A、B 为预先标定的系数,随仪器提供;Δh 为压差电测仪8表值,单位为 cm)以及扬程 H_1($H_1 = 102(p_{d1} - p_s)$,p_{d1} 为压力表18的表值,单位为 MPa;p_s 为压力真空表17的表值,单位为 MPa;H_1 以 m 计)。调节4号阀开度,改变流量,在不同流量下重复测量7~10次,分别记录相应的流量和扬程。

(4)测定2号实验泵流量、扬程:先关闭1号实验泵,再关闭3号、4号阀,全开1号、2号阀,开启2号实验泵,调节5号阀,改变流量多次,每次分别使流量达到上述第3步骤各次设定的流量值(即压差电测仪8表值对应相等),测记录各流量下扬程 H_2($H_2 = 102(p_{d2}-p_s)$,p_{d2} 为压力表10的表值,单位为 MPa;p_s 为压力真空表17的表值,单位为 MPa;H_2 以 m 计)。

(5)测定1号、2号实验泵串联工作流量、扬程:先关闭2号实验泵,再关闭2号、4号阀,全开1号、3号阀,同时开启1号、2号实验泵,调节5号阀,改变流量多次,每次分别使流量也达到上述第3步骤设定的流量(即压差电测仪8表值对应相等),测记录各流量下扬程 H($H = 102(p_{d2} - p_s)$,p_{d2} 为压力表10的表值,单位为 MPa;p_s 为压力真空表17的表值,单位为 MPa;H 以 m 计)。

(6)实验结束,先打开所有阀门,再关闭水泵电源,检查电测仪8是否为零,如不为零需进行校正。最后关闭电测仪电源。

(7)根据实验数据分别绘制单泵与双泵流量-扬程(Q-H)特性曲线。

(8)注意事项:在进水阀全开,出水阀全关,水泵开启情况下,稳水压力罐内压力最高,承压较大,不可久置。

五、实验结果整理

(1)记录有关常数:

流量换算公式系数 A = _____,B = _____。

(2)实验数据整理记录及计算表(表5-3)。

六、思考与讨论

(1)当两台泵的特性曲线存在差异时,两泵串联系统的特性曲线与单泵的特性曲线之间应当存在怎样的关系?

(2)试分析泵串联系统中两泵之间的管道损失对实验数据的影响。

(3)在管道特性曲线不变的供水系统中,双泵串联工作的扬程能否为单泵工作扬程的2倍?

表 5-3　串联实验记录表

序号	流量		1 号实验泵			2 号实验泵			Σ	双泵串联	
	电测仪 Δh/cm	流量 Q /m³·s⁻¹ (×10⁻⁶)	压力表 p_{d1} /MPa(×10⁻²)	真空表 p_s /MPa(×10⁻²)	扬程 H_1/m	压力表 p_{d2} /MPa(×10⁻²)	真空表 p_s /MPa(×10⁻²)	扬程 H_2/m	H_1+H_2/m	压力表 p_{d2} /MPa(×10⁻²)	真空表 p_s /MPa(×10⁻²)	总扬程 H/m
1												
2												
3												
4												
5												
6												
7												
8												
9												
10												
11												
12												

实验 23　水泵双泵并联实验

一、实验目的

（1）掌握并联泵的测试技术。

（2）测定 P-100 自吸泵在双泵并联工况下扬程 H-Q 特性曲线,掌握双并联泵特性曲线与单泵特性曲线之间的关系。

二、实验装置

水泵双泵并联实验的装置（图 5-6）由 2 台 P-100 自吸泵及其自循环供水和回水系统组成,可进行单泵、双泵串联与并联实验。

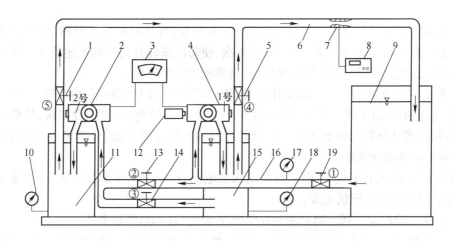

图 5-6　双泵并联实验装置图

1—5 号流量调节阀;2—2 号实验泵;3—功率表;4—1 号实验泵;5—4 号流量调节阀;
6—出水管道;7—文丘里流量计;8—压差电测仪;9—供水箱;10—2 号泵压力表;
11—2 号泵稳压罐;12—光电转速计;13—2 号进水阀;14—3 号进水阀;15—1 号泵稳压罐;
16—进水管;17—压力真空表;18—1 号泵压力表;19—1 号进水阀

双泵串联实验条件设置:关闭功率表。在关闭 3 号阀,开启 1 号、2 号、4 号、5 号阀状态下,开启 1 号实验泵和 2 号实验泵,两台实验泵形成并联工作回路。

三、实验原理

两台或两台以上的水泵向同一压力管道输送流体的工作方式,称为水泵的并联工作。

水泵在并联工作下的性能曲线,就是把对应同一扬程 H 值的各个水泵的流量 Q 值叠加起来。若两台水泵的性能曲线函数关系已知,分别为 $Q_1 = f_1(H_1)$、$Q_2 = f_2(H_2)$,那么,水泵在并联工作下的性能曲线,就是把对应同一扬程 H 值的各个水泵的流量值叠加起来。双泵并联的性能与单泵性能之间关系有:$H = H_1 = H_2$,$Q = Q_1 + Q_2$,$Q = f(H) = Q_1 + Q_2 = f_1(H) + f_2(H)$。

若两台泵性能相同,有 $f_1(H) = f_2(H)$,即 $Q = 2f_1(H) = 2Q_1 = 2Q_2$。

以上表明,在扬程相同情况下,性能相同的两泵并联总流量是单泵流量的 2 倍。

四、实验步骤

(1)实验前,必须先对照图 5-6,熟悉实验装置各部分名称与作用,检查水系统和电系统的连接正确与否,供水箱的水量是否达到规定要求。记录有关常数。

(2)压差电测仪 8 调零:在流速为零状态下,压差电测仪 8 显示数值应为零,否则应调节其调零旋钮使其显示为零。

(3)测定 1 号实验泵扬程、流量:关闭 2 号、3 号、5 号阀,全开 1 号阀,关闭 2 号实验泵,启动 1 号实验泵,调节 4 号阀,使扬程达到某一设定扬程 H($H = 102(p_{d1} - p_s)$,p_{d1} 为压力表 18 的表值,单位为 MPa;p_s 为压力真空表 17 的表值,单位为 MPa;H 以 m 计),测记电测仪 8 表值,然后换算出相应流量 Q($Q = A(\Delta h)^B$,A、B 为预先标定的系数,随仪器提供;Δh 为压差电测仪 8 的表值,单位为 cm)。改变扬程 7~10 次,并测记相应扬程下的各流量值。

(4)测定 2 号实验泵扬程、流量:先关闭 1 号实验泵,再关闭 3 号、4 号阀,全开 1 号、2 号阀,开启 2 号实验泵,调节 5 号阀,改变扬程多次,使每次扬程分别达到上述第 3 步骤各次设定的扬程值,分别测记压差电测仪 8 表值,并换算出相应的流量。

(5)测定 1 号、2 号实验泵并联工作扬程、流量:先关闭 2 号实验泵,再关闭 3 号阀,全开 1 号、2 号阀,同时开启 1 号、2 号实验泵,分别调节 4 号、5 号阀,改变扬程多次,使每次两台实验泵扬程相等且分别达到上述第 3 步骤设定的各次对应扬程值,分别记录压差电测仪 8 表值,并换算出各相应流量。

(6)实验结束,先打开所有阀门,再关闭水泵电源,检查电测仪 8 是否为零,如不为零应进行校正。最后关闭电测仪电源。

(7)根据实验数据分别绘制单泵与双泵扬程-流量(H - Q)特性曲线。

(8)注意事项:在进水阀全开,出水阀全关,水泵开启情况下,稳水压力罐内压力最高,承压较大,不可久置。

五、实验结果整理

(1)记录有关常数:

流量换算公式系数:A = _____,B = _____。

(2)实验数据整理记录及计算表(表 5-4)。

六、思考与讨论

(1)当两台泵的特性曲线存在差异时,两泵并联系统的特性曲线与单泵的特性曲线之间应当存在怎样的关系?

(2)试分析泵串联系统中两泵之间的管道损失对实验数据的影响。

(3)在管道特性曲线不变的供水系统中,性能相同的双泵并联工作的流量能否为单泵工作流量的 2 倍?

表 5-4 并联实验记录表

序号	1号泵压力表 p_{d1} /MPa(×10⁻²)	2号泵压力表 p_{d2} /MPa(×10⁻²)	真空表 p_s /MPa (×10⁻²)	扬程 H/m	1号实验泵		2号实验泵		Σ	双泵并联	
					电测仪 Δh/cm	流量 Q_1 /m³·s⁻¹ (×10⁻⁶)	电测仪 Δh/cm	流量 Q_1 /m³·s⁻¹ (×10⁻⁶)	Q_1+Q_2 /m³·s⁻¹ (×10⁻⁶)	电测仪 Δh/cm	流量 Q /m³·s⁻¹ (×10⁻⁶)
1											
2											
3											
4											
5											
6											
7											
8											
9											
10											
11											
12											

第三篇

水处理微生物实验

第六章 水处理微生物的基本研究方法

第一节 显微镜技术

微生物个体微小,必须借助显微镜才能观察到它的个体形态和细胞构造。

本部分将详细地介绍目前在微生物形态学研究中使用的普通光学显微镜、相差显微镜、暗视野显微镜、荧光显微镜和电子显微镜。

一、普通光学显微镜

普通光学显微镜是一种精密的光学仪器。普通光学显微镜观察法,可帮助人们了解微生物的一般形态构造。

1. 光学显微镜的构造

普通光学显微镜的构造可分为两大部分:机械装置和光学系统。这两部分很好地配合,才能充分发挥显微镜的作用。

A 显微镜的机械装置

显微镜的机械装置包括镜座、镜筒、物镜转换器、载物台、推动器、粗调螺旋和微调螺旋等部件(图6-1)。

(1)镜座。镜座是显微镜的基本支架,由底座和镜臂两部分组成。在其上部连接有载物台和镜筒,是用于安装光学放大系统部件的基础。

(2)镜筒。镜筒上接目镜,下接转换器,形成目镜与物镜间的暗室。从镜筒的上缘到物镜转换器螺旋口之间的距离称为机械筒长。因为物镜的放大率是对一定的镜筒长度而言的。镜筒长度变化,不仅放大倍率随之变化,而且成像质量也受到影响。国

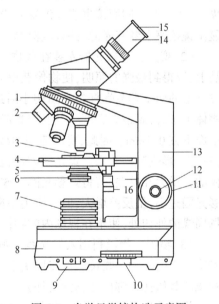

图 6-1 光学显微镜构造示意图

1—物镜转换器;2—物镜;3—游标卡尺;
4—载物台;5—聚光器;6—虹彩光圈;
7—光源;8—镜座;9—电源开关;
10—光源滑动变阻器;11—粗调螺旋;
12—微调螺旋;13—镜臂;14—镜筒;
15—目镜;16—标本移动螺旋

际上将显微镜的标准筒长定为 160mm，此数字标在物镜的外壳上。

（3）物镜转换器。物镜转换器上可安装 3~4 个物镜，一般是 4 个物镜（低倍、中倍、高倍、油镜）。转动转换器，可以按需要将其中的任何一个物镜和镜筒接通，与镜筒上面的目镜构成一个放大系统。

（4）载物台。载物台中央有一孔，为光线通路。在台上装有弹簧标本夹和推动器。

（5）推动器。推动器是移动标本的机械装置，由一横一纵两个推进齿轴和齿条构成，载物台纵横架杆上刻有刻度标尺，构成精密的平面坐标系。如需要重复观察已检查标本的某一物像时，可在第一次观察时记下纵横标尺的数值，下次按数值移动推动器，就可以找到原来标本的位置。

（6）粗调螺旋。粗调螺旋用于粗略调节物镜和标本的距离，老式显微镜粗调螺旋向前扭动，镜头下降接近标本。新近出产的显微镜镜检时，右手向前扭动使载物台上升，让标本接近物镜，反之则下降，标本远离物镜。

（7）微调螺旋。用粗调螺旋只能粗放地调节焦距，难以观察到清晰的物像，因而需要用微调螺旋做进一步调节。微调螺旋每转一圈镜筒仅移动 0.1mm（100μm）。

B　显微镜的光学系统

显微镜的光学系统由反光镜、聚光器、物镜和目镜等组成，光学系统使标本物像放大，形成倒立的放大物像。

（1）反光镜。早期的普通光学显微镜常用自然光检视标本，在镜座上装有反光镜。反光镜是由一平面和另一凹面的镜子组成，可以将投射在它上面的光线反射到聚光器透镜的中央，照明标本。凹面镜也能起汇聚光线的作用。用聚光器时，一般都用平面镜。新近出产的显微镜镜座上装有光源，并有电流调节螺旋，可通过调节电流大小来调节光照强度。

（2）聚光器。聚光器安装在载物台下，其作用是将光源经反光镜反射来的光线聚焦于样品上，以得到最强的照明，使物像获得明亮清晰的效果。聚光器在光学系统中的位置可以通过其上的两个调节螺杆将光圈调小后进行聚中调节。其高低也可以调节，使焦点落在被检物体上，以得到最大亮度。一般聚光器的焦点在其上方 1.25mm 处，而其上升限度为载物台平面下方 0.1mm。因此，要求使用的载玻片厚度应在 0.8~1.2mm 之间，否则被检样品不在焦点上，影响镜检效果。聚光器前透镜组前面还装有虹彩光圈，它可以开大和缩小，影响成像的分辨力和反差，若将虹彩光圈开放过大，超过物镜的数值孔径时，便产生光斑；若收缩虹彩光圈过小，虽反差增大，但分辨力下降。因此，在观察时一般应将虹彩光圈调节开启到视场周缘的外切处，使不在视场内的物体得不到任何光线的照明，以避免散射光的干扰。

（3）物镜。物镜利用入射光线对被检物像进行第一次造像，物镜成像的质量对分辨力有着决定性的影响。物镜的性能取决于物镜的数值孔径（numerical apeature，简写为 NA），每个物镜的数值孔径都标在物镜的外壳上，数值孔径越大，物镜的性能越好。

物镜的种类很多，可从不同的角度来分类。

根据物镜前透镜与被检物体之间的介质不同，可分为：

1）干燥系物镜。以空气为介质，如常用的 40× 以下的物镜，数值孔径均小于 1。

2）油浸系物镜。常以香柏油为介质，此物镜又叫油镜头，其放大率为 90×~100×，数值孔径大于 1。

根据物镜放大率的高低，可分为：

1）低倍物镜,指 1×~6×,NA 值为 0.04~0.15;

2）中倍物镜,指 6×~25×,NA 值为 0.15~0.40;

3）高倍物镜,指 25×~63×,NA 值为 0.35~0.95;

4）油浸物镜,指 90×~100×,NA 值为 1.25~1.40。

（4）目镜。目镜的作用是把物镜放大了的实像进行第二次放大,并把物像映入观察者的眼中。目镜的结构较物镜简单,普通光学显微镜的目镜通常由两组透镜组成,上端的一组透镜又称为"接目镜",下端的则称为"场镜"。上下透镜之间或在两组透镜的下方,装有由金属制的环状光阑或叫"视场光阑",物镜放大后的中间像就落在视场光阑平面处,所以其上可安置目镜测微尺。

2. 光学显微镜的成像原理

显微镜的放大是通过透镜来完成的,单透镜成像具有像差和色差,影响物像质量。由单透镜组合而成的透镜组相当于一个凸透镜,放大作用更好,可消除或部分消除像差或色差。图 6-2 所示为显微镜的成像原理模式。$A''B''$ 和眼睛的距离为显微镜的明视距离,标本 AB 的像经过 Lo(物镜)后到 $A'B'$ 处成为一个放大倒立的实像(中间像),F 为 Lo 的后焦点。当光线传到 Le(目镜)时,在 $A''B''$ 处 $A'B'$ 被放大成一个直立的虚像,然后传递到视网膜 $A'''B'''$ 上,标本 AB 就被放大了,人眼看到的是 AB 被放大后的虚像,$A'''B'''$ 与原样品像的方向是相反的。

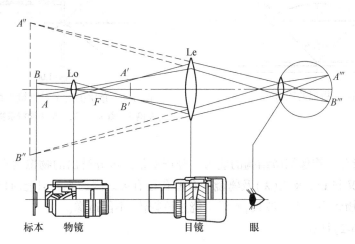

图 6-2　显微镜的成像原理图

3. 光学显微镜的性能

显微镜分辨能力的高低决定于光学系统各部件的质量。物像放大后,能否呈现清晰的细微结构,主要取决于物镜的性能,其次为目镜和聚光器的性能。

A　数值孔径

数值孔径也称为镜口率(或开口率),在物镜和聚光器上都标有它们的数值孔径,数值孔径是物镜和聚光器的主要参数,也是判断它们性能的重要指标。数值孔径和显微镜的光学性能有密切的关系,它与显微镜的分辨力成正比,与焦深成反比,与镜像亮度的平方根成正比。

数值孔径可用式(6-1)表示:

$$NA = n\sin\frac{\alpha}{2} \tag{6-1}$$

式中　　n——物镜与标本之间的介质折射率；

　　　　α——物镜的镜口角。

所谓镜口角是指从物镜光轴上的像点发出的光线与物镜前透镜有效直径的边缘所张的角度(图6-3)。

镜口角 α 总是小于180°，所以 $\sin(\alpha/2)$ 的最大值小于1。因为空气的折射率为1，所以干燥物镜的数值孔径总是小于1，一般为 0.05～0.95；油浸物镜如用香柏油(折射率为1.515)浸没，则数值孔径最大可接近1.5。虽然理论上数值孔径的极限等于所用浸没介质的折射率，但实际上从透镜的制造技术看，是不可能达到这一极限的。通常在实用范围内，油浸物镜的最大数值孔径一般不超过1.4。

几种常用介质的折射率如下：

空气为1.0，水为1.33，玻璃为1.5，甘油为1.47，香柏油为1.52。

介质折射率对物镜光线通路的影响如图6-4所示。

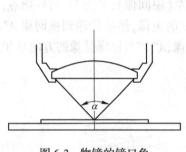

图6-3　物镜的镜口角

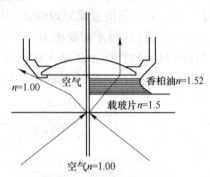

图6-4　介质折射率对物镜光线通路的影响
(左侧为干燥系物镜；右侧为油浸系物镜；n 为折射率)

B　分辨率

分辨率是指分辨物像细微结构的能力。分辨率常用可分辨出的物像两点间的最短距离(D)表示，而 D 又和1/2波长(λ)及物镜的数值孔径有关。因为光波只能对比其波长长的物体造像，若某个物体小于1/2波长，光线可绕过该物体，不能造像。

D 可用式(6-2)计算：

$$D = \lambda/(2\mathrm{NA}) \tag{6-2}$$

可见光的波长为 0.4～0.7μm，平均波长为 0.55μm。若用数值孔为 0.65 的物镜，则 $D = 0.55\mu m/(2 \times 0.65) = 0.42\mu m$，这表示被检物体在 0.42μm 以上时可被观察到，若小于 0.42μm 就不能视见。如果使用数值孔径为 1.25 的物镜，则 $D = 0.22\mu m$。凡被检物体长度大于这个数值，均能视见，由此可见，D 值越小，分辨力越高，物像越清楚。根据上式，可通过：(1)减小波长；(2)增大折射率；(3)加大镜口角来提高分辨率。以紫外线作光源的显微镜和电子显微镜就是利用短光波来提高分辨率以检视更小的物像。物镜分辨率的高低与造像清晰度有密切的关系。目镜没有这种性能。目镜只放大物镜所造的像。

C　放大率

显微镜首先经过物镜第一次放大物像，目镜在明视距离形成第二次放大像。放大率就是放大物像和原物体两者大小之比例。因此，显微镜的放大率(V)等于物镜放大率(V_1)和

目镜放大率(V_2)的乘积,即:

$$V = V_1 \times V_2 \tag{6-3}$$

比较精确的计算方法,可从下列公式求得

$$M = \frac{\Delta}{F_1} \times \frac{S}{F_2} \tag{6-4}$$

式中　M——显微镜放大倍数;

　　　F_1——物镜焦距;

　　　F_2——目镜焦距;

　　　Δ——光学筒长;

　　　S——明视距离($S = 250\text{mm}$);

　　$\dfrac{\Delta}{F_1}$——物镜放大倍数;

　　$\dfrac{S}{F_2}$——目镜放大倍数。

设:$\Delta = 160\text{mm}$,$F_1 = 4\text{mm}$,$D = 250\text{mm}$,$F_2 = 15\text{mm}$。则

$$M = \frac{\Delta}{F_1} \times \frac{S}{F_2} = \frac{160}{4} \times \frac{250}{15} = 40 \times 16.7 = 668 \text{ 倍}$$

D　焦深

在显微镜下观察一个标本时,焦点对在某一像面时,物像最清晰,该像面为焦平面。在视野内除目的面外,还能在焦平面的上面和下面看见物象,这两个面之间的距离称为焦深。物镜的焦深和数值孔径及放大率成反比:即数值孔径和放大率越大,焦深越小。因此调节油镜比调节低倍镜要更加仔细,否则容易使物像滑过而找不到。

4. 光学显微镜的使用方法

显微镜结构精密,使用时必须细心,要按下述操作步骤进行。

A　观察前的准备

(1)显微镜从显微镜柜或镜箱内拿出时,要用右手紧握镜臂,左手托住镜座,平稳地将显微镜搬运到实验桌上。

(2)将显微镜放在自己身体的左前方,离桌子边缘约 10cm 左右,右侧可放记录本。

(3)对于不带光源的显微镜,可利用灯光或自然光通过反光镜来调节光照。将 10×物镜转入通光孔,将聚光器上的虹彩光圈打开到最大位置,用左眼观察目镜中视野的亮度,转动反光镜,使视野的光照达到最明亮最均匀为止。光线较强时,用平面反光镜,光线较弱时,用凹面反光镜。对于自带光源的显微镜,可通过调节电阻旋钮来调节光照强弱。

(4)光轴中心调节。显微镜在观察时,其光学系统中的光源、聚光器、物镜和目镜的光轴及光阑的中心必须跟显微镜的光轴同在一直线上。使用带视场光阑的显微镜时,先将光阑缩小,用 10×物镜观察,在视场内可见到视场光阑圆球多边形的物像,如此物像不在视场中央,可利用聚光器外侧的两个调整旋钮将其调到中央,然后缓慢地将视场光阑打开,能看到光束向视场周缘均匀展开直至视场光阑的多边形物像完全与视场边缘内接,说明光线已经合轴。

B 低倍镜观察

镜检任何标本都要养成必须先用低倍镜观察的习惯。因为低倍镜视野较大,易于发现目标和确定检查的位置。

将标本片放置在载物台上,用标本夹夹住,移动推动器,使被观察的标本处在物镜正下方,转动粗调节旋钮,使物镜调至接近标本处,用目镜观察并同时用粗调节旋钮慢慢升起载物台(或下降镜筒),直至物像出现,再用细调节旋钮调整至物像清晰为止。用推动器移动标本片,找到合适的标本物像并将它移到视野中央进行观察。

C 高倍镜观察

在低倍物镜观察的基础上转换高倍物镜。较好的显微镜,低倍、高倍物镜是同焦的,在正常情况下,高倍物镜的转换不应碰到载玻片或其上的盖玻片。然后从目镜观察,调节光照,使亮度适中,用细调节旋钮调至物像清晰为止,找到需观察的部位,并移至视野中央进行观察。

D 油镜观察

油浸物镜的工作距离(指物镜前透镜的表面到被检物体之间的距离)很短,一般在0.2mm以内,再加上一些光学显微镜的油浸物镜没有"弹簧装置",因此使用油浸物镜时要特别细心,避免由于"调焦"不慎而压碎标本片并使物镜受损。不同物镜的焦距、工作距离和虹彩光圈的关系如图6-5所示。

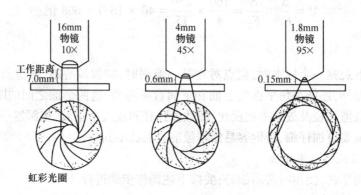

图6-5 物镜的焦距、工作距离和虹彩光圈的关系

使用油镜按下列步骤操作:

(1)先用粗调节旋钮将载物台下降约2cm,并将高倍镜转出。

(2)在玻片标本的镜检部位滴上一滴香柏油。

(3)从侧面注视,用粗调节旋钮将载物台缓缓地上升,使油浸物镜浸入香柏油中,使镜头几乎与标本接触。

(4)从接目镜内观察,放大视场光阑及聚光器上的虹彩光圈,上调聚光器至顶位,使光线充分照明。用粗调节旋钮将载物台徐徐下降,当出现物像一闪后改用细调节旋钮调至最清晰为止。如油镜已离开油面而仍未见到物像,必须再从侧面观察,重复上述操作。

(5)观察完毕,下降载物台,将油镜头转出,先用擦镜纸擦去镜头上的油,再用擦镜纸蘸少许乙醚乙醇混合液(乙醚2份,无水乙醇3份)或二甲苯,擦去镜头上残留的油迹,最后再用擦镜纸擦拭2~3下即可(注意朝一个方向擦拭)。

(6)将各部分还原,转动物镜转换器,使低倍物镜与载物台通光孔相对,再将载物台下降至最低,降下聚光器,反光镜与聚光器垂直,用一个干净手帕将接目镜罩好,以免接目镜镜头沾污灰尘。用柔软纱布清洁载物台等机械部分,然后将显微镜放回柜内或镜箱中。

二、暗视野显微镜

1. 暗视野显微镜的原理、结构特点及其性能

暗视野显微镜又称暗场显微镜,是一种通过观察样品受侧向光照射时所产生的散射光来分辨样品细节的特殊显微镜。根据光学上的丁铎尔(Tyndall)现象,空气中的微尘细粒在强光直射通过的情况下,不能为人所见,这是因为光线过强及绕射现象等因素,因而看不到微尘的形象。若把光线斜射它们,则由于光的反射或衍射的结果,微尘细粒似乎增大了体积,而为人眼可见。暗视野显微镜便是利用这一原理设计的。

普通显微镜的照明光线从标本下方经过聚光器汇聚后透过标本,进入物镜,它适用于观察对光可透的标本。若利用斜射光照射物体,使直射光线不能直接进入物镜,只有标本经斜射照明后发出的反射光可进入物镜,这样在显微镜中可见到暗视野中明亮的物像。利用暗视野显微镜可以观察到标本的细微部分,如细菌鞭毛的运动。

暗视野显微镜和一般的明视野显微镜区别只在于两者的聚光器不同,暗视野聚光器可阻止光线直接照射标本,使光线斜射在标本上。在使用暗视野显微镜时,需要调节聚光器的点与被检物体在同一平面上,并且须要选用较薄的载玻片,否则不易看见被检物。

2. 操作方法

(1)使用研究用暗视野显微镜,或将普通光学显微镜上的聚光器取下,换上暗场聚光器。

(2)不论是使用干燥物镜还是油浸系物镜,镜检时都应在聚光器的上透镜上加一大滴香柏油。

(3)将制作好的细菌悬滴标本片置于载物台上,上升聚光器至顶部使油与载玻片接触。

(4)放大光源。

(5)进行聚光器光轴调节及调焦。用10×物镜找到被检物像,关小聚光器使视场光阑的像变得清晰,如视场光阑不在场中央,利用聚光器外侧的两个调节钮进行调整,当亮光点调到场中央后,再将其开大(图6-6c),即可进行观察。

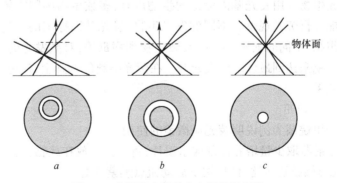

图6-6　暗场聚光器的中心调节及调焦

a—聚光器光轴与显微镜光轴不一致;b—虽然经过中心调节,但聚光器焦点仍与被检物体不一致;c—聚光镜升降焦点与被检物体一致

3. 注意事项

(1)暗视野观察所用物镜的数值孔径,宜在1.00~1.25左右,太高反而效果不佳,最好

是使用带视场光阑的物镜,转动物镜中部的调节环,可随意改变数值孔径的大小。

(2)要求使用的载玻片和盖玻片,必须无划痕且无灰尘,物镜前透镜也必须清洁无尘。载玻片与盖玻片的厚度应符合标准。载玻片太厚时,聚光器的焦点将落在载玻片内,达不到被检物体的平面上;使用油镜头时,由于物镜的工作距离很短,甚至无法调焦,从而看不到或看不清被检物体。

(3)镜检时,要求室内要暗,不要在明亮的条件下观察,如果没有这样的条件,要尽可能使用遮光装置,以阻止目镜周围的光线射入。

(4)在进行油镜镜检时,由于油内的杂质和气泡的乱反射,会妨碍视场的镜检效果,所以要求尽可能地除掉油内的杂质和气泡。

三、荧光显微镜

1. 荧光显微镜的原理

荧光显微镜是利用"光化学荧光"(由光源激发而产生的荧光)这一原理设计制造,达到荧光显微术镜检的目的。普通光学显微术是利用可见光使镜下标本得到照明,通过物镜和目镜系统放大以供观察。所以,我们看到的是标本的直接的本色,这里光源所起的作用仅仅是照明。荧光显微术是利用一定波长的光使镜下标本受激发产生荧光,通过物镜和目镜系统放大以供观察,所以我们看到的不是标本的本色,而是它的荧光。这里光源所起的作用不是直接照明,而是作为一种激发光。由此可知荧光显微镜的特点主要在于它的光源,即这种光源必须能供给特定波长范围的光,使受检标本的荧光物质得到必要程度的激发。

荧光显微镜多利用紫外光和短波光作光源,照射被检物后,使其激发出可见荧光,按照荧光光源位置的不同,荧光显微镜分为透射式和落射式两种。

荧光显微镜的光源一般为高压汞灯,灯泡是用石英玻璃制成的,发出的强光谱适于激发荧光色素。仪器所用激发色素和吸收激发光的滤色镜,由研究者根据实验研究要求及显微镜类型进行选配。

2. 激发滤色镜的选择与荧光色素的应用

除少数的发光生物或用发光基因标记的生物以外,多数生物细胞需要用荧光染料或荧光抗体染色后才能进行荧光观察。不同的发光生物、发光基因标记的生物和发光染料染色的生物体的各种组织、不同的细胞、细胞器、微生物和病毒等,对激发光的要求不同,需要利用不同的激发滤色镜来达到最佳的激发光源。在荧光染料的选择上,应适合被检生物,才能获得满意的观察效果。

3. 荧光显微镜的使用

下面以观察产甲烷菌为例说明荧光显微镜的使用。

(1)用1mL注射器取少量培养体制成水浸片,将水浸片放在载物台上。

(2)开启荧光显微镜稳压器,然后按下启动钮点燃紫外灯。

(3)将激发滤光片转至V,分色片调到V,选用495或475nm阻挡滤光片。

(4)选用UVFL40,UVFL100荧光接物镜镜检。

(5)在水浸片玻片上加无荧光油,先用40×,再用100×调焦镜检,产甲烷菌菌体呈现淡黄绿色荧光。

(6)因荧光物质受紫外光照射的时间增长时荧光逐渐变弱,故镜检时应经常变换视野。

4. 使用荧光显微镜注意事项

（1）在用透射式荧光显微镜时，若使用暗视野聚光器，应特别注意光轴中心的调整。

（2）荧光镜检应在暗室观察。

（3）高压汞灯启动后需等15min左右才能达到稳定，亮度达到最大，此时方可使用。高压汞灯不要频繁开启，若开启次数多、时间短，会使汞灯寿命大大缩短。

（4）在观察与镜检合适物像时，宜先用普通明视野观察，当准确检查到物像时，再转换荧光镜检，这样可减轻荧光消退现象。

（5）观察与摄影应尽量争取在短时间内完成。可采用感光度较高的底片摄影。

（6）研究者应根据被检标本荧光的色调，选择恰当的滤光片。

（7）紫外线易伤害人的眼睛，必须避免直视激发光。光源附近不可放置易燃品。

四、相差显微镜

1. 相差显微镜的特点及成像原理

相差显微镜是一种能将光线通过透明标本后产生的光程差（即相位差）转化为光强差的特种显微镜。光线通过比较透明的标本时，光的波长（颜色）和振幅（亮度）都没有明显的变化。因此，用普通光学显微镜观察未经染色的标本（如活的细胞）时，其形态和内部结构往往难以分辨。然而，由于细胞各部分的折射率和厚度的不同，光线通过后，直射光和衍射光的相位就会有差别，产生相位差。人的肉眼感觉不到光的相位差，但相差显微镜能通过其特殊装置——环状光阑和相板，利用光的干涉现象，将光的相位差转变为人眼可以察觉的振幅差（明暗差），从而使原来透明的物体表现出明显的明暗差异，对比度增强，使我们能比较清楚地观察到普通光学显微镜下看不到或看不清的活细胞及细胞内的细微结构。

镜检时光源只能通过相聚光器上环状光阑的透明环，经聚光器后聚成环状光束，通过被检标本时，因各部分的光程不同，光线发生不同程度的偏斜（衍射）。由于环状直射光所形成的像恰好落在物镜后焦点平面和相板上的直射光区形成亮环，而发生偏斜的衍射光则聚焦于衍射光区。由于相板上的直射光区和衍射光区的性质不同，它们分别将通过这两部分的光线进行相位和强度处理，两组光线再经后透镜的汇聚，又在同一光路上行进，使直射光和衍射光产生光的干涉，变相位差为振幅差（图6-7）。这样，用相差显微镜观察无色透明物像时可使人眼不可分辨的相位差转化为人眼可以分辨的振幅差（明暗差）从而观察到物像。

2. 相差显微镜的结构和装置

相差显微镜与普通光学显微镜的基本结构是相同的，但需要增加相聚光器、相差物镜、合轴调节望远镜及绿色滤光片（图6-8）。

（1）相聚光器。具有环形开孔的光阑，位于聚光器的前焦点平面上，光阑的直径大小是与物镜的放大倍数

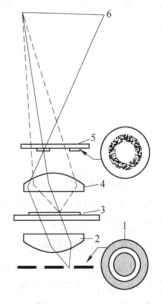

图6-7　相差显微镜镜检的光路示意图

1—环状光阑；2—聚光器；3—被检标本；
4—物镜；5—相板；6—中间像平面

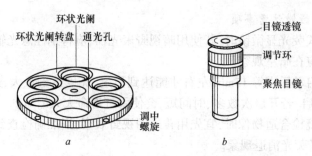

图 6-8　相差显微镜的环状光阑和合轴调节望远镜

a—环状光阑；b—合轴调节望远镜

相匹配的，并有一个明视场光阑，与聚光器一起组成相聚光器。在使用时只要把相应的光阑转到光路上即可。

（2）相差物镜。相差物镜是在物镜内部的后焦平面上增加了相板的特殊物镜。相板上有两个区域，直射光通过的部分称为"共轭面"，衍射光通过的部分称为"补偿面"。相差物镜常以"Ph"字样标在物镜外壳上。

相板上镀有两种不同的金属膜：吸收膜和相位膜。吸收膜常为铬、银等金属在真空中蒸发而镀成的薄膜，它能把通过的光线吸收掉 60%～93%。相位膜为氟化镁等在真空中蒸发镀成，它能把通过的光线相位推迟 1/4 波长。

根据需要，两种膜有不同的镀法，从而制造出不同类型的相差物镜。如果吸收膜和相位膜都镀在相反的共轭面上（图 6-9a），通过共轭面的直射光不但振幅减弱，而且相位也被推迟 $\lambda/4$，衍射光因通过物体时相位也被推迟 $\lambda/4$，这样就使得直射光与衍射光维持在同一个相位上。根据相长干涉原理，合成光等于直射光与衍射光振幅之和，因背景只有直射光的照明，所以通过被检物体的合成光就比背景明亮。这样的效果叫负相差，镜检效果是暗中之明。

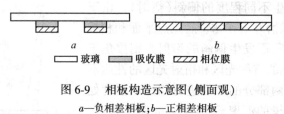

□ 玻璃　▨ 吸收膜　▨ 相位膜

图 6-9　相板构造示意图（侧面观）

a—负相差相板；b—正相差相板

如果吸收膜镀在共轭面，相位膜镀在补偿面上（图 6-9b），直射光仅被吸收，振幅减小，但相位未被推迟，而通过补偿面的衍射光的相位，则被推迟了两个 $\lambda/4$，因此衍射光的相位要比直射光相位落后 $\lambda/2$。根据相消干涉原理，这样通过被检物体的合成光要比背景暗，这种效果称为正相差，即镜检效果是明中之暗。

负相差（negative contrast）物镜用缩写字母"N"表示，正相差（positive contrast）物镜用缩写字母"P"表示，由于吸收膜对通过它的光线的透过率不同，可分为高、中、低及低低，可根据被检物体的特性来选择使用不同类型的相差物镜。

（3）合轴调节望远镜。它是相差显微镜一个必需的附件。环状光阑的像必须与相板共轭面完全吻合，才能实现对直射光和衍射光的特殊处理。否则应被吸收的直射光泄掉，而不该吸收的衍射光反被吸收,应推迟的相位有的不能被推迟,这样就不能达到相差镜检的效果。由于环状光阑是通过相聚光器与物镜相匹配的,因而环状光阑与相板常不同轴。为此,相差显微镜配备有一个合轴调节望远镜(在镜的外壳上标有"CT"符号),用于合轴调节。使用时拔去一侧目镜,插入合轴调节望远镜,旋转合轴调节望远镜的焦点,便能清楚看到一明一暗两个圆环。再转动聚光器上的环状光阑的两个调节钮,使明亮的环状光阑圆环与暗的相板上共轭面暗环完全重叠。如果明亮的光环过小或过大,可适当调节聚光器的升降旋钮,使两环完全吻合(图6-10)。如果聚光器已升到最高点或降到最低点仍不能矫正,说明环状光阑与相差物镜不匹配,应重新选择。调好后取下望远镜,换上目镜即可进行镜检观察。

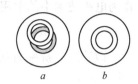

图 6-10　相差镜检时的光环调节
a—未重合;b—完全重合

(4)绿色滤光片。由于使用照明光线的波长不同,常引起相位的变化,为了获得良好的相差效果,相差显微镜要求使用波长范围比较窄的单色光,通常是用绿色滤光片来调整光源的波长。

3. 相差显微镜的使用范围、操作步骤及注意事项

A　使用范围

相差显微镜能观察到透明样品的细节,适用于对活体细胞生活状态下的生长、运动、增殖情况及细微结构的观察。因此,是微生物学、细胞生物学、细胞和组织培养、细胞工程、杂交瘤技术等现代生物学研究的必备工具。

B　操作步骤

(1)根据观察标本的性质及要求,挑选适合的相差物镜。

(2)将标本片放到载物台上,用10×物镜对10×环状光阑聚焦。

(3)取下一侧目镜,换上合轴调节望远镜,调整环状光阑的物像与相板上的共轭面圆环完全重叠吻合,然后取下合轴调节望远镜,换回目镜。在使用中,如需要更换物镜倍数时,必须重新进行环状光阑与相板共轭面圆环吻合的调整。

(4)放上绿色滤光片,即可进行镜检,镜检操作与普通光学显微镜方法相同。

C　注意事项

(1)视场光阑必须全部开大,光源要强。因环状光阑遮住大部分光,物镜相板上共轭面又吸收大部分光。

(2)切片不能太厚,一般以 5~10μm 为宜,否则会引起其他光学现象,影响成像质量。

五、电子显微镜

1. 概述

人的眼睛只能分辨 0.1mm 以上的物体。17 世纪,人们发明了光学显微镜,看到了细胞以及生物组织的许多细微结构。19 世纪末,光学显微镜的分辨能力达到 0.2μm,使人类对微观世界的认识达到了细胞和微生物的水平。但光学显微镜的分辨能力由于光的衍射现象而受到限制,不能看到物体的亚显微结构,例如病毒和细胞的细胞器结构等。

1932 年,M. Knoll 和 E. Ruska 等人发明了电子显微镜。几十年来,电子显微镜的设计和制造不断发展,除了透射电镜外,还出现了扫描电镜、超高压电镜和透射扫描电镜等。

2. 透射电子显微镜的原理及其构造

A　分辨率

分辨率是显微镜或人眼能够分辨物体两点之间最小距离的能力。能够被看到的颗粒或两点之间的距离越小,分辨率就越大。电子显微镜是超显微结构的研究工具,以单位"纳米(nm)"作为电镜技术中的常用度量单位,这些单位间的换算关系为:

$$1m = 10^3mm = 10^6\mu m = 10^9nm$$

电子显微镜的分辨率为 0.2nm,光学显微镜的分辨率为 200nm。

B　电子波动性

光具有波粒二象性,电子也具有波粒二象性,电子显微镜就是根据电子的波动性设计而成的。

$$\lambda = \frac{12.25}{\sqrt{V}} \tag{6-5}$$

电子射线波长 λ 与加速电压 V 的平方根成反比。从式(6-5)中可以看到:随着加速电压的升高,电子波的波长就会变短。波长越短,分辨率也就越高。电子显微镜就是利用波长很短的电子波作为"光源"的。

如:$V = 15kV$　　　$\lambda = 0.12\text{Å} = 0.012nm$

　　$V = 50kV$　　　$\lambda = 0.05\text{Å} = 0.005nm$

　　$V = 100kV$　　$\lambda = 0.037\text{Å} = 0.0037nm$

一般用 50～100kV,λ 在 0.0054～0.0037nm 之间。由上述数据可见,电子显微镜光源的波长很短,这样,电子显微镜的分辨率要比光学显微镜高很多。目前,电子显微镜的分辨率已达到 0.2nm 左右,放大倍数可达到 100 万倍。

C　透射电子显微镜的结构

电子显微镜的原理与光学显微镜类似,但结构较为复杂。它包括:电子射线源、电子透镜——成像系统、真空系统及电源设备。

(1)电子射线源。利用电子波成像,就需足够数量的电子。通常采用热阴极,即用 0.5mm 左右的钨丝弯成 V 字形,做成灯丝,通过电流加热至 2000℃ 以上,钨丝受热发射的电子作为电子源,在灯丝前有一圆形磨光的有小孔的金属板作为阳极。在阳极和阴极之间加上几万伏特的电压,使灯丝发射出来的电子加速,经聚焦过程射到样品上。

(2)电子透镜。电子显微镜的电子波可以借电磁透镜的磁场吸引而发生偏折放大物体,改变电磁透镜线圈中的电流,就能很方便地改变其放大倍数。在电子显微镜中,电子枪所发生的电子束,经过电磁透镜的会聚后到达观察的样品上。电子经过样品时,由于样品的厚度和密度不同,因此透过的电子就有疏密的区别。电子在荧光屏上的反差不同,它们通过物镜后形成初步放大的物像,再经过投影镜放大后,投影到荧光屏上,显示出最后的放大物像。移开荧光屏就可使其下面的底片曝光,再经过印相、放大等步骤得到电镜照片。为了增加放大倍数,用两个投影镜。整个电子发射、聚焦和记录系统都在密闭的高真空中。

(3)真空系统及电源设备。

1)真空系统。真空是保证电子显微镜正常工作的必要条件。在真空条件下,阴极与阳极间不至于放电;灯丝不会因氧化或被阳离子轰击而减短寿命;电子束在射程中与空气分子碰撞机会少,减少散射电子,增加影像的对比度,容易获得高分辨的图像。为了获得镜筒的高真空环境,常采用二级串联的真空系统,由机械泵和油扩散泵组成,先由机械泵抽到1000Pa 以上的低真空,然后借助于油扩散泵,将真空度进一步提高到 10~0.01Pa 左右。由于油扩散泵中的油蒸气要用水冷却后才能凝结进行循环工作,所以油扩散泵要用自来水冷却。整个电镜采用大大小小的圆形密封橡皮圈于金属部件的连接处,来达到真空密封。

2)电源设备。主要供给三个部分:第一是与电子枪有关的线路;第二是与透镜有关的线路;第三是真空系统所需电源。

3. 透射电镜的样品制备及观察

A　金属网的处理

在透射电镜中,由于电子不能穿透玻璃,只能采用网状材料作为载物,通常称为载网。载网因材料及形状的不同可分为多种不同的规格,其中最常用的是 200~400 目的铜网。使用前用如下方法进行处理除去铜网上的污物:首先用醋酸戊酯浸漂几小时,再用蒸馏水冲洗数次,然后再将铜网浸漂在无水乙醇进行脱水。如果铜网经以上方法处理仍不干净时,可用稀释的浓硫酸 (1 + 1) 浸 1~2min,用蒸馏水冲洗数次后,放入无水乙醇中脱水待用。

B　支持膜的制备

在进行样品观察时,在载网上还应覆盖一层无结构、均匀的薄膜,否则细小的样品会从载网的孔中漏出去,这层薄膜通常称为支持膜或载膜。支持膜应对电子透明,其厚度一般应低于 20nm,在电子束的冲击下,该膜还应有一定的机械强度,能保持承载的稳定并有良好的导热性,此外,支持膜在电镜下应无可见的结构,且不与承载的样品发生化学反应,不干扰对样品的观察,其厚度一般为 15nm 左右。支持膜可用火棉胶膜、聚乙烯甲醛膜、碳膜或者金属膜(如铍膜等)。常规条件下,用火棉胶膜或聚乙烯甲醛膜就可以达到要求,而火棉胶膜的制备相对容易,但强度不如聚乙烯甲醛膜。

(1)火棉胶膜的制备。在一个干净容器中放入一定量的无菌水,用无菌滴管吸 2%火棉胶醋酸戊酯溶液,滴一滴于水面中央,勿振动,待醋酸戊酯蒸发,火棉胶则由于水的张力随即在水面上形成一层薄膜。用镊子将它除掉,再重复一次此操作,主要是清除水面上的杂质。然后适量滴一滴火棉胶液于水面,形成膜的厚薄与火棉胶液滴加量的多少有关,待膜形成后,检查膜是否有皱折,如有,则除去,直至膜制好。所用溶液中不能有水分及杂质,否则形成的膜质量较差,待膜成型后,可从侧面对光检查形成膜是否平整及是否有杂质。

(2)聚乙烯甲醛膜(formvar 膜)的制备。

1)将干净的玻璃板插入 0.3% formvar 溶液中静置片刻(时间视所要求的膜的厚度而定),然后取出,稍稍晾干便会在玻璃板上形成一层薄膜。

2)用锋利的刀片或针头将膜刻一矩形。

3)将玻璃板轻轻斜插进盛满无菌水的容器中,借助水的表面张力作用使膜与玻璃板分离并漂浮在水面上。漂浮膜时,动作要轻,手不能发抖,否则膜将发皱。

(3)碳膜。如上所述将载网铺以火棉胶或聚乙烯甲醛膜,然后置于真空喷涂仪中喷碳。控制碳膜的厚度可根据需要控制碳蒸发的时间,通常控制在 15nm 左右。喷碳以后,必要时将喷碳的火棉胶膜载网或聚乙烯甲醛膜载网放在相应的有机溶剂中溶去火棉胶膜或聚乙烯甲醛膜,这样在载网上剩下的就只是一层碳膜了。碳膜能忍受电子的冲击,化学性能稳定,力学性能强,是一种较好的支持膜。一般使用则不需溶去载网上的火棉胶膜或聚乙烯甲醛膜。

C 转移支持膜到载网上

转移支持膜到载网上,可有多种方法,常用的有如下两种:

(1)将洗净的铜网放入瓷漏斗中,漏斗下套上乳胶管,用止水夹控制水流,缓缓向漏斗内加入无菌水,其量约高1cm;用无菌镊子尖轻轻排除铜网上的气泡,并将其均匀地摆在漏斗中心区域;按B所述方法在水面上制备支持膜,然后松开止水夹,使膜缓缓下沉,让膜紧紧贴在铜网上。将一清洁的滤纸覆盖在漏斗上防尘,自然干燥或在红外线灯下烤干。干燥后的膜,用大头针尖沿铜网周围划一下,用无菌镊子小心地将铜网膜移到载玻片上,置于光学显微镜低倍镜下挑选完整无缺、厚薄均匀的铜网膜备用。

(2)按以上所述方法在平皿或烧杯中制备支持膜,成膜后将几片铜网放在膜上,再在上面放一张滤纸,浸透后用镊子将滤纸反转提出水面,将有膜的一面朝上放在干净培养皿中,置40℃烘箱使其干燥。

D 制片

透射电镜样品的制备方法很多,如超薄切片法、复型法、冰冻蚀刻法、滴液法等。观察病毒粒子、细菌的形态及生物大分子等主要用滴液法。将适龄菌体稀释液点滴在有支持膜的载网上。如果要观察细菌细胞的内部结构则要用超薄切片机进行切片后观察。在电镜下观细菌形态常采用负染色法。负染色法就是用电子密度高,本身不显示结构且与样品几乎不反应的物质(如磷钨酸钠或磷钨酸钾)来对样品进行"染色"。由于这些重金属盐不被样品成分所吸附而是沉积到样品四周,如果样品具有表面结构,这种物质还能穿透进入表面上凹陷的部分沉积,在样品四周有染液沉积的地方,散射电子的能力强,表现为暗区,而在有样品的地方散射电子的能力弱,表现为亮区。这样便能把样品的外形与表面结构清楚地衬托出来。负染色法由于操作简单,目前在进行透射电镜生物样品制片时经常采用。

(1)细菌电镜样品的制备。

1)将适量无菌水加入生长良好的细菌斜面内制成菌悬液。然后用无菌滤纸过滤,并调整滤液中的细胞浓度为 $10^8 \sim 10^9$ 个/mL。

2)取等量的上述菌悬液与等量的 20g/L 的磷钨酸钠水溶液混合染色,制成混合菌染色液。

3)用无菌毛细吸管吸取混合菌悬液滴在铜网膜上。

4)经 3~5min 后,用滤纸吸去余水,待样品干燥后,置低倍光学显微镜下检查,挑选膜完整、菌体分布均匀的铜网。

有时为了保持菌体的真实形状,常用戊二醛、甲醛、锇酸蒸气等试剂小心固定后再进行染色。其方法是将用无菌水制备好的菌悬液过滤,然后向滤液中加几滴固定液(如 pH 值为7.2,1.5g/L 的戊二醛磷酸缓冲液),经这样预先稍加固定后,离心,收集菌体,制成菌悬液,再加几滴新鲜的戊二醛,在室温或4℃冰箱内固定过夜。次日离心,收集菌体,再用无菌水制成菌悬液,并调整细胞浓度为 $10^8 \sim 10^9$ 个/mL。然后按上述方法染色。

(2)放线菌电镜样品的制备。制备放线菌电镜样品的方法有直接贴印法或滴液法。取生长 10~14 天带有气生菌丝体的菌块,将气生菌丝体轻轻贴印在制好的铜网膜上,或是将上述菌块置入试管内的无菌水中,制成孢子悬液,用毛细管吸取菌液,滴在铜网膜上。贴印法简单,可避免培养基的干扰,但是这种点样方法容易使膜破裂,应特别小心。滴液法比贴印法麻烦,菌液浓度不易掌握,且有培养基干扰。使用时可根据情况选用其中一种方法。待铜网膜上的样品干后,先在低倍光学显微镜下挑选膜完整、菌体分布均匀(最好在铜网每小格内有菌体或孢子5~10个左右)的铜网,喷碳或投影后便可在电子显微镜下观察。

(3)噬菌体电镜样品的制备。制备噬菌体电镜样品先要培养增殖噬菌体,以获得大量高效价的噬菌体悬浮液。然后经磷钨酸负染后在电镜下观察。

1)取牛肉膏蛋白胨培养液接种苏云金芽孢杆菌,在28~30℃培养8h,注意菌液生长的浑浊度。

2)将含有噬菌斑的斜面菌种加入4~5mL无菌水,将菌苔洗下,制成含噬菌体的悬浮液。

3)用灭菌吸管吸1mL噬菌体悬浮液加入到已培养8h的苏云金芽孢杆菌培养液中,28~30℃保温振荡培养。

4)待培养液由浑浊变清,说明噬菌体已大量增殖,得高效价噬菌体培养液。

5)取噬菌体培养液,经无菌脱脂棉花过滤,除去杂质,以3000r/min将滤液离心20~30min后,得噬菌体上清液,取一定量的上清液与等量的20g/L磷钨酸钠混合染色后滴一小滴在铜网膜上,待干后在电镜下观察噬菌体的形态结构。

4. 透射电镜的操作步骤及注意事项

(1)启动开机。

1)打开冷却水阀门,合上电源开关,确认稳压器电源箱上红灯亮。

2)按压启动钮START UP(绿色),约15min高压OFF灯亮,这时镜筒和照相室真空表指示在25μA左右,说明电镜可以加高压。

(2)产生电子束。

1)确认HIGH VOLTAGE 40-100kV按钮。第一次开机要逐级按压,待束流表指示稳定后再按下一级。最后要用120kV高压清洗,然后回到所用高压。

2)灯丝加热。顺时针转动FILAMENT旋钮,缓慢增加并观察束流表。直到束流不再上升时,再退回一点(即饱和点),这时用"固定把"固定住旋钮。要千万注意旋钮不能超过饱和点,否则灯丝寿命会大大下降。

3)一般这时电子束都能达到最亮,如果随着增加束流光斑变暗,这时要调整电子枪倾斜旋钮,调至最亮。

4)关闭室内灯光。

(3)聚光器合轴校正。

1)取2~5K放大倍率(MAGNIFICATION钮),用第二聚光镜电流控制钮(BRIGHTNESS),即亮度旋钮最大限度地汇聚电子束使光斑最小。

2)将光斑大小选择置于"3";如果光斑偏离中心,利用左右CONDALIGNMENT SHIFT旋钮对中。然后将SPOT SIZE置于"1"、"2"。

(4)聚光器光阑对中。

1)插入聚光器光阑,顺时针转动光阑杆可使光阑孔置于"1"、"2"、"3"或"4"位置。

2)顺时针和反时针旋转BRIGHTNESS大小旋钮,如果光斑在荧光屏中心区,则证明光阑孔与电子束通道合轴正确。如果光斑扩展时,光斑中心偏离光屏中心,则在偏心时调光阑杆上X、Y两个方向旋钮,使光斑中心与荧光屏中心重合。

（5）聚光器像散校正。

1）用 BRIGHTNESS 大小旋钮最大限度地汇聚电子束（光斑最小）。

2）左右转动 BRIGHTNESS 小旋钮，扩展光斑。如果光斑几乎同心圆扩展，则没有像散。如果光斑呈椭圆形，这时透镜有像散。

3）在椭圆光斑出现时，用消像散器（COND STIGX. Y）使光斑变为圆形。

4）过焦点转动 BRIGHTNESS 旋钮反复检查，以确定聚光器像散完全消除。

（6）电子枪合轴校正。

1）仍取 2~5K 放大倍率，用大小 BRIGHTNESS 亮度旋钮汇聚光斑。

2）缓慢地逆时针转动灯丝加热钮，可得到一个不饱和灯丝像，检查灯丝像是否对称，如果不对称，调整电子枪合轴倾斜旋钮，使灯丝像对称。

3）将灯丝加热钮顺时针缓慢地旋转，直到灯丝像完全消失为止，即灯丝达到饱和。调整一下"固定把"。

4）再重新检查一下聚光器合轴情况，良好即可。

（7）放入样品。

1）把灯丝加热钮逆时针转到"0"。

2）把带有样品的铜网装在样品杆上插入预抽真空，按入抽真空。注意此时不允许转动样品杆。待抽真空完毕后，顺时针转动样品杆90°，慢慢送入样品室。

（8）电流中心校正。

1）用 MAGNIFICATION 旋转钮调整放大倍数到 21K。

2）操作样品移动杆，选择一个 0.5 ~ 1cm 大小的图像置于荧光屏中心，用 FOCUS: MEDIUM 粗略聚焦。

3）将 FOCUS: MEDIUM 逆时针方向转动 6 格，如果中心图像不偏移，则电流中心已测好，如果偏移，则用聚光器合轴倾斜旋钮使图像回到中心。

4）将 FOCUS: MEDIUM 顺时针方向转动 6 格，如果图像又偏离中心，用样品杆将图像移回到屏中央。反复上述 3、4 操作程序，直到图像不动为止。

（9）物镜光阑对中。

1）顺时针转动物镜光阑，使光阑插入。光阑孔分 1、2、3、4 挡，孔径选择可根据需要图像高低反差自定，一般用 2~3 挡位置。

2）转动 FUNCTION 钮至 SA DIFF1（选区衍射 1）。用 SAFOCUS: DIFF 旋钮同时汇聚 BRIGHTNESS，得到一个零放大率光斑和物镜光阑投影。如果零放大率光斑在光阑投影中心，说明物镜光阑已对中，如果不在中心，则调整物镜光阑杆 X、Y，移动光阑投影，使光斑位于投影中心。

（10）物镜像散校正。

1）换上膜穴样品（专用样品）。

2）用 MAGNIFICATION 旋钮调节放大倍率至 35K。

3）调整 COND ALIGNMENT: SHIFT 使光斑保持在荧光屏中心。

4）移动样品杆，选一个 0.5 ~ 1cm 直径光滑、无重叠的圆孔，移于屏中心。

5）调节 FOCUS: MEDIUM 和 FINE 精确聚焦。

6）顺时针转动 FOCUS: FINE（过焦）2 或 3 格，这时圆孔四周会出现黑色条纹，如果条纹与图像之间空隙四周是均匀的则无像散,如果不均匀,则可调节物镜消像散旋钮(OBJSTIGMATOR:X.Y)使四周边缘均匀。

(11)聚焦。在 50K 倍以下时用最佳欠焦(OUF)和像摇摆器聚焦。即当选好视野后,利用聚焦钮(FOCUS)由粗到细进行聚焦,得到尽可能清晰的图像,然后打开像摇摆器开关(WOBBER)至 IWAGE,这时出现重影像(亮度要调得稍暗一些)。通过双目镜观察,精确聚焦使重影消失,关闭 WOBBER 至 OFF 即可。

(12)照相。在聚焦完了以后即可照相。照相前要检查曝光时间等的设定,然后按压送片按钮(FILM ADVANCE)送入底片后灯亮,确认所要照相视野在荧光屏范围内,再调整亮度(BRIGHTNESS),使 AUTO EXP 曝光灯两边绿灯同时亮,即达到最佳曝光。这时即可慢慢拉起荧光屏到底位。快门重开 EXP 红色曝光灯亮,开始曝光。EXP 灯灭曝光结束,把荧光屏送回原位。这时底片推进按钮灯灭,完成照相全过程。

(13)取底片。照完的底片是装在电镜照相室里的收片盒内。取时应先把灯丝加热钮置于"0",加速电压按置"OFF",然后将 V4 手动阀门顺时针转动送到底,再逆时针锁紧。顺时针转动照相室手柄 1/4 圈,待门自动打开后,带手套拉出盒架,取出外侧收片盒,放入空收片盒,再关闭照相室门,逆时针旋转手柄 1/4 圈即可。

(14)关机。关机前一定要将灯丝加热钮置于"0"位,高压置于(OFF)位,关面板灯等。然后将左下柜红色按钮(SHUTDOWN)按一下即可。大约 5min 即可自动停机,然后关闭总电源和冷却水阀门。

第二节　灭菌和消毒技术

灭菌(sterilization)是采用强烈的理化因素使任何物体内外所有的微生物永远丧失其生长繁殖能力的措施。消毒(disinfection)则是用较温和的物理或化学方法杀死物体上绝大多数微生物(主要是病原微生物和有害微生物的营养细胞),实际上是部分灭菌。

在进行水处理微生物学实验和科学研究工作中,需要进行微生物纯培养。因此,对所用器材、培养基要进行严格灭菌,对工作场所进行消毒,以保证工作顺利进行。

实验室最常用的灭菌方法是利用高温处理达到杀菌效果。高温的致死作用,主要是使微生物的蛋白质和核酸等重要生物大分子发生变性。高温灭菌分为干热灭菌和湿热灭菌两大类。湿热灭菌的效果比干热灭菌好。这是因为湿热下热量易于传递,更容易破坏保持蛋白质稳定性的氢键等结构,从而加速其变性。此外,过滤除菌、射线灭菌和消毒、化学药物灭菌和消毒等也是微生物学操作中不可缺少的常用方法。

一、干热灭菌

用干燥热空气杀死微生物的方法称为干热灭菌。微生物接种工具如接种环、接种针或其他金属用具等,可直接在酒精灯火焰上灼烧进行灭菌。这种方法灭菌迅速彻底。此外,接种过程中,试管或三角瓶口等也可通过火焰灼烧灭菌。玻璃器皿(如吸管、培养皿等)、金属用具等凡不适于用其他方法灭菌而又能耐高温的物品都可用干热法灭菌。通常将灭菌物品置于鼓风干燥箱内,在 160~170℃加热 1~2h。灭菌时间可根据灭菌物品性质与体积作适当调整,以达到灭菌目的。但是,培养基、橡胶制品、塑料制品等不能使用干热灭菌。

1. 干热灭菌操作步骤

(1)装箱。将准备灭菌的玻璃器材洗涤干净、晾干,用锡箔纸包裹好或放入灭菌专用的铁盒(或铝盒)内,放入干热灭菌箱,关好箱门。

(2)灭菌。接通电源,升温至160~170℃时,开始计时。恒温1~2h。

(3)灭菌结束后,断开电源,自然降温至60℃,打开干热灭菌箱门,取出物品放置备用。

2. 注意事项

(1)灭菌的玻璃器皿切不可有水。有水的玻璃器皿在干热灭菌中容易炸裂。

(2)灭菌物品不能堆得太满、太紧,以免影响温度均匀上升。

(3)灭菌物品不能直接放在电烘箱底板上,以防止包装纸或棉花被烤焦。

(4)灭菌温度恒定在160~170℃为宜。温度超过180℃,棉花、报纸会烧焦甚至燃烧。

(5)降温时,需待温度自然降至60℃以下才能打开箱门取出物品,以免因温度过高而骤然降温导致玻璃器皿炸裂。

二、湿热灭菌

湿热灭菌是利用热蒸汽灭菌。在相同温度下,湿热灭菌的效力比干热灭菌好的原因是:(1)热蒸汽对细胞成分的破坏作用更强。水分子的存在有助于破坏维持蛋白质三维结构的氢键和其他相互作用的弱键,更易使蛋白质变性。蛋白质含水量与其凝固温度成反比,微生物蛋白质含水量越高,越易凝固;如当蛋白质含水量达到5%时,凝固温度仅为56℃;(2)热蒸汽比热空气穿透力强,能更加有效地杀灭微生物;(3)蒸汽存在潜热,当气体转变为液体时可放出大量热量,故可迅速提高灭菌物体的温度。

多数细菌和真菌的营养细胞在60℃左右处理15min后即可杀死,酵母菌和真菌的孢子要耐热些,要用80℃以上的温度处理才能杀死,而细菌的芽孢更耐热,一般要在120℃下处理15min才能杀死。湿热灭菌常用的方法有常压蒸汽灭菌和高压蒸汽灭菌。

1. 常压蒸汽灭菌

常压蒸汽灭菌是湿热灭菌的方法之一,在不能密闭的容器里产生蒸汽进行灭菌。在不具备高压蒸汽灭菌的情况下,常压蒸汽灭菌是一种常用的灭菌方法。此外,不宜用高压蒸煮的物质如糖液、牛奶、明胶等,可采用常压蒸汽灭菌。这种灭菌方法所用的灭菌器有阿诺氏灭菌器或特制的蒸锅,也可用普通的蒸笼。由于常压蒸汽的温度不超过100℃,压力为常压,大多数微生物的营养细胞能被杀死,但芽孢细菌却不能在短时间内死亡,因此必须采取间歇灭菌或持续灭菌的方法,以杀死芽孢细菌,达到完全灭菌。

A　巴氏消毒法

巴氏消毒法是用于牛奶、啤酒、果酒和酱油等不能进行高温灭菌的液体的一种消毒方法,其主要目的是杀死其中的无芽孢病原菌(如牛奶中的结核分枝杆菌或沙门氏菌),而又不影响其特有风味。巴氏消毒法是一种低温消毒法,具体的处理温度和时间各有不同,一般在60~85℃下处理15~30min。具体的方法可分两类,第一类是较老式的,称为低温维持法,例如在63℃下保持30min可进行牛奶消毒;另一类是较新式的,称为高温快速法,用于牛奶消毒时只要在85℃下保持5min即可。但是巴氏消毒法不能杀灭引起Q热的病原体——伯氏考克斯氏体(一种立克次氏体)。

B　间歇灭菌法

间歇灭菌法又称分段灭菌法。适用于不耐热培养基的灭菌。方法是:将待灭菌的培养基在100℃下蒸煮30~60min,以杀死其中所有微生物的营养细胞,然后置室温或20~30℃下保温过夜,诱导残留的芽孢萌发,第二天再以同法蒸煮和保温过夜,如此连续重复3天,即可在较低温度下达到彻底灭菌的效果。例如,培养硫细菌的含硫培养基就应用间歇灭菌法灭菌,因为其中的元素硫经常规的高压灭菌(121℃)后会发生熔化,而在100℃的温度下则呈结晶状。

C 蒸汽持续灭菌法

微生物制品的土法生产或食用菌菌种制备时常用这种方法。在容量较大的蒸锅中进行。从蒸汽大量产生开始,继续加大火力保持充足蒸汽,待锅内温度达到100℃时,持续加热3~6h,杀死绝大部分芽孢和全部营养体,达到灭菌目的。

以上三种方法通常是在无高压蒸汽灭菌条件的地方使用。

D 灭菌过程中的注意事项

(1)使用间歇法或持续法灭菌时必须在灭菌物里外都达到100℃后,开始计算灭菌时间,此时锅顶上应有大量蒸汽冒出。

(2)为利于蒸汽穿透灭菌物,锅内或蒸笼上堆放物品不宜过满过挤,应留有空隙。固体曲料大量灭菌时,每袋以1.5~2.0kg为宜,料袋在锅内用箅子分层隔开,不能堆压在一起。

(3)蒸锅里应先把水加足,一次持续灭菌时,如锅内盛水量不能维持到底,应在蒸锅侧面安装加水口,以便在蒸煮过程中添水。添水应用开水,以防骤然降温。

(4)间歇法灭菌时应在每次加热后,迅速降温,然后在室温放置24h,再第二次加热。如果降温慢,往往使未杀死的杂菌大量滋长,反而导致灭菌物变质,特别是固体曲料包装过大时,靠近中心部分更易发生这种情况。

(5)从使用效果看,分装试管、三角瓶或其他容器的培养基,因其体积小,透热快,用间歇法为佳。固体曲料,因其包装较大,透热慢,用间歇法容易滋生杂菌变质或者水分蒸发过多,曲料变得不新鲜,影响培养效果,因此使用一次持续灭菌法较好。

2. 高压蒸汽灭菌

高压蒸汽灭菌法是微生物学研究和教学中应用最广、效果最好的湿热灭菌方法。

A 灭菌原理

高压蒸汽灭菌是在密闭的高压蒸汽灭菌器(锅)中进行的。其原理是:将待灭菌的物体放置在盛有适量水的高压蒸汽灭菌锅内,把锅内的水加热煮沸,并把其中原有的冷空气彻底驱尽后将锅密闭。再继续加热就会使锅内的蒸汽压逐渐上升,从而温度也随之上升到100℃以上。为达到良好的灭菌效果,一般要求温度应达到121℃(压力为0.1MPa),时间维持15~30min。也可采用在较低的温度(115℃,即0.075MPa)下维持35min的方法。此法适合于一切微生物学实验室、医疗保健机构或发酵工厂中对培养基及多种器材、物品的灭菌。蒸汽压力与温度的关系如表6-1所示。

表6-1 蒸汽压力与温度的关系

蒸汽压力(表压)		蒸 汽 温 度	
kg/cm²	MPa	℃	℉
0.00	0.00	100	212
0.25	0.025	107.0	224

| 蒸汽压力（表压） | | 蒸 汽 温 度 | |
kg/cm²	MPa	℃	℉
0.50	0.050	112.0	234
0.75	0.075	115.5	240
1.00	0.100	121.0	250
1.50	0.150	128.0	262
2.00	0.200	134.5	274

在使用高压蒸汽灭菌器进行灭菌时，蒸汽灭菌器内冷空气的排除是否完全极为重要，因为空气的膨胀压大于水蒸气的膨胀压。所以当水蒸气中含有空气时，压力表所表示的压力是水蒸气压力和部分空气压力的总和，不是水蒸气的实际压力，它所相当的温度与高压灭菌锅内的温度是不一致的；因为在同一压力下的实际温度，含空气的蒸汽低于饱和蒸汽，如表6-2 所示。由表 6-2 可以看出，如不将灭菌锅中的空气排除干净，将达不到灭菌所需的实际温度。因此，必须将灭菌器内的冷空气完全排除，才能达到完全灭菌的目的。

表 6-2　空气排除程度与温度的关系

| 压力表读数/Pa | 灭菌器内温度/℃ | | | | |
	未排除空气	排除1/3空气	排除1/2空气	排除2/3空气	完全排除空气
35	72	90	94	100	109
70	90	100	105	109	115
105	100	109	112	115	121
140	109	115	118	121	126
175	115	121	124	126	130
210	121	126	128	130	135

在空气完全排除的情况下，一般培养基只需在 0.1MPa 下灭菌 30min 即可。但对某些物体较大或蒸汽不易穿透的灭菌物品，如固体曲料、土壤和草炭等，则应适当延长灭菌时间，或将蒸汽压力升到 0.15MPa 保持 1~2h。

B　灭菌设备

高压蒸汽灭菌的主要设备是高压蒸汽灭菌锅，有立式、卧式（图 6-11）及手提式（图 6-12）等不同类型。实验室中以手提式最为常用。卧式灭菌锅常用于大批量物品的灭菌。不同类型的灭菌锅，虽大小外形各异，但其主要结构基本相同。

高压蒸汽灭菌器的基本构造如下：

（1）外锅（或称"套层"）。外锅供贮存蒸汽用，连有用电加热的蒸汽发生器，并有水位玻管以标志盛水量。外锅的外侧一般包有石棉或玻璃棉绝缘层以防止散热。如直接使用由锅炉接入的高压蒸汽，则外锅在使用时充满蒸汽，作为内锅保温之用。

（2）内锅（或称灭菌室）。内锅是放置灭菌物的空间，可配制铁算架以分放灭菌物品。

（3）压力表。内外锅各装一只，老式的压力表上标有三种单位：公斤压力单位（kg/cm²），英制压力单位（lb/in²）和温度单位（℃），便于灭菌时参照。现在的压力表用 MPa

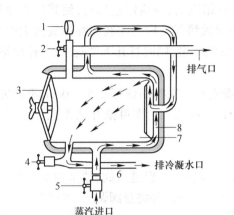

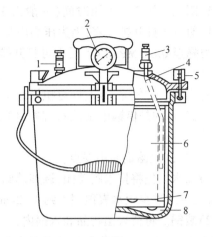

图 6-11　卧式灭菌锅

1—压力表；2—蒸汽排气阀；3—门；4—温度阀；5—蒸汽供应阀；
6—汽液分离器；7—灭菌室；8—套层

图 6-12　手提式灭菌锅

1—安全阀；2—压力表；3—放气阀；4—软管；
5—紧固螺栓；6—灭菌桶；7—筛架；8—水

表示。

（4）温度计。温度计可分为两种，一种是直接插入式的水银温度计，装在密闭的铜管内，焊插在内锅中；另一种是感应式仪表温度计，其感应部分安装在内锅的排气管内，仪表安装于锅外顶部，便于观察。

（5）排气阀。一般是外锅、内锅各一个排气阀，用于排除空气。新型的灭菌器多在排气阀外装有汽液分离器，内有由膨胀盒控制的活塞。利用空气、冷凝水与蒸汽之间的温差控制开关，在灭菌过程中，可不断地自动排出空气和冷凝水。

（6）安全阀（或称保险阀）。利用可调弹簧控制活塞，超过额定压力即自动放气减压。通常调在额定压力之下，略高于使用压力。安全阀只供超压时安全报警之用，不可在保温时用作自动减压装置。

（7）热源。近年来的产品以电热为主，即底部装有调控电热管，使用比较方便。有些产品无电热装置，则附有打气煤油炉等。手提式灭菌器也可用煤炭炉作为热源。

C　几种常用高压蒸汽灭菌锅的使用方法

（1）立式灭菌锅使用要点：

1）加水。由漏斗处加水，加水量应在标定水位线以上。可在水位玻管刻度处观察。

2）装锅。将待灭菌物品装入锅内时，不要太紧太满，应留有间隙，以利蒸汽流通。盖好锅盖后，即可将螺旋柄旋紧。

3）加热和排冷空气。合上电闸通电加热，同时打开排气阀及下部排冷气疏水阀，加热到锅中水沸腾，待排气阀冒出大量蒸汽后，关闭盖顶排气活塞，使冷空气由下部疏水阀排出。此时如有少量冷凝水排出是正常现象。待下部疏水阀有大量蒸汽冒出时，证明锅中已充满蒸汽，应继续排汽，使锅中及灭菌容器中的冷空气完全排除干净。一般不应少于 5min。

4）升压保压。排气完毕后，关小下部疏水阀，锅内压力逐渐升高直至预设压力，注意升压不要过猛。压力选择应视具体灭菌物品而定，通常为 0.1MPa，如草炭、土壤等则可在压力升至 0.14~0.15MPa 后定时保压。

5）降压与排汽。保压时间（一般为 25~30min）结束后，即应停止加热，使其自然冷却。此时切勿急于打开排气塞，因为压力骤然降低，将导致培养基剧烈沸腾而冲掉或污染棉塞。待压力降至 0.025MPa 以下后方可打开排气阀使余汽排出，同时打开下部疏水阀，排出锅内冷凝水。

6）出锅。排气完毕后，即可扭松螺旋柄使锅盖松动。先将锅盖打开 5~10cm，不必完全推开锅盖，目的是借锅中余热将棉塞及包装纸烘干。30min 后，即可推开锅盖，取出已灭菌的物品。

（2）卧式灭菌锅使用要点：

1）加水。先将排水阀关闭，调整总阀至"全排"。然后，开启进水阀，放蒸馏水至蒸汽发生器内，待水进至距水表顶端大约 1~2cm 处时，关闭进水阀，并将总阀调至"关闭"。

2）装锅。将待灭菌物品装入锅内，注意不要塞得过紧过满，盛有培养基的三角瓶和试管应立放或适度倾斜，以免灭菌过程中培养基污染棉塞。

3）关门。按顺时针方向转动紧锁手柄至红箭头处，使撑挡进入门圈内，然后旋动八角转盘，使门和垫圈密合，以灭菌时不漏气为度，不宜太紧，以免损坏垫圈。

4）通电加温。将电源控制开关的旋钮旋至"开"处，电源指示灯亮，表示已通电，然后再按灭菌物品所需灭菌气压将旋钮旋至 0.07MPa、0.1MPa 或 0.14MPa 处，此时电热指示灯亮，表示已通电加热。

5）保温保压。当蒸汽套层内的蒸汽随加热达到自动控制压力时，电热指示灯会自动熄灭，表示停止加热。随着热力散发压力降低，电热指示灯再亮，表示继续加热，这表明压力控制器工作正常。当套层内的蒸汽加热到所选择的控制压力时，即可将套层内的蒸汽导入灭菌室进行灭菌。此时应先将汽液分离器前的冷凝阀开放少许，然后将总阀调至"消毒"，套层内的蒸汽即通过总阀进入灭菌室进行灭菌，冷凝水则通过汽液分离器自动排出。这时蒸汽套层内蒸汽压力迅速下降，而灭菌室内的蒸汽压力逐渐上升，灭菌室内的温度也逐渐上升。当温度升到所需灭菌温度（一般为 121℃）时，开始计算灭菌时间，维持温度至灭菌完毕。

6）出锅。灭菌完毕后，立即切断电源，按灭菌物品性质和要求，决定灭菌室内的蒸汽是自然冷却还是采取"慢排"或"快排"。例如，器械、器皿、固体曲料、土壤、草炭等不致因压力骤然下降而受影响的物品，可直接将总阀调至"慢排"和"快排"，使灭菌室内蒸汽迅速排出。当灭菌室内压力下降至"0"时，方可缓慢转动锅门转盘并拨动紧锁手柄将门开启 5~10cm。20~30min 后将灭菌物品取出，此时灭菌物品较干燥。溶液及培养基等物品灭菌完毕时，只能将总阀调至"慢排"，使灭菌室内蒸汽慢慢排出，以免突然降低压力导致培养基剧烈沸腾。也可在灭菌完毕后，关闭总阀，让灭菌物品自然冷却。灭菌室压力表降至"0"时，再将总阀调至"慢排"数分钟取出灭菌物品。

7）连续操作。如灭菌物品较多需连续操作时，应先检查水位。有足够水量时，可连续使用。如需加水，应把总阀调至"全排"，打开进水阀加水后继续操作。

8）保养。每次灭菌完毕后，关闭电源，停止加热，随后将总阀调至"全排"，排出套层内的蒸汽。开启锅门少许，散发剩余蒸汽，使灭菌室内壁经常保持干燥，同时排出蒸汽发生器内的余水。

（3）手提式灭菌锅使用要点：

1）加水。使用前在锅内加入适量的水，加水不可过少，以防将灭菌锅烧干，引起炸裂事故。加水过多有可能引起灭菌物积水。

2) 装锅。将灭菌物品放在灭菌桶中,不要装得过满。盖好锅盖,按对称方法旋紧四周固定螺旋,打开排气阀。

3) 加热排气。加热后待锅内沸腾并有大量蒸汽自排气阀冒出时,维持 2~3min 以排除冷空气。如灭菌物品较大或不易透气,应适当延长排气时间,务必使空气充分排除,然后将排气阀关闭。

4) 保温保压。当压力升至 0.1MPa 时,温度达 121℃,此时应控制热源。保持压力,维持30min 后,切断热源。

5) 出锅。当压力表降至"0"处,稍停,使温度继续降至 100℃ 以下后,打开排气阀,旋开固定螺旋,开盖,取出灭菌物。注意:切勿在锅内压力尚在"0"点以上,温度也在 100℃ 以上时开启排气阀,否则会因压力骤然降低,而造成培养基剧烈沸腾冲出管口或瓶口,污染棉塞,导致以后培养时引起杂菌污染。

6) 保养。灭菌完毕取出物品后,将锅内余水倒出,以保持内壁及内胆干燥,盖好锅盖。

三、过滤除菌

控制液体中微生物的群体可以通过将微生物从液体中移走而不是用杀死的方法来实现。通常所采用的做法就是过滤除菌,即将液体通过某种微孔的材料,使微生物与液体分离。早年曾采用硅藻土等材料装入玻璃柱中,当液体流过柱子时菌体因其所带的静电荷而被吸附在多孔的材料上,但现今已基本为膜滤器所替代(图 6-13)。

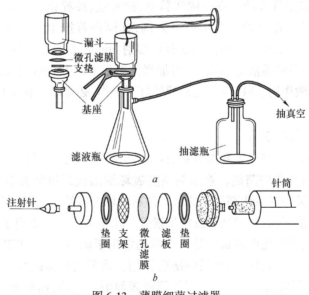

图 6-13　薄膜细菌过滤器
a—抽滤式;b—注射式

膜滤器采用微孔滤膜作材料,它通常由硝酸纤维素制成,可根据需要使之具有 0.025~25μm 不同范围大小的特定孔径。当含有微生物的液体通过孔径为 0.2μm 的微孔滤膜时,大于滤膜孔径的细菌等微生物不能穿过滤膜而被阻拦在膜上,与通过的滤液分离开来。微孔滤膜具有孔径小、价格低、可高压灭菌、滤速快及可处理大容量的液体等优点。

过滤除菌可用于对热敏感液体的除菌,如含有酶或维生素的溶液、血清等。有些物质即使加热温度很低也会失活,也有些物质辐射处理也会造成损伤,此时过滤除菌就成了唯一可供选择的灭菌方法。过滤除菌还可在啤酒生产中代替巴斯德消毒。使用 $0.22\mu m$ 孔径滤膜虽然可以滤除溶液中存在的细菌,但病毒或支原体等仍可通过。必要时需使用小于 $0.22\mu m$ 孔径的滤膜,但滤孔容易阻塞。

四、紫外线杀菌

紫外线的波长范围是 $15\sim300nm$,其中波长在 $260nm$ 左右的紫外线杀菌作用最强。紫外灯是人工制造的低压水银灯,能辐射出波长主要为 $253.7nm$ 的紫外线,杀菌能力强而且较稳定。紫外线杀菌作用是因为它可以被蛋白质(波长为 $280nm$)和核酸(波长为 $260nm$)吸收,造成这些分子的变性失活。紫外线穿透能力很差,不能穿过玻璃、衣物、纸张或大多数其他物体,但能够穿透空气,因而可以用作物体表面或室内空气的杀菌处理,在微生物学研究及生产实践中应用较广。

紫外灯的功率越大效能越高。紫外线的灭菌作用随其剂量的增加而加强,剂量是照射强度与照射时间的乘积。如果紫外灯的功率和照射距离不变,可以用照射的时间表示相对剂量。紫外线对不同的微生物有不同的致死剂量。根据照射定律,照度与光源光强成正比而与距离的平方成反比。在固定光源情况下,被照物体越远,效果越差,因此,应根据被照面积、距离等因素安装紫外线灯。

由于紫外线穿透力弱,一薄层普通玻璃或水,均能滤除大量的紫外线。因此,紫外线只适用于表面灭菌和空气灭菌。在一般实验室、接种室、接种箱、手术室和药厂包装室等,均可利用紫外灯杀菌。以普通小型接种室为例,其面积若按 $10m^2$ 计算,在工作台上方距地面 $2m$ 处悬挂 $1\sim2$ 只 $30W$ 紫外灯,每次开灯照射 $30min$,就能使室内空气灭菌。照射前,适量喷洒石炭酸或煤酚皂溶液等消毒剂,可加强灭菌效果。紫外线对眼黏膜及视神经有损伤作用,对皮肤有刺激作用,所以应避免在紫外灯下工作,必要时需穿防护工作衣帽,并戴有色眼镜进行工作。

五、化学药剂消毒与杀菌

某些化学药剂可以抑制或杀死微生物,因而被用于微生物生长的控制。依作用性质可将化学药剂分为杀菌剂和抑菌剂。杀菌剂是能破坏细菌代谢机能并有致死作用的化学药剂,如重金属离子和某些强氧化剂等。抑菌剂并不破坏细菌的原生质,而只是阻抑新细胞物质的合成,使细菌不能增殖,如磺胺类及抗生素等。化学杀菌剂主要用于抑制或杀灭物体表面、器械、排泄物和周围环境中的微生物。抑菌剂常用于机体表面,如皮肤、黏膜、伤口等处防止感染,也有的用于食品、饮料、药品的防腐作用。杀菌剂和抑菌剂之间的界线有时并不很严格,如高浓度的石炭酸($3\%\sim5\%$)用于器皿表面消毒杀菌,而低浓度的石炭酸(0.5%)则用于生物制品的防腐抑菌。理想的化学杀菌剂和抑菌剂应当是作用快、效力高但对组织损伤小,穿透性强但腐蚀小,配制方便且稳定,价格低廉易生产,并且无异味。

此外,微生物种类、化学药剂处理微生物的时间长短、温度高低以及微生物所处环境等,都影响着化学药剂杀菌或抑菌的能力和效果。微生物实验室中常用的化学杀菌剂有升汞、甲醛、高锰酸钾、乙醇、碘酒、龙胆紫、石炭酸、煤粉皂溶液、漂白粉、氧化乙烯、丙酸内酯、过氧乙酸、新洁尔灭等。常用化学杀菌剂的使用浓度和应用范围如表 6-3 所示。

表6-3　常用化学杀菌剂

类　别	实　例	常用浓度	应　用　范　围
醇　类	乙　醇	70%~75%	皮肤及器械消毒
酸　类	乳　酸	0.33~1mol/L	空气消毒(喷雾或熏蒸)
	食　醋	3~5mL/m³	熏蒸空气消毒,可预防流感
碱　类	石灰水	1%~3%	地面消毒、粪便消毒等
酚　类	石炭酸	5%	空气消毒、地面或器皿消毒
	煤酚皂	2%~5%	空气消毒、皮肤消毒
醛　类	甲醛(福尔马林)	40%溶液	接种室、接种箱或器皿消毒
氧化剂	过氧化氢	3%	清洗伤口、口腔黏膜消毒
	氯气	$(0.2~1)×10^{-6}$	饮用水消毒等
	漂白粉	1%~5%	培养基容器、饮水和厕所消毒
	过氧乙酸	0.2%~0.5%	塑料、玻璃、皮肤消毒
	高锰酸钾	0.1%~3%	皮肤、水果、蔬菜、器皿消毒
染　料	结晶紫	2%~4%	外用紫药水、浅创口消毒
表面活性剂	新洁尔灭	1:20水溶液	皮肤及不能遇热器皿的消毒

第三节　纯培养与接种技术

一、培养基

培养基(medium)是用人工的办法将多种营养物质按微生物生长代谢的需要配制成的一种营养基质。由于微生物种类繁多,对营养物质的要求各异,加之实验和研究的目的不同,所以培养基在组成成分上也各有差异。但是,不同种类或不同组成的培养基中,均应含有满足微生物生长发育且比例合适的水分、碳源、氮源、无机盐、生长因素以及某些特需的微量元素等。配制培养基时不仅需要考虑满足这些营养成分的需求,而且应该注意各营养成分之间的协调。此外,培养基还应具有适宜的酸碱度(pH值)、缓冲能力、氧化还原电位和渗透压等。

1. 培养基营养物质的来源及功能

A　水

水是微生物生存的基本条件。除休眠体(如芽孢、孢子和孢囊等)外,微生物细胞的含水量一般为70%~90%。水与微生物细胞正常胶体状态的维持、养料的吸收、代谢废物的排泄以及细胞内的全部代谢生理活动息息相关。因此,水是微生物生命活动不可缺少的条件。一般情况下,配制培养基时可直接取用自来水。天然水中含有的微量杂质不仅对微生物无害而且可作为营养物质被微生物吸收利用。但在测定微生物某些生理特性、合成产物数量以及其他要求精确性高的实验时,则必须采用蒸馏水甚至重蒸馏水,以保证结果的准确。

B　碳源

碳源是组成微生物细胞的主要元素,但不同种类的微生物所能利用的碳素养料的范围和最适种类是不同的。化能有机营养型微生物以有机碳化合物作为必需的碳源和生命活动的能源。在实验室条件下,制备培养基最常用的碳源为葡萄糖,可为许多微生物利用。其他糖类如蔗糖、麦芽糖、甘露醇、淀粉、纤维素，以及脂肪、有机酸、醇类、烃类等都可作为培养不同微生物时选择使用的碳源。蛋白质、氨基酸既是氮素养料，也是碳素养料。米粉、玉米粉、麦麸和米糠等常用作微生物固体发酵的碳源。

自养型的微生物以 CO_2 作为碳素营养在细胞内合成有机物质，故不需要向它们提供现成的有机碳化合物作为碳素营养。

C　氮源

氮素是组成细胞蛋白质的主要成分，也是构成所有微生物细胞的基本物质，绝大多数微生物都需要化合态氮作为氮素养料，因而常用于培养基的氮源，分无机氮和有机氮两类。无机氮有铵盐、硝酸盐等。大多数真菌利用铵盐及硝酸盐；许多细菌能利用铵盐，但不能利用硝酸盐。有机氮有蛋白胨、牛肉膏或牛肉浸汁、多肽及各种氨基酸等。此外，豆芽汁、酵母膏等也是常用的有机氮源。一些含蛋白质较多的农副产品如豆饼粉、花生饼粉、棉籽饼等常可作为培养放线菌的氮源。鱼粉、蚕蛹等，也可作为培养某些微生物的氮素养料。

D　矿质营养

微生物需要的矿质养料可分为主要元素和微量元素两大类。主要元素包括磷、钾、钙、镁、硫、钠等六种。它们分别参与细胞结构物质的组成、能量转移、物质代谢以及调节细胞原生质的胶体状态和细胞透性等。培养基中添加这些营养一般采用含有这些元素的盐类即可，如磷酸氢二钾、硫酸镁、氯化钙、硫酸亚铁、氯化钠等。微生物需要的微量元素主要有铁、硼、锰、铜、锌和钼等，它们多是辅酶和辅基的成分或酶的激活剂。微生物对微量元素的需要量很少。在培养某些具有特殊生理需求的微生物时，需要在培养基中另行加入某些微量元素。

E　生长因子

生长因子是微生物需要量很少但却能促进微生物生长的有机化合物的统称。微生物生长所需的生长因素大部分是维生素物质。常见的种类主要是硫胺素、核黄素、烟酰胺、泛酸和叶酸等。它们是许多酶的组成部分，具有维持生物代谢的功能。在制备培养基时，除合成培养基应考虑加入某些特定维生素外，天然培养基中一般不必加入维生素。

2. 培养基的种类

（1）按照配制培养基的营养物质来源，可将培养基分为天然培养基、合成培养基和半合成培养基三类。使用培养基时，应根据不同微生物种类和不同的实验目的，选择需要的培养基。

天然培养基（complex medium；nonsynthetic medium）是指一些利用动植物或微生物产品或其提取物制成的培养基。培养基的主要成分是复杂的天然物质，如马铃薯、豆芽、麦芽、牛肉膏、蛋白胨、鸡蛋、酵母膏、血清等。一般难以确切知道其中的营养成分。这类培养基的优点是营养丰富、种类多样、配制方便；缺点是化学成分不甚清楚。因此，天然培养基多适合于配制实验室用的各种基础培养基及生产中用的种子培养基或发酵培养基。

合成培养基（defined medium；synthetic medium）是一类采用多种化学试剂配制的，各种成分（包括微量元素）及其用量都确切知道的培养基。合成培养基一般用于营养、代谢、生理、生化、遗传、育种、菌种鉴定和生物测定等要求较高的研究工作。

半合成培养基（semidefined medium）是既含有天然物质，又含有纯化学试剂的培养基。这类培养基的特点是其中的一部分化学成分和用量是清楚的，而另一部分的成分不甚清楚。例如，培养真菌用的马铃薯蔗糖培养基。其中蔗糖及其用量是已知的，而马铃薯的成分则不完全清楚。在微生物学研究中，半合成培养基是应用最广泛的一类培养基。

（2）按培养基外观的物理状态可将培养基分成三类，即液体培养基、固体培养基和半固体培养基。

1）液体培养基（liquid medium）是指呈液体状态的培养基。在实验室中，多用液体培养基培养微生物以观察其生长特性，如好氧或兼性厌氧微生物，常使液体培养基变得浑浊或产生沉淀、絮凝等。液体培养基还用于研究微生物的某些生理生化特性。如糖类发酵、V.P反应、吲哚产生、硝酸盐还原等。此外，进行土壤微生物区系分析时，也常应用液体培养基进行稀释培养计数以反映各生理类群的数量关系。

2）固体培养基（solid medium）是指外观呈固体状态的培养基。根据固体的性质又可把它分为凝固培养基（solidified medium）和天然固体培养基。如在液体培养基中加入1%~2%琼脂或5%~12%明胶作凝固剂，就可以制成加热可熔化、冷却后则凝固的固体培养基，此即凝固培养基。微生物培养时常用的凝固剂有琼脂（agar或称冻粉，洋菜）、明胶、硅酸钠等。其中琼脂是应用最广的凝固剂，是由海洋红藻中的石花菜、须状石花菜等加工制成。其成分主要为多糖类物质，化学性质较稳定，一般微生物不能分解利用。琼脂制成的固体培养基理化性质稳定，且在一般微生物的培养温度范围内（25~37℃）不会熔化而保持良好的固体状态。此外，琼脂溶于水冷凝后，形成透明的胶冻，在用琼脂制成的固体培养基上培养微生物，便于观察和识别微生物菌落的形态。微生物实验中，琼脂培养基正广泛应用于微生物的分离、纯化、培养、保存、鉴定等工作。实验室中，琼脂的使用量一般可控制在1.5%~2.0%。

此外，明胶也可作凝固剂，但其化学成分是动物蛋白质，一般在25℃以上即熔化，20℃以下凝固，因而难以作为常用的凝固剂。由于有的微生物能够分解利用明胶而使之液化，所以用明胶制成的固体培养基多用于穿刺培养，用以观察不同微生物使明胶液化的能力。

3）半固体培养基（semisolid medium）是在凝固性固体培养基中，如凝固剂含量低于正常量，培养基呈现出在容器倒放时不致流动，但在剧烈振荡后则能破散的状态，这种固体培养基称为半固体培养基。它一般加0.5%的琼脂作凝固剂。半固体培养基在微生物学实验中有许多独特的用途，如细菌运动性的观察（在半固体琼脂柱中央进行细菌的穿刺接种，观察细菌的运动能力），噬菌体效价测定（双层平板法），微生物趋化性的研究，各种厌氧菌的培养以及菌种保藏等。

（3）按照培养基的功能和用途，可将其分为基础培养基、加富培养基、选择培养基、鉴别培养基等。

1）基础培养基（basic medium）是指代谢类型相似的微生物所需要的营养物质比较接近，例如牛肉膏蛋白胨琼脂培养基，其中含有多数有机营养型细菌所需的营养成分，是适用于培养细菌的基础培养基。同样，马铃薯葡萄糖琼脂培养基，麦芽汁琼脂培养基，可作为酵母和霉菌的基础培养基。

2）加富培养基（enriched medium）也称增殖培养基。此类培养基是在培养基中加入有利于某种或某类微生物生长繁殖所需的营养物质，使这类微生物增殖速度快于其他微生物，从而使这类微生物能在混有多种微生物的培养条件下占有生长优势。培养基中加富的营养物质通常是被加富的对象专门需求的碳源和氮源。例如加富培养石油分解菌时用石蜡油，加富培养固氮菌时加甘露醇。自然界中数量较少的微生物，经过有意识的加富培养后再进行分离，就增多了分离到这种微生物的机会。

3）选择培养基（selected medium）是在一定的培养基中加入某些物质或除去某些营养物质以阻抑其他微生物的生长，从而有利于某一类群或某一目标微生物的生长。有时也可在培养基中加入某些药剂（如染料、有机酸、抗生素等）以抑制某些微生物的生长而造成有利于特定微生物种类优先生长的条件。用于抑制它种微生物的选择性抑制剂有染料（如结晶紫等）、抗生素和脱氧胆酸钠等；有利于选择培养的理化因素有温度、氧气、pH值或渗透压等。

4）鉴别培养基（identification medium）主要用来检查微生物的某些代谢特性。一般是在基础培养基中加入能与某一微生物的无色代谢产物发生显色反应的指示剂，从而能容易地使该菌菌落与外形相似的它种菌落相区分开来。常见的鉴别性培养基是伊红美蓝乳糖培养基，即EMB（eosin methylene blue）培养基。它在饮用水、牛乳的大肠杆菌等细菌学检验以及遗传学研究上有着重要的用途。

3. 培养基的配制方法

配制培养基的流程如下：

原料称量→溶解→（加琼脂熔化）→调节pH值→分装→塞棉塞和包扎→灭菌

A 原料称量、溶解

根据培养基配方，准确称取各种原料成分，在容器中加所需水量的一半，然后依次将各种原料加入水中，用玻棒搅拌使之溶解。某些不易溶解的原料如蛋白胨、牛肉膏等可事先在小容器中加少许水，加热溶解后再冲入容器中。有些原料需用量很少，不易称量，可先配成高浓度的溶液按比例换算后取一定体积的溶液加入容器中。待原料全部放入容器后，加热使其充分溶解，并补足需要的全部水分，即成液体培养基。

配制固体培养基时，预先将琼脂称好洗净（粉状琼脂可直接加入，条状琼脂用剪刀剪成小段，以便熔化），然后将液体培养基煮沸，再把琼脂放入，继续加热至琼脂完全熔化。在加热过程中应注意不断搅拌，以防琼脂沉淀在锅底烧焦，并应控制火力，以免培养基因暴沸而溢出容器。待琼脂完全熔化后，再用热水补足因蒸发而损失的水分。

B 调节pH值

液体培养基配好后，一般要调节至所需的pH值。常用盐酸及氢氧化钠溶液进行调节。调节培养基酸碱度最简单的方法是用精密pH试纸进行测定。用玻棒蘸少许培养基，点在试纸上进行对比。如pH值偏酸，则加1mol/L氢氧化钠溶液，偏碱则加1mol/L盐酸溶液。经反复几次调节至所需pH值。要准确地调节培养基pH值，可采用酸度计。

固体培养基酸碱度的调节，与液体培养基相同。一般在加入琼脂后进行。进行调节时，应注意将培养基温度保持在80℃以上，以防因琼脂凝固影响调节操作。

C 分装

培养基配好后，要根据不同的使用目的，分装到各种不同的容器中。不同用途的培养基，其分装量应视具体情况而定，要做到适量、实用。分装量过多、过少或使用容器不当，都会影响随后的工作。培养基是多种营养物质的混合液，大都具有黏性，在分装过程中，应注意避免培养基沾污管口和瓶口，以免污染棉塞，造成杂菌生长。

分装培养基，通常使用大漏斗（小容量分装）。分装装置的下口连有一段橡皮软管，橡皮管下面再连一小段末端开口处略细的玻璃管。在橡皮管上夹一个弹簧夹。分装时，将玻璃管插入试管内。不要触及管壁，松开弹簧夹，注入定量培养基，然后夹紧弹簧夹，止住液体，再抽出试管，仍不要触及管壁或管口，见图6-14。

D　塞棉塞和包扎

培养基分装到各种规格的容器（试管、三角瓶、克氏瓶等）后，应按管口或瓶口的不同大小分别塞以大小适度、松紧适合的棉塞。

棉塞的做法如图6-15所示。此外，现配现用的培养基和试管无菌水，还可使用硅胶橡胶塞或聚丙烯塑料试管帽。棉塞的作用主要在于阻止外界微生物进入培养基内，防止由此而可能导致的污染。同时还可保证良好的通气性能，使微生物能不断地获得无菌空气。塞棉塞后，试管培养基可若干支扎成一捆，或排放在铁丝筐内。由于棉塞外面容易附着灰尘及杂菌，且灭菌时容易凝结水气，因此，在灭菌前和存放过程中，应用牛皮纸或旧报纸将管口、瓶口或试管包起来。

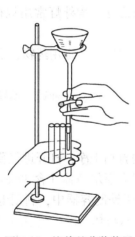

图6-14　培养基分装装置

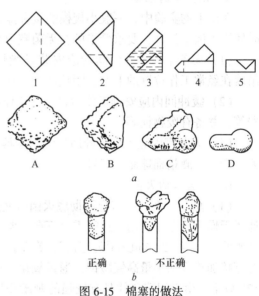

图6-15　棉塞的做法

a—棉塞的制作过程；b—正误棉塞

培养基制备完毕后应立即进行高压蒸汽灭菌。如延误时间，会因杂菌繁殖生长，导致培养基变质而不能使用。若确实不能立即灭菌，可将培养基暂放于4℃冰箱或冰柜中，但时间也不宜过久。

灭菌后，需做斜面的试管，应趁热及时摆放斜面（图6-16）。斜面的斜度要适当，使斜面的长度不超过试管长度的二分之一。摆放时注意不可使培养基沾污棉塞，冷凝过程中勿再移动试管。待斜面完全凝固后，再进行收存。灭菌后的培养基，最好置28℃保温检查，如发现有杂菌生长，应及时再次灭菌，以保证使用前的培养基处于绝对无菌状态。

培养基一次不宜配制过多，最好是现配现用。因工作需要或一时用不掉的培养基应放在低温、干燥、避光而洁净的地方保存。试管斜面培养基，因灭菌时棉塞受潮，容易引起棉塞和培养基污染。因此，新配制的琼脂斜面最好在恒温室放置一段时间，等棉塞上的冷

凝水蒸发后再贮存备用。装于三角瓶或其他容
器的培养基，灭菌前最好用牛皮纸包扎瓶口，
以防灰尘落于棉塞或瓶口而引起污染。贮放过
程中，不要取下包头纸，以减少水分蒸发。

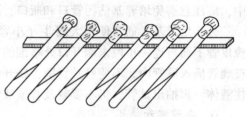

图 6-16　斜面摆放法

二、微生物接种技术

微生物接种技术是进行微生物实验和相关
研究的基本操作技能。无菌操作是微生物接种
技术的关键。由于实验目的、培养基种类及实验器皿等不同，所用接种方法不尽相同。斜
面接种、液体接种、固体接种和穿刺接种操作均以获得生长良好的纯种微生物为目的。因
此，接种必须在一个无杂菌污染的环境中进行严格的无菌操作。由于接种方法不同，采用
的接种工具也有区别，如固体斜面培养体转接时用接种环，穿刺接种时用接种针，液体转
接用移液管等。

1. 接种前的准备工作

A　无菌室的准备

在微生物实验中，一般小规模的接种操作，使用无菌接种箱或超净工作台；工作量大
时使用无菌室接种，要求严格的在无菌室内再结合使用超净工作台。

（1）无菌室的里外两间均应安装日光灯和紫外线杀菌灯。紫外灯常用规格为 30W，
吊装在经常工作位置的上方，距地高度 2.0~2.2m。

（2）缓冲间内应安排工作台供放置工作服、鞋、帽、口罩、消毒用药物、手持式喷雾
器等，并备有废物桶等。

（3）无菌室内应备有接种用的常用器具，如酒精灯、接种环、接种针、不锈钢刀、剪
刀、镊子、酒精棉球瓶、记号笔等。

B　无菌室的灭菌

（1）熏蒸。在无菌室全面彻底灭菌时使用。先将室内打扫干净，打开进气孔和排气窗
通风干燥后，重新关闭，进行熏蒸灭菌。常用的灭菌药剂为福尔马林（含 37%~40% 甲醛
的水溶液）。按 2~6mL/m³ 的标准计算用量，取出后，盛于铁制容器中，利用电炉或酒精
灯直接加热或加半量高锰酸钾，通过氧化作用加热，使福尔马林蒸发。熏蒸后应保持密闭
12h 以上。由于甲醛气体具有较强的刺激作用，所以在使用无菌室前 1~2h 在一搪瓷盘内
加入与所用甲醛溶液等量的氨水，放入无菌室，使其挥发中和甲醛，以减轻刺激作用。除
甲醛外，也可用乳酸、硫磺等进行熏蒸灭菌。

（2）紫外灯照射。在每次工作前后，均应打开紫外灯，分别照射 30min，进行灭菌。
在无菌室内工作时，切记要关闭紫外灯。

（3）石炭酸溶液喷雾。每次临操作前，用手持喷雾器喷 5% 石炭酸溶液，主要喷于台
面和地面，兼有灭菌和防止微尘飞扬的作用。

C　无菌室空气污染情况的检验

为了检验无菌室灭菌的效果以及在操作过程中空气的污染程度，需要定期在无菌室内
进行空气中杂菌的检验。一般可在两个时间进行：一是在灭菌后使用前，一是在操作完
毕后。

取牛肉膏蛋白胨琼脂和马铃薯蔗糖琼脂两种培养基的平板各 3 个，于无菌室使用前

（或在使用后），在无菌室内揭开，放置台面上，半小时后重新盖好。另有一份不打开的作对照。一并放在 30℃ 下培养，48h 后检验有无杂菌生长以及杂菌数量的多少。根据检验结果确定应采取的措施。

2. 接种工具的准备

最常用的接种或移植工具为接种环。接种环是将一段铂金丝安装在防锈的金属杆上制成。市售商品多以镍铬丝（或细电炉丝）作为铂丝的代用品。也可以用粗塑胶铜芯电线加镍铬丝自制，简便适用。

接种环供挑取菌苔或液体培养物接种用。环前端要求圆而闭合，否则液体不会在环内形成菌膜。根据不同用途，接种环的顶端可以改换为其他形式如接种针等（图 6-17）。

玻璃刮铲是用于稀释平板涂抹法进行菌种分离或微生物计数时常用的工具。将定量（一般为 0.1mL）菌悬液置于平板表面涂布均匀的操作过程需要用玻璃刮铲完成。用一段长约 30cm、直径 5~6mm 的玻璃棒，在喷灯火焰上把一端弯成"了"形或倒"△"形，并使柄与"△"端的平面呈 30°左右的角度（图 6-18）。玻璃刮铲接触平板的一侧要求平直光滑，使之既能进行均匀涂布，又不会刮伤平板的琼脂表面。

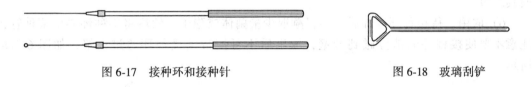

图 6-17　接种环和接种针　　　　　　　　　图 6-18　玻璃刮铲

移液管的准备：无菌操作接种用的移液管常为 1mL 或 10mL 刻度吸管。移液管在使用前应进行包裹灭菌。移液管的包裹如图 6-19 所示。

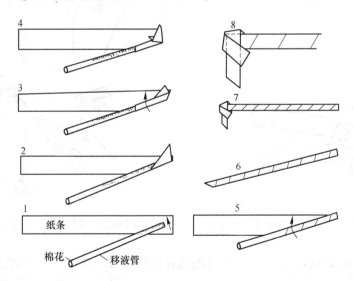

图 6-19　移液管包裹法

3. 接种方法

A　斜面接种技术

斜面接种是从已生长好的菌种斜面上挑取少量菌种移植至另一支新鲜斜面培养基上的

一种接种方法。具体操作如下：

（1）贴标签。接种前在试管上贴上标签，注明菌名、接种日期、接种人姓名等。贴在距试管口约2~3cm的位置（若用记号笔标记则不需标签）。

（2）点燃酒精灯。

（3）接种。用接种环将少许菌种移接到贴好标签的试管斜面上。操作必须按无菌操作法进行。简述如下：

1）手持试管。将菌种和待接斜面的两支试管用大拇指和其他四指握在左手中，使中指位于两试管之间部位。斜面面向操作者，并使它们位于水平位置（图6-20）。

2）旋松管塞。先用右手松动棉塞或塑料管盖，以便接种时拔出。

3）取接种环。右手拿接种环（如握钢笔一样），在火焰上将环端灼烧灭菌，然后将有可能伸入试管的其余部分均灼烧灭菌，重复此操作，再灼烧一次。

4）拔管塞。用右手的无名指、小指和手掌边先后取下菌种管和待接试管的管塞，然后让试管口缓缓过火灭菌（切勿烧得过烫），如图6-21a所示。

5）接种环冷却。将灼烧过的接种环伸入菌种管，先使环接触没有长菌的培养基部分，使其冷却。

6）取菌。待接种环冷却后，轻轻蘸取少量菌体或孢子，然后将接种环移出菌种管，注意不要使接种环的部分碰到管壁，取出后不可使带菌接种环通过火焰，如图6-21b所示。

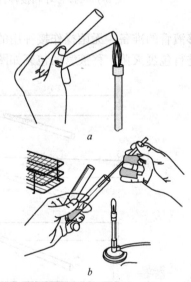

图6-20　菌种管和待接试管在左手中的拿法　　　　图6-21　试管拔塞后过火灭菌和取菌

7）接种。在火焰旁迅速将沾有菌种的接种环伸入另一支待接斜面试管。从斜面培养基的底部向上部作"Z"形来回密集划线，切勿划破培养基。有时也可用接种针仅在斜面培养基的中央拉一条直线作斜面接种，直线接种可观察不同菌种的生长特点，如图6-22所示。

8）塞管塞。取出接种环，灼烧试管口，并在火焰旁将管塞旋上。塞棉塞时，不要用试管去迎棉塞，以免试管在移动时纳入不洁空气。

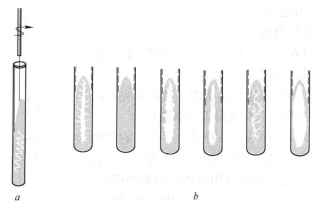

图 6-22　斜面划线法（a）和不同细菌直线接种长出的菌苔形态（b）

9）将接种环灼烧灭菌。放下接种环，再将棉花塞旋紧。

B　液体接种技术

（1）用斜面菌种接种液体培养基时，有下面两种情况：

如接种量小，可用接种环取少量菌体移入培养基容器（试管或三角瓶等）中，将接种环在液体表面振荡或在器壁上轻轻摩擦把菌苔散开，抽出接种环，塞好棉塞，再将液体摇动，菌体即均匀分布在液体中。

如接种量大，可先在斜面菌种管中注入定量无菌水，用接种环把菌苔刮下研开，再把菌悬液倒入液体培养基中，倒前需将试管口在火焰上灭菌。

（2）用液体培养物接种液体培养基时，可根据具体情况采用以下不同方法：用无菌的吸管或移液管吸取菌液接种；直接把液体培养物移入液体培养基中接种；利用高压无菌空气通过特制的移液装置把液体培养物注入液体培养基中接种；利用压力差将液体培养物接入液体培养基中接种。

C　固体接种技术

固体接种最普遍的形式是接种固体曲料。因所用菌种或种子菌来源不同，可分为以下两种：

（1）用菌液接种固体曲料，包括用菌苔刮洗制成的悬液和直接培养的种子发酵液。接种时可按无菌操作法将菌液直接倒入固体曲料中，搅拌均匀。注意接种所用菌液量要计算在固体曲料总加水量之内，否则往往在用液体种子菌接种后曲料含水量加大，影响培养效果。

（2）用固体种子接种固体曲料，包括用孢子粉、菌丝孢子混合种子菌或其他固体培养的种子菌，直接把接种材料混入灭菌的固体曲料。接种后必须充分搅拌，使之混合均匀。一般是先把种子菌和少部分固体曲料混匀后再拌大堆料。

D　穿刺接种技术

穿刺接种技术是一种用接种针从菌种斜面上挑取少量菌体并把它穿刺到固体或半固体的深层培养基中的接种方法。经穿刺接种后的菌种常作为保藏菌种的一种形式，同时也是检查细菌运动能力的一种方法，它只适宜于细菌和酵母的接种培养。具体操作如下：

（1）贴标签。

（2）点燃酒精灯。

（3）穿刺接种，方法如下：

1）手持试管，旋松棉塞。

2）右手拿接种针在火焰上将针端灼烧灭菌，接着把在穿刺中可能伸入试管的其他部位也灼烧灭菌。

3）用右手的小指和手掌边拔出棉塞，接种针先在培养基部分冷却，再用接种针的针尖蘸取少量菌种。

4）接种有两种手持操作法：一种是水平法，它类似于斜面接种法；一种则称垂直法，如图6-23所示。尽管穿刺时手持方法不同，但穿刺时所用接种针都必须挺直，将接种针自培养基中心垂直地刺入培养基中。穿刺时要做到手稳、动作轻巧快速，并且要将接种针穿刺到接近试管的底部，然后沿着接种线将针拔出。最后，塞上棉塞，再将接种针上残留的菌在火焰上烧掉。

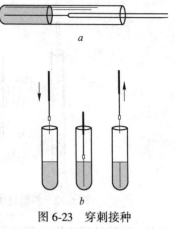

图6-23　穿刺接种
a—水平穿刺接种；b—垂直穿刺接种

（4）将接种过的试管直立于试管架上，放在37℃或28℃恒温箱中培养。24h后观察结果（注意：具有运动能力的细菌，能沿着接种线向外运动而弥散，故形成的穿刺线较粗而散，反之则细而密）。

第四节　菌种保存技术

为了保持微生物菌种原有的各种优良特征及活力，使其存活，不发生变异，应根据微生物自身的生物学特点，通过人为的创造条件，使微生物处于低温、干燥、缺氧的环境中，使微生物的生长受到抑制，新陈代谢作用限制在最低范围内，生命活动基本处于休眠状态，从而达到保藏的目的。

保藏菌种的方法很多，可以分为培养保藏方法和休眠保藏方法。

一、冰箱4℃保藏法

为了生产或科研上使用菌种的方便，有时只需将微生物作暂时或简便的保藏。常用的保藏方法有斜面传代法、穿刺培养法、液体石蜡法、甘油管法等。

1. 斜面传代法（此法可用于任何一种微生物）

（1）将需要保藏的菌种接种于该微生物最适宜的新鲜斜面培养基上，在合适的温度下培养，以得到健壮的菌体。

（2）将长好的斜面取出，换上无菌的橡皮塞塞紧，于4℃放冰箱中保存。

（3）每隔一定时间（根据不同微生物而定，如细菌约1个月左右，放线菌3个月左右）将斜面重新移植培养，塞上橡皮塞4℃保存。

此方法的优点是简便可行，使用方便。缺点是保藏时间不长，传代多了，菌种易变异。

2. 穿刺法

（1）将半固体培养基注入到一小试管（如0.8cm×10cm）中，使培养基距离试管口约2~3cm深。

（2）用接种针挑取菌体，在半固体培养基顶部的中央直线穿刺到培养基的约1/3深处

（图6-23），37℃培养24h。

（3）将培养好的试管取出，熔封或是塞上橡皮塞，于4℃冰箱保存。

此法可保藏半年到一年以上。

二、休眠保藏法

1. 液体石蜡法

（1）采用斜面保藏法和穿刺法相同的方法获得健壮的培养物。

（2）将灭菌液体石蜡注入每一斜面（或穿刺试管）中，使液面高出斜面顶部1cm左右，使用的液体石蜡要求化学纯即可。

（3）将注入石蜡的培养物置试管架上，以直立状态放在4℃下保存。

2. 甘油管法

（1）首先将甘油配制成体积分数为80%的溶液。

（2）将体积分数为80%的甘油按1mL/瓶的量分装到一甘油瓶（3mL规格）中，121℃灭菌。

（3）将要保藏的菌种培养成新鲜的斜面（也可用液体培养基振荡培养成菌悬液）。

（4）在培养好的斜面中注入少许（2~3mL）的无菌水，刮下斜面振荡，使细胞充分分散成均匀的悬浮液，使细胞浓度约为$10^8 \sim 10^{10}$个/mL。

（5）吸取1mL菌悬液于上述装好甘油的无菌甘油瓶中，充分混匀后，使甘油总体积分数为40%，然后置-20℃保存（液体培养的菌液到对数期直接吸取1mL于甘油瓶中）。

3. 沙土管保藏法

（1）取河沙若干，用24目筛子过筛，用体积分数为10%的盐酸浸泡24h，倒去盐酸，用水泡洗数次至中性，然后去水，将沙烘干。

（2）取菜园（果园）土壤，风干、粉碎、过筛（24目筛）。

（3）把烘干的沙和土按一定的比例（如3:2）混合后分装入小指形管中，装入量约高1cm左右，塞好棉塞，121℃灭菌1h，然后烘干。也可于170℃干热灭菌2h。

（4）将保藏的菌种接种入新鲜斜面，在适宜的温度下获得对数期培养物。

（5）在斜面培养物中注入3~4mL无菌水，用接种环刮下菌苔，振荡均匀后，吸0.2mL左右的菌液于沙土管中，再用接种针将沙土和菌液搅拌均匀。若是产孢子的微生物也可以直接用接种针将孢子拌入沙土中。

（6）混合后的沙土管放于真空泵中抽干以除去沙土管中的水分。

（7）抽干后的沙土管放干燥器中保存，干燥器下面应盛有硅胶、石灰或是五氧化二磷等物，隔一段时间应更换一次干燥器下层的物质，以保持干燥。

三、思考与讨论

保藏菌种的常规方法有哪几种？举例说明。

第七章　水处理相关的微生物学实验

实验1　生物显微镜的使用及典型活性污泥微生物的观察

一、实验目的

（1）掌握普通光学显微镜的结构、原理，学习显微镜的使用方法和保养。

（2）观察水处理系统中活性污泥曝气混合液中典型微生物的个体形态，学会生物图的绘制。

（3）学会辨认活性污泥中指示性原生动物的形态特征和判断活性污泥的活性。

（4）掌握用数码显微镜对典型活性污泥微生物进行拍照。

二、实验原理

活性污泥法曝气池中的活性污泥是生物法处理废水的工作主体。它们是由细菌、霉菌、酵母菌、放线菌、原生动物、后生动物（如轮虫、线虫等）与废水中的固体物质所组成。

在活性污泥系统中，细菌数量最多，分解有机物的能力最强，并且繁殖迅速，所以是污水生物处理的主体。细菌一般甚少以单体的形式存在，菌胶团是活性污泥中细菌的主要存在形式。不同细菌形成不同的菌胶团，有分枝状的、垂丝状的、球形的、椭圆形的、蘑菇形的以及各种不规则形状的。菌胶团是活性污泥法处理的主体。一般来说，活性污泥性能的好坏，主要可根据所含菌胶团多少、大小及结构的紧密程度来定。新生菌胶团颜色较浅，甚至无色透明，但有旺盛的生命力，氧化分解有机物的能力强。老化的菌胶团由于吸附了许多杂质，颜色较深，看不到细菌单体，像一团烂泥似的，生命力较差。当遇到不适宜的环境时，菌胶团就发生松散，甚至呈现单个游离细菌，影响处理效果。因此，为了使污水处理达到较好的效果，要求菌胶团结构紧密，吸附、沉降性能良好。

其次则是原生动物。原生动物具有新陈代谢、运动、繁殖、对外界刺激的感应性和对环境的适应性等生理功能。据报道，活性污泥中约存在着228种原生动物，原生动物物种非常丰富，有变形虫、草履虫、漫游虫、裂口虫、肋遁纤虫、钟虫和壳吸管虫，还有微型后生动物轮虫等。因为原生动物个体比细菌大，生态特点也容易在显微镜下观察，而且不同种类的原生动物都有各自所需的生存条件，所以哪一类原生动物占优势，也就反映出相应的水质状况。国内外都把原生动物当作污水处理的指示性生物，并利用原生动物的变化情况来了解污水处理效果及污水处理中运转是否正常。

一般的规律是：在污水生化处理中，当固着型的纤毛虫——钟虫、盖纤虫、等枝虫等出现时，且数量较多而又活跃，说明污水处理效果良好，出水 COD、BOD_5 较低（一般 $COD \leqslant 80mg/L$，$BOD_5 \leqslant 30mg/L$），水质清澈，可达到国家排放标准。轮虫出现也反映出水质较好，水中有机物含量更低（一般 $COD \leqslant 50mg/L$，$BOD_5 \leqslant 15mg/L$）。当曝气池中溶解氧降低到1mg/L以下时，钟虫生活不正常，体内伸缩泡会胀得很大，顶端突进一个气泡，虫体很快会死亡。当污水处理中出现大量鞭毛虫和变形虫时，可指示污水处理效果不好，出水 COD、BOD$_5$较高，水质浑浊。当外界环境条件不适宜于生长时，原生动物能形成胞囊，胞囊是原生动物抵抗不良外界环境的休眠体。为了正确判断水质及运行参数改变的原因，生物相观察中必须根据原生动物的种群变化、数量多少及生长活性三方面状况综合考察，否则，将产生片面的结论。例如，纤毛虫在环境适宜时，用裂殖方式进行生殖；当食物不足，或溶解氧、温度、pH 值不适宜，或者有毒物质超过其忍受限度时，就变为接合生殖，甚至形成胞囊以保卫其身体。所以当观察到纤毛虫活动能力差，钟虫类口盘缩进、伸缩泡很大，细胞质空泡化、活动力差、畸形、接合生殖、有大量胞囊形成等现象时，即使虫数较多，也说明处理效果不好。

三、显微镜的结构、光学原理及其操作方法

1. 显微镜的结构和光学原理

显微镜分机械装置和光学系统两部分（参见第六章第一节显微镜技术）。

2. 显微镜的操作方法

A　低倍镜的操作

（1）置显微镜于固定的桌上，窗外不宜有障碍视线之物。

（2）旋动转换器，将低倍镜移到镜筒正下方，和镜筒对直。

（3）转动反光镜向着光源处，同时用眼对准目镜（选用适当放大倍数的目镜）仔细观察，使视野成为白色，亮度均匀。

（4）将标本片放在载物台上，使观察的目的物置于圆孔的正中央。

（5）将粗调节器向里旋转（或载物台向上旋转），眼睛注视物镜，以防物镜和载玻片相碰。当物镜的尖端距载玻片约 0.5cm 处时停止旋转。

（6）左眼向目镜里观察，将粗调节器向外慢慢旋转，如果见到目的物，但不十分清楚，可用细调节器调节至目的物清晰为止。

（7）如果粗调节器旋得太快，致使超过焦点，必须从第（5）步重调。不应在正视目镜的情况下调粗调节器，以防没把握的旋转使物镜与载玻片相碰损坏。

（8）观察时两眼同时睁开(双眼不感疲劳)。单筒显微镜应习惯用左眼观察,以便于绘图。

B　高倍镜的操作

（1）使用高倍镜前，先用低倍镜观察，发现目的物后将它移至视野正中处。

（2）旋动转换器换高倍镜，如果高倍镜触及载玻片立即停止旋动，说明原来低倍镜就没有调准焦距，目的物并没有找到，要用低倍镜重新调焦。如果低倍镜调焦正确，换高倍镜时基本可以看到目的物。若有点模糊，用细调节器调节后即清晰可见。

C　油镜的操作

（1）如果用高倍镜目的物未能看清，可用油镜。先用低倍镜和高倍镜检查标本片，将目的物移到视野正中。

（2）在载玻片上滴一滴香柏油（或液体石蜡），将油镜移至正中使镜头浸没在油中，刚好贴近载玻片。用细调节器微微调焦至目标物清晰，切记不可用粗调节器。

（3）油镜观察完毕，用擦镜纸将镜头上的油揩净，另用擦镜纸蘸少许二甲苯揩拭镜

头，再用擦镜纸揩干。

四、实验内容

1. 仪器和材料

（1）显微镜、擦镜纸、载玻片、盖玻片、搁玻架等。

（2）活性污泥曝气液。

2. 实验操作方法

（1）标片的制作。取洁净的载玻片、盖玻片各一片，用小滴管取活性污泥混合液一小滴于载玻片中央，盖上盖玻片，尽量避免有气泡，如图 7-1 所示。

盖玻片　载玻片

图 7-1　压滴法制作标片示意图

（2）严格按光学显微镜的使用操作方法，分别在低倍、高倍镜下观察标片，观察菌胶团、原生动物、后生动物、藻类等微生物的形态，用铅笔绘出各种微生物的形态图。

（3）就观察到的微生物与附录中的生物图谱相对照，找出污水处理中典型的指示生物钟虫和轮虫，并描述其活性。

五、数码显微镜拍照

1. DMB 型数码显微镜的使用

（1）打开显微镜的电源开关，适当调整底座上的亮度调节旋钮，此时底座内灯亮。

（2）按一般生物显微镜的常规操作方法，将显微镜调整到正常状态。

2. 显微镜图像的调整

（1）显微镜头部上的拉杆拉出至最后一挡，此时，显微镜处于既可目视观察又可进行摄像状态。

（2）打开计算机的电源开关。

（3）双击计算机桌面的 Advanced 3.0 图标，在 Advanced 3.0 界面选择"模块"菜单下的"MoticTek"。

（4）在"MoticTek"界面中将显示被观察切片的图像，该图像与从显微镜目镜观察到的一致。具体操作步骤如下：

1）点击工具栏中的"MoticTek"按钮（图 7-2 中加框处所示）。

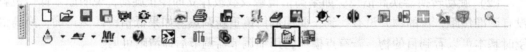

图 7-2　Advanced 3.0 窗口工具栏

2）启动"MoticTek"后，软件会自动计算曝光和白平衡，使显示图像质量与色彩接近于真实的图像。

3）对图 7-3 的工作界面中控制窗口的各项参数加以设置，可以改变预览窗口中的图像质量和效果。

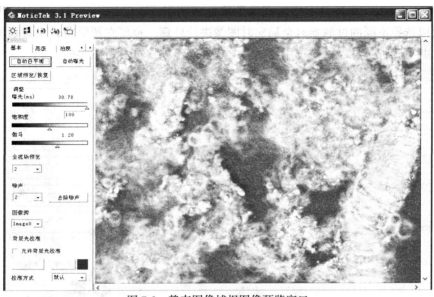

图 7-3 静态图像捕捉图像预览窗口

4）点击窗口工具栏中的静态图像捕捉按钮 ，将捕捉到预览窗口所见到的实时图像。

5）点击窗口工具栏中的自动捕捉按钮（紧邻拍照按钮），可以自动采集到若干幅实时图像，其采集得到的图像的大小、采集图片的频率等均由设置对话框的设置参数决定。

6）在"MoticTek"中具有自动曝光、白平衡和背景光校准功能，此功能位于基本标签中，如果观察中途改变显微镜的光亮度或更换样本等，可以使用自动曝光和白平衡功能来调整图像的质量，具体可参考图 7-4。

7）"MoticTek"同时还具有区域预览功能，如果在预览窗口中拖动鼠标，可以划出一个方形区域，点击位于基本标签中的区域预览/恢复按钮，可以预览已经选定的区域，再次点击该按钮可以恢复全视场预览，如图 7-5 所示。

图 7-4 调整图像窗口

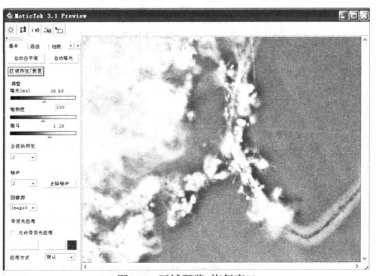

图 7-5 区域预览/恢复窗口

8）"MoticTek"中还具有实时图像预览处理功能，点选位于区域标签中的滤波选项后，将可以选择不同的过滤器对全局实时图像进行处理，也可在预览窗口中对划出区域进行处理，共有三种过滤器可供选用：底片、灰度和浮雕，可参考图7-6。

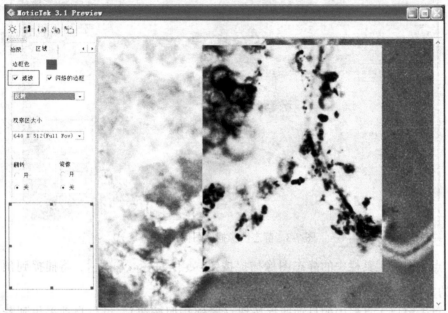

图7-6　实时图像预览过滤处理窗口

9）"MoticTek"具有针对外部光源亮度不够的情况下拍出清晰图片的功能，用户可以从拍照标签中选择拍照设置。

3. 数码显微镜捕捉图片

（1）启动Motic Images Advanced 3.1后，将出现以下的工作界面，如图7-7所示。

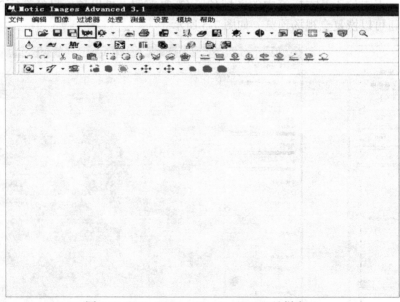

图7-7　Motic Images Advanced 3.1工具栏窗口

（2）点击工具栏中的采集窗按钮（如图 7-8 中加黑框所示）。

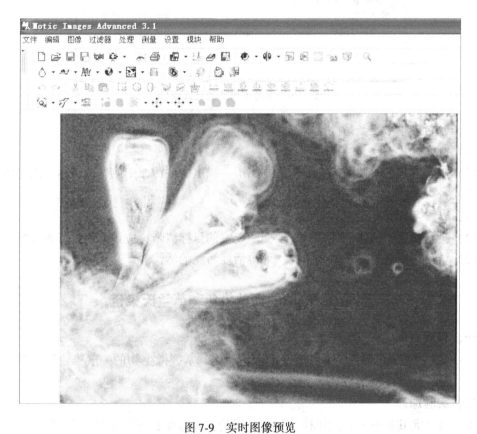

图 7-8　Motic 视频工具按钮

（3）此时启动 Motic 视频工具。

（4）点击窗口工具栏中的静态图像捕捉按钮（如图 7-8 中加黑框所示），将捕捉到采集窗口所见到的实时图像，如图 7-9 所示。

图 7-9　实时图像预览

（5）在捕捉图像之后，主窗口将显示实时图像捕捉设置窗口，如图 7-10 所示。

（6）通过点击设置按钮，在设置对话框中自定义捕捉图片文件名并选择存储文件格式及存储路径，设置完成之后，点击确定，文件便可以用户自定义的名称和格式存储。

4. 用采集窗捕捉视频

（1）打开捕捉窗口，选择"捕捉"菜单中的录像时间设置命令。

（2）在录像时间设置对话框中选择录像时间的长度，输入时间后，点击确定按钮。

（3）点击采集窗左边工具栏中的开始视频捕捉按钮。

（4）下一步，输入录像内容保存的名称，点击保存按钮。这时会出现另一个对话框，点击确定按钮后，采集窗口将再次出现并开始录像。

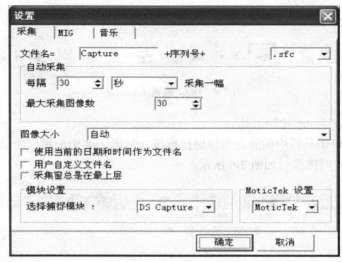

图 7-10　实时图像捕捉设置窗口

5. 活性污泥中微生物的观察

（1）制作标片。

（2）观察标片，对照附录中的微生物图谱，找出活性污泥中典型的指示性微生物并进行拍照。

六、思考与讨论

（1）进行微生物活体的观察时，要使所观察的目标清晰，应该如何调节光线？

（2）请就你所观察的微生物情况，评价活性污泥的活性。

实验2　细菌的简单染色和革兰氏染色

一、实验目的

学习微生物的染色原理、染色的基本操作技术，掌握微生物的一般染色法和革兰氏染色法。

二、实验原理

微生物（尤其是细菌）的机体是无色透明的，在显微镜下微生物体与其背景反差小，不易看清微生物的形态和结构，若增加其反差，微生物的形态就可看得清楚。通常用染料将菌体染上颜色以增加反差，便于观察。

微生物细胞是由蛋白质、核酸等两性电解质及其他化合物组成。细菌等电点在 pH 值 2~5之间，在中性(pH 值等于 7)、碱性(pH 值大于 7)或偏酸性(pH 值为 6~7)的溶液中，细菌的等电点均低于上述溶液的 pH 值，所以细菌带负电荷，容易与带正电荷的碱性染料结合，故用碱性染料染色的为多。碱性染料有美蓝、甲基紫、结晶紫、龙胆紫、碱性品红、中性红、孔雀绿和番红等。

革兰氏染色法是细菌学中很重要的一种鉴别染色法。它可将细菌区别为革兰氏阳性菌和革兰氏阴性菌两大类。

革兰氏染色的机理：细菌细胞经草酸铵结晶紫初染及碘液媒染后，在细胞壁及细胞膜上结合了不溶于水的结晶紫-碘的大分子复合物。革兰氏阳性菌的细胞壁较厚，肽聚糖含量较高，分子交联度紧密，故酒精脱色时，肽聚糖网孔会因脱水而收缩，将结晶紫-碘的复合物阻留在细胞壁上而使细胞呈蓝色，复染亦不上色。革兰氏阴性菌的细胞壁较薄，肽聚糖含量低且结构松散，与酒精反应后肽聚糖不易收缩，同时其脂类含量多且位于外层，酒精易将细胞壁溶出较大的空洞或缝隙，结晶紫-碘的复合物易被溶出细胞壁，脱去初染颜色，从而被沙黄复染液染成红色。

三、实验仪器和材料

（1）显微镜、接种环、载玻片、酒精灯、擦镜纸、吸水纸。

（2）草酸铵结晶紫染色液、碘液、95%酒精、沙黄复染液。

（3）菌种：大肠杆菌、枯草杆菌。

四、实验内容和步骤

1. 细菌的单染色步骤

标片的制作应执行无菌操作，接种环取菌前应进行灭菌，灭菌操作如图7-11所示。标片的制作及细菌染色操作过程如图7-12所示。

（1）涂片。取干净的载玻片于实验台上，在正面边角作个记号，按无菌操作的方法取一小滴菌液于载玻片中央（如菌种在固体培养基上，则滴一滴无菌蒸馏水于载玻片的中央，从斜面挑取少量菌种与载玻片上的水滴混匀后），在载玻片上涂布成一均匀的薄层，涂布面积不宜过大。

注意：活性污泥染色是用滴管取一滴活性污泥于载玻片上铺成一薄层即可。

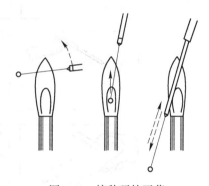

图7-11　接种环的灭菌

（2）干燥。最好在空气中自然晾干，为了加速干燥，可在微小火焰上方烘干。但不宜在高温下长时间烤干，否则急速失水会使菌体变形。

（3）固定。将已干燥的涂片正面向上，在微小的火焰上通过2~3次（以载玻片与手接触感到稍微烫手为度）。由于加热使蛋白质凝固而固着在载玻片上不易脱落，同时固定也可使标本容易着色。

（4）染色。在载玻片上滴加染色液（石炭酸复红、草酸铵晶紫或美蓝任选一种），使染液铺盖涂有细菌的部位作用约1min。

（5）水洗。倾去染液，斜置载玻片，在自来水龙头下或用洗瓶小股水流冲洗（避免直接冲在涂面上），直至流下的水呈无色为止。

（6）吸干。将载玻片倾斜，用吸水纸吸去涂片边缘的水珠（注意勿将细菌擦掉）。

（7）镜检。用显微镜观察，并用铅笔绘出细菌形态图。

2. 细菌的革兰氏染色步骤

细菌的革兰氏染色操作步骤如图7-13所示。

（1）取两种菌种（均无菌操作）分别做涂片、干燥、固定。方法均与简单染色的相同。

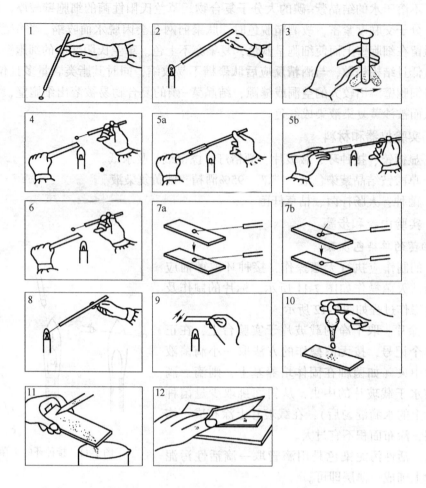

图 7-12　细菌染色标本制作及染色过程

1—取接种环;2—灼烧接种环;3—摇匀菌液;4—灼烧管口;5a—从菌液取菌(或如 5b 从斜面中取菌);6—取菌毕,
再灼烧管口,塞上棉塞;7a—把菌液直接涂片;7b—斜面取菌,先在载玻片上加一小滴水,
然后从斜面菌种中取菌涂片;8—烧去接种环上的残菌;9—固定;10—染色;11—水洗;12—吸干

（2）用草酸铵结晶紫染液染 1min，水洗。

（3）加碘液媒染 1min，水洗。

（4）斜置载玻片于一烧杯之上，滴加 95%乙醇脱色，至流出的乙醇不现紫色即可，随即水洗（注：为了节约乙醇，可将乙醇滴在涂片上静置 30~45s，水洗）。

（5）用沙黄复染液复染 1min，水洗。

（6）用吸水纸吸掉水滴，置标本片于显微镜下，先用低倍镜观察，发现目的物后用高倍镜观察，注意细菌细胞的颜色。绘出细菌的形态图并说明革兰氏染色的结果。

染色关键：染色过程中必须严格掌握乙醇脱色程度，如果脱色过度，阳性菌被误染为阴性菌，造成假阴性；若脱色不够时，阴性菌被误染为阳性菌，造成假阳性。

五、实验结果记录

将实验结果填入表 7-1 中。

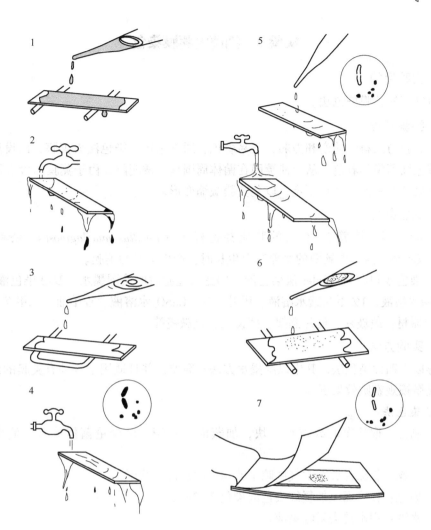

图 7-13　革兰氏染色步骤

1—加结晶紫；2，4—水洗；3—加碘液；5—加乙醇褪色；
6—加沙黄复染液；7—水洗，吸干

表 7-1　革兰氏染色结果记录表

菌种名称	形态图绘制	革兰氏染色后颜色	阴性或阳性	备　注

六、思考与讨论

（1）微生物的染色原理是什么？

（2）革兰氏染色法中若只做 1~4 的步骤而不用沙黄染液复染，能否分辨出革兰氏染色结果，为什么？

（3）微生物经固定后是死的还是活的？

（4）你认为革兰氏染色在微生物学中有何实践意义？

实验3　细菌的荚膜染色

一、实验目的

学习细菌的荚膜染色法。

二、实验原理

由于荚膜与染料间的亲和力弱，不易着色，通常采用负染色法染荚膜，即设法使菌体和背景着色而荚膜不着色，从而使荚膜在菌体周围呈一透明圈。由于荚膜的含水量在90%以上，故染色时一般不加热固定，以免荚膜皱缩变形。

三、实验器材

（1）活材料：培养3~5天的胶质芽孢杆菌（*Bacillus mucilaginosus*，俗称"钾细菌"）。该菌在甘露醇作碳源的培养基上生长时，产生丰厚的荚膜。

（2）染色液和试剂：Tyler法染色液、用滤纸过滤后的绘图墨水、复红染色液、黑素、6%葡萄糖水溶液、1%甲基紫水溶液、甲醇、20%$CuSO_4$水溶液、香柏油、二甲苯。

（3）器材：载玻片、玻片搁架、擦镜纸、显微镜等。

四、实验方法

推荐以下四种染色法，其中以湿墨水方法较简便，并且适用于各种有荚膜的细菌，如用相差显微镜观察则效果更佳。

1. 负染色法

（1）制片：取洁净的载玻片一块，加蒸馏水一滴，取少量菌体放入水滴中混匀并涂布。

（2）干燥：将涂片放在空气中晾干或用电吹风冷风吹干。

（3）染色：在涂面上加复红染色液染色2~3min。

（4）水洗：用水洗去复红染液。

（5）干燥：将染色片放空气中晾干或用电吹风冷风吹干。

（6）涂黑素：在染色涂面左边加一小滴黑素，用一边缘光滑的载玻片轻轻接触黑素，使黑素沿玻片边缘散开，然后向右拖展，使黑素在染色涂面上成为一薄层，并迅速风干。

（7）镜检：先用低倍镜，再用高倍镜观察。

结果：背景灰色，菌体红色，荚膜无色透明。

2. 湿墨水法

（1）制菌液：加1滴墨水于洁净的载玻片上，挑少量菌体与其充分混合均匀。

（2）加盖玻片：放一清洁盖玻片于混合液上，然后在盖玻片上放一张滤纸，向下轻压，吸去多余的菌液。

（3）镜检：先用低倍镜，再用高倍镜观察。

结果：背景灰色，菌体较暗，在其周围呈现一明亮的透明圈即为荚膜。

3. 干墨水法

（1）制菌液：加1滴6%葡萄糖液于洁净载玻片一端，挑少量胶质芽孢杆菌与其充分混合，再加1环墨水，充分混匀。

（2）制片：左手执玻片，右手另拿一边缘光滑的载玻片，将载玻片的一边与菌液接触，使菌液沿玻片接触处散开，然后以 30°角，迅速而均匀地将菌液拉向玻片的一端，使菌液铺成一薄膜。

（3）干燥：空气中自然干燥。

（4）固定：用甲醇浸没涂片，固定 1min，立即倾去甲醇。

（5）干燥：在酒精灯上方，用文火干燥。

（6）染色：用甲基紫染 1~2min。

（7）水洗：用自来水清洗，自然干燥。

（8）镜检：先用低倍镜再用高倍镜观察。

结果：背景灰色，菌体紫色，荚膜呈一清晰透明圈。

4. Tyler 法

（1）涂片：按常规法涂片，可多挑些菌体与水充分混合，并将黏稠的菌液尽量涂开，但涂布的面积不宜过大。

（2）干燥：在空气中自然干燥。

（3）染色：用 Tyler 染色液染 5~7min。

（4）脱色：用 20%$CuSO_4$ 水溶液洗去结晶紫，脱色要适度（冲洗 2 遍）。用吸水纸吸干，并立即加 1~2 滴香柏油于涂片处，以防止 $CuSO_4$ 结晶的形成。

（5）镜检：先用低倍镜再用高倍镜观察。观察完毕后注意用二甲苯擦去镜头上的香柏油。

结果：背景蓝紫色，菌体紫色，荚膜无色或浅紫色。

五、实验结果

绘出 *Bacillus mucilaginosus* 的形态图，并注明各部位的名称。

六、注意事项

（1）加盖玻片时不可有气泡，否则会影响观察。

（2）应用干墨水法时，涂片要放在火焰较高处用文火干燥，不可使载玻片发热。

（3）在采用 Tyler 法染色时，标本经染色后不可用水洗，必须用 20%$CuSO_4$ 水溶液冲洗。

实验 4　细菌的芽孢染色

一、实验目的

学习细菌芽孢的染色法。

二、实验原理

细菌的芽孢具有厚而致密的壁，透性低，不易着色，若用一般染色法只能使菌体着色而芽孢不着色（芽孢呈无色透明状）。芽孢染色法就是根据芽孢既难以染色但一旦染上色后又难以脱色这一特点而设计的。所有的芽孢染色法都基于同一个原则：除了用着色力强的染料外，还需要加热，以促进芽孢着色。当染芽孢时，菌体也会着色，然后水洗，芽孢染上的颜色难以渗出，而菌体会脱色。然后用对比度强的染料对菌体复染，使菌体和芽孢呈现出不同的颜色，因而能更明显地衬托出芽孢，便于观察。

三、实验器材

（1）活材料：培养 18~36h 的苏云金芽孢杆菌（*Bacillus thuringiensis*）或者枯草杆菌（*Bacillus subtilis*）。

（2）染色液和试剂：5%孔雀绿水溶液、0.5%番红水溶液。

（3）器材：小试管（75mm×10mm）、烧杯（300mL）、滴管、载玻片搁架、接种环、擦镜纸、镊子、显微镜等。

四、实验方法

1. 改良的 Schaeffer 和 Fulton 氏染色法

（1）制备菌液：加 1~2 滴无菌水于小试管中，用接种环从斜面上挑取 2~3 环的菌体于试管中并充分混匀，制成浓稠的菌液。

（2）加染色液：加 5%孔雀绿水溶液 2~3 滴于小试管中，用接种环搅拌使染料与菌液充分混合。

（3）加热：将此试管浸于沸水浴（烧杯），加热 15~20min。

（4）涂片：用接种环从试管底部挑数环菌液于洁净的载玻片上，做成涂面，晾干。

（5）固定：将涂片通过酒精灯火焰 3 次。

（6）脱色：用水洗直至流出的水中无孔雀绿颜色为止。

（7）复染：加番红水溶液染色 5min 后，倾去染色液，不用水洗，直接用吸水纸吸干。

（8）镜检：先低倍，再高倍，最后用油镜观察。

结果：芽孢呈绿色，芽孢囊和菌体为红色。

2. Schaeffer 与 Fulton 氏染色法

（1）涂片：按常规方法将待检细菌制成一薄的涂片。

（2）晾干固定：待涂片晾干后在酒精灯火焰上通过 3 次。

（3）染色：加 5%孔雀绿水溶液于涂片处（染料以铺满涂片为度），然后将涂片放在铜板上，用酒精灯火焰加热至染液冒蒸汽时开始计算时间，约维持 15~20min。加热过程中要随时交替添加染色液和蒸馏水，切勿让标本干涸（加热时温度不能太高）。

（4）水洗：待载玻片冷却后，用水轻轻地冲洗，直至流出的水中无染色液为止。

（5）复染：用番红液染色 5min。

（6）水洗、晾干或吸干。

（7）镜检：先低倍，再高倍，最后在油镜下观察芽孢和菌体的形态。

结果：芽孢呈绿色，菌体为红色。

五、实验结果

绘出所用材料的芽孢和菌体的形态图。

六、注意事项

（1）供芽孢染色用的菌种应控制菌龄。使菌体既有大量芽孢而又未完全脱落。

（2）用改良法时，欲得到好的涂片，首先要制备浓稠的菌液；其次是从小试管中取染色的菌液时，应先用接种环充分搅拌，然后再挑取菌液，否则菌体沉于管底，涂片时菌体太少。

实验 5　细菌的鞭毛染色

一、实验目的

学习细菌的鞭毛染色法。

二、实验原理

细菌的鞭毛极细，直径一般为 10~20nm，只有用电子显微镜才能观察到。但是，如采用特殊的染色法，则在普通光学显微镜下也能看到它。鞭毛染色的方法很多，但其基本原理相同，即在染色前先用媒染剂处理，让它沉积在鞭毛上，使鞭毛直径加粗，然后再进行染色。常用的媒染剂由丹宁酸和氯化高铁或钾明矾等配制而成。

三、实验器材

（1）活材料：培养 12~16h 的水稻黄单胞菌（*Xanthomonas oryzae*），黏质赛氏杆菌（*Serratia marcescens*）或荧光假单细胞菌（*Pseudomonas fluorescens*）斜面菌种。

（2）染色液和试剂：A 液为硝酸银染色液；B 液为 Leifson 染色液、香柏油、二甲苯。

（3）器材：载玻片、擦镜纸、吸水纸、记号笔、载玻片搁架、镊子、接种环、显微镜。

四、实验方法

1. 镀银法染色

（1）清洗载玻片。选择光滑无裂痕的载玻片，最好选用新的。为了避免载玻片相互重叠，应将载玻片插在专用金属架上，然后将载玻片置洗衣粉过滤液中（洗衣粉煮沸后用滤纸过滤，以除去粗颗粒），煮沸 20min。取出稍冷后用自来水冲洗、晾干，再放入浓洗液中浸泡 5~6 天，使用前取出载玻片，用自来水冲去残酸，再用蒸馏水洗。将水沥干后，放入 95% 乙醇中脱水。

（2）菌液的制备及制片。菌龄较老的细菌容易脱落鞭毛，所以在染色前应将待染细菌在新配制的牛肉膏蛋白胨培养基斜面上（培养基表面湿润，斜面基部含有冷凝水）连续移接 3~5 代，以增强细菌的运动力。最后一代菌种放恒温箱中培养 12~16h。然后，用接种环挑取斜面与冷凝水交接处的菌液数环，移至盛有 1~2mL 无菌水的试管中，使菌液呈轻度浑浊。将该试管放在 37℃ 恒温箱中静置 10min（放置时间不宜太长，否则鞭毛会脱落），让幼龄菌的鞭毛松展开。然后，吸取少量菌液滴在洁净的载玻片一端，立即将载玻片倾斜，使菌液缓慢地流向另一端，用吸水纸吸去多余的菌液。涂片放空气中自然干燥。

用于鞭毛染色的菌体也可用半固体培养基培养。方法是将 0.3%~0.4% 的琼脂牛肉膏培养基熔化后倒入无菌平皿中，待凝固后在平板中央点接活化了 3~4 代的细菌，恒温培养 12~16h 后，取扩散菌落的边缘制作涂片。

（3）染色。

1）滴加 A 液，染 4~6min。

2）用蒸馏水充分洗净 A 液。

3）用 B 液冲去残水，再加 B 液于载玻片上，在酒精灯火焰上加热至冒气，约维持 0.5~1min（加热时应随时补充蒸发掉的染料，不可使载玻片出现干涸区）。

4）用蒸馏水洗，自然干燥。

（4）镜检：先低倍，再高倍，最后用油镜检查。

结果：菌体呈深褐色，鞭毛呈浅褐色。

2. 改良 Leifson 染色法

（1）清洗载玻片，方法同前。

（2）配制染料：染料配好后要过滤 15~20 次后染色效果才好。

（3）菌液的制备及涂片。

1）菌液的制备方法同前。

2）用记号笔在洁净的载玻片上划分 3~4 个相等的区域。

3）放 1 滴菌液于第一个小区的一端，将载玻片倾斜，让菌液流向另一端，并用滤纸吸去多余的菌液。

4）干燥：在空气中自然干燥。

（4）染色。

1）加染色液于第一区，使染料覆盖涂片。隔数分钟后再将染料加入第二区，依此类推（相隔时间可自行决定），其目的是确定最合适的染色时间，而且节约材料。

2）水洗：在没有倾去染料的情况下，就用蒸馏水轻轻地冲去染料，否则会增加背景的沉淀。

3）干燥：自然干燥。

（5）镜检：先低倍观察，再高倍观察，最后再用油镜观察，观察时要多找一些视野，不要企图在 1~2 个视野中就能看到细菌的鞭毛。

结果：菌体和鞭毛均染成红色。

五、实验结果

绘出鞭毛菌的形态图。

六、注意事项

（1）镀银法染色比较容易掌握，但染色液必须每次现配现用，不能存放，比较麻烦。

（2）Leifson 染色法受菌种、菌龄和室温等因素的影响，且染色液须经 15~20 次过滤，要掌握好染色条件，必须经过预备实验。

（3）细菌鞭毛极细，很易脱落，在整个操作过程中，必须仔细小心，以防鞭毛脱落。

（4）染色用载玻片干净、无油污是鞭毛染色成功的先决条件。

实验 6　细菌的运动性观察实验

一、实验原理

细菌是否具有鞭毛是细菌分类鉴定的重要特征之一。采用鞭毛染色法虽能观察到鞭毛的形态、着生位置和数目，但此法既费时又麻烦。如果只需查清供试菌是否有鞭毛，可采用悬滴法或水封片法（即压滴法）直接在光学显微镜下检查活细菌是否具有运动能力，以此来判断细菌是否有鞭毛。此法较快速、简便。

悬滴法就是将菌液滴加在洁净的盖玻片中央，在其周边涂上凡士林，然后将它倒盖在有凹槽的载玻片中央，即可放置在普通光学显微镜下观察。水封片法是将菌液滴在普通的载玻片上，然后盖上盖玻片，置显微镜下观察。

大多数球菌不生鞭毛，杆菌中有的有鞭毛有的无鞭毛，弧菌和螺菌几乎都有鞭毛。有鞭毛的细菌在幼龄时具有较强的运动性，衰老的细胞鞭毛易脱落，故观察时宜选用幼龄菌体。

二、实验器材

（1）活材料：培养12~16h的枯草杆菌（*Bacillus subtilis*）、金黄色葡萄球菌（*Staphylococcus aureus*）、荧光假单胞菌（*Pseudomonas fluorescens*）。

（2）试剂：香柏油、二甲苯、凡士林等。

（3）器材：凹载玻片、盖玻片、镊子、接种环、滴管、擦镜纸、显微镜。

三、实验方法

（1）制备菌液：在幼龄菌斜面上，滴加3~4mL无菌水，制成轻度浑浊的菌悬液。

（2）涂凡士林：取洁净无油的盖玻片1块，在其四周涂少量的凡士林。

（3）滴加菌液：加1滴菌液于盖玻片的中央，并用记号笔在菌液的边缘做一记号，以便在显微镜观察时，易于寻找菌液的位置。

（4）盖凹载玻片：将凹载玻片的凹槽对准盖玻片中央的菌液，并轻轻地盖在盖玻片上，使两者粘在一起，然后翻转凹载玻片，使菌液正好悬在凹槽的中央，再用铅笔或火柴棒轻压盖玻片，使载玻片四周边缘闭合，以防菌液干燥（图7-14）。

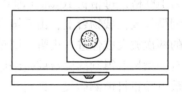

图7-14　细菌悬滴制片法

若制水浸片，在载玻片上滴加一滴菌液，盖上盖玻片后即可置显微镜下观察。

（5）镜检：先用低倍镜找到标记，再稍微移动凹载玻片即可找到菌滴的边缘，然后将菌液移到视野中央换高倍镜观察。由于菌体是透明的，镜检时可适当缩小光圈或降低聚光器以增大反差，便于观察。镜检时要仔细辨别是细菌的运动还是分子运动（即布朗运动），前者在视野下可见细菌自一处游动至它处，而后者仅在原处左右摆动。细菌的运动速度根据菌种不同而异，应仔细观察。

结果：有鞭毛的枯草杆菌和假单胞菌可看到活跃的运动，而无鞭毛的金黄色葡萄球菌不运动。

四、实验结果

绘出所看到的细菌的形态图，并用箭头表示其运动方向。

五、注意事项

（1）检查细菌运动性的载玻片和盖玻片都要洁净无油，否则将影响细菌的运动。

（2）制水浸片时菌液不可加得太多，过多的菌液会在盖玻片下流动，因而在视野内只见大量的细菌朝一个方向运动，从而影响了对细菌正常运动的观察。

（3）若使用油镜观察，应在盖玻片上加一滴香柏油。

实验7 微生物细胞大小的测定

一、实验目的

了解目镜测微尺和镜台测微尺的构造及使用原理，掌握测定微生物细胞大小的方法。

二、实验原理

微生物细胞的大小是微生物重要的形态特征之一，由于菌体微小，只能在显微镜下测量。用于测量微生物细胞大小的工具有目镜测微尺和镜台测微尺。

目镜测微尺（图7-15）是一块圆形玻片，在载玻片中央把5mm长度刻成50等份，或把10mm长度刻成100等份。测量时，将其放在接目镜中的隔板上（此处正好与物镜放大的中间物像重叠）用于测量经显微镜放大后的细胞物像。由于不同目镜、物镜组合的放大倍数不相同，目镜测微尺每格实际表示的长度也不一样，因此目镜测微尺测量微生物大小时须先用置于镜台上的镜台测微尺校正，以求出在一定放大倍数下，目镜测微尺每小格所代表的相对长度。

图7-15 目镜测微尺

镜台测微尺（图7-16）是中央部分刻有精确等分线的专用载玻片，一般将1mm等分为100格，每格长10μm（即0.01mm），是专门用来校正目镜测微尺的。校正时，将镜台测微尺放在载物台上，由于镜台测微尺与细胞标本是处于同一位置，都要经过物镜和目镜的两次放大成像进入视野，即镜台测微尺随着显微镜总放大倍数的放大而放大，因此从镜台测微尺上得到的读数就是细胞的真实大小，所以用镜台测微尺的已知长度在一定放大倍数下校正目镜测微尺，即可求出目镜测微尺每格所代表的实际长度，然后移去镜台测微尺，换上待测标本片，用校正好的目镜测微尺在同样放大倍数下测量微生物细胞大小。

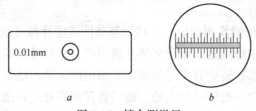

图7-16 镜台测微尺

a—镜台测微尺外观；b—放大的台尺

三、实验器材

（1）活材料：酿酒酵母（*Saccharomyces cerevisiae*）斜面菌种，枯草杆菌（*Bacillus subtilis*）染色标本片。

（2）器材：显微镜，目镜测微尺，镜台测微尺，盖玻片，载玻片，滴管，双层瓶，擦镜纸。

四、实验方法

1. 目镜测微尺的校正

把目镜的上透镜旋下，将目镜测微尺的刻度朝下轻轻地装入目镜的隔板上，把镜台测微尺置于载物台上，刻度朝上。先用低倍镜观察，对准焦距，视野中看清镜台测微尺的刻度后，转动目镜，使目镜测微尺与镜台测微尺的刻度平行，移动推动器，使两尺重叠，再使两尺的"0"刻度完全重合，定位后，仔细寻找两尺第二个完全重合的刻度，计数两重合刻度之间目镜测微尺的格数和镜台测微尺的格数。因为镜台测微尺的刻度每格长 $10\mu m$，所以由下列公式可以算出目镜测微尺每格所代表的实际长度：

$$目镜测微尺每格长度(\mu m) = \frac{两重合线间镜台测微尺的格数 \times 10}{两重合线间目镜测微尺的格数}$$

例如目镜测微尺 5 小格正好与镜台测微尺 5 小格重叠，已知镜台测微尺每小格为 $10\mu m$，则目镜测微尺上每小格长度 = $5\times10\mu m/5 = 10\mu m$。

用同法分别校正在高倍镜下和油镜下目镜测微尺每小格所代表的长度。

由于不同显微镜及附件的放大倍数不同，因此校正目镜测微尺必须针对特定的显微镜和附件（特定的物镜、目镜、镜筒长度）进行，而且只能在该显微镜上重复使用，当更换不同显微镜目镜或物镜时，必须重新校正目镜测微尺每一格所代表的长度。

2. 细胞大小的测定

（1）将酵母菌斜面制成一定浓度的菌悬液。

（2）取一滴酵母菌菌悬液制成水浸片。

（3）移去镜台测微尺，换上酵母菌水浸片，先在低倍镜下找到目的物，然后在高倍镜下用目镜测微尺来测量酵母菌菌体的长、宽各占几格（不足一格的部分估计到小数点后一位数）。测出的格数乘上目镜测微尺每格的校正值，即等于该菌的长和宽。一般测量菌体的大小要在同一个标本片上测定 5 个菌体，求出平均值，才能代表该菌的大小。待测微生物需用培养至对数生长期的菌体进行测定。

（4）同法用油镜测定枯草杆菌染色标本的细胞大小。

五、实验结果

将实验结果填入表 7-2、表 7-3 中。

表 7-2 目镜测微尺校正结果

物 镜	目尺格数	台尺格数	目尺校正值/μm
10×			
40×			
100×			

表 7-3 菌种大小测定记录

球 菌						
编 号	1	2	3	4	5	平 均
直 径						
杆 菌						
编 号	1	2	3	4	5	平 均
长						
宽						

实验8　微生物细胞的显微直接计数法

一、实验目的

了解血球计数板的构造、计数原理和计数方法，用显微镜直接测定微生物总细胞数。

二、实验原理

测定微生物细胞数量的方法很多，通常采用的有显微直接计数法和稀释平板计数法。

直接计数法适用于各种单细胞菌体的纯培养悬浮液，如有杂菌或杂质，则难于直接测定。菌体较大的酵母菌或霉菌孢子可采用血球计数板，一般细菌则采用彼得罗夫·霍泽（Petrof Hausser）细菌计数板。两种计数板的原理和部件相同，只是细菌计数板较薄，可以使用油镜观察。而血球计数板较厚，不能使用油镜，计数板下部的细菌难于区分。

血球计数板是一块特制的厚型载玻片，载玻片上有4条槽所构成的3个平台。中间的平台较宽，其中间又被一短横槽分隔成两半，每个半边上面各有一个计数区（图7-17），计数区的刻度有两种：一种是计数区分为16个大方格（大方格用三线隔开），而每个大方格又分成25个小方格；另一种是一个计数区分成25个大方格（大方格之间用双线分开），而每个大方格又分成16个小方格。但是不管计数区是哪一种构造，它们都有一个共同特点，即计数区都由400个小方格组成（图7-18）。

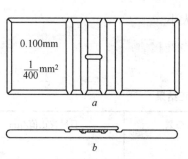

图 7-17　血球计数板的构造（一）

a—平面图（中间平台分为两半，
各有一计数区）；*b*—侧面图

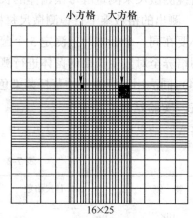

图 7-18　血球计数板的构造（二）

（放大后的方格网，中间方格为计数区）

计数区边长为1mm，则计数区的面积为$1mm^2$，每个小方格的面积为$1/400mm^2$。盖上盖玻片后，计数区的高度为0.1mm，所以计数区的体积为$0.1mm^3$，每个小方格的体积为$1/4000mm^3$。使用血球计数板计数时，先要测定每个小方格中微生物的数量，再换算成每1mL菌液（或每1g样品）中微生物细胞的数量。

已知：1mL体积＝10mm×10mm×10mm＝$1000mm^3$。

所以：1mL体积应含有小方格数为$1000mm^3/(1/4000mm^3)＝4×10^6$个小方格，即系数$K＝4×10^6$。

因此：每1mL菌悬液中含有细胞数＝每个小格中细胞平均数（N）×系数（K）×菌液稀

释倍数(d)。

三、实验器材

（1）活材料：酿酒酵母（*Saccharomyces cerevisiae*）斜面菌种或培养液。

（2）器材：显微镜、血球计数板、盖玻片（22mm×22mm）、吸水纸、计数器、滴管、擦镜纸。

四、实验方法

（1）视待测菌悬液浓度，加无菌水适量稀释，以每小格的菌数可数清楚为度。

（2）取洁净的血球计数板一块，在计数区上盖上一块盖玻片。

（3）将酵母菌悬液摇匀，用滴管吸取少许，从计数板中间平台两侧的沟槽内沿盖玻片的下边缘滴入一小滴（不宜过多），让菌悬液利用液体的表面张力充满计数区，勿使气泡产生，并用吸水纸吸去沟槽中流出的多余菌悬液。也可以将菌悬液直接滴加在计数区上，注意不要使计数区两边平台沾上菌悬液，然后加盖盖玻片（勿产生气泡）。

（4）静置片刻，将血球计数板置载物台上夹稳，先在低倍镜下观察到计数区后，再转换高倍镜观察并计数。观察时应适当关小孔径光阑并减弱光照的强度。

（5）计数时若计数区是由 16 个大方格组成，按对角线方位，数左上、左下、右上、右下的 4 个大方格（即 100 小格）的菌数。如果是 25 个大方格组成的计数区，除数上述四个大方格外，还需数中央 1 个大方格的菌数（即 80 个小格）。如菌体位于大方格的双线上，计数时则数上线不数下线，数左线不数右线，以减少误差。

（6）对于出芽的酵母菌，芽体达到母细胞大小一半时，即可作为两个菌体计算。每个样品重复计数 2~3 次（每次数值不应相差过大，否则应重新操作），求出每一个小格中细胞平均数（N），按公式计算出每 1mL（g）菌悬液所含酵母菌细胞数量。

（7）测数完毕，取下盖玻片，用水将血球计数板冲洗干净，切勿用硬物洗刷或抹擦，以免损坏网格刻度。洗净后自行晾干或用吹风机吹干，放入盒内保存。

五、实验结果

将实验结果填入表 7-4 中。

表 7-4 实验结果记录表

记数次数	每个大方格菌数					稀释倍数	试管斜面中的总菌数	平均值
	1	2	3	4	5			
第一次								
第二次								

实验9 水中细菌总数的测定

一、实验目的

通过实验掌握平板菌落计数法测定水中细菌总数。

二、实验原理

细菌菌落总数是指 1mL 水样在营养琼脂培养基中，于 37℃ 培养 24h 后所生长的腐生性细菌菌落总数。它是有机物污染程度的指标，也是卫生指标。在饮用水中所测得的细菌菌落总数除说明该饮用水被生活废弃物污染的程度外，还指示该饮用水是否适合饮用。但饮用水中的细菌菌落总数不能说明污染的来源。因此，结合水中大肠菌群数来判断水的污染程度就更为全面。

水中细菌种类很多，每种细菌都有其各自的生理特性，必须用适合它们生长的培养基才能将它们培养出来，这在实际工作中不易做到，通常用一种适合大多数细菌生长的基础培养基培养腐生性细菌，以它的菌落总数表明有机物污染程度。

三、仪器和材料

（1）无菌移液管（10mL、1mL）、试管、培养皿、锥形瓶若干。

（2）电炉、酒精灯、试管架等。

四、实验内容与操作方法

1. 生活饮用水

以无菌操作方法，用无菌移液管吸取 1mL 充分混匀的水样注入无菌培养皿中，倾注入约 15mL 已融化并冷却至 50℃ 左右的营养琼脂培养基，平放于桌上迅速旋摇培养皿，使水样与培养基充分混匀，冷凝后成平板。另取一个无菌培养皿倒入培养基冷凝成平板做空白对照。将以上所有平板倒置于 37℃ 恒温箱内培养 24h 后，记录菌落数。

2. 水源水

（1）稀释水样。在无菌操作条件下，以 10 倍稀释法稀释水样，视水体污染程度确定稀释倍数。取在平板上能长出 30~300 个菌落的该种水样的稀释倍数。

（2）接种。用无菌移液管吸取三个适宜浓度的稀释液 1mL（或 0.5mL）加入无菌培养皿内，倾注入约 15mL 已融化并冷却至 50℃ 左右的营养琼脂培养基，平放于桌上迅速旋摇培养皿，使水样与培养基充分混匀，冷凝后成平板。将以上所有平板倒置于 37℃ 恒温箱内培养 24h 后，记录菌落数。

具体操作如图 7-19 所示。

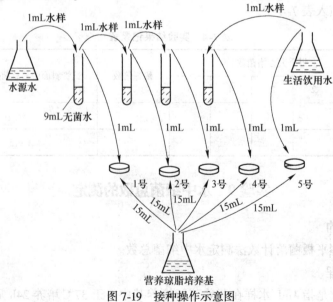

图 7-19 接种操作示意图

平板的制作如图 7-20 所示。

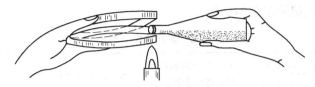

图 7-20 平板培养基的制作

五、菌落计数及报告方法

用肉眼观察，计平板上的细菌菌落数，也可用放大镜和菌落计数器计数。各种不同情况的计算方法如下：

（1）首先选择平均菌落数在 30~300 之间者进行计算，当只有一个稀释度的平均菌落符合此范围时，则以该平均菌落数乘以其稀释倍数报告（表 7-5 例次 1）。

（2）若有两个稀释度的平均菌落数均在 30~300 之间，则按两者的菌落总数的比值来决定，若其比值小于 2 应报告两者的平均数，若大于 2 则报告其中较小的菌落总数（表 7-5 例次 2 及例次 3）。

（3）若所有稀释度的平均菌落数均大于 300，则应按稀释度最高的平均菌落数乘以稀释倍数报告（表 7-5 例次 4）。

（4）若所有稀释度的平均菌落数均小于 30，则应按稀释度最低的平均菌落数乘以稀释倍数报告（表 7-5 例次 5）。

（5）若所有稀释度的平均菌落数均不在 30~300 之间，则以最接近 300 或 30 的平均菌落数乘以稀释倍数报告（表 7-5 例次 6）。

（6）在求同稀释度的平均数时，若其中一个平板上有较大片状菌落生长时，则不宜采用，而应以无片状菌落生长的平板作为该稀释度的平均菌落数。若片状菌落约为平板的一半，而另一半平板上菌落数分布很均匀，则可按半平板上的菌落计数，然后乘以 2 作为整个平板的菌落数。

（7）菌落计数的报告，菌落数在 100 以内时按实有数报告，大于 100 时，采用二位有效数字，在二位有效数字后面的位数，以四舍五入方法计算。为了缩短数字后面的零数，可用 10 的指数来表示（表 7-5 报告方式栏）。在报告菌落数"无法计数"时，应注明水样的稀释倍数。

表 7-5 稀释度选择及菌落总数报告方式

例次	不同稀释度的平均菌落数			符合 30~300 的两个稀释度菌落数之比	菌落总数/个·mL^{-1}	最终报告结果/个·mL^{-1}
	10^{-1}	10^{-2}	10^{-3}			
1	1365	164	20	—	16400	16000 或 $1.6×10^4$
2	2760	295	46	1.6	37750	38000 或 $3.8×10^4$
3	2890	271	60	2.2	27100	27000 或 $2.7×10^4$
4	无法计数	4650	513	—	513000	510000 或 $5.1×10^5$
5	27	11	5	—	270	270 或 $2.7×10^2$
6	无法计数	305	12	—	30500	31000 或 $3.1×10^4$

六、实验结果记录

将实验结果如实记录在表7-6中。

表7-6　实验结果记录表

样品编号	不同稀释度的平均菌落数			符合30~300的两个稀释度菌落数之比	菌落总数/个·mL^{-1}	最终报告结果/个·mL^{-1}
	10^{-1}	10^{-2}	10^{-3}			
1						
2						
3						
4						
5						
6						

七、注意事项

（1）细菌稀释时悬浮液应尽量摇匀，悬浮液的稀释不能过浓和过稀。

（2）整个操作过程要求执行严格的无菌操作，时间尽量短。

（3）第一次检查结果时，以培养24h为宜。

（4）将菌液滴在培养皿的中央，倒入培养基后立即轻轻摇匀，使培养基布满整个培养皿底，以利于孢子的均匀分布。

八、思考与讨论

（1）测定水中细菌菌落总数有什么实际意义？

（2）根据我国饮用水水质标准，讨论你这次检验结果。

实验10　大肠菌群数的测定

一、实验目的

（1）学习用多管发酵法测定水中大肠菌群。

（2）了解大肠菌群的测定在水的卫生细菌学检验上的重要意义。

二、实验原理

人的肠道中存在三大类细菌：（1）大肠菌群（G$^-$菌）；（2）肠球菌（G$^+$菌）；（3）产气荚膜杆菌（G$^+$菌）。由于大肠菌群的数量大，在体外存活时间与肠道致病菌相近，且检验方法比较简便，故被定为检验肠道致病菌的指示菌。

大肠菌群包括四种细菌：大肠埃希氏菌属、柠檬酸细菌属、肠杆菌属及克雷伯氏菌属。这四种菌都是兼性厌氧、无芽孢的革兰氏阴性杆菌（G$^-$菌），有相似的生化反应，都能发酵葡萄糖产酸、产气，但发酵乳糖的能力不同。当将它们接种到含乳糖的远藤氏培养基上生长时，四种菌的反应不一样。大肠埃希氏菌的菌落呈紫红色带金属光泽；柠檬酸细菌的菌落呈紫红或深红色；产气肠杆菌的菌落呈淡红色，中心色深；克雷伯氏菌的菌落无色透明（因不利用乳糖所致）。这样就可把四种菌区别开来。

大肠菌群数是指每升水样中所含有的大肠菌群的总数目。水中大肠菌群数的多少，表明水体被粪便污染的程度，并间接地表明有肠道致病菌存在的可能性。我国现行生活饮用水卫生标准规定：饮用水中总大肠菌群（MPN/100mL 或 CFU/100mL）不得检出。

三、仪器和材料

（1）锥形瓶（500mL）1 个，试管（18mm×180mm）6 支或 7 支，大试管（容积150mL）2 支，移液管 1mL 2 支及 10mL 1 支，培养皿（直径 90mm）10 套，接种环，试管架 1 个。

（2）革兰氏染色液一套：草酸铵结晶紫，革兰氏碘液，95%乙醇，番红染液。

（3）显微镜。

（4）自来水（或受粪便污染的河水、湖水）400mL。

（5）蛋白胨，乳糖，磷酸氢二钾，琼脂，无水亚硫酸钠，牛肉膏，氯化钠，1.6%溴甲酚紫乙醇溶液，5%碱性品红乙醇溶液，2%伊红水溶液，0.5%美蓝水溶液。

（6）100g/L NaOH、10%HCl、精密 pH 试纸 6.4~8.4。

四、实验前准备工作

1. 配培养基

A 乳糖蛋白胨培养基（供多管发酵法的复发酵用）

（1）配方：蛋白胨 10g，牛肉膏 3g，乳糖 5g，氯化钠 5g，1.6%溴甲酚紫乙醇溶液 1mL，蒸馏水 1000mL，pH 值为 7.2~7.4。

（2）制备：按配方分别称取蛋白胨、牛肉膏、乳糖及氯化钠加热溶解于 1000mL 蒸馏水，调整 pH 值为 7.2~7.4。加入 1.6%溴甲酚紫乙醇溶液 1mL，充分混匀后分装于试管内，每管 10mL，另取一小倒管装满培养基倒放入试管内。塞好棉塞、包扎。置于高压灭菌锅内以 0.07MPa、115℃灭菌 20min，取出置于阴冷处备用。

B 三倍浓缩乳糖蛋白胨培养液（供多管发酵法初发酵用）

按上述乳糖蛋白胨培养液浓缩三倍配制，分装于试管中，每管 5mL。再分装大试管，每管装 50mL，然后在每管内倒放装满培养基的小导管。塞棉塞、包扎，置高压灭菌锅内以 0.07MPa、115℃灭菌 20min，取出置于阴冷处备用。

C 品红亚硫酸钠培养基（即远滕氏培养基，供多管发酵法的平板划线用）

（1）配方：蛋白胨 10g，乳糖 10g，磷酸氢二钾 3.5g，琼脂 20~30g，蒸馏水 1000mL，无水亚硫酸钠 5g 左右，5%碱性品红乙醇溶液 20mL。

（2）制备：先将琼脂加入 900mL 蒸馏水中加热溶解，然后加入磷酸氢二钾及蛋白胨，混匀使之溶解，加蒸馏水补足至 1000mL，调 pH 值为 7.2~7.4，趁热用脱脂棉或绒布过滤，再加入乳糖，混匀后定量分装于锥形瓶内，置高压灭菌锅内以 0.07MPa、115℃灭菌20min，取出置于阴冷处备用。

现在市场上有售配制好的乳糖发酵培养基，使用方便。

D 伊红-美蓝培养基

（1）配方：蛋白胨 10g，乳糖 10g，磷酸氢二钾 2g，琼脂 20~30g，蒸馏水 11mL，2%伊红水溶液 20mL，0.5%美蓝水溶液 13mL。

（2）制备：按品红亚硫酸钠的制备过程制备。现市场上有售配制好的伊红-美蓝培养基，使用方便。

2. 水样的采集和保藏

采集水样的器具必须事前灭菌。

（1）自来水水样的采集。先冲洗水龙头，用酒精灯灼烧龙头，放水 5~10min，在酒精灯旁打开水样瓶盖（或棉花塞），取所需的水量后盖上瓶盖（或棉塞），迅速送回实验室。

经氯处理的水中含余氯，会减少水中细菌的数目，采样瓶在灭菌前加入硫代硫酸钠，以便取样时消除氯的作用。硫代硫酸钠的用量视采样瓶的大小而定。若是 500mL 的采样瓶，加入 1.5%的硫代硫酸钠溶液 1.5mL（可消除余氯量为 2mg/L 的 450mL 水样中全部氯量）。

（2）河湖、井水、海水的采集。要用特制的采样器，采样器是一金属框，内装玻璃瓶，其底部装有重沉坠，可按需要坠入一定深度。瓶盖上系有绳索，拉起绳索，即可打开瓶盖，松开绳索瓶盖即自行塞好瓶口。采集水样后，将水样瓶取出，若是测定好氧微生物，应立即改换无菌棉花塞。

3. 水样的处置

采集水样后，迅速送回实验室立即检验，若来不及检验，放在 4℃冰箱内保存。若缺乏低温保存条件，应在报告中注明水样采集与检验相隔的时间。较清洁的水可在 12h 以内检验，污水要在 6h 内检验结束。

五、测定方法与步骤

大肠菌群的测定步骤如图 7-21 所示。

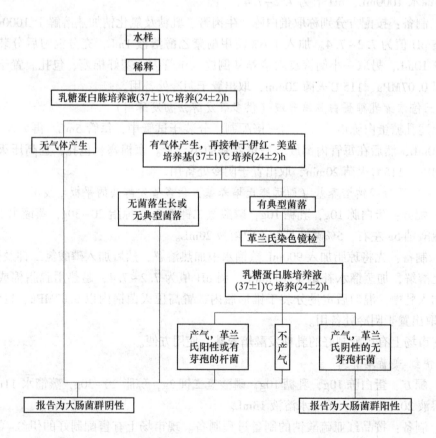

图 7-21   总大肠菌群检测流程

多管发酵 MPN 法（按 3 个步骤进行）。多管发酵法适用于饮用水、水源水，特别是浑浊度高的水中的大肠菌群测定。

1. 生活饮用水的测定步骤

（1）初步发酵试验：在 2 支各装有 50mL 三倍浓缩乳糖蛋白胨培养液的大发酵管中，以无菌操作各加入 100mL 水样。在 10 支各装有 5mL 三倍浓缩乳糖蛋白胨培养液的发酵管中，以无菌操作各加入 10mL 水样，混匀后置于 37℃ 恒温箱中培养 24h，观察其产酸产气的情况。

MPN 法测定大肠杆菌群的结果分析如下：

1）若培养基红色不变为黄色，小导管没有气体，即不产酸不产气，为阴性反应，表明无大肠菌群存在。

2）若培养基由红色变为黄色，小导管有气体产生，即产酸又产气，为阳性反应，说明有大肠菌群存在。

3）培养基由红色变为黄色说明产酸，但不产气，仍为阳性反应，表明有大肠菌群存在。结果为阳性者，说明水可能被粪便污染，需进一步检验。

4）若小倒管有气体，培养基红色不变，也不浑浊，是操作技术上有问题，应重做检验。

（2）确定性试验用平板划线分离，将经培养 24h 后产酸（培养基呈黄色）、产气或只产酸不产气的发酵管取出，以无菌操作，用接种环挑取一环发酵液于品红亚硫酸钠培养基（或伊红-美蓝培养基）平板上划线分离，共 3 个平板。置于 37℃ 恒温箱内培养 18~24h，观察菌落特征。如果平板上长有如下特征的菌落并经涂片和革兰氏染色，结果为革兰氏阴性的无芽孢杆菌，则表明有大肠菌群存在。

在品红亚硫酸钠培养基平板上的菌落特征：

1）紫红色，具有金属光泽的菌落；

2）深红色，不带或略带金属光泽的菌落；

3）淡红色，中心色较深的菌落。

在伊红-美蓝培养基平板上的菌落特征：

1）深紫黑色，具有金属光泽的菌落；

2）紫黑色，不带或略带金属光泽的菌落；

3）淡紫红色，中心色较深的菌落。

（3）复发酵试验：以无菌操作，用接种环在具有上述菌落特征、革兰氏染色阴性的无芽孢杆菌的菌落上挑取一环于装有 10mL 普通浓度乳糖蛋白胨培养基的发酵管内，每管可接种同一平板上（即同一初发酵管）的 1~3 个典型菌落的细菌。盖上棉塞置于 37℃ 恒温箱内培养 24h，有产酸、产气者证实有大肠菌群存在。

根据证实有大肠菌群存在的阳性菌管（瓶）数查表 7-7，报告每升水样中大肠菌群数。

表 7-7　大肠菌群检数表

10mL	100mL 水量的阳性数		
	0	1	2
	1mL 水样中大肠菌群数		
0	<3	4	11
1	3	8	18

续表 7-7

10mL	100mL 水量的阳性数		
	0	1	2
	1mL 水样中大肠菌群数		
2	7	13	27
3	11	18	38
4	14	24	52
5	18	30	70
6	22	36	92
7	27	43	120
8	31	51	161
9	36	60	230
10	40	69	>230

注：接种水样总量 300mL（100mL 2 份，10mL 10 份）。

2. 水源水中大肠菌群的测定步骤（一）

（1）稀释水样：根据水源水的清洁程度确定水样的稀释倍数，除严重污染外，一般稀释度为 10^{-1} 及 10^{-2}，稀释方法如实验 9 中所述的 10 倍稀释法（均需无菌操作）。

（2）初步发酵试验：以无菌操作，用无菌移液管吸取 1mL 10^{-2}、10^{-1} 的稀释水样及 1mL 原水样，分别注入装有 10mL 普通浓度乳糖蛋白胨培养基的发酵管中，另取 10mL 原水样注入装有 5mL 三倍浓缩乳糖蛋白胨培养基的发酵管中（注：如果为较清洁的水样，可再取 100mL 水样注入装有 50mL 三倍浓缩的乳糖蛋白胨培养基发酵瓶中），置 37℃ 恒温箱中培养 24h 后观察结果。以后的测定步骤与生活饮用水的测定方法相同。

根据证实有大肠菌群存在的阳性管数或瓶数查表 7-8，报告每升水样中的大肠菌群数。

3. 水源水中大肠菌群的测定步骤（二）

（1）稀释水样，将水样作 10 倍稀释。

（2）于各装有 5mL 三倍浓缩乳糖蛋白胨培养液的 5 个试管中，各加 10mL 水样。于装有 10mL 乳糖蛋白胨培养液的 5 个试管中，各加 1mL 水样。于装有 10mL 乳糖蛋白胨培养液的 5 个试管中，各加 1mL 10^{-1} 的稀释水样。3 个稀释度共计 15 管。将各管充分混匀，置于 37℃ 恒温箱中培养 24h。

（3）平板分离和复发酵试验的检验步骤同"生活饮用水检验方法"。

（4）根据证实大肠菌群存在的阳性管数查表 7-8，即可求得每 100mL 水样中存在的大肠菌群数，乘以 10 即为 1L 水中的大肠菌群数。

表 7-8　水源水的总大肠菌群检数表

接种数/mL			每 100mL 水样中总大肠菌群近似数	接种数/mL			每 100mL 水样中总大肠菌群近似数
10	1	0.1		10	1	0.1	
0	0	0	0	0	2	0	4
0	0	1	2	0	2	1	6
0	0	2	4	0	2	2	7
0	0	3	5	0	2	3	9
0	0	4	7	0	2	4	11
0	0	5	9	0	2	5	13

续表 7-8

接种数/mL			每100mL 水样中总大肠菌群近似数	接种数/mL			每100mL 水样中总大肠菌群近似数
10	1	0.1		10	1	0.1	
0	1	0	2	0	3	0	6
0	1	1	4	0	3	1	7
0	1	2	6	0	3	2	9
0	1	3	7	0	3	3	11
0	1	4	9	0	3	4	13
0	1	5	11	0	3	5	15
0	4	0	8	1	3	0	8
0	4	1	9	1	3	1	10
0	4	2	11	1	3	2	12
0	4	3	13	1	3	3	15
0	4	4	15	1	3	4	17
0	4	5	17	1	3	5	19
0	5	0	9	1	4	0	11
0	5	1	11	1	4	1	13
0	5	2	13	1	4	2	15
0	5	3	15	1	4	3	17
0	5	4	17	1	4	4	19
0	5	5	19	1	4	5	22
1	0	0	2	1	5	0	13
1	0	1	4	1	5	1	15
1	0	2	6	1	5	2	17
1	0	3	8	1	5	3	19
1	0	4	10	1	5	4	22
1	0	5	12	1	5	5	24
1	1	0	4	2	0	0	6
1	1	1	6	2	0	1	7
1	1	2	8	2	0	2	9
1	1	3	10	2	0	3	12
1	1	4	12	2	0	4	14
1	1	5	14	2	0	5	16
1	2	0	6	3	1	0	7
1	2	1	8	3	1	1	8
1	2	2	10	3	1	2	12
1	2	3	12	3	1	3	14
1	2	4	15	3	1	4	17
1	2	5	17	3	1	5	19

接种数/mL			每 100mL 水样中总大肠	接种数/mL			每 100mL 水样中总大肠
10	1	0.1	菌群近似数	10	1	0.1	菌群近似数
2	2	0	9	3	1	0	11
2	2	1	12	3	1	1	14
2	2	2	14	3	1	2	17
2	2	3	17	3	1	3	20
2	2	4	19	3	1	4	23
2	2	5	22	3	1	5	27
2	3	0	12	3	2	0	14
2	3	1	14	3	2	1	17
2	3	2	17	3	2	2	20

六、实验结果记录

将测得的实验结果记录于表 7-9 中。

表 7-9　实验结果记录

样品编号	水样名称	大肠菌群数/个·mL^{-1}	备　注

七、思考与讨论

（1）为什么要选择大肠菌群作为水源被肠道病原菌污染的指标？

（2）经检查，水样是否符合饮用水的标准？

实验 11　水处理微生物生长曲线的测定

一、实验原理

生长曲线表示一群微生物在液体培养基中其个体数目或重量随培养时间的变化而变化的规律。以活细菌个数为纵坐标，培养时间为横坐标，即可画出一条曲线，此曲线称为细菌生长曲线。不同的微生物表现为不同的生长曲线，即使同一种微生物在不同的培养条件下，其生长曲线也不相同。因此，测定微生物的生长曲线对了解和掌握微生物在不同培养条件下的生长规律是有重要意义的。

二、实验器材

（1）培养基及待测菌液：

1）营养琼脂斜面培养基；

2）肉膏蛋白胨液体培养基，不加琼脂；

3）浓肉膏蛋白胨液体培养基，浓度高 5 倍；

4）待测菌培养液：将待测菌接种于营养琼脂斜面培养基上，在 37℃下培养 18h 后，用无菌水加在斜面上，将菌洗下，做成一定浓度的细菌悬液，直接供实验接种用，或吸取

0.3mL 细菌悬液，接种到装有 20mL 肉膏蛋白胨液体培养基的大试管（20mm×220mm）内，在 37℃下，振荡培养 18h。

（2）吸管、烧杯等。

（3）光电比色计、高压蒸汽灭菌器、电冰箱、振荡器或摇床等。

三、实验步骤

（1）接种。取 12 支装有灭菌过的肉膏蛋白胨液体培养基试管（每管装 20mL 培养基），贴上标签（注明菌名、培养时间等）。然后，用 1 支 1mL 无菌吸管，每次准确地吸取 0.2mL 培养 18h 的待测菌培养液，接种到肉膏蛋白胨液体培养基内。接种后，轻轻摇荡，使菌体均匀分布。

（2）培养。将接种后的 12 支液体培养基，置于振荡器或摇床上。37℃振荡培养。其中 9 支，分别在培养 0、1.5h、3h、4h、6h、8h、10h、12h、14h 后取出，放冰箱中贮存，最后一起比浊测定。

加酸处理的 1 支试管，在培养 4h 后，取出，加 1mL 无菌酸溶液（甲酸：乙酸：乳酸 = 3：1：1 的体积比），然后继续振荡培养，在培养 14h 后取出，放入冰箱贮存，最后一起比浊测定。

追加营养的两支试管，在培养 6h 后，取出，各加入无菌浓肉膏蛋白胨液体培养基 1mL，然后继续振荡培养，在培养 8h、14h 后取出，放入冰箱贮存，最后一起比浊测定。

（3）比浊。把培养不同时间而形成不同浓度的细菌培养液，置于光电比色计中进行比浊，用浑浊度的大小来代表细菌的生长量。

在比色计中应插入适当波长的滤光片，以未接种的肉膏蛋白胨液体培养基为空白对照，从最稀浓度的细菌悬液开始，依次测定。细菌悬液如果太浓，应适当稀释，使吸光度降至 0.0~0.4 范围内。液体的浑浊度也可用比浊计测定。

四、报告要求

（1）记录培养 0、1.5h、3h、4h、6h、8h、10h、12h、14h 之后细菌悬液的光密度值，以及 4h 加酸和 6h 追加营养液后，这三管菌液在所要求的培养时间的光密度值。

（2）以细菌悬液光密度为纵坐标，培养时间为横坐标，绘出待测菌正常、加酸和追加营养的 3 条生长曲线，并加以比较，标出正常生长曲线中对数期的大致位置。对比 3 条生长曲线的不同，可以进一步说明生长曲线与环境因子的关系。

五、思考与讨论

（1）常用的测定微生物生长的方法有哪几种？试略加讨论。

（2）利用浑浊度所表示的细菌生长量是否包括死细菌？

（3）你认为活性污泥的增长曲线应怎样测定才比较合适？

实验 12 活性污泥微生物呼吸活性(耗氧速率)的测定

微生物的呼吸是反映其生理活性的一个重要指标。微生物在进行有氧呼吸、分解有机质的过程中会消耗氧，产生 CO_2，因此测定呼吸速率可以反映活性污泥中微生物的代谢速率，对分析废水生物可降解性有重要意义。废水中有毒物质可以抑制微生物的呼吸，使其

好氧量和 CO_2 产生量下降，下降的程度与毒性物质的浓度和强度有关。

一、实验目的

（1）学习活性污泥微生物耗氧速率的测定方法。

（2）学习瓦勃氏呼吸仪的使用。

（3）学习耗氧速率的化学测定法。

二、瓦勃氏呼吸仪测定法

1. 实验器材

（1）瓦勃氏呼吸仪。

（2）量筒，烧杯，吸管等。

（3）磷酸盐缓冲液（pH 值为 7.2）。

（4）100g/L KOH 溶液。

（5）基质。取农药对硫磷废水（或其他废水），配制成 COD 值为 400mg/L（或其他浓度）。

（6）生物污泥。取自废水生化处理池。将 100mL 泥水混合液自然沉降 30min 后弃去上清液，用生理盐水洗涤 3 次，最后将污泥悬浮于磷酸盐缓冲液中，稀释至原体积（100mL）备用。同时，另取混合液烘干后测出污泥干重（g/L）。

2. 实验内容

（1）取 6 套测压计和反应瓶，按表 7-10 组合加入试验物。中心杯里放入长约 2cm 的窄滤纸条。

表 7-10   反应瓶中各部分的加液内容

试验组	瓶 号	主 杯		侧 杯	中心杯
		污泥悬液/mL	缓冲液/mL	基质/mL	10%KOH/mL
温压校正组	1		2.2		
	2		2.2		
内源呼吸组	3	1	1.0		0.2
	4	1	1.0		0
基质呼吸组	5	1	0.5	0.5	0.2
	6	1	0.5	0.5	0.2

（2）按瓦勃氏呼吸仪操作，在 25℃ 恒温水槽中进行振荡培养，每 10min 观察一次，观察 1h。将压力计读数记于表 7-11 中。

表 7-11   测压计液面读数

试验组	瓶 号	测压计液面读数/mm·min^{-1}							备注
		0	10	20	30	40	50	60	
温压校正组	1								
	2								
内源呼吸组	3								
	4								

试验组	瓶 号	测压计液面读数/mm·min^{-1}							备 注
		0	10	20	30	40	50	60	
基质	5								
呼吸组	6								

3. 实验报告

（1）将表 7-11 各组数据读数换算成每克生物污泥每小时耗氧量（mg/(g·h)）并报告结果。这是污泥活性的一种表示方法。

（2）计算相对耗氧率并报告结果。相对耗氧率按式（7-1）求得，这是污泥活性的另一种表示方法。

$$R = \frac{V_s - V_0}{V_0} \times 100\% \qquad (7-1)$$

式中　R——相对耗氧率，%；

　　　V_s——投加基质后的耗氧量，mg/(g·h)；

　　　V_0——内源呼吸的耗氧量，mg/(g·h)。

三、耗氧速率的化学测定法

1. 试验器材

（1）玻璃器皿：大口玻璃瓶，滴定管，吸管等。

（2）试剂：100g/L 硫酸铜溶液。

（3）溶解氧测定仪。

2. 操作步骤

（1）取 1000mL 具有橡皮塞的大口瓶两个，进行编号，并在其半满处作一记号。

（2）用虹吸法把曝气过的自来水注入两瓶中至半满处，注意不带入气泡。

（3）将此两瓶同时放入曝气池，让混合液流入瓶内，避免产生气泡，瓶口须相互靠近，以能取得尽可能相同的试样。

（4）瓶装满后，立即取出。

（5）于 1 号瓶中，迅速加 100g/L 硫酸铜溶液 10mL，盖紧瓶塞，瓶塞下不可留有气泡，颠倒混合 3 次，静置。

（6）同时把 2 号瓶盖紧，瓶内不可留有气泡，不停地颠倒瓶子，将瓶内试样混合一段时间（约 5min，混合期间使瓶内颗粒保持在悬浮的状态）。混合的时间须正确记下。此时间即瓶内微生物吸收氧的时间，故也称吸氧时间。混合后，立即加 100g/L 硫酸铜溶液 10mL。再盖紧瓶塞，颠倒混合 3 次，静置让污泥下沉。

（7）从上两瓶中，虹吸上层清液，用溶氧仪测定其溶解氧。

注意：（1）两瓶内的溶解氧之差不得小于 2mg/L，而 2 号瓶内的溶解氧至少须有 1mg/L。如不能满足此要求，则改变 2 号瓶的混合时间或吸氧时间。（2）耗氧速率一般用 mg/(L·h) 表示。

3. 计算举例

1 号瓶　溶解氧　5.0mg/L

2 号瓶　溶解氧　1.5mg/L

溶解氧之差　3.5mg/L

混合时间　5min

稀释倍数　1/2

耗氧速率 = 3.5×2×60/5 = 84mg/(L·h)

四、思考与讨论

(1) 测定活性污泥的微生物耗氧速率对研究污水生物处理过程有哪些作用？

(2) 化学法测定耗氧速率的理论依据是什么？

实验 13　发光细菌毒性测试实验

一、实验目的

(1) 学会使用生物发光光度计。

(2) 应用生物发光光度计检测不同废水的发光度并比较其毒性。

二、实验原理

发光细菌由于含有萤光素、萤光酶、ATP 等发光要素，在有氧条件下通过细胞内生化反应而产生微弱荧光。生物发光是发光细菌生理状况的一个反映，在生长对数期发光能力最强。当环境条件不良或有毒物质存在时，因为细菌萤光素酶活性或细胞呼吸受到抑制，发光能力受到影响而减弱，其减弱程度与毒物的毒性大小和浓度成一定比例关系。因此，通过灵敏的光电测定装置，检查在毒物作用下发光菌的光强度变化，可以评价待测物的毒性。

目前国内外采用的发光细菌试验中有三种测定方法：新鲜发光细菌培养测定法、发光细菌和海藻混合测定法、冷冻干燥发光菌粉制剂测定法。本实验所用的明亮发光杆菌（*Photobacterium phosphoreum*）T_3 变种是一种非致病菌，它们在适当条件下经培养后能发射出肉眼可见的蓝绿色萤光，其发光要素是活体细胞内的萤光素 FMN、长链醛和萤光酶，即当细菌体内合成萤光素 FMN、长链醛和萤光酶时，在氧的参与下，在氧化呼吸链上的光呼吸过程中发生生化反应，产生光，光峰值在 490nm 处。发光反应如下：

$$FMNH_2 + RHO + O_2 \longrightarrow FMN + RCOOH + H_2O + 光 \tag{7-2}$$

当细菌活性高，处于指数生长期时，细胞 ATP 含量高，发光强，休眠状态时细胞 ATP 含量下降，发光减弱；当细菌死亡后，ATP 缺失，发光停止。这种发光过程极易受外界条件的影响。当发光细菌接触到环境中有毒污染物（重金属、农药、染料、酸碱及各类工业废气、废水、废渣等）时，细菌的新陈代谢受到干扰，胞质膜变性。胞质膜是发光细菌电子转移链和发光途径的所在位置，因此细胞的发光受到抑制。根据菌体发光度的变化可以确定污染物急性生物毒性。

三、实验器材

(1) 生物发光光度计。

（2）菌种：明亮发光杆菌（*Photobacterium phosphorem* T$_3$变种）。

（3）培养基：

酵母浸出液	0.5g	KH$_2$PO$_4$	0.1g
胰蛋白胨	0.5g	甘油	0.3g
NaCl	3g	琼脂	1.5~2g
Na$_2$HPO$_4$	0.5g	蒸馏水	100mL

pH 值调至 6.5，固体培养基分装试管，121℃高压蒸汽灭菌 20min 后制成斜面；液体培养基分装 150mL 三角瓶，每瓶 50mL，121℃高压蒸汽灭菌 20min 后备用。

（4）30g/L NaCl 溶液及 270g/L NaCl 溶液。

（5）具塞圆形比色管、刻度吸管（1mL、5mL）。

（6）磁力搅拌器。

（7）工厂排污口水样（若干个）。

四、实验步骤

1. 菌液准备

（1）斜面培养：于测定前 48h 从冰箱取出保存的斜面菌种，接出第一代斜面，20℃培养 24h 后立即由此接出第二代斜面，培养 12h 备用。第二代斜面接种量均勿超过一环。

（2）摇瓶培养：将上述菌龄满 12h 的新鲜斜面菌种接入有 50mL 液体培养基的三角瓶内，接种量勿超过一环。20℃振荡培养 12~14h（转速约 210r/min），立即用于测定。

（3）菌液制备：用无菌吸管吸取上述刚培养好的摇瓶中浓菌液 0.2mL，加 30g/L NaCl 溶液 250mL，此稀释液在生物发光光度计上读数应为 0.5~0.7。从操作开始，用磁力搅拌器不断搅拌稀释菌液以充氧。

（4）加盐溶液：T$_3$菌只在 30g/L NaCl 中发光最好，在水中不发光。吸取 270g/L NaCl 溶液各 0.5mL 注入比色管中，使比色管内待测液最终保持 30g/L NaCl 浓度。

2. 待测液准备

分装比色管：将待测污水样品各吸取 4mL 分别注入干净比色管中，并将两份 4mL 蒸馏水分装于两支比色管中作对照（CK$_1$、CK$_2$）。

3. 发光度测定

（1）准确吸取经充分搅拌的稀释菌液 0.5mL，注入待测比色管中，塞上玻璃塞，充分摇匀（约经 15s），立即拔除玻璃塞以使菌液接触氧气，于 15~25℃范围内的恒温下放置半小时，使之充分反应。送入生物发光光度计检测其发光度。

（2）生物发光光度计操作按仪器说明书。将上述待测液比色管逐一放入仪器样品室中，先测 CK$_1$，继而测水样，最后测 CK$_2$。每个样品将在记录仪上重复现峰 4 次。由于 1、3 峰与 2、4 峰数值间存在一定差异，故在同一次测定中各样品选峰应一致，或取 1、3 峰均值，或取 2、4 峰均值。

测定温度亦应在 15~25℃内保持恒定。

五、实验结果

将实验结果填于表 7-12 中。按下列公式计算相对发光度或相对抑制率：

$$样品相对发光度(\%) = \frac{样品发光平均毫伏数}{CK\,发光平均毫伏数} \times 100\% \qquad (7\text{-}3)$$

$$样品相对抑制率(\%) = \frac{样品发光平均毫伏数 - CK\,发光平均毫伏数}{CK\,发光平均毫伏数} \times 100\% \qquad (7\text{-}4)$$

表 7-12　不同水样的发光度比较

样品名称	发光毫伏数			相对发光度/%
	1	2	平　均	
CK₁				
CK₂				
水样 1				
水样 2				

实验 14　藻类生长及其抑制实验

一、实验目的

(1) 学习藻类的培养方法。

(2) 学习藻类检测毒物的方法。

二、实验原理

藻类对水体污染反应十分敏感。随着水体自净过程的发展，水中无机氮化合物含量不断增加，在光照和温度适宜时，藻类生长量亦相应增加；反之，在含有毒物的水中，由于毒物的抑制作用，使藻体叶绿素浓度降低，影响了光合作用，藻类生长量亦相应减少。

多年来广泛利用藻类进行水质监测或物质的毒性检测。水质监测生物中比较常用的藻种有铜绿微囊藻（*Microcystis aeruginosa*）、水华鱼腥藻（*Anabaena flosaquae*）、蛋白核小球藻（*Chlorella pyrenoidosa*）、斜生栅藻（*Scenedesmus obliquus*）、莱茵衣藻（*Chlamydomonas reinhardtii*）等，因为其生长繁殖迅速，对水质变化敏感，可以通过测定水中这些藻类的生长量来评价水质污染情况或物质毒性程度。

三、实验器材

(1) 试验藻种：斜生栅藻，莱茵衣藻。

(2) 恒温光照培养箱，照度计。

(3) 三角瓶，试剂瓶，量筒，移液管。

(4) 显微镜，0.1mL 浮游植物计数框或血细胞计数板。

(5) 台式离心机，离心管，高压蒸汽灭菌器，恒温干燥箱。

(6) 化学受试物：10g/L HgCl₂ 溶液（0.1g HgCl₂ 溶于 100mL 蒸馏水中）。

(7) 0.18mmol/L NaHCO₃ 溶液：15mg NaHCO₃ 溶于 1mL 无菌蒸馏水中。

(8) 藻细胞培养基：不同的试验藻种要求不同的合成培养基，试验所用斜生栅藻和莱茵衣藻培养基配方如下：

Ca(NO$_3$)$_2$	60mg	MgSO$_4$	20mg
NaNO$_3$	60mg	NaHCO$_3$	125mg
K$_2$HPO$_4$	16mg	微量元素营养液	1mL
MgCl$_2$·6H$_2$O	100mg	蒸馏水	1000mL

微量元素营养液配方：

ZnCl$_2$	50mg	Na$_2$MoO$_4$·2H$_2$O	100mg
MnCl$_2$·4H$_2$O	50mg	H$_3$BO$_3$	1000mg
COCl$_2$·6H$_2$O	15mg	FeSO$_4$	500mg
CuCl$_2$·2H$_2$O	10mg	蒸馏水	1000mL

按上述配方顺序配制培养液，每加入一种组分使其充分溶解后再加入第二种，配好后经 121℃ 高压蒸汽灭菌 20min，备用。取清洁干净的 250mL 三角烧瓶，用 10% 的盐酸浸泡过夜，再用自来水、蒸馏水充分冲洗，干燥，滤纸封口，170℃ 干热灭菌 2h。采用无菌操作每瓶分装培养液 60mL，备用。

四、实验内容

1. 制备藻种母液

（1）用无菌操作法从琼脂斜面上挑取适量的健壮藻种，并接种到盛有培养基的三角瓶内，置恒温光照箱中培养。培养温度（24±2）℃，光强 4000～4500lx（40W 日光灯，距培养物 60cm）。自接种之日起，每日轻轻振摇 3 次，以便交换空气，光暗比为 12：12。

（2）培养 96h 后转种一次，再培养 96h，以便使藻种达到同步生长，将达到同步生长的藻细胞培养物分装于无菌离心管中，500g 离心 10min，弃去上清液，用 10mL 0.18mmol/L 的 NaHCO$_3$ 溶液悬浮沉淀细胞，然后再离心一次。

（3）弃去上清液，将沉淀细胞重新悬浮于 0.18mmol/L 的 NaHCO$_3$ 溶液中，即制成藻种母液。

2. 实验步骤

（1）使用时应用血细胞计数板或浮游植物计数框在显微镜下直接计数，以确知母液的藻细胞浓度。

（2）分组：取装有 60mL 培养液的三角瓶，将试验瓶分成 7 组，每组 3 个平行。做好标记（藻种名称、HgCl$_2$ 浓度、培养时间）。各试验组瓶中 HgCl$_2$ 浓度分别为 0、0.05×10^{-6}、0.10×10^{-6}、0.25×10^{-6}、0.5×10^{-6}、1×10^{-6} 和 1.5×10^{-6}。

（3）接种：用无菌吸管吸取已知浓度的母液，使初始细胞密度约为 1×10^5 个/mL。

（4）加 HgCl$_2$ 受试物：根据试验要求，用微量注射器吸取适量的 10g/L 的 HgCl$_2$ 溶液，加入各试验组三角瓶中。

（5）培养：置恒温光照箱中培养，具体方法与藻种母液培养法相同。

（6）生长测定：自接种之日起，每隔 24h 采样一次，用血细胞计数板或浮游植物计数框在显微镜下直接计数各试验瓶中的藻细胞浓度。连续观察 5 天。将实验结果填入表 7-13 中。每份样品计数两次，取 3 瓶平行样两次计数的平均值，计算出每毫升培养物中藻的细胞数。

表 7-13　培养过程中藻的细胞浓度（x，个/mL）变化

HgCl$_2$浓度/×10^{-6}	组号	瓶号	第一天	第二天	第三天	第四天	第五天
	1	1					
		2					
		3					
		均值					
	2	1					
		2					
		3					
		均值					
	3	1					
		2					
		3					
		均值					
	4	1					
		2					
		3					
		均值					
	5	1					
		2					
		3					
		均值					
	6	1					
		2					
		3					
		均值					
	7	1					
		2					
		3					
		均值					
	8	1					
		2					
		3					
		均值					

五、实验结果

1. 最大单位生长率（μ_{max}）

最大单位生长率是指在整个培养期内，单个培养瓶中藻细胞群体所表现出的最大生长速率，即单位时间内的最大生长量。对于一组重复的试验瓶，其 μ_{max} 值为各瓶 μ_{max} 的平均值。

μ_{max} 值的计算公式如下：

$$\mu_{max} = \ln(x_2/x_1)/(t_2 - t_1) \tag{7-5}$$

式中　x_1——选定时间间隔起点的藻生长量，个/mL；

　　　x_2——选定时间间隔终点的藻生长量，个/mL；

　$t_2 - t_1$——选定时间间隔，d。

2. 毒性评定

当在某种化学受试物试验浓度下，藻细胞的最大单位生长率与不加受试物的对照比较已降至 50% 以下，且呈剂量反应关系时，即可认为该受试物对试验藻种具有毒性作用。

实验15　水体富营养化的测定

一、实验原理

当水体含有比较丰富的磷、少量的无机氮和有机氮时，藻类大量繁殖、死亡，促使异养细菌大量生长以降解藻类的尸体。异养菌的活动大量消耗了水中的溶解氧，导致水体缺氧，从而引起鱼类死亡，水质破坏等严重后果，这种现象就是富营养化。这是水体受污染的结果。测定水体光合产氧能力的程度，就是评价水体富营养化程度的一个重要指标。也就是通过利用水中藻类光合产氧能力的强弱，来了解水中富营养化的程度。

二、实验试剂

实验试剂：浓硫酸，4%高锰酸钾溶液，2%草酸钾溶液，36%硫酸锰，碱性碘化钾，0.0125mol/L 硫代硫酸钠，0.5%淀粉液。

三、测定步骤

（1）清晨阳光出现之前，取水样3瓶。A瓶用溶解氧测定仪或化学滴定法测定水中溶解氧的本底值。

（2）立即将B瓶用黑纸包好，避光放置；将C瓶放在阳光充足并直射的地方，光照8h。

（3）8h后测定B瓶及C瓶的耗氧量。

四、计算与记录

（1）计算光合产氧能力：

$$光合产氧量 = (C - A) + (A - B) \tag{7-6}$$

（2）列表记录实验结果（表7-14）。

表 7-14　光合产氧量测定结果

编号	采样人	采样地点	水温	气温	阳光强度	DO 值			原初产量
						A	B	C	

实验 16　腐蚀和堵塞金属管道的微生物试验

　　埋于地下的铁管和水下的铁构筑物，由于化学因素和微生物的作用而引起锈蚀。参与金属锈蚀的微生物有铁细菌和硫酸盐还原菌两大类。铁细菌的作用在于它在金属表面形成生物垢和大量沉积物，这些沉积物在金属表面能产生氧差电池引起的电化学腐蚀，同时为硫酸盐还原细菌创造条件，对金属锈蚀起到了间接的加速作用。硫酸盐还原菌将硫酸盐还原为硫化物，通过消耗氢使金属表面阴极部位极化，从而加速化学腐蚀。由于反应是在缺氧程度很高的情况下进行的，故又称厌氧锈蚀作用，其总的反应式如下：

$$4Fe^{2+} + SO_4^{2-} + 4H_2O \longrightarrow FeS + 3Fe(OH)_2\downarrow + 2OH^- \tag{7-7}$$

　　当反应物被水冲走后，就在管壁上留下了一个个凹陷。细菌腐蚀只在 $10\sim30℃$、pH值为 5.5 以上的条件下发生。

　　管道的堵塞是由于在给排水管道内常有氧化锰和铁的细菌，尤其是具柄铁细菌和具鞘铁细菌的大量繁殖而引起的。大量的锰和铁的氧化产物与大量增生的菌体黏合在一起，就会造成管道堵塞，使管道水压显著下降。当水的 pH 值为中性时，常由具柄铁细菌起作用，使管道表面的可溶性 Mn^{2+} 氧化为不溶性的 Mn^{3+}（图 7-22）。具鞘铁细菌中的纤发菌属（*Leotothrix*），衣鞘增生能力极强，在短期内就能形成大量的空鞘。由于鞘上有黏性分泌物，能同时沉积铁和锰，故这类细鞘或原生质以内含铁粒或铁离子而得名，属化能自养型细菌。在好氧或微好氧条件下，能氧化亚铁为高铁，从反应中获得能量，其反应如下：

$$4FeCO_3 + O_2 + 6H_2O \longrightarrow 4Fe(OH)_3\downarrow + 4CO_2 + 能量 \tag{7-8}$$

实验中主要介绍铁细菌的计数、富集分离和形态观察。

一、铁细菌的计数（MPN 法）

1. 培养基

$(NH_4)_2SO_4$	0.5g	$NaNO_3$	0.5g
K_2HPO_4	0.5g	$CaCl_2 \cdot 6H_2O$	0.5g
$MgSO_4 \cdot 7H_2O$	0.5g	柠檬酸铁铵	10.0g
蒸馏水	1000mL	pH 值	7.0

每支试管分装 8mL，121℃灭菌 20min。

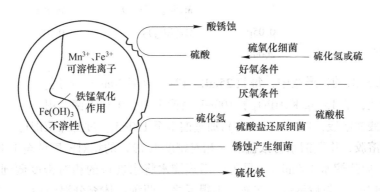

图 7-22 由微生物引起的管道锈蚀和堵塞示意图

2. 操作步骤

（1）用小铁铲从锈蚀部位取样放于灭菌小铝盒中，用胶布封口备用。若不能立即进行分析，可置于 4℃冰箱中保存，48h 内计数。

（2）样品按倍比稀释法稀释，然后取 $10^{-2} \sim 10^{-8}$ 稀释度，每管 1mL，3 个重复管放 28~30℃恒温培养 5~7 天。

（3）培养后，若培养液变浑浊，液面长有菌膜者为阳性。记录后，确定数量指标，查表计数。

二、铁细菌的形态观察

利用铁细菌计数的培养基培养后，如有松软的灰色絮花出现，而后转变为褚黄色时，将其挑取少许制成水浸片，在显微镜下观察。取下载玻片，在盖玻片的一边加 20g/L $K_3Fe(CN)_5$ 和 10%盐酸各一小滴，从另一边用吸水纸吸去多余水分，再置于显微镜下观察。若菌丝或黏液变为蓝色，证明有铁的沉淀物，即三价铁与黄血盐作用形成普鲁氏蓝，所镜检的细菌为铁细菌，其反应如下：

$$4Fe^{3+} + 3[Fe(CN)_6]^{4-} \longrightarrow Fe_4[Fe(CN)_6]_3 \downarrow \qquad (7-9)$$

三、铁细菌的分离与纯化

1. 培养基

（1）含铁嘉氏菌无机培养液：

$(NH_4)_2SO_4$	1.5g	KCl	0.05g
$MgSO_4 \cdot 7H_2O$	0.05g	K_2HPO_4	0.05g
$Ca(NO_3)_2$	0.01g	pH 值	6.0
蒸馏水	1000mL		

分装于 100mL 的锥形瓶中，每瓶 20mm 高，121℃灭菌 20min，冷却后加入预先封闭在试管中、单独以 160℃干热灭菌 1h 的大粒软铁屑 0.05g，为使菌生长良好，可加 1%量的无菌重碳酸铁[$Fe(HCO_3)_2$]，即可接种。

（2）含铁嘉氏菌固体培养基：

1）无机培养液：

$(NH_4)_2SO_4$	6g	$MgSO_4 \cdot 7H_2O$	0.05g
KCl	0.05g	$Ca(NO_3)_2$	0.01g
蒸馏水	200mL		

分装于 125mL 的锥形瓶中，每瓶 25mL，121℃灭菌 20min，备用。

2）缓冲液，溶 13.5g K_2HPO_4 于 100mL 蒸馏水中，单独灭菌备用。

3）重碳酸铁溶液，10g $Fe(HCO_3)_2$ 加蒸馏水至 100mL，过滤除菌即可。

4）硅酸溶胶，用蒸馏水将浓盐酸（相对密度 1.19）的相对密度调至 1.10（每 100mL 浓盐酸大约须加蒸馏水 100mL）。另外，用蒸馏水将水玻璃的相对密度调到 1.06～1.08。取等量的两种液体，将后液倾入前液，不得反之。两种液体充分混匀后，用盐酸调 pH 值为 2，分装于试管和锥形瓶中，于 121℃灭菌 25min，锥形瓶中培养基倾注成平板，试管摆成斜面（或立即倒入直径 100mm 的培养皿，每皿 30mL，静置 1 天凝成平板）。

5）固体培养基，取 1.0mL 重碳酸铁溶液于 75mL 硅酸溶胶中，另取 1.0mL 无菌磷酸缓冲液加入 25mL 的无菌无机培养液中，混合这两种液体，摇匀后倾注平板，静置 24h 使其凝胶化。

若预先把硅酸溶胶在平皿上凝固成平板，则把其他三种溶液混匀后，取 2.0mL 混合液均匀地分布在硅酸胶平板上，在 50℃下烘至平板上无水流动，不宜过干，以免平板破裂。

为保持培养基潮湿，可在皿盖上放一张湿滤纸。

（3）缠绕纤发菌（*Leotothrix volubilis*）液体培养基：

KNO_3	1.0g	K_2HPO_4	0.1g
$MgSO_4 \cdot 7H_2O$	0.5g	$FeSO_4$	0.01g
蒸馏水	1000mL		

将上述各成分按顺序溶于蒸馏水中，调 pH 值为 6，分装于 100mL 的锥形瓶中，每瓶液高约 20mm，于 121℃灭菌 20min。

（4）缠绕纤发菌固体培养基：

1）无机培养液，即用其液体培养基。

2）母液，用 10g/L $FeSO_4$ 溶液。

3）缓冲液，同分离含铁嘉氏菌的缓冲液。

4）硅酸溶胶，同分离含铁嘉氏菌的硅酸盐溶液，但调 pH 值为 6。

5）固体培养基，各成分的比例及配法见上述。

2. 接种分离培养

取少许增菌中的菌液或待测样品，分别接种于上述各种培养液中并各做无接种的对照瓶，一起放于同样条件下培养。含铁嘉氏菌置于 6℃下培养，缠绕纤发菌于 8℃中培养，均至有明显生长为止。

（1）平板分离。取液体培养物涂抹于相应的平面上，置于适温下培养菌长出明显菌落。观察菌落形态，并做镜检。

（2）纯培养。挑取单个菌落中央菌苔，于斜面划线，在适温下培养，长出后放于 -5℃下的冰箱中保存，备用。

实验17　土壤中纤维素高效降解细菌的筛选、分离与计数

一、实验目的

掌握纤维素降解菌筛选、分离与计数的方法与过程，理解其中的原理。

二、实验原理

在加有刚果红与羧甲基纤维素钠（CMC）的固体培养基中，刚果红与纤维素结合后生成红色络合物，纤维素降解菌能分泌纤维素酶至培养基中，把培养基中的纤维素降解成寡糖。寡糖与刚果红的结合不牢固，用 NaCl 冲洗脱色后红色消失，呈现黄色，而没有被降解的羧甲基纤维素钠依然呈现红色。因此，在固体培养基上，菌落周围有黄色水解圈生成的即为能够降解纤维素的降解细菌。

三、实验器材

1. 培养基

（1）牛肉膏蛋白胨固体培养基（培养基1）：牛肉膏 0.5g、蛋白胨 1g、氯化钠 0.5g、琼脂 2g、蒸馏水 100mL、pH 值为 7.0~7.2。

（2）含羧甲基纤维素钠的牛肉膏蛋白胨固体培养基（培养基2）：羧甲基纤维素钠 1g、牛肉膏 0.3g、蛋白胨 0.5g、氯化钠 0.5g、琼脂 2g、蒸馏水 100mL。

2. 试剂

（1）0.5%刚果红溶液（Congo Red Solution）：刚果红 0.5g，无菌水 100mL，将刚果红完全溶解，过滤后使用。

（2）1mol/L NaCl 溶液：取 NaCl 58.5g，加水溶解，并定容至 1000mL。

3. 实验器材

玻璃涂棒、无菌试管、无菌锥形瓶（含玻璃珠）、无菌蒸馏水、无菌牙签、无菌培养皿、广泛 pH 试纸、橡皮圈、报纸或牛皮纸、1mL 移液管、10mL 移液管、试管架、EP 管架、一次性无菌滤膜、记号笔、称量纸、Tip 头（100μL，1mL）若干。

4. 仪器设备

洁净工作台、电子天平、微量移液器一套、恒温培养箱、烘箱。

四、实验步骤

（1）测定土壤含水量：

1）取铝盒于 105℃烘箱中烘干，取出放入干燥器中冷却，冷却后在精密天平上称至恒重（A）。

2）称取约 5.0g 土样于铝盒中，准确称重（B）。

3）将土样在 105℃烘箱内烘 6~8h，于干燥器中冷却至室温，准确称量至恒重（C）。

4）计算土壤含水量：土壤含水量=(B − C)/(C − A)×100%。

（2）配制含羧甲基纤维素钠的牛肉膏蛋白胨固体培养基（培养基2），倒平板，备用；配制不含羧甲基纤维素钠的牛肉膏蛋白胨固体培养基（培养基1），倒平板，备用。

（3）取 5g 土壤样品于盛有 45mL 无菌蒸馏水的锥形瓶中，加入 5 粒玻璃珠，在恒温振荡器中振荡 20min，取 1mL 土壤悬浮液在无菌试管中逐级梯度稀释。

（4）分别取 100μL 稀释梯度为 10^{-3}、10^{-4}、10^{-5} 的稀释液均匀涂布到 3 个不同的牛肉膏蛋白胨固体培养基（培养基 1）上，每个稀释度 3 组平行，于恒温培养箱中 30℃ 倒置培养 24h。

（5）选择合适的稀释梯度平板，统计和计算总细菌的数目，挑选清晰的菌落，用无菌牙签分别转接到另外 2 个含羧甲基纤维素钠的固体平板（培养基 2）上。注意将相同的菌落转接于 2 个培养皿的相同位置，每个培养皿转接 30~50 个菌落，总共转接 2 组，每组 3 个培养皿，于恒温培养箱中 30℃ 倒置培养 24h。

（6）取出培养箱中的 2 组固体平板，其中一组作为母板保存，另外一组用 0.5% 刚果红溶液染色 15~30min，弃刚果红溶液，再用 1mol/L NaCl 溶液脱色 15~30 min，弃 NaCl 溶液。

（7）在可见光下观察平板，红色背景下周围有淡黄色透明圈的菌落即是具有降解纤维素功能的菌落，统计和计算具有降解纤维素功能的菌落数目。

（8）在另外一组相对应的平板上找到对应的具有降解纤维素功能的菌落，用作进一步研究。

五、实验结果

将实验结果填于表 7-15 中。

表 7-15　实验结果

微生物种类	细菌总数/CFU·g 干土$^{-1}$	纤维素降解细菌总数/CFU·g 干土$^{-1}$	纤维素降解菌/细菌总数
细　菌			

六、思考与讨论

（1）用无菌牙签从一个平板转接到另外一个平板以后，培养时间为什么要缩短？

（2）用无菌牙签从一个平板转接到另外的平板时，为什么要同时转接两个平板？

第八章 水处理微生物常用的生理生化鉴定

水处理的微生物种类很多，而且由于各种生态条件的不同，会造成不同水质条件下的微生物优势类群有很大差异。要研究不同水质条件下细菌的生态分布、优势种群的组成以及它们在水中物质转化过程的功能，特别是对于培养和驯化处理特种废水的高效菌种，都需要对不同类群的细菌进行鉴定，从而确定其属于已知的哪一个分类单元。

一般来讲，在水处理中经常要做的鉴定是把分离到的菌株鉴定到属。如果有特殊要求需要鉴定到种，就应做更多的工作。因此，我们仅就细菌鉴定到属的需要来讨论。

细菌学鉴定的第一步就是要确定研究对象是不是纯培养，然后才能详细考查各方面的特征。如果培养的菌株不纯，就会造成很大的混乱，导致错误的结果。经纯培养之后，要根据细菌的形态、结构、培养特征、生理生化反应等指标进行属的分类。具体的方法又可根据研究对象的不同而有很大的差异。

把一株未知的细菌鉴定到属，需经以下操作过程：

$$采样 \longrightarrow 平板分离 \longrightarrow 菌种纯化 \longrightarrow 鉴定 \begin{cases} 形态特征 \\ 培养特征 \\ 生理生化反应 \end{cases} \longrightarrow 检索 \longrightarrow 总结$$

第一节 细菌的分离和纯化

水中混杂地生长或生存着很多细菌，而把要研究的某一细菌分离出来，这一过程称为"分离"。微生物学中，把通过一个细胞分裂得到后代的过程叫纯化培养。细菌的分离和纯化的方法很多，常用的有平板稀释分离法（包括混均法和涂布法两种）以及平板划线分离法。另外，还有单细胞挑取分离和培养条件控制法等，后者包括选择培养基分离法、好氧与厌氧培养分离法和 pH 值、温度等控制分离法。

利用上述方法使细菌单个细胞或同一类细胞在培养基上形成菌落，挑取单个菌落于斜面培养基上培养，然后从斜面培养基的菌苔挑出少许进行划线分离，获得单一菌落，经过反复多次后，便可获得菌落形态及菌体形态一致的纯培养，供鉴定用。

一、细菌的分离

首先，将所采集的样品（水样、泥样或生物膜）10mL（或 10g）接入事先已灭菌、内装玻璃珠和 90mL 无菌水的三角瓶中，使细菌呈单细胞状态分散于水中，然后，进行倍比稀释（也称 10 倍稀释法），将样品稀释成不同的稀释度。一般来说，轻度污染的水稀释至 $10^{-4} \sim 10^{-6}$ 即可，废水处理中的水、活性污泥或生物膜则需更高的稀释度，其目的是为了得到更多的单一菌落。最后，按着平板计数的方法采用混均法或涂布法进行培养以得到单一的菌落。

操作过程如图 8-1 所示。

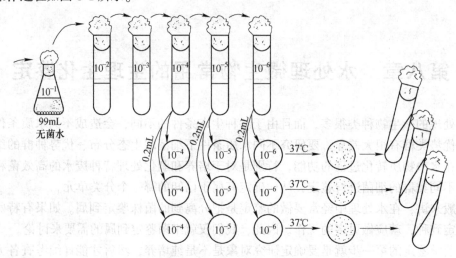

图 8-1　从水中分离细菌的过程

二、细菌的纯化

根据平板分离得到的菌落，进行菌落形态特征的观察，找出不同形态特征的菌落，用接种环挑取单菌落，接种到斜面培养基上，进行培养。整个过程均需要无菌操作。

在挑取单菌落时应注意：确定适当的培养条件和时间；选择单独的菌落；接种时应在菌落边缘挑取少量菌苔移入斜面，尽量不要带入原来的基质。

将斜面培养的菌落再进一步纯化，其方法有稀释平板法和平板划线法，而后者应用最为普遍，如图 8-2 所示。

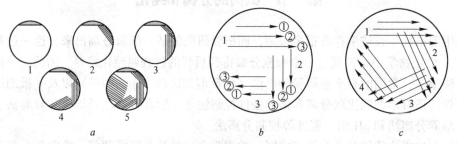

图 8-2　平板划线法示意图

整个操作过程大致如下：首先从斜面培养基上挑取少量生长的菌，然后在事先制好的平板上划线（注意不要划破琼脂表面）。划线时要在所划的范围内尽量划满，然后灼烧接种环，再转动一定的角度连接已划线的区域再划另一区，最后划满整个平皿，培养后得单菌落。至于采用上述哪种方法，根据操作者而定。将单菌落转接到斜面上，如此反复几次后便可获得纯菌株，留作细菌属鉴定用。

第二节　细菌形态特征的观察

进行细菌鉴定时，最基本的操作是观察细菌的形态特征。细菌个体微小，且较透明，必须借助染色法使菌体着色，与背景形成鲜明的对比，以便在显微镜下进行细菌形态特征的观察。根据实验鉴定目的的不同，可分为不同的染色法。

单染色实验常用于观察细菌的一般形态。革兰氏染色是细菌学中极为重要的鉴别染色法。通过革兰氏染色可将细菌鉴别为革兰氏阳性菌（G⁺）和革兰氏阴性菌（G⁻）两大类。负染色法是指背景着色，从而衬托出不着色的细胞，故又称背景染色法，可以观察相对地处于自然状态下的细胞形态。此外，由于死细胞可被酸性染料着色，所以也有人用以区分死细胞和活细胞。鞭毛的有无及着生状态是细菌鉴定的重要依据，细菌鞭毛的数目及着生位置因种类不同而有差异，细菌鞭毛呈纤细状，是细菌的运动器官，直径为 $0.02\sim$ $0.03\mu m$，在普通光学显微镜下，只能采用特殊的染色方法，不仅使鞭毛着色，而且还要使染料堆积在鞭毛上，加粗鞭毛的直径。芽孢是某些细菌生长到一定阶段形成的，能否形成芽孢以及芽孢的形状、位置和大小等也是细菌分类上的重要依据。细菌芽孢具有不易渗透的厚壁，折光性强，着色、褪色均较困难。用芽孢染色法则可使细胞与芽孢分别呈现不同颜色，便于鉴别观察。革兰氏染色、芽孢染色和荚膜染色等染色方法前面已经述及，这里不再重复，本节主要介绍另外几种分类鉴定的重要染色法。

实验 18　细菌的抗酸染色法

抗酸染色是鉴别分枝杆菌属细菌的重要染色法，分枝杆菌属细菌的细胞壁含有较多的类脂类化合物。这类物质易和石炭酸复红染剂结合，不易为酸性酒精洗脱。因此，分枝杆菌属的细菌具有抗酸染色的特征。

一、染色剂

（1）齐氏（Ziehl）石炭酸复红染液：

甲液	碱性复红（Basic Fuchsine，一品红）	0.3g
	95%酒精	10mL
乙液	石炭酸	5.0g
	蒸馏水	95mL

将甲、乙两液混合摇匀备用。

（2）酸性酒精液：

| 95%乙醇 | 100mL |
| 浓盐酸 | 3mL |

（3）吕氏美蓝染液见单染色法。

二、染色步骤

（1）涂片：按常规方法涂片。

（2）染色：滴加石炭酸复红于涂片上，缓缓加热，使染液冒气而不沸腾（不要使涂片上染液蒸干），如此染 5min。

（3）脱色：涂片冷却后，用酸性酒精脱色到无红色染剂洗脱为止。彻底水洗。

（4）复染：用吕氏美蓝复染 2~3min，水洗。

（5）镜检：镜检时，抗酸性细菌菌体呈红色，即抗酸染色阳性；非抗酸性细菌菌体呈蓝色。

实验19　细菌的类脂粒染色

细菌细胞内经常储藏有类脂类物质，如聚 β-羟丁酸（Poly-β-Hydroxybutyric acid），一般在 C/N 高的环境中更易形成。用革兰氏染色不能使这类物质着色，而易被误认为空胞。但若用脂溶性染料染色，可将其与细胞内的空胞区别开来。

一、染色剂

（1）苏丹黑 B（Sudan black B）　　　　　　　0.3g

　　　酒精（75%）　　　　　　　　　　　　　100mL

　　　将两者混合后，摇匀，过滤备用。

（2）褪色剂：二甲苯。

（3）复染剂：0.5%番红花 T 水溶液。

二、操作步骤

（1）初染：在涂片上滴 0.3%的苏丹黑染液，染 10min，水洗，吸干。

（2）脱色：用二甲苯冲洗涂片至无黑色素洗脱。

（3）复染：用 0.5%番红花 T 复染 1~2min，水洗，吸干。

（4）镜检：类脂粒呈蓝黑色，菌体其他部分呈红色。

实验20　细菌的异染颗粒染色

异染颗粒是细菌的储藏物质，主要成分是多聚偏磷酸盐，并随菌龄的增加而变大。易被蓝色染料（如甲烯蓝、甲苯胺蓝等）染色而呈红色或紫红色但不呈现蓝色，故称异染颗粒。如用吕氏美蓝单染 5min，异染颗粒呈深蓝色，菌体呈淡蓝色。也可用阿氏（Albert）异染颗粒染色法。

一、染色剂

　　甲液：甲苯胺蓝（Toluidine blue）　　0.15g

　　乙液：I_2　　　　　　　　　　　　　2.0g

　　孔雀绿　　　　　　　　　　　　　　0.2g

　　KI　　　　　　　　　　　　　　　　3.0g

　　冰醋酸　　　　　　　　　　　　　　1mL 溶于蒸馏水 300mL

　　酒精（95%）　　　　　　　　　　　　2mL 溶于蒸馏水 100mL

二、染色步骤

（1）滴甲液于涂片染色 5min，倾去。

（2）滴加乙液冲去甲液，再染 1min，水洗。

（3）吸干、镜检。异染颗粒呈黑色，菌体呈绿色或浅绿色。

第三节　细菌培养特征的观察

培养特征是指细菌群体在培养基上的形态和生长习性，包括在平板、斜面及液体培养等的状况。由于各种细菌在某一鉴定培养基上均能产生固有的菌落形态和生长特征，尽管培养特征在细菌鉴定中不是很重要，但我们日常工作中所接触到的，用肉眼观察到的均是细菌的培养物。所以，掌握研究对象的培养特征，对菌株的分离、纯化、认识和管理等都很有意义。

一、平板菌落特征

在分离和纯化菌株时，利用菌落的特征检查菌株的纯度很重要，但应注意的是菌落的形态随培养基的组成、培养时间和温度的不同可能会发生改变。

（1）制平板。将无菌牛肉膏蛋白胨融化后冷却至50℃左右，无菌操作倒平板，凝固后成琼脂平板，待平板表面水珠干后再使用，这样有利于单菌落的形成。

（2）平板划线。取少许菌苔或菌液平板划线，以便长出单菌落（见划线法）。

（3）培养观察。将培养皿倒置，适温培养1~7天。观察单菌落的下列特征：大小和形状、表面（光滑、粗糙、皱纹、同心环、辐射状等）、边缘（光滑、锯齿状、波浪状、纤维状等）、隆起（凸、凹、平）、荧光的有无、透明度及培养基的颜色、黏度等（图8-3）。

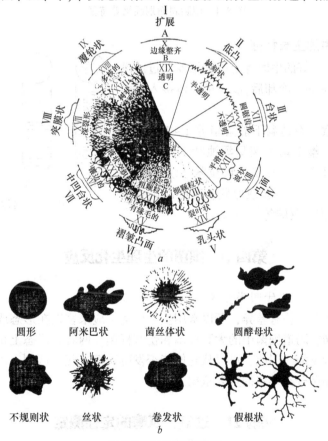

图 8-3　平板菌落特征

a—细菌菌落的描述；*b*—细菌菌落的形状

二、斜面菌苔特征

斜面是日常接触最多的培养物，认识斜面菌苔特征，对掌握菌种是否受污染有所帮助。

（1）划线接种。用接种环挑取少量菌种于斜面上划一直线（由下而上），适温培养。注意在接种前，斜面切勿平放，否则底部凝结水倒流表面，划线培养后菌苔随水扩散，不能观察到典型的菌苔特征。

（2）培养观察。根据生长情况，在 1~7 天内观察菌苔的下列各项：丰厚程度即生长量（良好、微弱、不生长等）、边缘和表面形状、颜色、黏度、培养基颜色、透明度以及气味等（图8-4）。

| 丝状 | 有小刺的 | 有小突起 | 念珠状 | 薄膜状 | 羽毛状 | 扩展的 | 树状 | 假根状 |

图8-4　琼脂斜面划线培养特征

三、培养液中的生长特征

（1）接种。将配好的牛肉膏蛋白胨培养液过滤澄清后，121℃灭菌 20min。冷却后，取少量菌体接入培养液中。

（2）培养观察。在适温下静置培养 1~7 天，观察培养液的浑浊（整个培养液呈浑浊状态，并均匀一致）、沉淀（絮状、黏液状、颗粒状、块状沉淀等）、结膜（液面呈一层薄膜或厚膜，有的沿试管壁长一圈）、有无气泡、气味等（图8-5）。

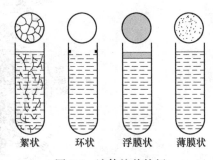

| 絮状 | 环状 | 浮膜状 | 薄膜状 |

图8-5　液体培养特征

第四节　细菌的生理生化反应

由于各种细菌的新陈代谢类型不同，利用不同物质后所产生的代谢产物有差异，所以常用生理生化反应来鉴别在形态或其他方面不易区别的微生物。例如，肠道细菌中的大肠杆菌和伤寒杆菌，两者在形态上很难区分，但前者能发酵乳糖，后者不能。因此，可以从它们能否发酵乳糖来相互区别。由此可知，细菌的生理生化反应是细菌分类鉴定的重要依据之一。

实验 21　过氧化氢酶的定性测定

过氧化氢（H_2O_2）酶又称接触酶，能催化 H_2O_2 分解成 H_2O 和 O_2，是一种以正铁血红素作为辅基的酶，其反应式如下：

$$2H_2O_2 \xrightarrow{\text{接触酶}} 2H_2O + O_2 \uparrow$$

本试验主要用于区别乳酸菌、厌氧菌与其他细菌，因为厌氧菌和乳酸菌不产生过氧化氢酶，因此过氧化氢酶的有无，是区别好氧菌和厌氧菌的方法之一。

（1）试剂：3%～10%H_2O_2。

（2）培养基：

1）用普通牛肉膏蛋白胨培养基，但培养基中不能含有血红素或红细胞，以免产生假阳性结果。

2）测定乳酸菌时，培养基中应加入1%的葡萄糖，因为乳酸菌在无糖培养基上生长时，可能产生一种"假过氧化氢酶"的非血红素的过氧化氢酶。

（3）操作步骤：接种供试菌，适温培养18～24h。将3%～10%H_2O_2滴于斜面菌苔上（或涂有菌苔的载玻片上），静置1～3min，如有气泡产生即为阳性。

实验22　淀粉水解试验

本试验用于细菌淀粉酶的定性测定。某些细菌能够产生水解培养基中淀粉的淀粉酶（胞外酶），使淀粉水解为糊精、麦芽糖和葡萄糖，淀粉被水解后遇碘不再变蓝。

一、实验一

1. 培养基与试剂

蛋白胨	10g	NaCl	5g
牛肉膏	5g	可溶性淀粉	2g
琼脂	15～20g	蒸馏水	1000mL
pH 值	7.2		

配制时，先将淀粉用少量水调成糊状，再加入到融化好的培养基中，121℃灭菌20min。

试剂：卢戈氏碘液。

1%淀粉溶液：取可溶性淀粉1g，加5mL水搅拌后，缓缓倾入沸水至100mL，随加随搅拌，煮沸2min，置冷，倾取上清液即可。本液应临用新制。

2. 操作步骤

（1）将灭菌的固体淀粉培养基融化后冷却至50℃左右，无菌操作制成平板。用接种环挑取少量待测菌划"+"字形，37℃恒温倒置培养24h（图8-6）。

（2）观察结果。观察细菌的生长情况，打开皿盖，滴加少量碘液于划线处，轻轻旋转平板，使碘液均匀铺满平板，如在菌落周围出现无色透明圈，说明淀粉被水解，透明圈越大说明该菌水解淀粉的能力越强；如菌落周围为蓝色，说明淀粉未被水解。

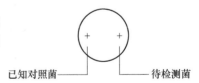

图8-6　淀粉平板接种示意图

二、实验二

1. 培养基

牛肉膏蛋白胨液体培养基：牛肉膏 0.5g、蛋白胨 1g、氯化钠 0.5g、蒸馏水 100mL、pH 值为 7.0~7.2，121℃ 灭菌 25min。

2. 操作步骤

（1）用接种环挑取少量待测菌于 100mL 灭菌的牛肉膏蛋白胨液体培养基中，37℃、180r/min 培养 24h。

（2）取 4 支无菌干净的试管，按 1、2、3、4 编号，置于试管架备用。

（3）按表 8-1 的顺序在试管中加入各种物质。将上述试管中的各种溶液混合均匀，加入碘液后开始记录起始时间，观察现象，蓝色褪去的时间即为终点（即淀粉酶和淀粉反应完全的时间）。记录各试管褪色所需要的时间，分析说明问题。

表 8-1　淀粉水解试验

试管编号	1	2	3	4
细菌培养液/mL	1	1.5	2	0
蒸馏水/mL	10	9.5	9	11
1%淀粉溶液滴数	4	4	4	4
碘液滴数	4	4	4	4

实验 23　氧化酶试验

一、实验原理

氧化酶又称细胞色素氧化酶。它和细胞色素 a、b、c 构成氧化酶系，参与生物的氧化作用。在有细胞色素和细胞色素氧化酶存在时，加入 α-萘酚和二甲基对苯撑二胺（P-Aminodimethylaniline Hydrochloride，或称对氨基二甲基苯胺）后即形成吲哚酚蓝，反应式如下：

二甲基对苯撑二胺　　　α-萘酚　　　　吲哚酚蓝

氧化酶测定常用来把假单胞菌属及其相近的几属细菌与肠杆菌科的细菌区分开来。假单胞菌属等大多是氧化酶阳性。

二、实验试剂

实验用试剂如下：

（1）1%盐酸二甲基对苯撑二胺水溶液。于棕色瓶中置冰箱贮存。因该溶液极易氧化，贮存时间不得超过两周。如果溶液转为红褐色，则不能使用。

（2）1%α-萘酚酒精（95%）溶液。

三、操作步骤

实验操作步骤为：

（1）在洁净培养皿中放一张滤纸，滴上二甲基对苯撑二胺溶液（或滴上两种试剂等量混合液），滴入量以使滤纸湿润为宜，如加得过湿有碍菌苔与空气接触，延长呈色时间，会造成假阴性。

（2）用白金耳（铁、镍等金属可催化二甲基对苯撑二胺，产生干扰反应，不宜用这些金属制的接种环，也可用玻璃棒或干净的火柴取菌苔涂抹）挑取18~24h菌苔，涂抹于滤纸上，如呈玫瑰红（或蓝色）为阳性，在1min以后显色者仍按阴性处理。

实验24　唯一碳源实验

一、实验目的

测试微生物利用不同碳源的能力。

二、实验原理

自然界含碳化合物种类繁多，细菌能否利用某些含碳化合物作为唯一碳源可以作为分类鉴定的依据。在基础培养基中只添加一种有机碳源，接种后观察细菌能否生长，就可以判断该细菌能否以此碳源作为唯一碳源生长。

三、实验器材

（1）待测菌种。

（2）基础培养基：

$(NH_4)_2SO_4$	2.0g	$MgSO_4 \cdot 7H_2O$	0.2g
$NaH_2PO_4 \cdot H_2O$	0.5g	$CaCl_2 \cdot 2H_2O$	0.1g
K_2HPO_4	0.5g	蒸馏水	1000mL

待测底物包括糖类、醇类、脂肪酸类、二羧酸类、有机酸类和氨基酸类等。一般底物要求过滤除菌，糖醇类浓度为0.5%~1%，其他为0.1%~0.2%。

四、实验步骤

实验操作步骤为：

（1）菌悬液的制备：为了使接种量均一，可将待测菌先制成菌悬液，即取少量菌苔放入无菌水中，充分混匀即可。

（2）接种：以菌悬液接种，接种量0.2mL，连续接种三代。

（3）培养：根据测试微生物种类不同，提供合适的培养条件，细菌一般培养48h。培养后观察是否生长，生长者为阳性。

实验 25　葡萄糖氧化发酵试验

　　糖发酵产酸是细菌分类鉴定中的一项重要指标，细菌从糖类产酸并不都是发酵性产酸，有些细菌是以分子氧作为最终受氢体，但以 O_2 为最终受氢体的细菌产酸量较少，且常常被培养基中蛋白胨分解时所产生的氨中和，而表现不出酸性。为此，休和利夫森二氏（Hugh 和 Leifson）提出用含低有机氮培养基来鉴别细菌从糖产酸是氧化性还是发酵性的。一般以葡萄糖为代表，也可用该基础培养基测定细菌从其他糖或醇类产酸的特性。这一试验已广泛用于细菌分类鉴定。

　　一、培养基（休和利夫森二氏培养基）

　　培养基配方如下：

蛋白胨	2.0g	NaCl	5.0g
K_2HPO_4	0.2g	琼脂（水洗）	5~6g
溴麝香草酚蓝（溴百里酚蓝）水溶液（1%）		3mL	
蒸馏水	1000mL	pH 值	7.0~7.2

　　分装试管，培养基高度约 4~5cm，121℃灭菌 20min。

　　使用时，将培养基在沸水中融化，无菌操作把经过灭菌的糖液加到试管中，使其浓度达到 1%，摇匀，冷却后备用，也可把 1%葡萄糖直接加入培养基中，132℃灭菌 20min。

　　溴麝香草酚蓝（1%）：先用少量 95%酒精溶解后，再加水配成 1%的水溶液。

　　二、操作步骤

　　实验操作步骤为：

　　（1）将培养 18~24h 的幼龄菌穿刺接种于上述培养基中，每株菌接 4 支。

　　（2）取其中 2 支用灭菌的凡士林（可加一半液体石蜡混匀）注入试管（约 0.5~1.0cm 厚）以隔绝空气；另 2 支不封油为开管。同时，以不接种的开闭管作对照，置 30℃下培养，在第 1 天、2 天、4 天、7 天、14 天各观察 1 次。

　　（3）结果观察。氧化产酸——仅开管产酸变黄，而且培养基上层产酸变色部分不超过 1cm。48h 后氧化作用强的菌也只有半管左右因产酸变色。氧化能力弱的菌往往在 1~2 天时，上部产碱变蓝，此后才稍因产酸而变黄。发酵产酸——开管及闭管均产酸，沿穿刺线先产酸变色，发酵作用强的菌培养 24h 内可因产酸而全管变色。如产气，则在琼脂柱内产生气泡。

实验 26　糖或醇类发酵试验

　　糖发酵试验在细菌分类鉴定中是一项重要指标，尤其是在鉴定肠道细菌时更为重要。细菌具有各种酶系统，绝大多数都能利用糖类（或醇）作为碳源和能源，在厌氧条件下产生各种有机酸（乳酸、醋酸、丙酸等）和气体（甲烷、二氧化碳、氢等），或只产酸而不产生气体。是否产生酸和气体，可以由培养后试管中指示剂的颜色变化和发酵管内气泡的有无来判断。指示剂一般采用溴甲酚紫（pH值6.8~5.2由紫变黄）或溴麝香草酚蓝（pH值7.6~6.0由蓝变黄），发酵管为杜氏小管（Durhan tube）。

用来发酵的糖、醇和糖苷的种类很多，如葡萄糖、果糖、乳糖、蔗糖、淀粉、乙醇、甘油和水杨苷等，在试验中应依据需要选择。

一、培养基

培养基配方如下：

蛋白胨	10g	蒸馏水	1000mL
NaCl	5g	pH 值	7.4
葡萄糖（或其他种类的糖或醇）	10g		

加入1.6%溴甲酚紫水溶液调至紫色为止，分装试管最后放入杜氏小管，112℃灭菌30min。

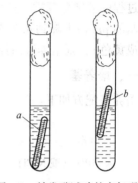

图8-7　糖发酵试验的产气观察
a—不产气；b—产气

二、操作步骤

实验操作步骤为：

（1）接种供试菌于培养液中，30℃恒温培养48~72h，另以不接种者为对照。

（2）结果观察。经培养后，如产酸则培养液pH值下降，指示剂变黄，如产气则在杜氏小管顶端出现气泡（图8-7）。若指示剂仍为紫色，说明培养基为中性或碱性。

（3）结果记录。以"+"表示产酸，"〇"表示产气，"⊕"表示产酸产气，"－"表示无变化。

实验27　油脂水解试验

某些细菌产生脂肪酶，能将培养基中的脂肪分解为甘油和脂肪酸，产生的脂肪酸与中性红（pH值6.8~8.0由红变黄）结合形成红色斑点。

一、培养基

培养基配方如下：

蛋白胨	10g	NaCl	5g
牛肉膏	5g	香油或花生油	10g
琼脂	15~20g	蒸馏水	1000mL
pH 值	7.2	中性红（1.6%水溶液）	约1.0mL

121℃灭菌20min。

配制时应注意：不能使用变质的油。油、琼脂和水先加热，调好pH值之后，再加入中性红使培养基稍呈红色为止；分装培养基时，需要不断地搅拌，使油脂均匀分布于培养基中。

二、操作步骤

实验操作步骤为：

（1）将融化好的培养基冷却至50℃左右，充分振荡，再倒平板，用接种环挑取少量待测菌划线，如图 8-8 所示。30℃ 恒温培养 2 ~ 5 天。

（2）结果观察。打开培养皿，其底层长菌的地方，如出现红色斑点，即说明脂肪被水解，此反应为正反应。

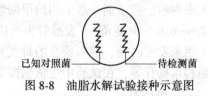

图 8-8　油脂水解试验接种示意图

实验 28　甲基红试验(M. R 试验)

本试验和乙酰甲基甲醇试验均是为了测定细菌发酵葡萄糖产酸的能力。某些细菌在糖代谢过程中分解葡萄糖，产生丙酮酸，而丙酮酸进一步被分解为甲酸、乙酸和乳酸等，使培养基的 pH 值下降到 4.2 或更低。用甲基红做指示剂（指示范围：pH 值 4.2~6.3 由红色变成黄色），则培养液由原来的橘黄色转变为红色，则为甲基红试验阳性。

一、培养基

培养基配方如下：

蛋白胨	5g	葡萄糖	5g
K$_2$HPO$_4$（或 NaCl）	5g	水	1000mL
pH 值	7.0~7.2		

每管分装 4~5mL，121℃灭菌 20min。

若测定芽孢杆菌属的细菌时，则以 5g NaCl 代替 K$_2$HPO$_4$，因它具有缓冲作用。

二、试剂

实验用试剂如下：

甲基红	0.1g	95%酒精	300mL
蒸馏水	200mL		

三、操作步骤

实验操作步骤为：

（1）将培养 18~24h 的待测菌接种于葡萄糖蛋白胨培养基中，同时接种 2 支。37℃恒温培养 2~6 天。肠道细菌要求在 4 天检验。

（2）结果观察。在培养液中加入 1~2 滴甲基红试剂，如呈红色为阳性反应，黄色为阴性反应。

实验 29　乙酰甲基醇试验(V. P 试验)

本试验又称伏-普二氏（Voges-Proskauer）试验，某些细菌具有发酵葡萄糖产生乙酰四基甲醇的能力。葡萄糖分解产生丙酮酸，而丙酮酸经缩合、脱羧而转变成乙酰甲基甲醇。在有氧和碱性条件下易被氧化产生二乙酰，二乙酰与蛋白胨中的胍基化合物作用生成红色化合物，称阳性反应，没有红色化合物产生则称阴性反应。V.P 反应过程如下：

$$C_6H_{12}O_6 \rightarrow \begin{matrix} CH_3 \\ | \\ CO \\ | \\ COOH \end{matrix} \xrightarrow{-CO_2} \begin{matrix} CH_3 \\ | \\ CO \\ | \\ COHCOOH \\ | \\ CH_3 \end{matrix} \xrightarrow{-CO_2} \begin{matrix} CH_3 \\ | \\ CO \\ | \\ CHOH \\ | \\ CH_3 \end{matrix} \xrightarrow{2H} \begin{matrix} CH_3 \\ | \\ CHOH \\ | \\ CHOH \\ | \\ CH_3 \end{matrix}$$

丙酮酸　　　　乙酰乳酸　　　　乙酰甲基甲醇　　2，3-丁二醇

$$+NaOH \downarrow -2H$$

$$\begin{matrix} CH_3 \\ | \\ CO \\ | \\ CO \\ | \\ CH_3 \end{matrix}$$

二乙酰（丁二酮）

$$\begin{matrix} CH_3 \\ | \\ CO \\ | \\ CO \\ | \\ CH_3 \end{matrix} + \begin{matrix} NH_2 \\ | \\ NH=C \\ | \\ NH_2 \end{matrix} \longrightarrow \begin{matrix} N=C-CH_3 \\ | \\ NH=C \\ | \\ N=C-CH_3 \end{matrix} +2H_2O$$

二乙酰　　　　　　胍　　　　　　红色化合物

一、培养基

培养基与 M.R 试验相同。

二、试剂

实验用试剂如下：

甲液：5%α-萘酚（无水酒精溶液）。此液易于氧化，故只能随用随配，或用 0.3%肌酸水溶液（也可不配成溶液，直接使用）。

乙液：400g/L NaOH（或 KOH）溶液。

三、操作步骤

实验操作步骤为：

（1）接种同 M.R 试验。

（2）结果观察。在每支试管中加 400g/L NaOH 溶液 10~20 滴，并加等量 α-萘酚溶液。拔去棉塞，用力振荡，置 37℃温箱保温 15~30min（或在沸水浴中加热 1.2min），如反应呈现红色为阳性，黄色为阴性。

M.R 试验和 V.P 试验在饮用水卫生细菌学检验中用于鉴别大肠杆菌和产气杆菌。前者 M.R 试验为阳性，V.P 试验为阴性，而后者与之相反。

实验 30　产吲哚(indole)试验

某些细菌如大肠埃希氏菌含有色氨酸酶，能分解蛋白质中的色氨酸而生成吲哚（靛基

质）。吲哚无色，与对二甲基氨基苯甲醛作用产生红紫色的玫瑰吲哚。其反应过程如下：

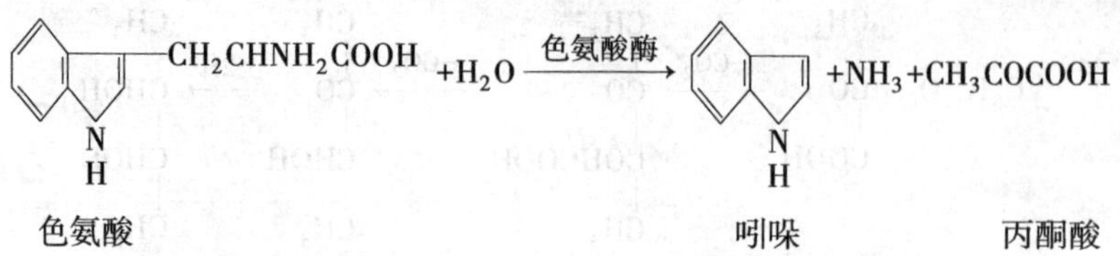

色氨酸　　　　　　　　　　　　　　　　吲哚　　　丙酮酸

吲哚与对二甲基氨基苯甲醛的反应：

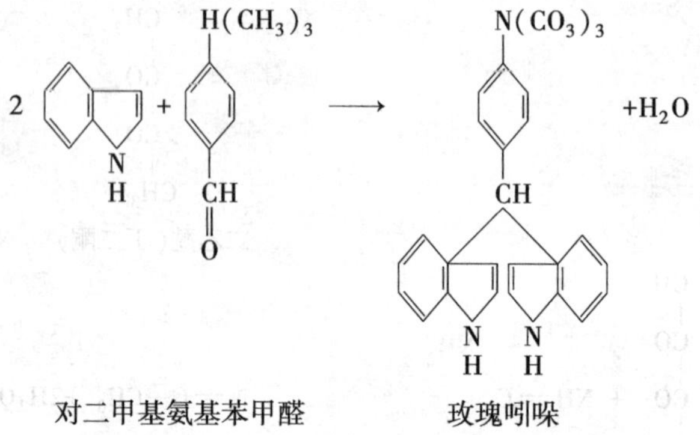

对二甲基氨基苯甲醛　　　　玫瑰吲哚

一、培养基

培养基配方如下：

| 蛋白胨 | 10g | NaCl | 5g |
| 水 | 1000mL | pH 值 | 7.0~7.2 |

每管分装 5mL，121℃灭菌 20min。

二、试剂

实验用试剂如下：

对二甲基氨基苯甲醛（Para-dimethylaminobenzaldehyde）	2g
95%酒精	190mL
浓 HCl	140mL

三、操作步骤

实验的操作步骤为：

（1）接种待测菌于培养基中 24h，并做空白实验，28~37℃培养 1~7 天。

（2）取培养 1 天、2 天、4 天、7 天的培养液，加入约 1mL 的乙醚（使之呈明显的乙醚层），充分振荡，使吲哚溶于乙醚中，静置片刻，待乙醚层浮于培养液的表面，此时沿管壁慢慢加入吲哚试剂 10 滴，如果有吲哚存在，则乙醚层出现玫瑰红色（注意在加试剂后不能再摇动，否则被混合，红色不明显），即为反应阳性。

实验31　石蕊牛奶试验

牛奶中主要含有乳糖、酪蛋白、无机盐和生长素等。细菌主要分解和利用乳糖及酪蛋白。牛奶中常加入石蕊作为 pH 指示剂和氧化还原指示剂。未接种的石蕊牛奶呈紫蓝色，中性时呈淡紫色，酸性时呈红色，碱性时呈蓝色，被还原时，则自下而上全部或部分褪色。细菌对牛奶的各种反应如下：

（1）产酸：细菌发酵乳糖产酸，使石蕊变红（pH 值为 4.5）。

（2）产碱：细菌分解酪蛋白产生碱性物质，使石蕊变蓝（pH 值为 8.3）。

（3）胨化：细菌产生蛋白酶水解酪蛋白，使牛奶变成清亮透明的液体。

（4）凝乳酶凝固：某些细菌产生凝乳酶，使酪蛋白凝固，此时石蕊常呈蓝色或不变色。

（5）还原：细菌生长旺盛时，使培养基氧化还原电位降低，石蕊褪色，在上述五种情况下，石蕊均可还原。

（6）酸凝固：某些细菌发酵乳糖产生有机酸，在酸性条件下石蕊变为粉红色，酪蛋白沉淀形成凝块。

一、培养基

培养基的配制方法如下：

（1）脱脂牛奶的制备：用新鲜牛奶（注意在牛奶中勿掺有水分，否则会影响实验结果）反复加热，去掉脂肪。每次加热 20~30min 冷却，除去奶油。最后一次冷却后，用吸管把底层牛奶吸出。若无新鲜牛奶可用脱脂奶粉 100g 溶于 1000mL 水中代替。

（2）石蕊溶液的配制：

石蕊	2.5g
蒸馏水	100mL

将石蕊浸泡在蒸馏水中过夜或更长时间，使其变软而易于溶解，溶解后过滤备用。

（3）石蕊牛奶的配制：

将脱脂牛奶的 pH 值调至中性（新鲜牛奶一般不需调节 pH 值），再按下列比例混合：

脱脂牛奶	100mL
2.5%石蕊液	4.0mL

混合后的颜色呈丁香花紫色（淡紫偏蓝），每支试管分装 5mL，在 112℃灭菌 20min。

二、操作步骤

实验操作步骤为：

（1）将待测菌接种于石蕊牛奶培养基中，同时作对照管，适温培养。

（2）结果观察。培养 1 天、3 天、5 天、7 天、14 天及 30 天观察各种反应。

实验 32　硝酸盐还原试验

本实验用于检验细菌的硝酸盐还原能力。某些细菌具有硝酸还原酶将硝酸盐还原为亚硝酸盐或氨和氮等。当加入格里斯氏试剂后，亚硝酸盐与其中的醋酸作用生成亚硝酸，亚硝酸与对氨基苯磺酸作用生成重氮苯磺酸，后者与 α-萘胺结合成为红色的 N-α-萘胺偶氮磺酸，此为阳性反应。

硝酸盐的存在与否可用二苯胺试剂检查。如果有硝酸盐存在，当向溶液加入 1~2 滴二苯胺试剂时，培养液若呈蓝色反应，则表示培养物中仍有硝酸盐和新生成的亚硝酸盐都已还原成其他产物，故仍为硝酸盐还原阳性反应。

一、培养基

培养基配方如下：

牛肉膏	3.0g	蛋白胨	5.0g
KNO_3	1.0g	蒸馏水	1000mL
pH 值	7.0~7.6		

每试管分装 4~5mL 或更多一些，121℃灭菌 20min。

二、试剂

实验用试剂如下：

（1）格里斯（Griess）试剂的配制

A 液：对氨基苯磺酸	0.5g
稀醋酸（10%左右）	150mL
B 液：α-萘胺	0.1g
蒸馏水	20mL
稀醋酸（10%左右）	150mL

（2）二苯胺试剂的配制：取 0.5g 二苯胺（Diphenylamine）溶于 100mL H_2SO_4，并用 20mL 蒸馏水稀释，保存于棕色瓶中备用。

三、操作步骤

实验的操作步骤为：

（1）将待测菌接种于培养液中，适温培养 1 天、3 天、5 天。每柱菌做 2~3 个重复，另外留 2 管不接种作对照。

（2）取两支干净的空试管或在比色瓷盘反应室中放入少许培养液，再滴 1 滴格里斯氏试剂 A 液和 B 液。在对照管中同样加入 A、B 液各 1 滴。

（3）结果观察。若溶液变为粉红色、玫瑰红色、橙色、棕色等表示有亚硝酸盐存在，为硝酸盐还原阳性反应。如无红色出现则可加 1~2 滴二苯胺试剂，此时呈蓝色反应，则为阴性反应。如不呈蓝色反应，则仍为阳性反应。

实验 33　柠檬酸盐利用试验

由于细菌利用柠檬酸盐的能力不同，因此，试验用于考察细菌能否将柠檬酸盐作为唯一碳源加以利用，这在鉴定肠杆菌各属时是十分重要的依据。细菌分解柠檬酸盐产生碱性化合物，使培养基由微酸变碱，若采用溴麝香草酚作指示剂，则由绿色变为深蓝色。若采用酚红指示剂（pH 值为 6.8~8.4，由黄变红），则培养基由淡粉红变为玫瑰色，以此来判断结果。

一、培养基

培养基配方如下：

（NH₄）H₂PO₄	1g	K₂HPO₄	1g
NaCl	5g	MgSO₄·7H₂O	0.2g
柠檬酸钠	2g	琼脂	15~20g
蒸馏水	1000mL		
1%溴麝香草酚蓝（酒精液）10mL（或0.5%酚红液3mL）			

将上述各成分加热溶解后，调 pH 值为 6.8，然后加入指示剂，摇匀，过滤，分装试管。121℃灭菌 20min 后，摆成斜面。

二、操作步骤

实验的操作步骤为：

（1）将待测菌在斜面上划线接种，于 30~37℃ 恒温培养 3~5 天。

（2）培养基为碱性（指示剂变为深蓝色）者为阳性，否则为阴性。若指示剂为酚红，则培养基由原来的淡粉红色变为玫瑰红色，即为阳性。

实验 34　明胶液化试验

明胶是一种具有在 20℃ 或较低温度时形成凝胶性质的动物蛋白质。某些细菌能分泌蛋白酶分解明胶，使其失去凝固性，而由原来的固态变为液态，即所谓明胶液化，即使在 20℃ 以下也不再凝固。因此，通过细菌能否使明胶液化可表示其有无分解蛋白质的能力，一般采用穿刺法。

一、培养基

培养基配方如下：

牛肉膏	3g	蛋白胨	10g
NaCl	5g	明胶	120g
蒸馏水	1000mL		

配制时，先将水加热，接近沸腾时再加入其他药品和明胶，不断地搅拌（以防明胶沾底），待融化后停止加热。调节 pH 值为 7.2~7.4，分装，112℃灭菌 30min。

二、操作步骤

实验的操作步骤为：

（1）接种：将培养 18~24h 的待测菌穿刺接种于培养基中，同时作未接种对照管。

（2）培养：放 20℃ 恒温箱中培养 48h。若细菌在 20℃ 下不生长，则应放在最适温度下培养。

（3）观察结果：观察培养基有无液化情况及液化后的形状。

因明胶在低于 20℃ 时凝固，高于 25℃ 时自行液化，若是在高于 20℃ 下培养的细菌，观察时应放在冰浴中观察，若明胶被细菌液化，即使在低温下明胶也不会再凝固。

实验 35　产硫化氢试验

某些异养菌能分解含硫的有机物产生 H_2S 气体。H_2S 遇金属盐类，如铅盐、铁盐等，可形成黑色的硫化铅（PbS）或硫化铁（FeS）的沉淀物，从而可断定是否产生 H_2S。其测定方法有两种，一种是用含有柠檬酸铁铵的培养基穿刺培养，看是否有黑色沉淀；一种是在盛有液体培养基的试管中接种菌以后，在试管棉塞下吊一片醋酸铅试纸，经培养后观察醋酸铅试纸是否变黑。

一、方法一

1. 培养基

培养基配方如下：

蛋白胨	20g	NaCl	5g
柠檬酸铁铵	0.5g	硫代硫酸钠	0.5g
琼脂	15~20g	蒸馏水	1000mL
pH 值	7.2		

先将琼脂和蛋白胨融化，冷至 60℃ 加入其他成分，分装试管，112℃ 灭菌 15min，备用。

2. 操作步骤

实验操作步骤为：

（1）取待测菌穿刺接种于培养基中，适温培养。

（2）培养 3 天、7 天、14 天，观察有无黑色沉淀产生，变黑者为阳性。

二、方法二

采用滤纸条，其反应如下：

$$CH_2SHCHNH_2COOH + H_2O \longrightarrow CH_3COCOOH + H_2S\uparrow + NH_3$$
　　　　　半胱氨酸

$$H_2S + Pb(CH_3COO)_2 \longrightarrow PbS\downarrow + 2CH_3COOH$$
　　　　　醋酸铅　　　　　硫化铅(黑色)

1. 培养基

培养基配方如下：

蛋白胨	10g	半胱氨酸	0.1g
Na_2SO_4	0.1g	蒸馏水	1000mL
pH 值	7.0~7.4		

每管分装 4~5mL，112℃ 灭菌 30min。

2. 醋酸铅滤纸条制备

将普通滤纸浸在 5%醋酸铅溶液中浸透，纸条宽约 0.5~1cm，取出晾干，加压灭菌后，105℃ 烘干备用。

3. 操作步骤

实验操作步骤为：

（1）培养液接种后，用无菌镊子取一条醋酸铅滤纸条，借助棉塞悬挂于试管中培养液之上，下端接近液面但不可触及液面。同时以不接种的空白及已知阴性反应的菌为对照，适温培养（图 8-9）。

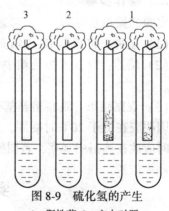

图 8-9　硫化氢的产生
1—阳性菌；2—空白对照；
3—已知阴性对照菌

（2）培养 3 天、7 天、14 天观察，如纸条变黑者为阳性，不变者为阴性。

实验 36 产 氨 试 验

某些细菌具有脱氨酶，能使氨基酸脱去氨基，生成氨和各种酸类。氨与纳氏试剂作用产生黄色。反应如下：

$$2(HgI_2 \cdot 2KI) + 3KOH + NH_3 \longrightarrow \underset{\underset{Hg}{\overset{Hg}{}}}{C}\diamond CNH_2I + 7KI + 2H_2O$$

黄色碘化氧双汞铵

一、培养基

培养基配方如下：

蛋白胨	10g	牛肉膏	3g
NaCl	5g	蒸馏水	1000mL
pH 值	7.2		

配制时，应先检查蛋白胨的质量，即在试管中加入少量的蛋白胨和水，再加入几滴纳氏试剂，若无黄色沉淀，则可使用。若出现黄色沉淀，表明游离氨过多，则不能使用。分装试管，121℃灭菌 20min。

二、纳氏试剂

纳氏试剂又称氨试剂，为 KI 和 HgI_2 复盐（$HgI \cdot 2KI$）的碱性溶液，其配制方法如下：

甲液：	KI	10g	蒸馏水	100mL	HgI_2	20g
乙液：	KOH	20g	蒸馏水	100mL		

按上述配方制备甲、乙两液，待冷却后，将两者混合保存于棕色瓶中备用，为加速溶解，HgI_2 可预先放在研钵中加几滴 KI 研碎。

三、操作步骤

实验操作步骤为：

（1）接种待测菌于培养基中，28~30℃恒温培养 1 天、3 天、5 天，并用不接种的空白对照。

（2）取少许培养液，加 1~2 滴纳氏试剂，如产生黄色（或棕红色）沉淀，表示有氨存在，为阳性反应。未接种的培养液无黄色沉淀出现，为阴性反应。

实验 37 尿素水解试验

某些细菌能产生脲酶，将尿素分解为氨和二氧化碳，使培养基的 pH 值升高，可根据培养基中酚红指示剂颜色的变化，来判断尿素是否水解，其反应式如下：

$$\begin{matrix} H_2N \\ \diagdown \\ C=O \\ \diagup \\ H_2N \end{matrix} + 2H_2O \longrightarrow (NH_4)_2CO_3 \longrightarrow 2NH_3 + CO_2 + H_2O$$

一、培养基

培养基配方如下：

蛋白胨	1g	KH_2PO_4	2g
NaCl	5g	葡萄糖	1g
酚红	0.012g（6mL 1：500 的酚红水溶液）		
琼脂	20g	蒸馏水	1000mL

1%溴麝香草酚蓝（酒精液）10mL（或 0.5%酚红液 3mL）

灭菌前调 pH 值为 7.0，使培养基呈黄色或微带粉红色为宜。分装试管，112℃灭菌 30min。20%的尿素水溶液过滤灭菌后，待基础培养基冷却到 50~55℃时，将其加到基础培养基中，最终浓度为 2%，然后摆成较大的斜面。

二、操作步骤

接种培养 18~24h 的待测菌，适温培养，2h 就可开始观察，4h、12h 各观察一次。阴性结果要观察 4 天。培养基是红色者为阳性，颜色不变者为阴性。

注意：试验应有不加尿素的空白对照（尤其是测定假单胞菌时）；应该有已知的阳性菌作对照。

实验 38　氰化钾试验

KCN 是呼吸链末端的阻断剂。能否在含有 KCN 的培养基中生长，是鉴别肠杆菌中各属的常规实验项目。

一、培养基

培养基配方如下：

蛋白胨	3g	NaCl	15g
KH_2PO_4	0.225g	$Na_2HPO_4 \cdot 2H_2O$	5.64g
蒸馏水	1000mL	pH 值	7.4~7.6

121℃灭菌 20min，冷却后加 15mL 0.5%的 KCN 水溶液，无菌分装于灭菌小试管中各 1.0mL，另有不加 KCN 的对照管。

二、操作步骤

实验操作步骤为：

（1）接种培养 18~24h 的待测菌于测定管和对照管中。

（2）37℃恒温培养 1~2 天，测定管中生长者为阳性；测定管中未生长，而对照管中生长者为阴性。

（3）若测定管和对照管中均未生长，说明培养基成分不合适，应另外选择合适的培养基测定。

（4）KCN 为剧毒药品，试验完毕在各试管中加几粒 $FeSO_4$ 和 0.5mL 20%KOH 溶液去毒后，再按常规洗涤。

实验 39　生长温度试验

温度作为重要的生态因子，直接影响微生物的生长繁殖。不同种类的细菌对温度的反应各不一样，适宜条件下，细菌能够正常生长；反之生长受到抑制，或引起变异，甚至死亡。

细菌的生长需要有适宜的温度范围，有最低、最适和最高温度，按照细菌对温度的适应性可分为以下三种类型，见表 8-2。

表 8-2　细菌生长的温度范围　　　　　　　　　　　　　　　（℃）

温　度	最　低	最　适	最　高
低　温	0	10~15	20~30
中　温	5	25~37	45~50
高　温	30	45~55	60~75

为了更好地反映温度对细菌生长的影响，应选择最适的培养基和培养方法。

一、培养基

一般采用牛肉膏蛋白胨培养液，调 pH 值为 7.2~7.4，121℃灭菌 20min，静置后取上清液分装于透明度较好的试管中，再高压灭菌一次。

二、操作步骤

实验操作步骤为：

（1）接种待测菌于培养液中，适宜湿度培养 18~24h，即成菌液。如用固体培养，则制成菌悬液。

（2）用直径约 0.5mm 的接种针蘸取菌液（接种针浸湿深度约 1.0~1.5cm，接种量力求一致）加入培养液中，并与对照管一起置于特制的试管架上，分别（次）在 0℃、8℃、20℃、28℃、37℃，甚至 55~65℃恒温水浴中（水浴液面应高于培养物液面）培养 2 天、4 天、7 天观察；接近 0℃的低温，则培养 3 天、7 天和 30 天观察。

（3）与未接种的对照管比较，目测生长情况，如浑浊度、沉淀物、悬浮物（包括环状和膜等）。一般以生长良好（++）、生长差（+）、可疑（±）、不生长（-）等四级记载。

实验 40　初始生长 pH 值试验

pH 值直接影响细菌的酶活性。与温度一样，不同种类的细菌均有其最适的 pH 值。某种细菌在其他环境条件固定时，其生长的 pH 值范围也是固定的，故可作为一个鉴定指标。

本试验与温度试验相似，应选择最适应培养基，现举一例供参考。

一、培养基

培养基的配方如下：

葡萄糖	5.0g	NaCl	0.2g
KH_2PO_4	0.2g	$MgPO_4 \cdot 7H_2O$	0.2g
$CaSO_4$	0.1g	酵母膏	10.0g
蒸馏水	1000mL		

将各成分溶解后，分成若干份，用稀盐酸或稀氢氧化钠溶液，根据试验要求，调成各种不同的 pH 值，将 pH 值为 4.0、4.5、5.0、6.0…分别分装试管，112℃灭菌 30min。灭菌后再分别抽样测 pH 值，以此 pH 值为准。

二、操作步骤

用经液体培养基培养 24~48h 的待测菌接种于上述培养基，适温培养 3 天和 7 天观察。根据各液体培养的浑浊情况，记录其生长的 pH 值范围。

试验介绍的培养基缓冲能力不强，所以只适于测定初始生长的 pH 值试验。若要检测菌的不同 pH 值培养基的生长情况，应该另外设计缓冲能力强的培养基。

实验 41　需氧性的测定

氧对细菌的生长繁殖及生理功能影响很大，根据细菌与氧的关系，可将其分为好氧菌、厌氧菌、兼性厌氧菌及微好氧菌等。氧对细菌生长繁殖影响的测定，一般采用深层琼脂法或琼脂穿刺法。

一、培养基

培养基的配方如下：

（1）培养基 I

蛋白胨	10g	酵母膏	5g
葡萄糖	1g	琼脂	15~20g
水	1000mL	pH 值	7.0

每试管分装 8~10mL，121℃灭菌 20min。

（2）培养基 II

酪素水解物（Trypticase）	20g
NaCl	5.0g
甲醛次硫酸钠（Sodium formaldehyde sulfoxylate）	1.0g
硫基醋酸钠（Sodium thioglycollate）	2g
琼脂	15~20g
蒸馏水	1000mL
pH 值	7.2

二、操作步骤

实验操作步骤为：

（1）深层琼脂法。将培养基放在沸水浴锅中加热融化，冷至50℃左右时，用接种环取少许菌体接入培养基内，轻轻摇动均匀，置冷水中使培养基凝固，30℃恒温培养2~3天进行观察。

（2）琼脂穿刺法。将培养基融化并冷却到50℃左右，用接种针取少许菌体或用一小接种环（外径1.5mm）的营养肉汤培养物，穿刺接种，注意不要搅动培养基，然后使其凝固。30℃恒温培养3~7天，观察细菌生长情况及部位。

（3）结果观察（图8-10）。

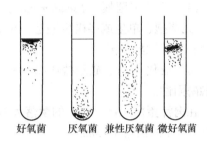

好氧菌　厌氧菌　兼性厌氧菌　微好氧菌

图8-10　细菌与氧气的关系示意图

专性好氧菌：只生长在培养基表面；

专性厌氧菌：只生长在培养基底部；

兼性厌氧菌：生长在培养基表面及整个深部；

微好氧菌：生长在培养基的中上部，约近表面4mm处。

第五节　属 的 检 索

以上讨论了细菌鉴定一般程序，但是由于细菌鉴定没有对各类细菌都通用的鉴定程序，所以对初学鉴定的人是有一定困难的。只有掌握了各方面知识，在充分了解细菌分类知识的基础上，才能顺利地根据试验结果，检索被鉴定的菌株属于哪一属。另外，细菌的种类繁多，用于鉴定的方法和项目也因属、种的不同而异，因此，鉴定工作中并不是仅仅或全部按上述项目测试就可确定下来，尤其是在鉴定污水处理过程中菌属的情况就更为复杂，应该根据不同的对象，选用适当的试验方法和项目，参考多方面的资料才能肯定。

一、细菌常用分类系统简介

目前，有三个比较全面和应用较广的细菌分类系统：美国布瑞德（R. S. Bread）等人主持编写的《伯杰氏细菌学鉴定手册》，前苏联的克拉西里尼可夫（Kpacmjibhnkob）著的《细菌和放线菌的鉴定》、法国的普雷沃（Pievot）著的《细菌分类学》（1961年）。这三个系统所依据的原则、排列的系统，对各群菌的命名及所用名称的含义等都有不同，不能互相代替。这里主要介绍伯杰氏分类法。

《伯杰氏细菌学鉴定手册》（Bergey's Manual of Determinative Bacteriology）是美国国家细菌学家协会所属的"伯杰氏手册董事会"（The Board of Trustees of Bergey's Manual）组织各国有关学者写成的一部巨著，收集的种类较多，系以生理特征为主，采用编目式分类法。自1923年出版以来，相继于1925、1930、1934、1939、1948、1957、1974和1984年出版了9版。几乎每一版的内容都作了重大修改和扩充。该手册自1923年出版以来，经过几十年的修订和补充，现已被国际上的细菌学家普遍认同和使用。

手册第9版改称为《伯杰氏系统细菌学手册》（Bergey's Manual of Systematic Bacteriology），从1984~1989年陆续出版了4卷，在着重于表现特征描述的基础上，结合化学分类、数值分类，特别是DNA相关性分析，以及16SrRNA寡核苷酸序列分析在生物种群间的亲缘关系研究中的应用作了详细的阐述。此外，还附有每个菌群的生态、分离和保藏及鉴定方法。

二、废水处理中常见的细菌

废水中的细菌种类繁多，可分为好氧菌、兼性厌氧菌和厌氧菌三大类，主要包括以下几属：

（1）假单胞菌属（*Pseudomonas*）。杆菌，单个，大小为$(0.5～1.0)\mu m \times (1.5～4.0)$ μm。无芽孢、单生或多极生鞭毛，少数无鞭毛；革兰氏染色阴性，需氧或兼性厌氧，氧化而非发酵性异养菌。

明胶液化（±）、硝酸盐还原（±）；多数氧化葡萄糖产生葡萄糖酸；从乳糖产酸者少；接触酶阳性。

在肉汁蛋白胨培养基上的菌落大多为圆形、全缘、半透明、闪光、乳脂状、低凸到乳头状、24h 内菌落 1～3mm。

本属细菌种类很多，达 200 余种，有些菌种能在 4℃生长，属嗜冷菌。

本属细菌在自然界中分布极为广泛。常见于土壤、淡水、海水、污水、器皿、用具、动植物体表以及各种蛋白质的食品中。

（2）动胶菌属（*Zoogloea*）。杆菌，大小为$(0.5～2.0)\mu m \times (1.0～3.0)\mu m$，幼龄细胞以单极毛活跃运动。无芽孢或孢囊。在自然条件下，菌体群集于共有的菌胶团中，在人工培养基上产生软骨状菌落。革兰氏染色阴性，永不发酵。

氧化葡萄糖，不分解蛋白质，不水解明胶，石蕊牛奶不胨化，不形成吲哚和硫化氢，硝酸盐还原阴性，不利用柠檬酸盐，无色素，接触酶阳性。

严格好氧，最适温度 28～30℃；10℃生长缓慢，45℃不生长。最适应 pH 值为 7～7.5。pH 值为 4.5 或 pH 值为 9.6 不生长。

本属菌是生物处理有机污水的重要细菌。

（3）产碱杆菌属（*Alcaligenes*）。杆菌，大小为$(0.5～1.0)\mu m \times (1.0～3.0)\mu m$，周生鞭毛运动或不运动，革兰氏染色阴性。化能异养菌；呼吸代谢，从不发酵，分子氧是最终电子受体。

严格的好氧菌，有些菌株能利用硝酸盐或亚硝酸盐作为可以代换的电子受体进行厌氧呼吸。

石蕊牛奶强产碱，不能使碳水化合物产酸，V.P 阴性，不产吲哚，能产生灰黄色、棕黄色、黄色色素，氧化酶阳性。

最适温度在 20～37℃之间，在 pH 值为 7.0 时所有的种生长快，属嗜冷菌。

产碱杆菌属的菌株一般认为都是腐生的。生于乳制品、淡水、污水、海水及陆地环境中，参与其中分解和矿质化的过程。

（4）邻单胞菌属（*Plesiomonas*）。圆端直的杆状细胞，大小为$(0.5～1.0)\mu m \times (1.0～3.0)\mu m$，单个、成对或短链，以极毛运动。一般丛生鞭毛，革兰氏染色阴性。

化能异养菌；呼吸和发酵皆有的代谢；分解碳水化合物产酸，但不产气；氧化酶和接触酶的反应阳性。没有胞外酶，不水解淀粉，石蕊牛奶胨化。兼性厌氧。

最适温度 30～37℃时生长良好。

（5）黄杆菌属（*Flavobacterium*）。细胞以球杆状到细长的杆状，大小为$(0.5～1.0)\mu m \times (0.8～3.0)\mu m$，周毛运动。有的是极毛运动或不运动。无芽孢，革兰氏染色阴性。

在固体培养基上形成特征性的黄色、橙色、红色或褐色色素，其色彩可能随培养基和温度发生变化。色素不溶于培养基，形成具有明显颜色的菌落。

化能异养菌。呼吸代谢，发酵作用不明显，一般在含碳水化合物的培养液中不产酸和气。分解蛋白质的能力较强。

培养温度低于30℃时为适宜，即能在低温中生长，属于嗜冷菌。高温可能抑制生长，少数种在37℃时生长。

广泛分布于土壤、淡水及海水中。

(6) 不动细菌属（Acinetobacter）。通常是非常短粗的杆菌，大小为（1.0~1.5）μm×（1.5~2.5）μm，以成对和短链占优势。不形成芽孢，没有鞭毛。荚膜有或无，革兰氏染色阴性。

氧化代谢的化能异养菌。有机物作为碳源和能源的利用一般是多样化的。从糖类可能或不能产酸，没有特殊生长的需要。

氧化酶阴性，接触酶阳性；V.P阴性，不产吲哚和硫化氢。

严格好氧。最适温度30~32℃，最适pH值为7。

普遍存在的腐生菌。

(7) 无色细菌属（Achromobacter）。直杆菌，中等大小，革兰氏染色阴性。周生鞭毛运动或不运动。在琼脂培养基上不产生色素、菌苔污白色。

使石蕊牛奶微产酸、无变化或产碱，能使葡萄糖产酸、不产气或无作用。硝酸盐还原（±），明胶液化（±）。

生存于土壤、淡水、碱水、污水等处。

(8) 埃希氏菌属（Escherichia）。直杆菌，大小为(1.1~1.5)μm×(2.0~6.0)μm（活菌）或(0.4~0.7)μm×(1.0~3.0)μm（干燥和染色），单个或成对，周生鞭毛运动或不运动，无芽孢，革兰氏染色阴性。

菌落可能是光滑的、低凸面、湿润、表面闪光、全缘、灰色，也可能是黏液型的。

不利用柠檬酸盐，发酵葡萄糖产酸产气（有的不产气），可发酵乳糖或不发酵，明胶液化阴性，M.R阳性，V.P阴性，产吲哚，不产H_2S，接触酶阳性，硝酸盐还原阳性。

(9) 柠檬酸细菌属（Citrobacter）。杆菌，以周毛运动，无荚膜，无芽孢，革兰氏染色阴性。

能利用柠檬酸盐作为唯一碳源，发酵葡萄糖及其他碳水化合物产酸产气。迟缓或不发酵，接触酶阳性，硝酸盐还原阳性。

常存在于水、食物、大便和尿中。

(10) 沙门氏菌属（Salmonella）。杆菌，通常以周毛运动，革兰氏染色阳性。菌落直径为2~4μm，大多数菌可生长在合成的培养基中而不需要特殊的生长素。它们能利用柠檬酸盐作为唯一碳源。发酵葡萄糖产酸产气，接触酶阳性，产H_2S，乳糖（±）、不液化明胶，不利用蔗糖。

(11) 志贺氏菌属（Shigella）。不运动的杆菌，无荚膜。在营养培养基上生长良好，不需要特别的生长素。不能利用柠檬酸盐作为唯一碳源。不产H_2S，发酵葡萄糖和其他碳水化合物产酸而不产气。接触酶阳性。

(12) 克雷伯氏菌属（Klebsiella）。杆菌，大小为(0.3~1.5)μm×(0.6~6.0)μm，单个、成对或成短链排列，不运动，无荚膜。生长在肉汁培养基上产生黏度不等的稍呈半球形有闪光的菌落，革兰氏染色阴性。无特殊的生长需要。

大多数菌株能利用柠檬酸盐和葡萄糖作为唯一碳源。发酵葡萄糖产酸产气，也有不产气的。V.P反应通常阳性。从TSI（三糖铁培养基）上不产H_2S，一般不水解明胶，不产生吲哚。

最适生长温度35~37℃；最适pH值约7.2。

（13）肠细菌属（*Enterobacter*）。杆菌，以周毛运动，有些菌株有荚膜。革兰氏染色阴性。

柠檬酸盐可作为唯一碳源，在37℃发酵葡萄糖产酸产气。V.P反应通常阳性，M.R阴性；明胶液化多数缓慢。在TSI上不产生H_2S。

（14）爱德华氏菌属（*Edwardsiella*）。杆菌，以周毛运动；无荚膜。不能利用柠檬酸盐作为唯一碳源。在TSI多产生H_2S，但也有产生H_2S少的生物型，产吲哚。

补注：肠杆菌科（Enterobacteriaceae）的菌都能在肉汁胨培养基上良好生长，好氧和兼性厌氧。革兰氏染色阴性，无芽孢形成。有的属菌不运动，即志贺氏菌属；有两个属菌可运动可不运动，即沙门氏菌属和埃希氏菌属，其余各属均是运动的周毛菌。为更清楚各属的性质，将各菌属的特征列于表8-3和表8-4中。

表8-3　埃希氏菌族各主要菌属的区别特征

菌　属	埃希氏菌属	爱德华氏菌属	柠檬酸细菌属	沙门氏菌属	志贺氏菌属
运动性	+	+	+	+	−
吲哚	+	+	D	−	d
产H_2S与否	−	+	D		
乳糖	+/×	−	+/×	D	d
明胶			+/×		
KCN	−	−	d	D	
丙二酸盐	−	−	d	D	

注：D为属内不同种有不同的反应；d为种内不同菌株有不同的反应；×为迟缓并不规则阳性。

表8-4　肠杆菌族各主要菌属的特征

菌　属		埃希氏菌属	爱德华氏菌属	柠檬酸细菌属	沙门氏菌属	志贺氏菌属	克雷伯氏菌属	肠细菌属
接触酶		+	+	+	+	D	+	+
37℃由葡萄糖产气		+	+	+	+		D	+
硝酸盐还原		+	+	+	+	+	+	+
产酸与否	乳糖	+/×	−	+/×	D	D	D	
	麦芽糖	+	+	+	+	+	+	+
	蔗糖	d	+	d	−	D	+	+
柠檬酸盐		−	−	+	+		d	
M.R		+	+	+	+	+	D	−

菌　属	埃希氏菌属	爱德华氏菌属	柠檬酸细菌属	沙门氏菌属	志贺氏菌属	克雷伯氏菌属	肠细菌属
V.P	−	−	−	−	−	D	+
明胶水解	−	−	−	D	−	(d)	(+)
在 TSI 上产 H_2S 与否	−	+	D	+	−	−	−
吲哚	+	+	D	−	D	d	−
在 KCN 上生长与否	−	−	+	D	−	+	+

（15）节细菌属（*Arthobacter*）。在复杂培养基上，于生活史过程中，细胞形态呈现显著变化。较老的培养物（2~7天），全由球状组成，新鲜培养基为杆状。杆菌不运动或一根亚极毛或几根侧生鞭毛运动，不形成芽孢，革兰氏染色阳性，类球状细胞也是阳性。

化能异养：呼吸代谢，从不发酵。分子氧是最终电子受体。在蛋白胨培养基中，葡萄糖不产酸或只产微量的酸，接触酶阳性。

严格好氧，最适温度 20~30℃；大部分菌株在 10℃ 生长，但一般在 37℃ 不生长，pH 值为中性至微碱时生长最好。

（16）短杆菌属（*Brevibacterium*）。短杆菌，$(0.5~1.0)\mu m \times (1~50)\mu m$，少数可达 $0.3\mu m \times 0.5\mu m$，大多数运动，运动的种具有周毛或极毛，无芽孢，革兰氏染色阳性。在普通肉汁蛋白胨培养基中生长良好。

多数从葡萄糖产酸，不发酵乳糖。有时产非水溶性色素，色素呈红、橙红、黄、褐色。大多数液化明胶。还原石蕊并胨化牛奶，极少使牛奶变酸，接触酶阳性。

可以从乳制品、水、土壤中得到。

（17）微杆菌属（*Microbacterium*）。杆菌，直或微弯的。其排列与棒杆菌属（*Corynebacterium*）相似，即折断分裂造成 "八" 字形排列或栅状排列。$(0.5~0.8)\mu m \times (1~3)\mu m$，有时呈球杆菌状。革兰氏染色阳性，无芽孢形成。在普通肉汁胨培养基上生长，产生带灰色或带黄色的菌落。

发酵糖产弱酸，不产气，接触酶阳性。

（18）芽孢杆菌属（*Bacillus*）。杆菌，$(0.3~2.2)\mu m \times (1.2~7)\mu m$，大多数运动；鞭毛周生或侧生。产生抗热的芽孢；在孢子囊内不多于一个。革兰氏染色阳性，或仅在早期生长阶段阳性和阴性。

化能异养菌：利用各种底物，严格呼吸代谢，严格发酵代谢或呼吸和发酵皆有的代谢。大多数产接触酶。严格好氧或兼性厌氧。

（19）葡萄球菌属（*Staphylococcus*）。球状，直径 $(0.5~1.5)\mu m$，单个，成对出现，典型地在多个平面分裂而呈不规则堆团。不运动，革兰氏染色阳性。

化能异养菌：呼吸代谢（兼性厌氧）或发酵代谢，接触酶阳性。许多碳水化合物可被利用或产酸，不产气。V.P 反应阳性。通常不水解淀粉。产生胞外酶和毒素，水解各种蛋白质和含脂物质，不产吲哚，还原硝酸盐。

最适温度 35~40℃，生长范围 6~46℃，最适宜的 pH 值为 7.0~7.5，生长的 pH 值范围为 4.2~9.3。

（20）链球菌属（*Streptococcus*）。细胞球状或卵球状，排列成链或成对。直径很少有超过 2μm，不运动，少数肠球菌运动。革兰氏染色阳性。

化能异养菌：发酵代谢。发酵葡萄糖产酸，接触酶阴性。为需氧或兼性厌氧菌。营养要求较高，普通培养基中生长不良。最适生长温度为 37℃，pH 值为 7.4~7.6。

本菌属可分为致病性与非致病性两大类。广泛分布于自然界，如水、乳制品、尘埃、人和动物的粪便以及健康人的鼻咽部。

（21）微球菌属（*Micrococcus*）。球状，直径 0.5~3.5μm，单生、对生和特征性的向几个平面分裂形成不规则堆团，四联或立方堆、革兰氏染色阳性，但易变成阴性，有少数种运动。普通肉汁蛋白胨培养基上生长，可产生黄、橙、红色色素。

化能异养菌：代谢为严格的呼吸型，含碳化合物和碳水化合物通常是可以被利用的。氧化葡萄糖产酸，但产酸量不足 0.5%。不能使培养基 pH 值下降到 4.0，液化明胶缓慢。使石蕊牛奶变酸或陈化，不产吲哚，硝酸盐还原（±），接触酶阳性。

最适温度 20~28℃，主要生存于土壤、水、牛奶和其他食品。

第九章　水处理相关的分子生物学实验

实验 42　细菌总 DNA 的制备

一、实验目的

掌握常用细菌总 DNA 制备的方法，理解细菌总 DNA 制备的原理。

二、实验原理

制备细菌 DNA 是进行细菌基因组分析、分子克隆、分类鉴定等研究的基础。DNA 是极性化合物，溶于水，不溶于氯仿、乙醇等有机溶剂。在酸性溶液中，DNA 易水解，在中性或弱碱性溶液中较稳定。细菌基因组 DNA 制备方法很多，主要步骤是先裂解细胞，再采用化学或酶学手段去除样品中的蛋白质、多糖和 RNA 等大分子物质，从而从中分离得到 DNA。

裂解细胞的方法有机械法、化学试剂法和酶解法等。G^+细菌和 G^-细菌细胞壁组成不同，采用 SDS 等表面活性剂可直接裂解 G^-细菌的细胞，而 G^+细菌则需先使用溶菌酶降解细胞壁。溶菌酶是一种糖苷水解酶，它能水解 G^+细胞壁主要化学成分肽聚糖中的 β-1, 4 糖苷键。

SDS（十二烷基硫酸钠）是一种阴离子去污剂，能够使蛋白质变性，有助于细胞裂解。CTAB（十六烷基三甲基溴化铵）是一种阳离子去污剂，能溶解细胞膜并结合核酸，具有从低离子强度溶液中沉淀核酸与酸性多聚糖的特性。NaCl 能提供一个高盐环境，使脱氧核糖核蛋白（DNP）充分溶解于液相中。在高离子强度的溶液中（>0.7mol/L NaCl），由于溶解度差异，CTAB 与蛋白质和多糖形成复合物沉淀，但核酸仍可溶。

酚是强烈的蛋白质变性剂，能有效除去蛋白质并抑制 DNA 水解酶（DNase）的降解作用，氯仿有强烈的脂溶性，可去除脂类杂质，故酚-氯仿-异戊醇（25∶24∶1）主要用于除去 DNA 样品中的蛋白质。酚易溶于氯仿中，由于酚的氧化物对 DNA 有破坏作用，故用酚-氯仿-异戊醇去除蛋白质等杂质后，还需用氯仿-异戊醇（24∶1）抽提一次以去除 DNA 溶液中残余的酚。核酸具有不溶于醇的性质，在 70%乙醇或异丙醇中溶解度最小，故可用醇沉淀 DNA。异丙醇易使盐类与 DNA 共沉淀，而且异丙醇难以挥发除去，故还须用 70%乙醇洗涤。为避免制备的细菌总 DNA 被 RNA 污染，通常需用核糖核酸酶（RNase）降解 RNA。

DNA 在 260nm 处有最大的吸收峰，蛋白质在 280nm 处有最大的吸收峰。一般通过测定 DNA 溶液的 OD_{260} 和 OD_{280} 来估算 DNA 的浓度和纯度。纯的 DNA OD_{260}/OD_{280} 比值为 1.8~1.9，如果高于 1.8~1.9，可能有 RNA 污染；如果小于 1.8~1.9，可能含有酚或者蛋白质。

三、实验器材

1. 实验菌株

大肠杆菌（*E. coli*）。

2. LB 液体培养基

胰蛋白胨 10g/L、酵母提取物 5g/L、NaCl 10g/L。

3. 试剂

（1）CTAB/NaCl 溶液：4.1g NaCl 溶解于 80mL 蒸馏水，缓慢加入 10g CTAB（十六烷基三甲基溴化铵），加水至 100mL。

（2）TE 缓冲液：Tris-HCl 10mmol/L，EDTA 1mmol/L，pH 值为 8.0。

（3）10%SDS：将 10g 十二烷基硫酸钠（SDS）溶解于 80mL 双蒸水中，于 68℃加热溶解，用 HCl 调节 pH 值至 7.2，100mL 容量瓶定容。

（4）其他试剂：蛋白酶 K 20mg/mL、酚–氯仿–异戊醇（25∶24∶1）、氯仿–异戊醇（24∶1）、异丙醇、70%乙醇、5mol/L NaCl、RNase（50μg/mL）。

4. 仪器设备

电子天平、高速冷冻离心机、旋涡混合器、微量移液器、微量紫外/可见分光光度计、凝胶成像系统、稳压电泳仪和水平式微型电泳槽。

四、实验步骤

细菌总 DNA 提取过程如图 9-1 所示。

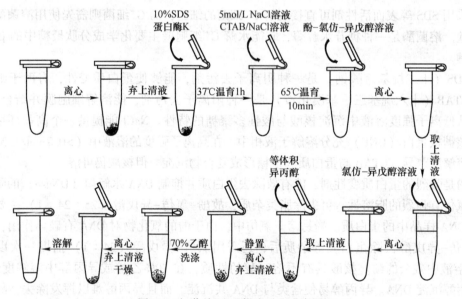

图 9-1　细菌总 DNA 提取过程示意图

（1）接种供试菌的一个单菌落于 100mL LB 液体培养基，37℃、180r/min 振荡培养 16~18h，获得足够的菌体。

（2）取 1.5mL 培养液于 2mL 离心管中，4℃、12000r/min 离心 30s，弃上清液，收集菌体（注意吸干多余的水分）。

（3）（选做）如果是 G⁺菌，应先加 50μL 100μg/mL 溶菌酶于 37℃处理 1h。

（4）沉淀物加入 567μL TE 缓冲液，于旋涡振荡器上剧烈振荡或反复吹打使之重新悬浮，加入 30μL 10% SDS 溶液和 3μL 20mg/mL 蛋白酶 K，混匀，于 37℃ 温育 1h，使细胞完全裂解。

（5）加入 100μL 5mol/L NaCl 溶液，充分混匀，再加入 80μL CTAB/NaCl 溶液，混匀，65℃ 温育 10min。

（6）加入等体积的酚−氯仿−异戊醇（25∶24∶1），混合均匀，4℃、12000r/min 离心 10min，小心吸取上清液转移至另一干净的 1.5mL 离心管中。

（7）加入等体积的氯仿−异戊醇（24∶1），混合均匀，4℃、12000r/min 离心 5min，小心吸取上清液转移至另一干净的 1.5mL 离心管中。

（8）加入等体积的预冷异丙醇，颠倒混合均匀，可看见絮状的 DNA，−20℃ 静置 20min 沉淀 DNA，4℃、12000r/min 离心 10min，弃上清液。

（9）加入 1mL 预冷的 70% 乙醇进行洗涤，4℃、12000r/min 离心 10min，弃上清液，尽量吸干残余的液体，打开离心管盖，静置干燥。

（10）加入 50~100μL 含 RNase（20μg/mL）的 TE 缓冲液溶解 DNA 沉淀。

（11）取 5μL DNA 样品进行琼脂糖凝胶电泳检测，利用微量紫外/可见分光光度计检测溶液的浓度，并通过 OD_{260} 和 OD_{280} 判断样品的纯度。

五、实验结果

（1）记录细菌总 DNA 琼脂糖凝胶电泳的结果。

（2）记录细菌总 DNA 的纯度和浓度。

六、注意事项

（1）在抽提过程中要尽可能地温和操作，减少剪切力，减少切断 DNA 分子的可能性。

（2）尽可能在低温下进行实验，降低分子热运动对 DNA 抽提量的影响。

（3）在裂解步骤，要充分悬浮细胞，使细胞完全裂解。

（4）用酚−氯仿−异戊醇和氯仿−异戊醇抽提时，离心后在吸取上层水相时勿吸入下层有机相。

（5）异丙醇和 70% 乙醇提前预冷，沉淀 DNA 的效果更好。

七、思考与讨论

（1）解释 CTAB/NaCl 法提取细菌总 DNA 过程各步骤的工作原理。

（2）某 DNA 溶液 OD_{260}/OD_{280} 比值为 1.8，是否一定说明该样品 DNA 是纯的？是否还需要进行琼脂糖凝胶电泳检测？

实验 43　琼脂糖凝胶电泳检测 DNA

一、实验目的

掌握琼脂糖凝胶电泳的基本操作过程，理解琼脂糖凝胶电泳检测 DNA 的原理。

二、实验原理

琼脂糖凝胶电泳是 DNA 分析常用的实验技术，用于分离、鉴定和纯化 DNA 分子。琼脂糖是由琼脂分离制备的链状多糖，由聚合链状分子相互盘绕形成绳状琼脂糖束并构成网络结构，具有分子筛功能，通过迁移率的差异对 DNA 分子进行分离。

DNA 是两性解离分子，在不同 pH 值溶液中带有不同电荷。DNA 分子在高于其等电点的电泳缓冲液中带负电荷，在外加电场作用下向正极迁移。影响 DNA 分子迁移率的因素有分子量大小、分子构象、电压、凝胶浓度和电泳缓冲液的组成等。

在琼脂糖凝胶电泳中，DNA 分子的碱基不解离而磷酸基团全部解离，双螺旋骨架两侧带有含负电荷的磷酸根残基，DNA 分子向正极移动。在低电压范围内，线状 DNA 片段的迁移速率与电泳的电压成正比，通常情况下电压不应超过 5~8V/cm。凝胶的浓度越大，分子孔径越小，DNA 分子迁移速率就越慢，一般常用的凝胶浓度为 0.8%~2%。DNA 分子受到电荷效应和分子筛效应的共同作用，当 DNA 分子量增大时，电场的驱动力和凝胶的阻力之间的比率会降低，故不同分子量的 DNA 片段迁移速率不同，DNA 分子量的对数值与迁移速率成反比关系，故分子量大的迁移慢。分子量相同但构型不同的 DNA 分子迁移速度也不同，一般共价闭环 DNA>线状 DNA>单链开环 DNA。

在进行琼脂糖凝胶电泳上样时，需要将样品与上样缓冲液混合后一起加入加样孔。上样缓冲液可以增加样品的密度使 DNA 均匀沉入加样孔中，并使无色透明的样品呈现颜色便于观察、操作和预测迁移速率。上样缓冲液中包含迁移指示剂溴酚蓝和二甲苯青，在琼脂糖凝胶中溴酚蓝的迁移速率约为二甲苯青的 2.2 倍，可通过溴酚蓝和二甲苯青的位置判断电泳的速率和终止时间。

三、实验器材

1. 药品与试剂

（1）50×TAE：242g Tris，57.1mL 冰醋酸，100mL 0.5mol/L EDTA（pH=8.0），加双蒸水定容至 1L。

（2）1×TAE：取 10mL 50×TAE 溶液，加入 490mL 蒸馏水即可。

（3）其他药品：琼脂糖（agarose）、核酸染色剂、6×Loading Buffer（加样缓冲液）、DNA 标准物质（DNA Marker）。

2. 仪器设备

电子天平、微量移液器、稳压电泳仪、水平式微型电泳槽和凝胶成像系统。

四、实验步骤

（1）配制 1% 琼脂糖凝胶溶液：称取 1g 琼脂糖粉末置于 250mL 锥形瓶中，加入 100mL 1×TAE 电泳缓冲液，微波炉中火加热至沸，使琼脂糖溶解均匀。

（2）待琼脂糖溶液冷却至 60℃ 左右，加入 5μL 核酸染色剂，轻轻摇匀，避免产生气泡，将溶液倒入制胶模具中，在适当位置处插上梳子，凝胶厚度一般为 3~5mm。

（3）冷却 30min 后，垂直向上小心拔出制孔梳子，将凝胶放入电泳槽中，使加样端位于负极，加入 1×TAE 电泳缓冲液直至没过胶体 1mm 左右，赶出点样孔中的气泡。

（4）在每个点样孔中依次加入 6μL 样品，样品的组成为 1μL 6×Loading Buffer 和 5μL DNA 样品，在最左侧的点样孔中加入 3μL Marker 样品。

（5）90V 恒压电泳约 45min，当溴酚蓝移动到距离胶板下沿约 1cm 处停止电泳。

（6）在凝胶成像系统中 UV 观察凝胶，可见到发出荧光的 DNA 条带，摄像并保存。

五、实验结果

记录 DNA 琼脂糖凝胶电泳的结果。

六、注意事项

（1）配制琼脂糖凝胶溶液时，在微波炉中煮沸立即拿出摇匀，反复 2~3 次，保证琼脂糖充分完全溶解。微波炉中加热时间不宜过长，使水蒸气蒸发过多，影响溶液浓度。

（2）倒胶时要注意避免形成气泡，拔制孔梳子时应轻轻地垂直向上拔出，避免损坏凝胶孔底层，导致点样后样品渗漏。

（3）点样时应将样品与上样缓冲液混合均匀，加样时要避免枪头损坏凝胶孔造成样品渗漏和交叉污染。

七、思考与讨论

（1）如何选择琼脂糖凝胶的配制浓度？

（2）影响电泳迁移率的因素有哪些？

（3）在拔梳子后，可否先点样再将琼脂糖凝胶放入电泳缓冲液中进行电泳？

实验 44　大肠杆菌中质粒 DNA 的提取

一、实验目的

掌握碱裂解法小量提取质粒 DNA 方法，了解其中每一步骤的原理。

二、实验原理

质粒是微生物体内独立于染色体 DNA 之外的小型双链环状 DNA，大小在 1~200kb，能在宿主菌中自主复制和表达。宿主细胞中质粒的拷贝数各有不同，一种是低拷贝数的，每个细胞仅含有一个或几个质粒分子，称为"严紧型"复制的质粒；另一类高拷贝的质粒，拷贝数可达到 20 个以上，这种类型称为"松弛型"复制的质粒。质粒能编码一些遗传性状，如抗药性（氨苄青霉素、四环素等抗性），利用这些抗性可以对宿主菌或重组菌进行筛选。

碱裂解法是应用最为广泛的一种制备质粒 DNA 的方法，大肠杆菌细胞在强碱 NaOH 的作用下，细胞壁与细胞膜完全裂解，释放出质粒。用强碱处理时，细菌的线性染色体 DNA 发生变性，而质粒的共价闭合环状 DNA 的两条链不会彼此分离，在 pH 值恢复到中性时，质粒 DNA 双链又恢复原状并以溶解状态存在于液相中。醋酸钾的钾离子置换 SDS（十二烷基硫酸钠，sodium dodecylsulfate）中的钠离子后形成了不溶于水的 PDS（十二烷基硫酸钾，potassium dodecylsulfate），PDS 与细胞碎片、蛋白质及变性的染色体 DNA 结合，一起沉淀出来。用苯酚/氯仿抽提残余的蛋白质并回收水相，加入乙醇后使 DNA 沉淀，除掉水相中的离子后即可得到较为纯净的质粒 DNA。

纯化质粒 DNA 的方法通常是利用质粒 DNA 相对较小及共价闭环两个性质。例如，氯化铯-溴化乙锭梯度平衡离心、离子交换层析、凝胶过滤层析、聚乙二醇分级沉淀等方法，但这些方法相对昂贵或费时。对于小量制备的质粒 DNA，经过苯酚和氯仿抽提、RNA 酶消化和乙醇沉淀等简单步骤去除残余蛋白质和 RNA，所得纯化的质粒 DNA 已可满足细菌转化、DNA 片段的分离和酶消化、常规亚克隆及探针标记等要求，故在分子生物学实验室中常用。

相比于碱裂解法，试剂盒法虽价格昂贵，但操作简便、耗时短、抽提效果好，能获得高质量的质粒 DNA，故试剂盒法制备质粒 DNA 在分子生物学实验中也得到了广泛的应用。

三、实验器材

1. 实验菌株

含质粒的大肠杆菌（*E. coli*）DH5α。

2. LB 液体培养基

胰蛋白胨 10g/L、酵母提取物 5g/L、NaCl 10g/L、氨苄青霉素 Amp（终浓度）100μg/mL。

3. 试剂

（1）SanPrep 柱式质粒 DNA 小量抽提试剂盒（上海生工生物工程股份有限公司）。

（2）碱裂解溶液 I：50mmol/L 葡萄糖，10mmol/L EDTA，25mmol/L Tris-HCl，pH = 8.0，高压灭菌，4℃保存备用。

（3）碱裂解溶液 II：0.2mol/L NaOH、1% SDS。

（4）碱裂解溶液 III：5mol/L 醋酸钾 60mL、冰醋酸 11.5mL，定容至 100mL，使溶液中 K^+ 的终浓度为 3mol/L，Ac^- 的终浓度为 5mol/L，高压灭菌，4℃保存备用。

（5）氨苄青霉素溶液 Amp：用灭菌双蒸水配制成 100mg/mL，保存于-20℃，使用时加入培养基使终浓度为 100μg/mL。

（6）其他试剂：酚-氯仿-异戊醇（25∶24∶1）、无水乙醇、70%乙醇、TE 缓冲液、RNase（50μg/mL）。

4. 仪器设备

高速冷冻离心机、旋涡混合器、微量加样器、微量紫外/可见分光光度计、洁净工作台、凝胶成像系统、稳压电泳仪和水平式微型电泳槽。

四、实验步骤

1. SDS 碱裂解法小量制备质粒 DNA

（1）挑单菌落于 50mL LB 液体培养基中（含 Amp），37℃、180r/min 振荡培养 12～16h。菌液状态对质粒抽提率非常关键，处于生长平台期的菌体质粒抽提率最高，过度培养可能导致 DNA 降解。

（2）取 1.4mL 菌液于 1.5mL 离心管中，4℃、12000r/min 离心 30s，弃上清液，尽量吸干培养液，收集菌体。

（3）在细菌沉淀中加入 100μL 预冷的碱裂解溶液 I，剧烈振荡悬浮菌体，冰浴放置 5～10min。

（4）加入 200μL 新配制的碱裂解溶液 II，盖紧管口，轻柔混匀（切勿振荡），使离心管内的溶液混合均匀，冰浴放置 5～10min。切勿强烈振荡，以免染色体 DNA 断裂成小片段而不易与质粒 DNA 分开。

（5）加入 150μL 碱裂解溶液 III，盖紧管口，轻柔混匀，冰浴放置 5min，4℃、12000r/min 离心 10min，将上清液转移到另一新的 1.5mL 离心管中。

（6）加入等体积的酚-氯仿-异戊醇（25∶24∶1），混合均匀，4℃、12000r/min 离心 10min，小心吸取上清液转移至另一干净的 1.5mL 离心管中。

（7）加入 2 倍体积的预冷无水乙醇，颠倒混合均匀，-20℃ 静置 20min，4℃、12000r/min 离心 10min，弃上清液。

（8）加入 1mL 预冷的 70% 乙醇，4℃、12000r/min 离心 10min，弃上清液，尽量吸干残余的液体，打开离心管盖，静置干燥。

（9）加入 50μL 含 RNase（20μg/mL）的 TE 缓冲液溶解 DNA 沉淀，并取 3μL DNA 样品进行琼脂糖凝胶电泳检测，剩余样品于-20℃ 保存。

2. 试剂盒法小量制备质粒 DNA

以生工生物工程（上海）股份有限公司 SanPrep 柱式质粒 DNA 小量抽提试剂盒为例，具体操作如下：

（1）开启试剂盒时，将 RNase A 加入 Buffer P1 中，混合均匀，储存于 2~8℃，有效期为 6 个月；在 Wash Solution 中加入相应量的无水乙醇（乙醇终浓度为 80%），混匀，于室温密封保存；检查 Buffer P2 和 Buffer P3 是否出现沉淀，如有沉淀，于 37℃ 溶解沉淀，待冷却至室温后使用。

（2）在含 Amp 的 LB 液体培养基中接种目标菌株，37℃、180r/min 振荡培养 12~16h。

（3）取 1.5mL 菌液，室温、8000g 离心 2min 收集菌体，倒尽或吸干培养基。

（4）在菌体沉淀中加入 250μL Buffer P1，吸打或振荡至彻底悬浮菌体。一定要彻底悬浮菌体，否则影响得率和质量。

（5）加入 250μL Buffer P2，立即温和颠倒离心管 5~10 次混匀，室温静置 2~4min。裂解时间和菌量相关，菌量多则适当延长时间，最长不超过 5min。

（6）加入 350μL Buffer P3，立即温和颠倒离心管 5~10 次充分混匀。如果起始菌液较多，混匀后室温静置 2min 以彻底去除 RNA。

（7）12000g 离心 5~10min，将上清液全部小心移入吸附柱，9000g 离心 30s。倒掉收集管中的液体，将吸附柱放入同一个收集管中。吸附柱的最大容积为 750μL，如果裂解液较多，可以重复该步骤直至所有裂解液流过吸附柱。

（8）向吸附柱中加入 500μL Wash Solution，9000g 离心 30s，倒掉收集管中的液体，将吸附柱放入同一个收集管中。

（9）重复步骤（8）一次。

（10）将空吸附柱和收集管放入离心机，9000g 离心 1min，去除残余的乙醇。

（11）将吸附柱放入另一干净的 1.5mL 离心管中，在吸附膜中央加入 50~100μL Elution Buffer，室温静置 1~2min，9000g 离心 1min。将所得到的质粒 DNA 溶液进行琼脂糖凝胶电泳检测，剩余样品置于-20℃ 保存。

五、实验结果

打印质粒 DNA 琼脂糖凝胶电泳结果的图谱。

六、思考与讨论

（1）质粒 DNA 用琼脂糖电泳检测时一般有几条带，这几条带分别是怎么形成的？

（2）质粒 DNA 条带有"拖尾"现象是由什么原因造成的，对后续的外源基因克隆可能产生什么影响，为什么？

（3）在质粒 DNA 的提取过程中，如何避免染色体 DNA 污染，为什么？

实验 45　PCR 扩增细菌 16S rRNA 序列

一、实验目的

掌握 PCR 扩增细菌 16S rRNA 序列操作方法，理解 PCR 扩增的原理。

二、实验原理

聚合酶链式反应简称 PCR（Polymerase Chain Reaction），是一种体外酶促合成特异 DNA 片段的技术。PCR 技术发展于 20 世纪 80 年代中期，具有特异性强、产率高、重复性好、简便快速等优点，得到了广泛的应用。

PCR 技术的基本原理为模拟体内 DNA 复制的方式，由与靶序列两端互补的寡核苷酸引物决定特异性，在耐热 DNA 聚合酶的作用下，通过变性—复性—延伸的循环操作，在体外选择性的快速扩增某 DNA 片段。标准的 PCR 过程分为三步：（1）模板 DNA 的变性（90~96℃）：DNA 模板在热作用下，氢键断裂，双链 DNA 解离成单链 DNA；（2）复性（退火）（25~65℃）：系统温度降低，引物与单链 DNA 模板的互补序列配对结合，形成局部双链；（3）延伸（70~75℃）：在 TaqDNA 聚合酶（在 72℃ 左右活性最佳）的作用下，以 dNTP 为反应原料，靶序列为模板，按碱基配对与半保留复制原理，从引物的 5′端→3′端延伸，合成一条新的与模板互补的 DNA 链。每一循环经过变性、复性和延伸，特异区段的基因拷贝数增加一倍，新合成的 DNA 链又可成为下次循环的模板，经过 30 次循环，最终使目的基因扩增放大了数百万倍。

核糖体 rRNA 对细菌及其他微生物的生存是必不可少的，其中 16S rRNA 序列在生物进化过程中高度保守，其分子大小适中，约 1.5kb，是细菌系统分类学研究中较为常用的"分子钟"。对细菌的 16S rRNA 基因序列进行 PCR 扩增和测序，通过序列比对进行同源性分析和构建系统发育树，便可分析细菌在分子进化过程中的亲缘关系，从分子水平和遗传进化的角度进行分类鉴定。一般认为，细菌 16S rRNA 基因序列的同源性小于 97%，可认为属于不同种，同源性小于 93%~95%，可认为属于不同属。

PCR 扩增过程如图 9-2 所示。

三、实验器材

1. 试剂

灭菌蒸馏水、10×PCR Buffer（Mg^{2+} plus）、dNTPs、引物（正向引物 27f、反向引物 1492r）、Taq 酶（5U/μL）、DNA 模板、琼脂糖、Marker。

2. 仪器设备

微量移液器、Tip 头、200μL PCR 管、PCR 仪、稳压电泳仪和水平式微型电泳槽、凝胶成像系统。

四、实验步骤

1. PCR 反应体系的建立

取 1 支经过灭菌处理的 200μL PCR 管，按照表 9-1 的顺序加入各种试剂，充分混匀反

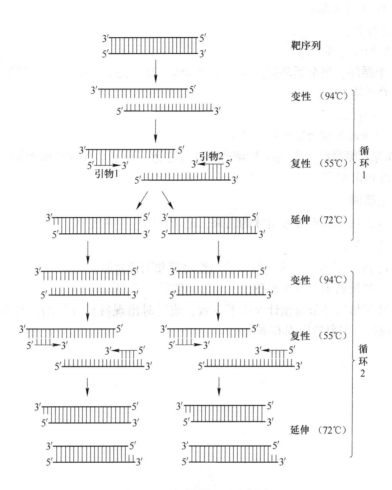

图 9-2　PCR 扩增过程示意图

应体系，按紧 PCR 管盖，将 PCR 管放入 PCR 仪中。

表 9-1　PCR 反应加样表

试　剂	加入 PCR 管的体积/μL
灭菌蒸馏水	18.5
10×PCR Buffer（Mg²⁺ plus）	2.5
dNTPs（各 2.5mmol/L）	0.5
正向引物 27f（10mmol/L）	0.5
反向引物 1492r（10mmol/L）	0.5
Taq 酶（5U/μL）	0.5
DNA 模板	2.0

　　Taq 酶需要放在冰上保存；避免直接用手接触试剂或者 PCR 管的内侧，防止污染；在吸取微量液体时要看清液体是否已经进入枪头；每加一种试剂后必须更换枪头，避免试剂间的相互污染；引物有两条，都要加入反应体系中，否则会导致实验失败。

2. 设定 PCR 循环参数

PCR 反应参数:

(1) 94℃预变性 5min。

(2) 30 个循环,每个循环包括 94℃变性 45s,退火 55℃ 1min,72℃延伸 1min。

(3) 72℃延伸 10min。

(4) 4℃短暂保存。

3. PCR 产物的琼脂糖凝胶电泳检测

配制 1%琼脂糖凝胶,取 4μL 扩增产物进行电泳,观察是否有扩增产物,记录扩增片段大小并分析 PCR 结果。

五、实验结果

观察 PCR 产物琼脂糖凝胶电泳的结果,记录扩增片段的大小。

六、思考与讨论

(1) 进行 PCR 扩增时,为何要设置阴性对照和阳性对照?

(2) PCR 扩增的阴性对照有条带,应如何调整?

(3) PCR 扩增后条带与预计大小不一致,或同时出现特异性扩增条带和非特异性扩增条带,出现这一现象的原因有哪些?

第四篇

水处理技术实验

第十章　水样的采集与保存

第一节　水样的采集

合理的水样采集和保存方法，是保证检测结果能正确地反映被检测对象特征的重要环节。

为了取得具有代表性的水样，在水样采集以前，应根据被检测对象的特征拟定水样采集计划，确定采样地点、采样时间、水样数量和采样方法，并根据检测项目决定水样保存方法。力求做到所采集的水样，其组成成分的比例或浓度与被检测对象的所有成分一样，并在测试工作开展以前，各成分不发生显著的改变。

采样时要根据采样计划小心采集水样，使水样在进行分析以前不变质或受到污染。水样灌瓶前要用所需要采集的水把采样瓶冲洗两、三遍，或根据检测项目的具体要求清洗采样瓶。

对采集到的每一个水样要做好记录，记录样品编号、采样日期、地点、时间和采样人员姓名，并在每一个水样瓶上贴好标签，标明样品编号。在进行江河、湖泊、水库等天然水体检测时，应同时记录与之有关的其他资料，如气候条件、水位、流量等，并用地图标明采样点位置。进行工业污染源检测时，应同时记述有关的工业生产情况，污水排放规律等，并用工艺流程方框图标明采样点位置。

在采集配水管网中的水样前，要充分地冲洗管线，以保证水样能代表供水情况。从井中采集水样时，要充分抽汲后再进行取样，以保证水样能代表地下水水源。从江河湖海中采样时，分析数据可能随采样深度、流量、与岸边线的距离等变化，因此要采集从表面到底部不同位置的水样构成的混合水样。

如采的水样供细菌检验时，采样瓶等必须事先灭菌。采集自来水样时，应先用酒精灯将水龙头灼烧消毒，然后把水龙头完全打开，放水数分钟后再取水样。采集含有余氯的水样作细菌检验时，应在水样瓶未消毒前加入硫代硫酸钠，以消除水样瓶中的余氯。加药量按 1L 水样加 4mL 15g/L 的硫代硫酸钠计。

由于被检测对象的具体条件各不相同，变化很大，不可能制定出一个固定的采样步骤和方法，检测人员必须根据具体情况和考察目的而定。

第二节　采样的形式

当被检测对象在一个相当长的时间，或者在各个方向相当长的距离内，其水质水量稳定不变时，瞬时采集的水样具有很好的代表性。

当水质水量随时间变化时，可在预计变化频率的基础上选择采样时间间隔，用瞬时采集水样分别进行分析，以了解其变化程度、频率或周期。

当水的组成随空间变化，不随时间变化时，应在各个具有代表性的地点采集水样。

许多情况下，可以用混合水样代替一大批个别水样的分析。所谓混合水样是指在同一采样点，于不同时间所采集的瞬时样品的混合样品，或者在同一时间于不同采样点采得的瞬时样品的混合样品。前者有时称"时间混合水样"。"时间混合水样"对观察平均浓度最有用。例如在计算一个污水处理厂的负荷和效率时，"时间混合水样"可以代替用个别水样分析结果计算的平均值，节约大量化验工作和开支。"时间混合水样"可代表一天、一个班或者一个较短时间周期的平均情况。在进行样品混合时，应使各个水样按照流量大小按比例（体积比）加以混合。

若水样中的测试成分或性质在水样贮存中会发生变化时，不能采用混合水样，要采集个别水样。采集后立即进行测定，最好是在采样地点进行。所有溶解性气体、可溶性硫化物、剩余氯、温度、pH 值的测定都不宜采用混合水样。

不同采样地点同时采集的瞬时样品的混合水样有时称综合水样。在进行河流水质模型研究时，常应用这种采样方式。因为河水的成分沿着江河的宽度和深度是有变化的，而在进行研究时需要的是平均的组成成分或者总的负荷，因此，应采用一种能代表整个横断面上各点和与它们相对流量成比例的混合水样。

若采用自动取样装置时，应每天把取样装置清洗干净，以避免微生物生长或沉淀物的沉积。

第三节　水样的保存

不论是对生活污水、工业废水或天然水，实际上不可能完全不变化地保存。使水样的各组成成分完全稳定是做不到的，合理的保存技术能延缓各组成成分的化学、生物学的变化。各种保存方法旨在延缓生物作用、延缓化合物和络合物的水解以及抑制各组成成分的挥发。一般说来，采集水样和分析之间的时间间隔越短，分析结果越可靠。对于某些成分（如溶解性气体）和物理特性（如温度）应在现场立即测定。水样允许存放的时间，随水样的性质、所要检测的项目和贮存条件而定。采样后立即分析最为理想。水样存放在暗处和低温（4℃）处可大大延缓微生物繁殖所引起的变化。大多数情况下，低温贮存可能是最好的办法。当使用化学保存剂时，应在灌瓶前就将其加到水样瓶中，使刚采集的水样得到保存。但所有保存剂都会对某些试剂干扰，影响测试结果。没有一种单一的保存方法能完全令人满意，一定要针对所要检测的项目选择保存方法（参见 GB 12999—1991）。

第十一章　水质分析测定方法

实验 1　硬度的测定

一、实验目的

（1）加深水的硬度概念的理解。

（2）掌握 EDTA 标准溶液的标定方法。

（3）掌握水的硬度的测定方法。

二、实验原理

水的硬度是由于能与肥皂水作用生成沉淀和雨水中某些阴离子化合作用生成水垢的二价金属离子的存在而产生的。主要有 Ca^{2+}、Mg^{2+}，其次有 Fe、Mn、Sr、Zn、Al 等。能与金属离子化合的相关阴离子有：HCO_3^-、CO_3^{2-}、SO_4^{2-}、Cl^- 以及 NO_3^-、SiO_3^{2-} 等。

碳酸盐硬度主要由钙、镁的碳酸盐和重碳酸盐所形成，能经煮沸而去除，故也称为暂时硬度。如：

$$Ca(HCO_3)_2 \rightleftharpoons CaCO_3 \downarrow + CO_2 \uparrow + H_2O$$

非碳酸盐硬度主要由钙、镁的硫酸盐、氯化物等所形成，不受加热的影响，故又称永久硬度。

水中碳酸盐与非碳酸盐硬度之和即为水的总硬度，以 mol/L 表示。

铬黑 T 指示剂显色原理：

$$Mg^{2+} + HD^{2-} \rightleftharpoons MgD^- + H^+$$
$$\text{蓝色} \qquad \text{红色}$$

$$MgD^- + H_2Y^{2-} \rightleftharpoons MgY^{2-} + H^+ + HD^{2-}$$
$$\text{红色} \qquad\qquad\qquad \text{蓝色}$$

三、实验试剂

（1）钙标准溶液：10mmol/L。

（2）EDTA 标准溶液：0.01mol/L。称取 4g EDTA-Na$_2$ 溶于水，稀释至 1000mL。以基准 $CaCO_3$ 标定其准确浓度。

（3）氨性缓冲溶液：pH = 10。称取 67g NH_4Cl 溶于水，加 500mL 氨水后，用水稀释至 1L。用试纸检查并调节 pH = 10。

（4）甲基红指示剂：0.1%。称取 0.1g 甲基红，溶于 100mL 60%乙醇溶液中。

四、实验步骤

EDTA 标准溶液的标定：

称取 0.2500g 经 120℃烘干的基准碳酸钙于 250mL 烧杯中，先用少量水湿润，盖上表面皿，滴加 6mol/L 盐酸 10mL，加热溶解。溶解后用少量水洗表面皿及烧杯壁，冷却后，将溶液转移至 250mL 容量瓶中，用水稀释至刻度，摇匀。

（1）用移液管平行移取 3 份 10mmol/L Ca^{2+} 标准溶液 25.00mL 分别于 250mL 锥形瓶中，加 0.1% 甲基红指示剂 1 滴，用氨水调至由红色变为淡黄色，加入 20mL 水，氨性缓冲溶液 10mL，铬黑 T 指示剂一小勺，摇匀。用 EDTA 溶液滴定至溶液由紫红色变为纯蓝色，即为终点。记录用量，用式（11-1）计算：

$$c_{\text{EDTA}} = \frac{c_1 V_1}{V} \tag{11-1}$$

式中　c_{EDTA}——EDTA 标准溶液浓度，mmol/L；

　　　　V——EDTA 耗量，mL；

　　　　c_1——钙标准溶液浓度，mmol/L；

　　　　V_1——钙标准溶液体积，mL。

（2）用移液管准确移取 20mL 待测水样，加入 pH = 10 的氨性缓冲溶液 5mL，铬黑 T 指示剂一小勺，用 EDTA 溶液滴定至溶液由紫红色变为纯蓝色，即为终点，记录用量。

$$\text{硬度} = \frac{M_{\text{EDTA}} V_{\text{EDTA}}}{V_{\text{水}}}$$

式中　M_{EDTA}——EDTA 溶液的浓度，mol/L；

　　　　V_{EDTA}——滴定时所消耗的 EDTA 溶液的体积，mL；

　　　　$V_{\text{水}}$——水样的体积，mL。

五、数据处理

（1）记录实验数据。

（2）计算 EDTA 溶液浓度、水样硬度。

六、思考与讨论

滴定时为什么加氨性缓冲溶液？

实验 2　溶解氧的测定（碘量法）

一、实验目的

（1）熟悉氧化还原滴定的基本原理。

（2）掌握碘量法滴定的标准溶液的配制及标定方法。

（3）掌握碘量法测定溶解氧的基本操作规程。

二、实验原理

碘量法测定水中溶解氧是基于溶解氧的氧化性能。当水样中加入硫酸亚锰和碱性 KI 溶液时，立即生成 $Mn(OH)_2$ 沉淀。$Mn(OH)_2$ 极不稳定，迅速与水中溶解氧化合生成硫酸锰。在加入硫酸酸化后，已化合的溶解氧（以硫酸锰的形式存在）将 KI 氧化并释放出与溶解氧相当的游离碘。然后用硫代硫酸钠标准溶液滴定，换算出溶解氧的含量。此法适用于含少量还原性物质及硝酸氮小于 0.1mg/L、铁不大于 1mg/L，较为清洁的水样。其反应式如下：

$$MnSO_4 + 2NaOH = Na_2SO_4 + Mn(OH)_2 \downarrow$$

$$2Mn(OH)_2 + O_2 = 2MnO(OH)_2 \downarrow$$

$$MnO(OH)_2 + 2H_2SO_4 = Mn(SO_4)_2 + 3H_2O$$

$$Mn(SO_4)_2 + 2KI = MnSO_4 + K_2SO_4 + I_2$$

三、实验主要仪器

（1）250mL 溶解氧瓶。

（2）25mL 酸式滴定管。

（3）250mL 锥形瓶。

四、试剂

（1）硫酸锰溶液：称取 480g $MnSO_4 \cdot 4H_2O$，溶于蒸馏水中，过滤后稀释至 1L（此溶液在酸性时，加入 KI 后，遇淀粉不变色）。

（2）碱性 KI 溶液：称取 500g NaOH 溶于 300～400mL 蒸馏水中，称取 150g KI 溶于 200mL 蒸馏水中，待 NaOH 溶液冷却后将两种溶液合并，混匀，用蒸馏水稀释至 1L。若有沉淀，则放置过夜后，倾出上层清液，储于塑料瓶中，用黑纸包裹避光保存。

（3）硫酸溶液（1+5）。

（4）浓硫酸（$\rho = 1.84g/mL$）。

（5）1%淀粉溶液：称取 1g 可溶性淀粉，用少量水调成糊状，边搅拌边倒入刚煮沸的蒸馏水中，冷却后转移到 100mL 容量瓶中，加入 0.1g 水杨酸或 0.4g 氯化锌防腐，定容至刻度。

（6）0.02500mol/L（1/6 $K_2Cr_2O_7$）重铬酸钾标准溶液：称取 0.3064g 于 105～110℃ 烘干 2h 并将冷却的基准 $K_2Cr_2O_7$ 溶于水，移入 250mL 容量瓶中，用水稀释至标线，摇匀。

（7）0.025mol/L 硫代硫酸钠溶液：称取 6.2g 硫代硫酸钠（$Na_2S_2O_3 \cdot 5H_2O$）溶于煮沸放冷的水中，加入 0.2g 碳酸钠，用水稀释至 1000mL。储于棕色瓶中，使用前用 0.02500mol/L 重铬酸钾标准溶液标定。

标定方法如下：

于 250mL 碘量瓶中，加入 100mL 水和 1g KI，加入 10.00mL 0.02500mol/L 重铬酸钾（1/6 $K_2Cr_2O_7$）标准溶液、5mL（1+5）硫酸溶液，密塞，摇匀。于暗处静置 5min 后，用待标定的硫代硫酸钠溶液滴定至溶液呈淡黄色，加入 1mL 淀粉溶液，继续滴定至蓝色刚好褪去为止，记录用量，用式（11-2）计算：

$$c_{(Na_2S_2O_3)} = (10.00 \times 0.02500)/V \tag{11-2}$$

式中　$c_{(Na_2S_2O_3)}$——硫代硫酸钠溶液的浓度，mol/L；

V——滴定时消耗硫代硫酸钠溶液的体积，mL。

五、实验步骤

（1）DO 的固定。用吸管插入溶解氧瓶液面下，加入 1mL $MnSO_4$ 溶液，2mL 碱性 KI 溶液，盖好瓶塞，颠倒混合数次，静置，待棕色沉淀物降至瓶内一半时，再颠倒混合一次，待沉淀下降至瓶底。

（2）析出碘。轻轻打开瓶塞，立即用吸管插入液面下加入 2.0mL 浓硫酸，小心盖好瓶塞，颠倒混合摇匀，至沉淀物全部溶解为止，于暗处放置 5min。

（3）滴定。吸取 100.0mL 上述溶液于 250mL 锥形瓶中，用 $Na_2S_2O_3$ 溶液滴定至溶液呈淡黄色，加入 1mL 淀粉溶液，继续滴至蓝色刚好褪去为止，记录 $Na_2S_2O_3$ 用量，用式（11-3）计算溶解氧的质量浓度：

$$\text{溶解氧 DO}(O_2，\text{mg/L}) = \frac{c_{(Na_2S_2O_3)} V \times 8 \times 1000}{V_{水}} \tag{11-3}$$

式中　$c_{(Na_2S_2O_3)}$——$Na_2S_2O_3$ 标准溶液的浓度，mol/L；

　　　　V——滴定消耗硫代硫酸钠溶液的体积，mL；

　　　　$V_{水}$——水样的体积，mL。

六、结果计算

（1）标定硫代硫酸钠，记录于表 11-1 中。

表 11-1　标定硫代硫酸钠记录

编号	$c_{(1/6K_2Cr_2O_7)}$/mol·L^{-1}	$V_{(1/6K_2Cr_2O_7)}$/mL	$V_{(Na_2S_2O_3)}$/mL	$c_{(Na_2S_2O_3)}$/mol·L^{-1}	$d_{相对}$/%
1					
2					
3					
		平均值			

（2）样品测定，记录于表 11-2 中。

表 11-2　样品测定记录

编号	$c_{(Na_2S_2O_3)}$/mol·L^{-1}	$V_{(Na_2S_2O_3)}$/mL	$DO_{(O_2)}$/mg·L^{-1}	$d_{相对}$/%
1				
2				
3				
	平均值			

实验 3　高锰酸盐指数的测定（酸性高锰酸钾容量法）

一、实验目的

（1）学会高锰酸钾标准溶液的配制与标定。

（2）掌握清洁水中高锰酸盐指数的测定原理和方法。

二、实验原理

在酸性条件下，于水样中加入过量的高锰酸钾，高锰酸钾将水样中的某些有机物及还原性的物质氧化，剩余 $KMnO_4$，用过量的 $Na_2C_2O_4$ 还原，再以 $KMnO_4$ 标准溶液回滴剩余的 $Na_2C_2O_4$，根据 $KMnO_4$ 和 $Na_2C_2O_4$ 标准溶液的用量，计算高锰酸盐指数，以 mg O_2/L 表示。反应式如下：

$$4MnO_4^- + 5C + 12H^+ \longrightarrow 4Mn^{2+} + 5CO_2 \uparrow + 6H_2O$$

$$5C_2O_4^{2-} + 2MnO_4^- + 16H^+ \longrightarrow 2Mn^{2+} + 10CO_2 \uparrow + 8H_2O$$

三、仪器与试剂

（1）调温电炉，酸式滴定管，锥形瓶，移液管。

（2）$KMnO_4$贮备液：$c_{1/5\ KMnO_4} = 0.1mol/L$。称取 3.2g $KMnO_4$溶于 1.2L 水中，加热煮沸，使体积减少至约 1L，在暗处放置过夜，过滤，储于棕色瓶中，避光保存。

（3）$KMnO_4$使用液：$c_{1/5\ KMnO_4} = 0.01mol/L$。吸取上述 $KMnO_4$贮备液稀释，储于棕色瓶，使用当天标定。

（4）$Na_2C_2O_4$标准贮备液：$c_{1/2\ Na_2C_2O_4} = 0.1000mol/L$。称取 6.705g 在 $105 \sim 110℃$ 烘干 1h 并冷却的优级纯 $Na_2C_2O_4$溶于水，移入 1000mL 容量瓶中，用水稀释至标线。

（5）$Na_2C_2O_4$标准使用液：$c_{1/2\ Na_2C_2O_4} = 0.01000mol/L$。吸取 10.00mL 0.1000mol/L $Na_2C_2O_4$稀释至 100mL，混匀。

（6）硫酸（1+3）。

四、实验步骤

（1）$KMnO_4$溶液的标定。将 100mL 蒸馏水和 5mL 硫酸（1+3）依次加入 250mL 锥形瓶中，然后用移液管移取 10.00mL 0.01000mol/L $Na_2C_2O_4$标准溶液，加热至 $70 \sim 85℃$，用 0.01mol/L $KMnO_4$溶液滴定至溶液由无色至刚刚出现浅红色为滴定终点。记录 0.01mol/L $KMnO_4$溶液用量。共做 3 份，并计算 $KMnO_4$标准溶液的准确浓度。

$$c_{标(KMnO_4)} = 0.01 \times 10.00/V$$

式中　$c_{标(KMnO_4)}$——$KMnO_4$标准溶液的浓度，mol/L；

　　　　V——$KMnO_4$标准溶液的用量，mL。

（2）水样测定。

1）取样。清洁透明水样取样 100mL；浑浊水取 $10 \sim 15mL$，加蒸馏水稀释至 100mL。将水样放入 250mL 锥形瓶中，做 3 份。

2）加入 5mL 硫酸（1+3），用滴定管准确加入 10mL 0.01mol/L $KMnO_4$溶液（V_1），并投入几粒玻璃珠，加热至沸腾，从此时准确煮沸 10min。若溶液红色消失，说明水中有机物含量太多，则另取较少量水样用蒸馏水稀释 $2 \sim 5$ 倍（至总体积 100mL）。再按步骤 1）、2）重做。

3）煮沸 10min 后的溶液，趁热用移液管准确加入 10.00mL 0.01000mol/L $Na_2C_2O_4$标准溶液（V_2），摇匀，立即用 0.01mol/L $KMnO_4$溶液滴定至显微红色。记录消耗 $KMnO_4$溶液的量（V_1'）。

五、结果计算

（1）列表记录实验数据（表 11-3）。

表 11-3　高锰酸盐指数测定实验数据

样　品		V_1/mL	V_2/mL	V_1'	高锰酸盐指数（O_2）/mg·L^{-1}	$c_{(Na_2C_2O_4)}$/mol·L^{-1}
水　样	1-1					
	1-2					
	1-3					

（2）高锰酸盐指数计算公式：

$$高锰酸盐指数(O_2, mg/L) = \left[c_{(KMnO_4)}(V_1 + V_1') - c_{(Na_2C_2O_4)}V_2 \right] \times 8 \times 1000/V_水$$

$$(11-4)$$

式中　$c_{(KMnO_4)}$——$KMnO_4$标准溶液浓度（$1/5\ KMnO_4$），mol/L；

　　　　V_1——开始加入 $KMnO_4$ 标准溶液的量，mL；

　　　　V_1'——最后滴定 $KMnO_4$ 标准溶液的量，mL；

　　　$c_{(Na_2C_2O_4)}$——$Na_2C_2O_4$标准溶液的浓度（$1/2\ Na_2C_2O_4 = 0.01mol/L$），$mol/L$；

　　　　V_2——加入 $Na_2C_2O_4$ 标准溶液的量，mL；

　　　　8——氧的摩尔质量（$1/2O$），g/mol；

　　　　$V_水$——水样的体积，mL。

六、注意事项

（1）水样用硫酸酸化，以抑制微生物生长，并在 0~5℃ 条件下保存，保存时间不能超过 48h。

（2）水样消解后应呈淡红色，如变浅或全部褪去，说明 $KMnO_4$ 用量不够，应将水样稀释后再测定，使加热氧化后残留的 $KMnO_4$ 为其加入量的 $1/2 \sim 1/3$ 为宜。

（3）在酸性条件下，$Na_2C_2O_4$ 与 $KMnO_4$ 的反应温度应保持在 60~80℃，所以滴定操作应趁热进行。若溶液温度过低，需适当加热。

（4）反应生成的 Mn^{2+} 可催化反应的进行，开始几滴应慢速滴定，生成 Mn^{2+} 自催化剂后，可加快滴定速度。

（5）Cl^- 浓度大于 300mg/L，发生诱导反应，使测定结果偏高。

$$2MnO_4^- + 10Cl^- + 16H^+ \longrightarrow 2Mn^{2+} + 5Cl_2 + 8H_2O$$

七、思考与讨论

（1）在高锰酸盐指数的实际测定中，往往引入 $KMnO_4$ 标准溶液的校正系数 K，简述它的测定方法，说明 K 与 $KMnO_4$ 标准溶液浓度之间的关系。

（2）如果水样中 Cl^- 浓度大于 300mg/L，干扰测定，应如何测定可防止干扰？

实验4　化学需氧量(COD_{Cr})的测定

一、实验目的

（1）了解化学需氧量的含义。

（2）掌握微波快速消解法测定化学需氧量。

二、实验原理

化学需氧量（COD_{Cr}）是指水样在强酸并加热条件下，以重铬酸钾作氧化剂与其中的还原性物质作用时所消耗氧化剂的量，以氧的 mg/L 来表示。化学需氧量（COD_{Cr}）反映了水中受还原性物质污染的程度，还原性物质包括有机物，亚硝酸盐，亚铁盐，硫化物等。

COD_{Cr} 的经典测定方法是重铬酸钾加热回流法。本实验采用微波密封消解快速法测定 COD_{Cr}。其原理是在高频微波能作用下，反应液体分子产生高速摩擦运动，迅速升温，密封消解使罐内压力迅速提高，从而缩短消解时间。

在强酸性溶液中，准确加入过量的重铬酸钾标准溶液，微波密封消解，将水样中还原性物质（主要是有机物）氧化，过量的重铬酸钾以试亚铁灵作指示剂，用硫酸亚铁铵标准溶液回滴，根据所消耗的重铬酸钾标准溶液量计算水样的化学需氧量。

$$2Cr_2O_7^{2-} + 3C + 16H^+ \rightleftharpoons 4Cr^{3+} + 3CO_2 + 8H_2O$$

　　　（过量）　　　（有机物）

$$6Fe^{2+} + Cr_2O_7^{2-} + 14H^+ \rightleftharpoons 6Fe^{3+} + 2Cr^{3+} + 7H_2O$$

　　　　　　（剩余）

计量点时：　　　　　$Fe(C_{12}H_8N_2)_3^{3+} \longrightarrow Fe(C_{12}H_8N_2)_3^{2+}$

　　　　　　　　　　（蓝色）　　　　　　　（红色）

三、仪器及试剂

（1）微波消解 COD 速测仪。

（2）酸式滴定管，锥形瓶，移液管，容量瓶等。

（3）含 Hg^{2+} 消解液：称取经 120℃烘干 2h 的基准纯 $K_2Cr_2O_7$ 9.806g，溶于 600mL 水中，再加入 $HgSO_4$ 25.0g，边搅拌边慢慢加入浓 H_2SO_4 250mL，冷却后移入 1000mL 容量瓶中，稀释至刻度，摇匀。该溶液 1/6 $K_2Cr_2O_7$ 浓度为 0.2000mol/L，适用含氯离子浓度大于 100mg/L 的水样。

（4）无 Hg^{2+} 消解液 0.2000mol/L：称取经 120℃烘干 2h 的基准纯 $K_2Cr_2O_7$ 9.806g，溶于 600mL 水中，边搅拌边慢慢加入浓 H_2SO_4 250mL，冷却后移入 1000mL 容量瓶中，稀释至刻度，摇匀。该溶液适用于含氯离子浓度小于 100mg/L 的水样。

（5）试亚铁灵指示剂：称取邻菲罗啉 1.458g，硫酸亚铁($FeSO_4 \cdot 7H_2O$)0.695g 溶于水中，稀释至 100mL，储于棕色瓶内。

（6）硫酸亚铁铵标准溶液：称取$(NH_4)_2Fe(SO_4)_2 \cdot 6H_2O$ 16.6g 溶于水中，边搅拌边缓慢加入浓 H_2SO_4 20mL，冷却后移入 1000mL 容量瓶中，定容。此溶液浓度约 0.042mol/L，用前用 $K_2Cr_2O_7$ 标准溶液标定。标定方法如下：

准确吸取 5.00mL 重铬酸钾标准溶液于 150mL 锥形瓶中，加水稀释至约 30mL，缓慢加入浓硫酸 5mL，混匀。冷却后，加入 2 滴试亚铁灵指示剂，用硫酸亚铁铵溶液滴定，溶液的颜色由黄色经蓝绿色至红褐色即为终点。

$$c_{[(NH_4)_2Fe(SO_4)_2]} = (0.2000 \times 5.00)/V$$

式中　$c_{[(NH_4)_2Fe(SO_4)_2]}$——硫酸亚铁铵标准溶液的量浓度，mol/L；

　　　　　　V——硫酸亚铁铵标准溶液的用量，mL。

（7）硫酸-硫酸银催化剂：于 1000mL 浓 H_2SO_4 中加入 10g 硫酸银，放置 1~3 天，不时摇动使其溶解。

四、测定步骤

（1）样品测定。

1）准确移取 5.00mL 水样置于消解罐中，再加入 5.00mL 消解液和 5.00mL 催化剂，摇匀（注意：加入各种溶液时，移液管不能接触消解罐内壁，避免破坏其粗糙度，造成分析误差）。

2）盖上内盖，旋紧密封盖，将消解罐放入消解炉上。

3）设置温度为210℃，消解30min。

4）样品消解结束后，过2min将消解罐取出冷却。

5）滴定。将消解罐内溶液转移到150mL锥形瓶中，用蒸馏水冲洗罐帽2~3次，冲洗液并入锥形瓶中，控制体积约30mL，冷却后，加入2~4滴试亚铁灵指示剂，用硫酸亚铁铵标准溶液回滴，溶液的颜色由黄色经蓝绿色变为红褐色为终点，记录$(NH_4)_2Fe(SO_4)_2$的用量，计算COD_{Cr}。

（2）空白测定。以蒸馏水代替水样，其他步骤同样品测定。

五、数据处理

（1）列表记录实验数据（表11-4）。

表11-4 COD_{Cr} 测定实验数据

样 品		V_1/mL	V_2/mL	$COD_{Cr}(O_2)$/mg·L^{-1}	V_0/mL	$c_{[(NH_4)_2Fe(SO_4)_2]}$/mol·L^{-1}
水样	1-1					
	1-2					
标 定						

（2）化学需氧量计算。

$$COD_{Cr}(O_2, \text{mg/L}) = [(V_0 - V_1) \times c_{[(NH_4)_2Fe(SO_4)_2]} \times 8 \times 1000]/V_2 \tag{11-5}$$

式中　　V_0——滴定空白消耗$(NH_4)_2Fe(SO_4)_2$标准溶液量，mL;

V_1——滴定水样消耗$(NH_4)_2Fe(SO_4)_2$标准溶液量，mL;

V_2——水样体积，mL;

$c_{[(NH_4)_2Fe(SO_4)_2]}$——$(NH_4)_2Fe(SO_4)_2$标准溶液的当量浓度，mol/L。

六、注意事项

（1）注意取样的均匀性，尤其对浑浊及悬浮物较多的水样，以避免较大误差。

（2）滴定时溶液酸度不宜太大，否则终点不明显。

（3）测定结果保留三位有效数字，水样的COD小于10mg/L时应表示为COD<10mg/L。

（4）干扰消除。本法主要干扰为Cl^-，可加汞盐络合消除。

（5）对COD小于50mg/L的水样，可改用0.1mol/L 1/6 $K_2Cr_2O_7$消解液，回滴用0.021mol/L的硫酸亚铁铵。

（6）消解后反应液中$K_2Cr_2O_7$剩余量应为加入量的1/5~4/5为宜。

（7）每次实验时，应对硫酸亚铁铵标准溶液进行标定。

七、思考与讨论

（1）COD_{Cr}的测定方法有哪些，各有何优缺点？

（2）快速法测定COD_{Cr}应注意哪些事项？

实验 5　生物化学需氧量(BOD_5)的测定

一、实验目的

（1）了解 BOD_5 的测定意义并掌握其测定原理与方法。

（2）掌握本方法的操作技能，如稀释水的制备、稀释倍数的确定、水样稀释操作及溶解氧的测定等。

二、实验原理

生化需氧量（BOD）是指在有溶解氧的条件下，好氧微生物分解水中的有机物质所进行的生物化学氧化过程中消耗的溶解氧量。BOD 是反映水体受有机物污染程度的综合指标，也是研究废水的可生化降解性和生化处理效果的重要参数。

微生物分解水中有机物是一缓慢的过程，要将可分解有机物全部分解常需 20 天以上的时间。微生物的活动与温度有关，测定生化需氧量时，常以 20℃作为标准温度。一般而言，在第 5 天消耗的氧量约是总需氧量的 70%，为便于测定，目前国内外普遍采用20℃培养 5 天所需要的氧作为指标，以氧的 mg/L 表示，简称 BOD_5。

稀释法测定 BOD_5 是将水样经过适当稀释后，使其中含有足够的溶解氧供微生物 5 天生化需氧之用。将此水样分成两份，一份测定培养前的溶解氧，另一份放入 20℃恒温培养箱培养 5 天后测定溶解氧，两者之差即为 BOD_5。

水中有机物质越多，消耗氧也越多，但水中溶解氧有限，因此需用含有一定养分和饱和溶解氧的水稀释，使培养后减少的溶解氧占培养前的溶解氧的 40%～70%为宜。

水体发生生化过程必须具备：

水体中存在能降解有机物的好氧微生物。对难降解有机物，必须进行生物菌种驯化。

有足够的溶解氧。因此稀释水要充分曝气至溶解氧近饱和。

有微生物生长所需的营养物质。实验中加入磷酸盐、钙盐、镁盐和铁盐。

三、仪器

（1）恒温培养箱。

（2）1000mL 量筒，大玻璃瓶，玻璃搅棒，虹吸管。

（3）溶解氧瓶，250mL 锥形瓶，移液管等。

四、试剂

（1）营养盐。

1）磷酸盐缓冲溶液：将 8.5g 磷酸二氢钾（KH_2PO_4），21.75g 磷酸氢二钾（K_2HPO_4），33.4g 磷酸氢二钠（$Na_2HPO_4 \cdot 7H_2O$）和 1.7g 氯化铵（NH_4Cl）溶于水，稀释至 1000mL。此溶液的 pH 值应为 7.2。

2）硫酸镁溶液：将 22.5g 硫酸镁（$MgSO_4 \cdot 7H_2O$）溶于水中，稀释至 1000mL。

3）氯化钙溶液：将 27.5g 无水氯化钙溶于水，稀释至 1000mL。

4）氯化铁溶液：将 0.25g 氯化铁（$FeCl_3 \cdot 6H_2O$）溶于水，稀释至 1000mL。

（2）稀释水。在 20L 的大玻璃瓶中装入蒸馏水，每升蒸馏水中加入以上四种营养液各1mL，曝气 1～2 天，至溶解氧饱和，盖严，静置 1 天，使溶解氧稳定。

（3）接种稀释水：取适量生活污水于20℃放置24~36h，上层清液即为接种液，每升稀释水加入1~3mL接种液即为接种稀释水。对某些特殊工业废水最好加入专门培养驯化过的菌种。

（4）葡萄糖-谷氨酸标准液：将葡萄糖和谷氨酸在103℃干燥1h后，各称取150mg溶于水中，移入1000mL容量瓶内并稀释至标线，混匀。此溶液临用前配制。

（5）测溶解氧所需试剂。

1）硫酸锰溶液：称取480g硫酸锰（$MnSO_4 \cdot 4H_2O$）溶于水，稀释至1000mL，此液加至酸化过的碘化钾溶液中，遇淀粉不得产生蓝色。

2）碱性碘化钾溶液：称取500g氢氧化钠溶解于300~400mL水中；另称取150g碘化钾溶于200mL水中，待氢氧化钠溶液冷却后，将两溶液合并，混匀，用水稀释至1000mL。如有沉淀，则放置过夜后，倾出上清液，储于棕色瓶中，用橡皮塞塞紧，避光保存。此溶液酸化后，遇淀粉应不呈蓝色。

3）硫酸溶液（1+5）。

4）浓硫酸（$\rho = 1.84g/mL$）。

5）1%淀粉溶液：称取1g可溶性淀粉，用少量水调成糊状，边搅拌边倒入正煮沸的约80mL蒸馏水中，冷却后转移到100mL容量瓶中，加入0.1g水杨酸或0.4g氯化锌防腐，定容至刻度。

6）0.02500mol/L（1/6 $K_2Cr_2O_7$）重铬酸钾标准溶液：称取于105~110℃烘干2h并冷却的重铬酸钾1.2258g，溶于水，移入1000mL容量瓶中，用蒸馏水定容。

7）硫代硫酸钠溶液：称取6.2g硫代硫酸钠（$Na_2S_2O_3 \cdot 5H_2O$）溶于煮沸放冷的水中，加0.2g碳酸钠用水稀释至1000mL，储于棕色瓶中。使用前用0.02500mol/L重铬酸钾标准溶液标定。标定方法如下：

在250mL碘量瓶中，加入100mL水和1g碘化钾，加入10.00mL 0.02500mol/L重铬酸钾标准溶液，5mL硫酸（1+5），密塞，摇匀，于暗处静置5min，用待标定的硫代硫酸钠溶液滴定至溶液呈淡黄色，加入1mL淀粉指示剂，继续滴定至蓝色刚好褪去。用式（11-6）计算硫代硫酸钠的浓度：

$$c_{(Na_2S_2O_3)} = \frac{10.00 \times 0.02500}{V} \qquad (11\text{-}6)$$

式中 $c_{(Na_2S_2O_3)}$——硫代硫酸钠溶液的浓度，mol/L；

　　　　V——滴定消耗硫代硫酸钠溶液的体积，mL。

五、实验步骤

（1）水样的预处理。

1）水样的pH值若超出6.5~7.5范围，可用1mol/L的盐酸或氢氧化钠溶液调节水样pH值近于7，用量不要超过水样体积的0.5%。酸碱浓度的选择可视水样pH值而定。

2）水样含有重金属等有毒物质时，可使用经驯化的微生物接种液的稀释水进行稀释，或增大稀释倍数，以减小毒物浓度。

3）游离氯大于0.10mg/L，加亚硫酸钠或硫代硫酸钠除去。

（2）水样的稀释。

1）确定稀释倍数：根据 COD_{Cr} 含量来确定，做 3 个稀释比。

①地面水可由测得的高锰酸盐指数乘以适当的系数求出稀释倍数。也可视污染程度确定是否稀释。

②工业废水可由 COD_{Cr} 确定，一般做 3 个稀释比。使用稀释水时，由 COD_{Cr} 值分别乘以 0.075、0.15、0.225，获得 3 个稀释倍数。使用接种稀释水时，则分别乘以 0.075、0.15、0.25。

2）稀释水样：按确定的稀释倍数，用虹吸法沿筒壁先加入部分稀释水（或接种稀释水）于 1000mL 量筒中，加入需要量的均匀水样，再引入稀释水至 800mL，用带胶板的玻璃棒在水面以下慢慢搅匀（上下提动搅棒），搅拌时勿使搅棒的胶板露出水面，避免产生气泡。

（3）水样装瓶及测定。用虹吸法将量筒中的混匀水样沿瓶壁慢慢转移至两个预先编号、体积相同的（250mL）溶解氧瓶内，至充满后溢出少许为止，加塞水封。注意瓶内不应有气泡。用碘量法立即测定其中一瓶溶解氧，将另一瓶放入培养箱中，在（20±1）℃培养 5 天后用碘量法测其溶解氧，具体操作步骤见实验 2。

（4）空白测定：另取两个有编号的溶解氧瓶，用虹吸法装满稀释水作为空白，分别测定其 5 天前后的溶解氧含量。

（5）标准测定：用移液管移取 16mL 葡萄糖-谷氨酸标准液于 1000mL 量筒中，再引入稀释水至 800mL，其他操作同水样测定。

六、数据处理

根据公式计算 BOD_5，并以表格形式表示测定数据和结果（表 11-5）。

$$BOD_5(mg/L) = \frac{(\rho_1 - \rho_2) - (B_1 - B_2)f_1}{f_2} \tag{11-7}$$

式中　B_1——稀释水（或接种稀释水）培养前的溶解氧质量浓度，mg/L；

B_2——稀释水（或接种稀释水）培养五天后的溶解氧质量浓度，mg/L；

ρ_1——水样培养前的溶解氧质量浓度，mg/L；

ρ_2——水样培养 5 天后的溶解氧质量浓度，mg/L；

f_1——稀释水（或接种稀释水）在培养液中所占比例；

f_2——水样在培养液中所占比例。

表 11-5　实验数据及结果

样　品		V_1/mL	V_2/mL	ρ_1/mg·L^{-1}	ρ_2/mg·L^{-1}	BOD_5/mg·L^{-1}
	稀-1					
水样	稀-2					
	稀-3					
标　样						
空　白						

注：V_1—水样培养前用碘量法测溶解氧时消耗 $Na_2S_2O_3$ 标准溶液体积，mL；V_2—水样培养后用碘量法测溶解氧时消耗 $Na_2S_2O_3$ 标准溶液体积，mL。

七、注意事项

（1）在整个操作过程中，要注意防止气泡产生。

（2）在两个或三个稀释比的样品中，凡消耗溶解氧大于 2mg/L 和剩余溶解氧大于 1mg/L 都有效，计算结果时，应取平均值。

（3）测定时所带葡萄糖-谷氨酸标样，其 BOD_5 结果应在 180~230mg/L 之间，否则，应检查接种液、稀释水或操作技术问题。

（4）空白的 BOD_5 结果应在 0.3~1.0mg/L 范围内。

（5）实验操作最好在 20℃左右室温下进行，实验用稀释水和水样应保持在 20℃左右。

八、思考与讨论

（1）本实验误差的主要来源是什么，实验中应注意哪些问题才能使测定结果较准确？

（2）BOD_5 在环境评价中有何作用，有何局限性？

实验 6　色度、浊度的测定

一、实验目的

（1）了解水的色度、浊度的基本概念。

（2）通过水中色度的测定，了解目视比色法的原理及基本操作。

（3）了解浊度的测定方法，学习浊度仪的使用。

二、实验原理

水中色度、浊度是衡量水质的重要指标。

1. 色度

色度是水样颜色深浅的度量。某些可溶性有机物、部分无机离子和有色悬浮微粒均可使水着色。水样的色度应以除去悬浮物后为准。色度的测定方法有铂钴标准比色法和稀释倍数法。

铂钴标准比色法用于测定较清洁的带黄色色调的天然水和饮用水色度（以度数表示结果），即把氯铂酸钾和氯化钴配成标准色列，与被测水样的颜色进行目视比较。每升水中含有 1mg 铂和 0.5mg 钴时所具有的颜色为 1 度。

稀释倍数法用于测定受工业废水污染的地面水和工业废水（以稀释倍数表示结果）。如水样浑浊，则放置澄清，亦可用离心法或用孔径为 0.45μm 滤膜过滤以除去悬浮物，但不能用滤纸过滤，因滤纸可吸附部分溶解于水的颜色。

2. 浊度

浊度是表示水中悬浮物对光线通过时所发生的阻碍程度。它与水样中存在颗粒物的含量、粒径大小、形状及颗粒表面对光的散射特性有关。水样中的泥沙、黏土、有机物、无机物、浮游生物和其他微生物等悬浮物和胶体物质都可使水体呈现浊度。我国采用 1L 蒸馏水中含有 1mg 二氧化硅所产生的浊度为 1 度作标准。浊度的测定方法有硅藻土目视比浊法、浊度仪测定法和分光光度法，本次实验用浊度仪测定法。

三、仪器和试剂

（1）50mL 具塞比色管，其刻度线高度应一致。

（2）铂钴标准溶液：称取 1.246g 氯铂酸钾（K_2PtCl_6，相当于 500mg 铂）及 1.000g 氯化钴（$CoCl_2 \cdot 6H_2O$，相当于 250mg 钴），溶于 100mL 水中，加 100mL 盐酸，用水定容至 1000mL。此标准溶液的色度相当于 500 度。保存于密塞玻璃瓶中，存放暗处。

四、实验内容

1. 色度的测定

（1）标准色列的配制：向 50mL 比色管中加入 0mL、0.50mL、1.00mL、1.50mL、2.00mL、2.50mL、3.00mL、3.50mL、4.00mL、4.50mL、5.00mL、6.00mL 及 7.00mL 铂钴标准溶液，用水稀释至标线，混匀。各管的色度依次为 0 度、5 度、10 度、15 度、20 度、25 度、30 度、35 度、40 度、45 度、50 度、60 度和 70 度，密塞保存。

（2）水样的测定。

1）分取 50.0mL 澄清透明水样于比色管中，如水样色度较大，可酌情少取，用蒸馏水稀释至 50mL。

2）将水样与标准色列进行目视比较。观察时，可将比色管置于白瓷板或白纸上，使光线从底部向上通过液柱，目光自管口垂直向下观察，记下与水样色度相同的铂钴标准色列的色度。

2. 浊度的测定

按以下浊度仪使用方法测定水样浊度：

（1）接通电源，预热 20~30min 后，方可使用。

（2）先用蒸馏水将样品槽冲洗干净，然后用待测溶液润洗样品槽 2~3 遍，注入待测液，擦干样品槽外侧。

（3）将样品槽置入样品槽室内，盖上室门，当数字显示窗所显示的读数稳定时即为待测液体的实际浊度。

（4）取出样品槽，用蒸馏水将样品槽冲洗干净，擦干样品槽后将样品槽置入样品槽室内，盖上室门，关闭电源。

五、数据处理

按表 11-6 记录实验数据。

表 11-6　列表记录实验数据

标液体积/mL		0.00	0.50	1.00	1.50	2.00	2.50	3.00	3.50	4.00	4.50	5.00	6.00	7.00
色度/度		0	5	10	15	20	25	30	35	40	45	50	60	70
水样	色度													
	浊度													

色度计算如下式：

$$水样色度 = 标准管的色度 \times 水样稀释倍数$$

六、注意事项

（1）可用重铬酸钾代替氯铂酸钾配制标准色列。方法：称取 0.0437g 重铬酸钾和 1.000g 硫酸钴（$CoSO_4 \cdot 7H_2O$），溶于少量水中，加入 0.50mL 硫酸，用水稀释至 500mL。此溶液的色度为 500 度，不宜久存。

（2）如果样品中有泥土或其他分散很细的悬浮物，虽经预处理而得不到透明水样时，则只测其表色。

（3）pH 值对色度影响较大，pH 值高时往往色度加深，故在测量色度时应测量溶液的 pH 值。

（4）当水体受污染较重，水样的颜色与标准色列不一致时，应采用稀释倍数法测定色度。

（5）使用浊度仪测定浊度，应先用标液校正仪器，以保证测量精度。

七、思考与讨论

（1）目视比色应该注意什么问题？

（2）水样的真色与表色有何区别？

（3）浊度计的使用应该注意哪些事项？

实验 7　pH 值的测定

pH 值是水中氢离子活度的负对数，是水化学中常用的和最重要的检验项目之一。

天然水的 pH 值多在 6~9 范围内，这也是我国污水排放标准中的 pH 值控制范围。由于 pH 值受水温影响而变化，测定时应在规定的温度下进行，或者校正温度。通常采用玻璃电极法测定 pH 值。

一、实验目的

（1）通过实验加深理解 pH 计测定溶液 pH 值的原理。

（2）掌握 pH 计测定溶液 pH 值的方法。

二、实验原理

利用玻璃电极作为指示电极，饱和甘汞电极作为参比电极组成一个电池。在 25℃ 理想条件下，根据电动势的变化测量 pH 值。许多 pH 计上有温度补偿装置，用以校正温度对电极的影响，用于常规水样监测可准确到 0.1pH 单位，较精密的仪器可准确到 0.01pH 单位。为了提高测定的准确度，校准仪器时选用的标准缓冲溶液的 pH 值应与水样的 pH 值接近。

$$pH_{样} = pH_{标} + \frac{\varphi_{电池·样} - \varphi_{电池·标}}{0.059} \tag{11-8}$$

式中　$pH_{样}$——水样的 pH 值；

　　$pH_{标}$——标准缓冲溶液的 pH 值；

　　$\varphi_{电池·样}$——测量水样 pH 值的工作电池的电极电位；

　　$\varphi_{电池·标}$——测量标准缓冲溶液 pH 值的工作电池的电极电位。

由式（11-8）可知，25℃ 时，溶液的 pH 值变化 1 个单位时，电池的电极电位改变 59.0mV。实际测量中，选用 pH 值与水样 pH 值接近的标准缓冲溶液，校正 pH 计（又称为定位），并保持溶液温度恒定，以减少由于液接电位、不对称电位及温度等变化而引起的误差，测定水样之前，用两种不同 pH 值的缓冲溶液校正，如用一种 pH 值的缓冲溶液定位后，再测定相差约 3 个 pH 单位的另一种缓冲溶液的 pH 值时，误差应在 ±0.1pH 值之内。校正后的 pH 计，可以直接测定水样或溶液的 pH 值。

三、仪器和试剂

（1）仪器：各种型号的 pH 计。

（2）试剂：0.05mol/L 邻苯二甲酸氢钾标准缓冲溶液，0.025mol/L 混合磷酸盐缓冲溶液，NaH_2PO_4 溶液约 0.1mol/L。

四、实验内容

（1）按仪器说明书的操作方法进行操作。

（2）电极与塑料杯用水冲洗干净后，用标准缓冲溶液淋洗 1~2 次，用滤纸吸干。

（3）用标准缓冲溶液校正仪器。

（4）水样或溶液 pH 值的测定。

1）用蒸馏水冲洗电极 3~5 次，用滤纸吸干，然后将电极放入待测水样溶液中。

2）测定硫代硫酸钠溶液的 pH 值，测定 3 次。

3）测定完毕，清洗干净电极和塑料杯。

4）实验数据记录，见表 11-7。

表 11-7　pH 值实验记录

编　号	1	2	3
被测溶液 pH 值			
平均值			

五、注意事项

（1）玻璃电极使用：

1）使用前，将玻璃电极的球泡部位浸在蒸馏水中 24h 以上，如果在 50℃ 蒸馏水中浸泡 2h，冷却至室温后可当天使用。不用时也须浸在蒸馏水中。

2）安装时要用手指夹住电极导线插头安装，切勿使球泡与硬物接触。玻璃电极下端要比饱和电极高 2~3mm，防止触及杯底而损坏。

3）玻璃电极测定碱性水样或溶液时，应尽快测量。测量胶体溶液、蛋白质和染料溶液时，用后需用棉花或软纸蘸乙醚小心地擦拭，用酒精清洗，最后用蒸馏水洗净。

（2）饱和甘汞电极使用：

1）使用饱和甘汞电极之前，应先将电极管侧面小橡皮塞及弯管下端的橡皮套取下，用时再放回。

2）饱和甘汞电极应经常补充管内的饱和氯化钾溶液，溶液中应有少许氯化钾晶体和气泡。补充后应等几小时再用。

3）饱和甘汞电极不能长时间浸在被测水样中。不能在 60℃ 以上的环境中使用。

（3）仪器校正：

1）应选择与水样 pH 值接近的标准缓冲溶液校正仪器。

2）标准缓冲溶液。pH 标准缓冲溶液的配制：

①近似溶解度；

②110~130℃烘干 2h；

③用新煮沸并冷却的无 CO_2 蒸馏水。

试剂商店购买的 pH 基准试剂，按说明书配制。

3）定位：

①将电极浸入第 1 份标准缓冲溶液中，调节温度钮，使与溶液温度一致。然后调节"定位"钮，使 pH 读数与已知 pH 值一致。注意，校正后，切勿再动"定位"钮。

②将电极取出，洗净、吸干，再浸入第 2 份标准缓冲溶液中，测定 pH 值，如测定值与第 2 份标准缓冲溶液已知 pH 值之差小于 0.1pH 值，则说明仪器正常，否则需检查仪器、电极或标准缓冲溶液是否有问题。

实验 8　酸度的测定

一、实验目的

学习掌握酸度的测定方法。

二、方法原理

在水中，由于溶质的解离或水解而产生的氢离子，与碱标准溶液作用至一定 pH 值所消耗的量，定为酸度。酸度数值的大小，随所用指示剂指示终点 pH 值的不同而异。滴定终点的 pH 值有两种规定，即 8.3 和 3.7。用氢氧化钠溶液滴定到 pH=8.3（以酚酞作指示剂）的酸度，称为"酚酞酸度"，又称总酸度，它包括强酸和弱酸。用氢氧化钠溶液滴定到 pH=3.7（以甲基橙为指示剂）的酸度，称为"甲基橙酸度"，代表一些较强的酸。

对酸度产生影响的溶解气体（如 CO_2、H_2S、NH_3）在取样、保存或滴定时都可能增加或损失。因此，在打开试样容器后，要迅速滴定到终点，防止干扰气体溶入试样。为了防止 CO_2 等溶解气体损失，在采样后，要避免剧烈摇动，并要尽快分析，否则要在低温下保存。

水样中的游离氯会使甲基橙指示剂褪色，可在滴定前加入少量 0.1mol/L 硫代硫酸钠溶液去除。

对有色的或浑浊的水样，可用无二氧化碳水稀释后滴定，或选用电位滴定法（pH 指示终点值仍为 8.3 和 3.7），其操作步骤按所用仪器说明进行。

三、实验仪器与试剂

(1) 25mL 和 50mL 碱式滴定管。

(2) 250mL 锥形瓶。

(3) 无二氧化碳水。将 pH 值不低于 6.0 的蒸馏水，煮沸 15min，加盖冷却至室温。如蒸馏水 pH 值较低，可适当延长煮沸时间。最后水的 pH 值大于 6.0。

(4) 氢氧化钠标准溶液（0.01mol/L）：称取 60g 氢氧化钠溶于 50mL 水中，转入 150mL 的聚乙烯瓶中，冷却后，用装有碱石灰管的橡皮塞塞紧，静置 24h 以上。吸取上层清液约 1.4mL 置于 1000mL 容量瓶中，用无二氧化碳水稀释至标线，摇匀，移入聚乙烯瓶中保存。

按下述方法进行标定：

称取在 105~110℃ 干燥过的基准试剂邻苯二甲酸氢钾（$KHC_8H_4O_4$）约 0.1g（称准至 0.0001g），置于 250mL 锥形瓶中，加无二氧化碳水 100mL 使之溶解，加入 4 滴酚酞指示剂，用待标定的氢氧化钠标准溶液滴定至浅红色为终点。同时，用无二氧化碳水做空白滴定，按式（11-9）进行计算：

$$c_{(NaOH)}(mol/L) = \frac{m \times 1000}{(V - V_0) \times 204.23} \qquad (11-9)$$

式中　　m——称取邻苯二甲酸氢钾的质量，g；

　　　　V_0——滴定空白时，所耗氢氧化钠标准溶液体积，mL；

　　　　V——滴定邻苯二甲酸氢钾时所耗氢氧化钠标准溶液的体积，mL；

　204.23——邻苯二甲酸氢钾（$KHC_8H_4O_4$）摩尔质量，g/mol。

（5）酚酞指示剂（0.5%）：称取 0.5g 酚酞，溶于 50mL 95% 乙醇中，用水稀释至 100mL。

（6）甲基橙指示剂（0.05%）：称取 0.05g 甲基橙，溶于 100mL 水中。

（7）硫代硫酸钠溶液（0.1mol/L）：称取 2.5g $NaS_2O_3 \cdot H_2O$ 溶于水中，用无二氧化碳水稀释至 100mL。

四、测定步骤

（1）取适量水样置于 250mL 锥形瓶中，用无二氧化碳水稀释至 100mL，加入 2 滴甲基橙指示剂，用氢氧化钠标准溶液滴定至溶液由橙红色变为橘黄色为终点，记录用量（V_1）。

（2）取适量水样置于 250mL 锥形瓶中，用无二氧化碳水稀释至 100mL，加入 4 滴酚酞指示剂，用氢氧化钠标准溶液滴定至溶液刚变为浅红色为终点，记录用量（V_2）。

如水样中含硫酸铁、硫酸铝时，加酚酞后加热煮沸 2min，趁热滴至红色。

五、计算

酸度计算如下：

$$甲基橙酸度（CaCO_3，mg/L） = \frac{c_{(NaOH)}V_1 \times 50.05 \times 1000}{V_水} \qquad (11-10)$$

$$酚酞酸度（总酸度 CaCO_3，mg/L） = \frac{c_{(NaOH)}V_2 \times 50.05 \times 1000}{V_水} \qquad (11-11)$$

式中　$c_{(NaOH)}$——标准氢氧化钠溶液浓度，mol/L；

　　　　V_1——用甲基橙作指示剂滴定时所消耗氢氧化钠标准溶液的体积，mL；

　　　　V_2——用酚酞作指示剂滴定时所消耗氢氧化钠标准溶液的体积，mL；

　　　　$V_水$——水样体积，mL；

　50.05——1/2 碳酸钙的摩尔质量，g/mol。

实验 9　总氮的测定

大量生活污水、农田排水或含氮工业废水排入水体，使水中有机氮和各种无机氮化物含量增加，生物和微生物类的大量繁殖，消耗水中溶解氧，使水体质量恶化。湖泊、水库中含有超标的氮、磷类物质时，造成浮游植物繁殖旺盛，出现富营养化状态。因此，总氮是衡量水质的重要指标之一。总氮测定方法通常采用过硫酸钾氧化，使有机氮和无机氮化合物转变为硝酸盐后，再以紫外法、偶氮比色法，以及离子色谱法或气相分子吸收法进行测定。

一、实验目的

（1）掌握过硫酸钾消解分光光度法测定水中总氮的原理和操作。

（2）学习用过硫酸钾消解水样的方法。

二、实验原理

在60℃以上的水溶液中，过硫酸钾按如下反应式分解，生成氢离子和氧。

$$K_2S_2O_8 + H_2O \longrightarrow 2KHSO_4 + 1/2O_2$$

$$KHSO_4 \longrightarrow K + HSO_4^-$$

$$HSO_4^- \longrightarrow H^+ + SO_4^{2-}$$

加入氢氧化钠用以中和氢离子，使过硫酸钾分解完全。

在60℃以上水溶液中，过硫酸钾可分解产生硫酸氢钾和原子态氧，硫酸氢钾在溶液中离解而产生氢离子，故在氢氧化钠的碱性介质中可促使分解过程趋于完全。分解出的原子态氧在120~124℃条件下，可使水样中含氮化合物的氮元素转化为硝酸盐。并且在此过程中有机物同时被氧化分解。可用紫外分光光度法于波长220nm和275nm处，分别测出吸光度A_{220}及A_{275}，按式（11-12）求出校正吸光度A。

$$A = A_{220} - 2A_{275} \tag{11-12}$$

按A的值，查校准曲线并计算总氮（以NO_3^--N计）含量。

三、仪器和试剂

（1）紫外分光光度计及10mm石英比色皿，高压蒸汽灭菌器（压力为0.11~0.14MPa），锅内温度相当于120~124℃，具塞玻璃磨口比色管，25mL，所用玻璃器皿可以用盐酸（1+9）或硫酸（1+35）浸泡，清洗后再用水冲洗数次。

除非另有说明外，分析时均使用符合国家标准或专业标准的分析纯试剂。

（2）无氨水。按下述方法之一制备：

离子交换法：将蒸馏水通过一个强酸型阳离子交换树脂（氢型）柱，流出液收集在带有密封玻璃盖的玻璃瓶中。

蒸馏法：在1000mL蒸馏水中，加入0.10mL硫酸（$\rho = 1.84g/mL$）。并在全玻璃蒸馏器中重蒸馏，弃去前50mL馏出液，然后将馏出液收集在带有玻璃塞的玻璃瓶中。

（3）氢氧化钠溶液，200g/L：称取20g氢氧化钠（NaOH），溶于无氨水中，稀释至100mL。

（4）氢氧化钠溶液，20g/L：将（3）溶液稀释10倍而得。

（5）碱性过硫酸钾溶液：称取40g过硫酸钾（$K_2S_2O_8$），另称取15g氢氧化钠（NaOH），溶于无氨水中，稀释至1000mL，溶液存放在聚乙烯瓶内，最长可储存一周。

（6）盐酸溶液（1+9）。

（7）硝酸钾标准溶液。

1）硝酸钾标准贮备液，$\rho_N = 100mg/L$：基准或优级纯硝酸钾（KNO_3）在105~110℃烘箱中干燥3h，在干燥器中冷却后，称取0.7218g，溶于无氨水中，移至1000mL容量瓶中，用无氨水稀释至标线在 0~10℃ 暗处保存，或加入 1~2mL 三氯甲烷保存，可稳定 6 个月。

2）硝酸钾标准使用液，$\rho_N = 10mg/L$：将贮备液用无氨水稀释 10 倍而得。使用时配制。

（8）硫酸溶液（1+35）。

四、样品采样

在水样采集后立即放入冰箱中或低于 4℃ 的条件下保存，但不得超过 24h。

水样放置时间较长时，可在 1000mL 水样中加入约 0.5mL 硫酸（$\rho = 1.84g/mL$），酸化到 pH 值小于 2，并尽快测定。样品可贮存在玻璃瓶中。

试样的制备：

取实验室样品用氢氧化钠溶液（20g/L）或（1+35）硫酸溶液调节 pH 值至 5~9 从而制得试样。

五、实验分析步骤

（1）测定：用无分度吸管取 10.00mL 试样（ρ_N 超过 100mg 时，可减少取样量并加无氨水稀释至 10mL）置于比色管中。

（2）试样不含悬浮物时，按下述步骤进行：

1）加入 5mL 碱性过硫酸钾溶液，塞紧磨口塞用布及绳等方法扎紧瓶塞，以防弹出。

2）将比色管置于高压蒸汽灭菌器中，加热，使压力表指针到 0.11~0.14MPa，此时温度达 120~124℃ 后开始计时。保持此温度加热半小时。

3）冷却、开阀放气，移去外盖，取出比色管并冷至室温。

4）加盐酸（1+9）1mL，用无氨水稀释至 25mL 标线，混匀。

5）移取部分溶液至 10mm 石英比色皿中，在紫外分光光度计上，以无氨水作参比，分别在波长为 220nm 与 275nm 处测定吸光度，并用式（11-12）计算出校正吸光度 A。

（3）试样含悬浮物时，先按上述五、实验分析步骤（2）中的 1）~4）步骤进行，然后待澄清后移取上清液到石英比色皿中。再按 5）步骤继续进行测定。

（4）空白试验。空白试验以 10mL 水代替试料，采用与测定完全相同的试剂、用量和分析步骤进行平行操作。

注意：当测定在接近检测限时，必须控制空白试验的吸光度 A 不超过 0.03，超过此值，要检查所用水、试剂、器皿和灭菌器的压力。

（5）校准。

1）校准系列的制备。用分度吸管向一组（10 支）比色管中，分别加入硝酸盐氮标准使用溶液 0.0mL、0.10mL、0.30mL、0.50mL、0.70mL、1.00mL、3.00mL、5.00mL、7.00mL、10.00mL。加无氨水稀释至 10.00mL。

2）按实验分析步骤（2）中的 1）~5）测定吸光度。

3）校准曲线的绘制。零浓度（空白）溶液和其他硝酸钾标准使用溶液制得的校准系列完成全部分析步骤，于波长 220nm 和 275nm 处测定吸光度后，分别按下式求出除零浓度外其他校准系列的校正吸光度 A_s 和零浓度的校正吸光度 A_b 及其差值 A_r

$$A_s = A_{s220} - 2A_{s275} \tag{11-13}$$

$$A_b = A_{b220} - 2A_{b275} \tag{11-14}$$

$$A_r = A_s - A_b \tag{11-15}$$

式中　A_{s220}——标准溶液在 220nm 波长的吸光度；

　　　A_{s275}——标准溶液在 275nm 波长的吸光度；

　　　A_{b220}——零浓度（空白）溶液在 220nm 波长的吸光度；

　　　A_{b275}——零浓度（空白）溶液在 275nm 波长的吸光度。

按 A_r 值与相应的 NO_3^--N 质量（μg）绘制校准曲线。

六、计算方法

按式（11-12）计算得试样校正吸光度 A_r，在校准曲线上查出相应的总氮微克数，总氮的质量浓度（mg/L）按式（11-16）计算：

$$\rho_N = \frac{m}{V_水} \tag{11-16}$$

式中　m——由工作曲线查得的氮的质量，μg；

　　　$V_水$——水样体积，mL。

实验 10　总磷的测定

一、实验目的

（1）掌握钼锑抗钼蓝光度法测定水中总磷的原理和操作。

（2）学习用过硫酸钾消解水样的方法。

二、实验原理

在天然水和废水中，磷几乎都以各种磷酸盐的形式存在。它们分别为正磷酸盐、缩合磷酸盐（焦磷酸盐、偏磷酸盐和多磷酸盐）和有机结合的磷酸盐，存在于溶液和悬浮物中。天然水和海水中磷含量较低，化肥、冶炼、合成洗涤剂等行业的工业废水及生活污水中常含有较大量磷。水体中磷含量过高，易致水体富营养化，恶化水质。磷是评价水质的重要指标。

水中磷的测定，通常按其存在的形式，分别测定总磷、溶解性正磷酸盐和总溶解性磷。总磷分析方法由两个步骤组成：第一步可用氧化剂过硫酸钾、硝酸-高氯酸或硝酸-硫酸等，将水样中不同形态的磷转化成正磷酸盐。第二步测定正磷酸盐（常用钼锑抗钼蓝光度法、氯化亚锡钼蓝光度法、孔雀绿-磷钼杂多酸法以及离子色谱法等），从而求得总磷含量。

实验采用过硫酸钾氧化-钼锑抗钼蓝光度法测定水中总磷。在微沸（最好在高压釜内经 120℃加热）条件下，过硫酸钾将试样中不同形态的磷氧化为正磷酸盐。在硫酸介质中，正磷酸盐与钼酸铵反应（酒石酸锑钾为催化剂），生成的磷钼杂多酸立即被抗坏血酸还原，生成蓝色低价钼的氧化物即钼蓝，生成钼蓝的多少与磷含量呈正相关，以此测定水样中总磷。反应式如下：

$$K_2S_2O_8 + H_2O \longrightarrow 2KHSO_4 + 1/2O_2$$

$$P(缩合磷酸盐或有机磷中的磷) + 2O_2 \longrightarrow PO_4^{3-}$$

$$PO_4^{3-} + 12MoO_4^{2-} + 24H^+ + 3NH_4^+ \longrightarrow (NH_4)_3PO_4 \cdot 12MoO_3 + 12H_2O$$

$$24(NH_4)_2MoO_3 + 2H_3PO_4 + 21H_2SO_4 \longrightarrow 2(NH_4)_3PO_4 \cdot 12MoO_3 + 21(NH_4)_2SO_4 + 24H_2O$$

$$(NH_4)_3PO_4 \cdot 12MoO_3 + 还原剂 \longrightarrow (Mo_2O_5 \cdot 4MoO_3)_2 \cdot H_3PO_4(磷钼蓝)$$

本实验的最低检出限质量浓度为 0.01mg/L，测定上限为 0.6mg/L。适用于绝大多数的地表水和一部分工业废水，对于严重污染的工业废水和贫氧水，则要采用更强的氧化剂 HNO_3-H_2SO_4 等才能消解完全。

三、主要仪器和试剂

（1）分光光度计，高压灭菌锅，具塞比色管。

（2）过硫酸钾溶液：50g/L。

（3）H_2SO_4（1+1）。

（4）抗坏血酸：100g/L，棕色瓶贮存，冷藏可稳定几周，颜色变黄应弃去。

（5）钼酸盐溶液：

1）溶解 13g 钼酸铵 $[(NH_4)_6 \cdot Mo_7O_{24} \cdot 4H_2O]$ 于 100mL 水中，在不断搅拌下，将钼酸铵溶液徐徐加到 300mL 硫酸（1+1）中。

2）溶解 0.35g 酒石酸锑钾 $[KSbC_4H_4O_7 \cdot 1/2H_2O]$ 于 100mL 水中。

将 1）与 2）两溶液合并，混匀。试剂贮存于棕色玻璃瓶中冷藏，可稳定两个月。

（6）磷酸盐标准贮备溶液：50μg/mL（以 P 计）。

称取（0.2197±0.001）g 于 110℃ 干燥 2h 并在干燥器中放冷的磷酸二氢钾（KH_2PO_4），用水溶解后转移至 1000mL 容量瓶中，加入约 800mL 水，再加入 5mL（1+1）硫酸，用水稀释至标线并混匀。

（7）磷酸盐标准工作液：2.00μg/mL（以 P 计）。

吸取 10.00mL 磷酸盐标准贮备溶液于 250mL 容量瓶中，用水稀释至标线并混匀。使用当天配制。

四、实验步骤

（1）水样的测定。

1）水样的消解。过硫酸钾消解：吸取 25mL 均匀水样于 50mL 具塞刻度管中，加入 4mL 50g/L 过硫酸钾溶液，将具塞刻度管的盖塞紧后，用一小块布和线将玻璃塞扎紧（或用其他方法固定），以免加热时玻璃塞冲出。将具塞刻度管放在大烧杯中，置于高压蒸气消毒器中加热，待压力达 0.11MPa（相应温度为 120℃）时，保持 30min 后停止加热。待压力表读数降至零后，取出放冷，然后用水稀释至标线。

2）发色。分别向各份消解液中加入 1mL 100g/L 抗坏血酸溶液，混匀，30s 后加 2mL 钼酸盐溶液（试剂 5），充分混匀。

3）测量。室温下放置 15min 后，使用 10mm 或 30mm 比色皿，于 700nm 波长处，以水做参比，测量吸光度。扣除空白试验的吸光度后，从工作曲线上查得磷的量。

（2）工作曲线的绘制。取 7 支 50mL 比色管，分别加入 2.00μg/mL 磷酸盐标准工作溶液 0.00mL、0.50mL、1.00mL、3.00mL、5.00mL、10.00mL、15.00mL，加水至 25mL，然后按水样的消解、发色步骤进行处理。以水做参比，测定吸光度。扣除空白试验的吸光度后，和对应的磷的含量绘制工作曲线。

五、样品测定

将消解后并稀释至标线的水样按标准曲线制作步骤进行显色和测量。从标准曲线上查出含磷量。

（1）实验数据整理（表11-8）。

表11-8　实验数据记录

标液体积/mL		0.00	0.50	1.00	3.00	5.00	10.00	15.00
标液中磷的质量/μg								
吸光值	标液							
	水样							

1）绘制工作曲线。

2）结果计算如下：

$$磷酸盐(P, mg/L) = \frac{m}{V_水} \tag{11-17}$$

式中　m——由工作曲线查得磷的质量，μg；

　　　$V_水$——水样体积，mL。

（2）注意事项：

1）操作所用玻皿，可用盐酸（1+5）浸泡2h，或用不含磷酸盐的洗涤剂刷洗。

2）比色皿用后应以稀硝酸或铬酸洗液浸泡片刻，以除去吸附的钼蓝有色物。

六、思考与讨论

（1）如果本实验制作标准曲线时省略了预处理的步骤，即标准工作溶液不经消解，而是直接显色、测量，对试样的测定结果可能会有什么影响？

（2）如果只需测定水样中可溶性正磷酸盐或可溶性总磷酸盐，应如何进行。

实验11　原子吸收光谱法测定自来水中钙、镁的含量

一、实验目的

（1）学习原子吸收光谱法的基本原理。

（2）了解原子吸收分光光度计的基本结构，并掌握其使用方法。

（3）掌握以标准曲线法测定自来水中钙、镁含量的方法。

二、实验原理

1. 原子吸收光谱分析基本原理

原子吸收光谱法（AAS）是基于由待测元素空心阴极灯发射出一定强度和波长的特征谱线的光，当它通过含有待测元素的基态原子蒸气时，原子蒸气对这一波长的光产生吸收，未被吸收的特征谱线的光经单色器分光后，照射到光电检测器上被检测，根据该特征谱线光强度被吸收的程度，即可测得试样中待测元素的含量。

火焰原子吸收光谱法是利用火焰的热能，使试样中待测元素转化为基态原子的方法。常用的火焰为空气-乙炔火焰，其绝对分析灵敏度可达 10^{-9}g，可用于常见的30多种元素的分析，应用最为广泛。

2. 标准曲线法基本原理

在一定浓度范围内，被测元素的浓度（c）、入射光强（I_0）和透射光强（I）符合朗伯-比尔定律：$I=I_0 \times (10^{-abc})$（式中，a 为被测组分对某一波长光的吸收系数；b 为光经过的火焰的长度）。根据上述关系，配制已知浓度的标准溶液系列，在一定的仪器条件下，依次测定其吸光度，以加入的标准溶液的浓度为横坐标，相应的吸光度为纵坐标，绘制标准曲线。试样经适当处理后，在与测量标准曲线吸光度相同的实验条件下测量其吸光度，在标准曲线上即可查出试样溶液中被测元素的含量，再换算成原始试样中被测元素的含量。

三、仪器与试剂

1. 仪器设备

原子吸收分光光度计，钙、镁空心阴极灯，无油空气压缩机，乙炔钢瓶。

2. 试剂

（1）1000 μg/mL 钙标准贮备液。准确称取在 110℃ 下烘干 2h 的无水碳酸钙 0.6250g 于 100mL 烧杯中，滴加 1mol/L 盐酸溶液，至完全溶解，加热煮沸，冷却后用去离子水定容至 250mL 容量瓶中，摇匀备用。

（2）50 μg/mL 钙标准使用液。准确吸取 5mL 上述钙标准贮备液于 100mL 容量瓶中定容，摇匀备用。

（3）1000 μg/mL 镁标准贮备液。准确称取已在 110℃ 下烘干 2h 的无水碳酸镁 0.8750g 于 100mL 烧杯中，滴加 1mL 1mol/L 盐酸溶液使之溶解，加热煮沸，冷却后将溶液于 250mL 容量瓶中用去离子水定容，摇匀备用。

（4）25 μg/mL 镁标准使用液。准确吸取 2.5mL 上述镁标准贮备液于 100mL 容量瓶中定容，摇匀备用。

四、实验条件

	钙	镁
吸收线波长/nm	422.7	285.2
空心阴极灯电流/mA	3	4
燃烧器高度/mm	6	6
气体流量/mL · min^{-1}	1700	1600

五、实验步骤

（1）配制标准溶液系列：

1）钙标准溶液系列：准确吸取 1.00mL、2.00mL、3.00mL、4.00mL、5.00mL 50 μg/mL 钙标准使用液，分别置于 5 只 50mL 容量瓶中，用蒸馏水稀释至刻度，摇匀备用。该标准系列钙质量浓度依次为 1.0 μg/mL、2.0 μg/mL、3.0 μg/mL、4.0 μg/mL、5.0 μg/mL。

2）镁标准溶液系列：准确吸取 1.00mL、2.00mL、2.40mL、3.00mL、4.00mL 25 μg/mL 镁标准使用液，分别置于 5 只 50mL 容量瓶中，用蒸馏水稀释至刻度，摇匀备用。该标准系列镁质量浓度一次为 0.5 μg/mL、1.0 μg/mL、1.2 μg/mL、1.5 μg/mL、2.0 μg/mL。

（2）自来水水样准备：将自来水置于 25mL 容量瓶中待用。

（3）吸光度的测定：

1）开机：开启电脑，开启主机电源，稳定 30min。

2）实验条件设定：待仪器自检结束，工作灯设定完成后，进入"设置"，并根据实验条件"测量参数"。

3）仪器点火：检查乙炔钢瓶使之处于关闭状态，打开无油空气压缩机工作开关和风机开关，调节压力表为 0.2~0.25MPa，打开乙炔钢瓶调节压力至 0.07MPa，仪器"点火"。

4）制作标准曲线并测定自来水样品。在设定实验条件下，以蒸馏水为空白样品"校零"，再依次由稀到浓测定所配制的标准溶液、自来水样品吸光度值。最后打印测定数据，绘制标准曲线，计算水样中钙、镁含量（注意：待测元素溶液必须与工作灯中元素相一致）。

5）实验完毕，吸取蒸馏水 5min 以上，关闭乙炔，火灭后退出测量程序，关闭主机、电脑和空压机电源，按下空压机排水阀。

六、数据处理

（1）根据钙、镁标准液系列吸光度值，以吸光度为纵坐标，质量浓度为横坐标，利用计算机绘制标准曲线，作出回归方程，计算出相关系数。

（2）根据自来水样吸光度值，依据标准曲线计算出钙、镁的含量。

七、思考与讨论

（1）简述原子吸收光谱分析的基本原理。

（2）原子吸收光谱分析为何要用待测元素的空心阴极灯做光源？

（3）空白溶液的含义是什么？

（4）标准溶液系列配制对实验结果有无影响，为什么？

（5）从实验安全上考虑，在操作时应注意什么问题，为什么？

实验 12　水中铁的测定（邻菲罗啉分光光度法）

一、实验目的

（1）学会使用紫外分光光度计。

（2）了解和掌握分光光度法测定原理，并用邻菲罗啉法测定试样中微量铁含量。

二、实验原理

邻菲罗啉（又称邻二氮杂菲）是测定微量铁的一种较好的试剂。pH 值在 2~9 的条件下，Fe^{2+} 与邻菲罗啉生成稳定的橙红色配合物，反应式如下：

在显色前，首先用盐酸羟胺把 Fe^{3+} 还原成 Fe^{2+}，其反应式如下：

$$4Fe^{3+} + 2NH_2OH = 4Fe^{2+} + H_2O + 4H^+ + N_2O$$

显色时溶液的酸度过高（pH 值小于 2），反应进行较慢；酸度太低，则 Fe^{2+} 离子水解，影响显色。

Bi^{3+}、Ni^{2+}、Hg^{2+}、Ag^{2+} 和 Zn^{2+} 与显色剂生成沉淀，Co^{2+}、Cu^{2+}、Ni^{2+} 则形成有色结合物。当以上离子共存时，应注意消除它们的干扰。

三、仪器和试剂

（1）仪器：紫外分光光度计。

（2）试剂：

1）铁标准溶液：准确称取 0.216g 分析纯的铁铵钒（$NH_4Fe(SO_4)_2 \cdot 12H_2O$）溶于水，加 6mol/L HCl 5mL 酸化后转移到 250mL 容量瓶中，稀释到刻度。所得溶液每毫升含铁 0.100mg；然后吸取上述溶液 25.00mL 于 250mL 容量瓶中，加 6mol/L HCl 5mL，用水稀释至刻度，摇匀。所得溶液每毫升含铁 0.010mg，约为 1.79×10^{-4} mol/L。

2）0.1%邻菲罗啉溶液：称取 1.000g 邻菲罗啉于小烧杯中，加入 5～10mL 95%乙醇溶液，再用水稀释至 100mL。

3）1%盐酸羟胺水溶液：称取 1.000g 盐酸羟胺于小烧杯中，用水溶解后定容至 100mL，需临用时配制。

4）醋酸-醋酸钠缓冲溶液（pH＝4.6）：称取 136g 分析纯醋酸钠，加 120mL 冰醋酸，加水溶解后，稀释至 500mL。

四、实验步骤

（1）标准曲线的绘制。用吸量管分别吸取铁标准溶液 0mL、1.0mL、2.0mL、3.0mL、4.0mL、5.0mL 于 6 只 50mL 容量瓶中，依次分别加入 1%盐酸羟胺 2.5mL，HAc-NaAc 缓冲溶液 5mL，0.1%邻菲罗啉 5mL，用蒸馏水稀释至刻度，摇匀。放置 10min，用 3cm 比色皿，以显色剂溶液作参比溶液，用分光光度计在其最大吸收的波长 510nm 处，分别测定吸光度 A。以吸光度 A 为纵坐标，铁的质量浓度（mg/50mL）为横坐标，绘制标准曲线。

（2）试样中铁含量的测定。准确移取试样若干于小烧杯中，加少量蒸馏水使之润湿，滴加 3mol/L HCl 至试样完全溶解，转移试样溶液于 50mL 容量瓶中，按绘制标准曲线的操作，加入各种试剂使之显色，用蒸馏水稀释至刻度，摇匀。放置 10min，以显色剂溶液作参比，用 3cm 比色皿，分光光度计测定其吸光度。然后由标准曲线求出相应的铁的含量，并计算试样中铁的质量浓度。

（3）结果计算：

$$\rho_{Fe}(\mu g/mL) = \frac{m}{V_{水}} \tag{11-18}$$

式中　m——由工作曲线查得的铁的质量，μg；

　　　$V_{水}$——水样体积，mL。

五、思考与讨论

（1）邻菲罗啉比色测铁的作用原理如何，用该法测得的铁含量是否为试样中的亚铁含量，为什么？

（2）为什么绘制工作曲线和测定试样应在相同的条件下进行，这里主要指哪些条件？

（3）样品称太多或太少有什么不好，可以从哪些方面进行调节以适应比色测定？

第十二章　水质工程实验技术

实验 13　混凝沉淀实验

混凝沉淀实验是给水、排水处理的基础实验之一，在科研、教学和生产中应用极其广泛。通过混凝实验，可以选择投加药剂的种类、数量，还可确定其他最佳混凝条件。

一、实验目的

（1）通过观察矾花的形成过程及混凝沉淀效果，加深对混凝原理的理解。

（2）通过本实验，确定某水样的最佳投药量、最佳 pH 值等最佳混凝条件。

二、实验原理

水体中通常存在大量的胶体颗粒，是水体产生浑浊的一个重要原因，胶体颗粒靠自然沉淀是不能除去的。

胶体颗粒之间的静电斥力，胶粒的布朗运动及胶粒表面的水化作用，使得胶粒具有分散稳定性，三者中以静电斥力的影响最大。向水中投加混凝剂能提供大量的正离子，压缩胶团的扩散层，使 ξ 电位降低，静电斥力减小。此时布朗运动由稳定因素转变成不稳定因素，也有利于胶粒的吸附凝聚。水化膜中的水分子与胶粒有固定联系，具有弹性和较高的黏度，把这些水分子排挤除去需要克服特殊的阻力，阻碍胶粒的直接接触。有些水化膜的存在决定于双电层状态，投加混凝剂降低 ξ 电位，有可能使水化作用减弱。混凝剂水解后形成的高分子物质或直接加入水中的高分子物质一般具有链状结构，在胶粒与胶粒之间起吸附架桥作用，即使 ξ 电位没有降低或降低不多，胶粒不能相互接触，通过高分子链状物吸附胶粒，也能形成絮凝体。

消除或降低胶体颗粒稳定因素的过程称为脱稳。脱稳后的胶粒，在一定的水力条件下，形成较大的絮凝体，俗称矾花。直径较大且密实的矾花容易沉淀。

自投加混凝剂直至形成较大矾花的过程称为混凝。混凝过程见表 12-1。

表 12-1　混凝过程

阶　段	混合阶段	反　应　阶　段		
		凝　聚		絮　凝
过　程	药剂混合	脱　稳	异向絮凝为主	同向絮凝为主
作　用	药剂扩散	混凝剂水解	杂质胶体脱稳	脱稳胶体凝聚	微絮凝体进一步碰撞聚集
动　力	质量迁移	溶解平衡	各种脱稳机理	分子热运动	液体流动的能量消耗
处理构筑物	混合设备			反应设备
胶体状态	原始胶体	脱稳胶体	微絮凝体	矾　花
胶体粒径	0.001~0.1μm	约 5~10μm		0.5~2mm

从胶体颗粒变成较大的矾花是一连续的过程，为了研究的方便可划分为混合和反应两个阶段。混合阶段要求浑水和混凝剂快速均匀混合，一般说来，该阶段只能产生用眼睛难

以看见的微絮凝体；反应阶段则要求将微絮凝体形成较密实的大粒径矾花。

　　混合和反应均需消耗能量，而速度梯度 G 值能反映单位时间单位体积水耗能值的大小，混合的 G 值应大于 $300 \sim 500 \mathrm{s}^{-1}$，时间一般不超过 30s，$G$ 值大时混合时间宜短。混合方式可以是机械搅拌混合或水泵混合。实验水量较小，采用的是机械搅拌混合的方式。由于粒径大的矾花抗剪强度低，易破碎，而 G 值与水流剪力成正比，故从反应开始至反应结束，随着矾花逐渐增大，G 值宜逐渐减小。实际设计中，G 值在反应开始时可采用 $100 \mathrm{s}^{-1}$ 左右，反应结束时可采用 $10 \mathrm{s}^{-1}$ 左右。整个反应设备的平均 G 值约为 $20 \sim 70 \mathrm{s}^{-1}$ 左右，反应时间约 $15 \sim 30 \mathrm{min}$。实验采用机械搅拌反应，G 值及反应时间 T 值（以秒计）应符合上述要求。

　　混合或反应的速度梯度 G 值：

$$G = \sqrt{\frac{P}{\mu V}} \tag{12-1}$$

式中　P——混合或反应设备中水流所耗功率，W，$1\mathrm{W} = 1\mathrm{J/s} = 1\mathrm{N} \cdot \mathrm{m/s}$；

　　　　V——混合或反应设备中水的体积，m^3；

　　　　μ——水的动力黏度，$\mathrm{Pa} \cdot \mathrm{s}$，$1\mathrm{Pa} \cdot \mathrm{s} = 1\mathrm{N} \cdot \mathrm{s/m}^2$。

不同温度水的动力黏度 μ 值见表 12-2。

表 12-2　不同水温水的动力黏度 μ 值

温度/℃	0	5	10	15	20	25	30	40
$\mu/10^{-3}\mathrm{N} \cdot \mathrm{s} \cdot \mathrm{m}^{-2}$	1.781	1.518	1.307	1.139	1.002	0.890	0.798	0.653

　　实验搅拌设备垂直轴上装设两块桨板，如图 12-1 所示，桨板绕轴旋转时克服水的阻力所耗功率 P 为：

$$P = \frac{C_{\mathrm{D}} r L \omega^3}{4g}(r_2^4 - r_1^4)$$

式中　L——桨板长度，m；

　　　　r_2——桨板外缘旋转半径，m；

　　　　r_1——桨板内缘旋转半径，m；

　　　　ω——相对于水的桨板旋转角速度，可采用 0.75 倍轴转速，r/s；

　　　　r——水的重度，$\mathrm{N/m}^3$；

　　　　g——重力加速度，$9.81 \mathrm{m/s}^2$；

　　　　C_{D}——阻力系数，决定于桨板宽长比，见表 12-3。

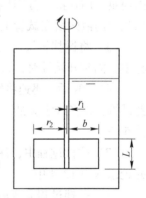

图 12-1　搅拌设备示意图

表 12-3　阻力系数 C_{D} 值

b/L	<1	1~2	2.5~4	4.5~10	10.5~18	>18
C_{D}	1.10	1.15	1.19	1.29	1.40	2.00

　　当 $C_{\mathrm{D}} = 1.15$（即宽长比 b/L 为 $1 \sim 2$），$r = 9810 \mathrm{N/m}^3$，$g = 9.81 \mathrm{m/s}^2$，转速为 n（r/min，即 $\omega = \frac{2\pi r}{60} \times 0.75 = 0.0785n$）时，

$$P = 0.139Ln^3(r_2^4 - r_1^4) \tag{12-2}$$

三、实验仪器与试剂

（1）六联实验搅拌器。

（2）1000mL 烧杯 6 个。

（3）200mL 烧杯 6 个。

（4）100mL 注射器若干，沉淀后移取上清液用。

（5）1mL、5mL、10mL 移液管各 1 支，吸耳球若干，移取混凝剂用。

（6）温度计 1 支，测水温用。

（7）1000mL 量筒 1 个，量原水体积用。

（8）硫酸铝溶液（或其他混凝剂）1 瓶。

（9）酸度计 1 台，测反应前后的 pH 值。

（10）浊度仪 1 台，测反应前后的浊度。

（11）尺子 1 把，量搅拌机尺寸用。

四、实验步骤

1. 最佳投药量实验

（1）测量原水的水温、浊度及 pH 值。

（2）用 1000mL 量筒量取 6 个 600mL 水样置于 6 个大烧杯中。

（3）设最小投药量和最大投药量，利用均分法确定其他 4 个水样的混凝剂投加量。

（4）将烧杯置于搅拌机中，开动机器，调整转速，中速运转数分钟，同时将计算好的投药量，用移液管分别移取至加药小试管中。加药试管中药液量过少时，可掺入蒸馏水，以减小药液残留在试管上产生的误差。

（5）将搅拌机快速运转（转速为 300~500r/min），待转速稳定后，将药液加入水样烧杯中，同时开始计时，快速搅拌 30s，记下转速。

（6）30s 后，迅速将转速调到中速运转（如 120~150r/min）。然后用少量蒸馏水冲洗加药试管，并将这些水加到水样杯中。搅拌 3min 后，迅速将转速调至慢速（如 80r/min）搅拌 5min。

（7）搅拌过程中，注意观察并记录矾花形成的过程、矾花外观、大小、密实程度等，并记录入表 12-4 中。

（8）搅拌过程完成后，停机，将水样杯取出，置一旁静沉 10min，静沉过程中，观察并记录矾花沉淀过程并记录在表 12-4 中。

表 12-4　观察记录

水样编号	矾花形成及沉淀过程的描述	小 结
1		
2		
3		
4		
5		
6		

（9）水样静沉 10min 后，用注射器依次吸取水样杯中上清液约 130mL（够测浊度、pH 值即可），置于 6 个洗净的 200mL 烧杯中，测反应后的浊度及 pH 值并记录入下列的原始数据表12-5中。

表 12-5　原始数据记录

混凝剂名称		原水浑浊度		原水温度		原水 pH 值	
水样编号		1	2	3	4	5	6
投药量	mL						
	mg/L						
剩余浊度							
沉淀后 pH 值							

（10）比较实验结果，根据 6 个水样所分别测得的剩余浊度，结合水样混凝沉淀时所观察到的现象，对最佳投药量的所在区间做出判断。缩小投药量范围，重新设定下次实验的最大和最小投药量值 a 和 b，重复上述实验。

2. 最佳 pH 值实验

（1）用 1000mL 量筒量取 6 个水样置 6 个大烧杯中。

（2）设最小 pH 值和最大 pH 值，利用均分法确定其他 4 个水样的 pH 值。

（3）用酸和碱将水样 pH 值调至设定值。

（4）将烧杯置于搅拌机中，开动机器，调整转速，中速运转数分钟，将上述实验中试验出的最佳投药量，用移液管分别移取至加药小试管中。

（5）将搅拌机快速运转（转速为 300~500r/min），待转速稳定后，将药液加入水样烧杯中，同时开始计时，快速搅拌 30s。

（6）30s 后，迅速将转速调到中速运转（如 120~150r/min）。然后用少量蒸馏水冲洗加药试管，并将这些水加到水样杯中。搅拌 3min 后，迅速将转速调至慢速（如 80r/min）搅拌 5min。

（7）搅拌过程中，主要观察并记录矾花形成的过程、矾花外观、大小、密实程度等，并记录入表 12-6 中。

（8）搅拌过程完成后，停机，将水样杯取出，置一旁静沉 10min，静沉过程中，观察并记录矾花沉淀过程并记录在表 12-6 中。

表 12-6　观察记录

水样编号	矾花形成及沉淀过程的描述	小　结
1		
2		
3		
4		
5		
6		

（9）水样静沉 10min 后，用注射器每次吸取水样杯中上清液约 130mL（够测浊度、

pH 值即可），置于 6 个洗净的 200mL 烧杯中，测反应后的浊度及 pH 值，并记录入下列的原始数据表 12-7 中。

表 12-7　原始数据记录

混凝剂名称	混凝剂用量		原水浑浊度		原水温度		原水 pH 值
水样编号	1	2	3	4	5	6
混凝前 pH 值						
剩余浊度						
沉淀后 pH 值						

（10）比较实验结果，根据 6 个水样分别测得的剩余浊度，结合水样混凝沉淀时所观察到的现象，对最佳 pH 值的所在区间做出判断。缩小投药量范围，重新设定下次实验的最大和最小 pH 值，重复上述实验。

五、结果整理

（1）最佳投药量的确定。以投药量为横坐标，以剩余浊度为纵坐标，绘制投药量—剩余浊度曲线，从曲线上求得本次实验不大于某一剩余浊度的最佳投药量值。

（2）计算反应过程的 G 及 GT 值，并比较其是否符合设计要求。

将测得的原始数据填入表 12-8 中。

表 12-8　混凝原始数据记录

桨板尺寸				
$r_1=$	$r_2=$	$b=$	$L=$	$C_D=$
水温 =		动力黏度 $\mu=$		
快速搅拌时 $n=$	$P=$			
$T=$ $GT=$	$G=$			
中速搅拌时 $n=$	$P=$			
$T=$ $GT=$	$G=$			
慢速搅拌时 $n=$	$P=$			
$T=$ $GT=$	$G=$			

六、注意事项

（1）取水样时，所取水样要搅拌均匀，要一次量取以尽量减少所取水样浓度上的差别。

（2）移取烧杯中沉淀液的上清液时，要在相同条件下取上清液，并注意不要把沉下去的矾花搅起来。

七、思考与讨论

（1）根据实验结果以及实验中所观察到的现象，简述影响混凝的几个主要因素。

（2）为什么最大投药量时，混凝效果不一定好？

实验 14　絮凝沉淀实验

絮凝沉淀实验是研究浓度一般的絮状颗粒的沉淀规律。一般是通过几根沉淀柱的静沉实验获取颗粒沉淀曲线，不仅可借此进行沉淀性能对比、分析，而且也可作为水处理工程构筑物的设计及生产运行的重要依据。

一、实验目的

（1）加深对絮凝沉淀的特点、基本概念及沉淀规律的理解。

（2）掌握絮凝沉淀实验方法，能利用实验数据绘制絮凝沉淀静置曲线。

二、实验原理

悬浮物浓度不太高，一般在 $600 \sim 700 mg/L$ 以下的絮状颗粒的沉淀属于絮凝沉淀，如给水工程中的混凝沉淀，污水处理中，初沉池内的悬浮物沉淀均属此类。絮凝沉淀过程中由于颗粒相互碰撞，使颗粒的粒径和质量凝聚变大，从而沉降速度不断变大，因此，颗粒沉降实际是一个变速沉降过程。实验中所说絮凝沉淀颗粒速度是该颗粒的平均速度。絮凝颗粒在平流沉淀池中的沉淀轨迹是一条曲线。沉淀池内颗粒去除率不仅与颗粒沉淀速度有关，而且与沉淀有效水深有关。因此在沉淀柱内，不仅要考虑器壁对悬浮颗粒沉淀的影响，还要考虑柱高对沉淀效率的影响。

静置中絮凝沉淀颗粒去除率的计算基本思想与自由沉淀一致，但方法有所不同。自由沉淀采用累积曲线计算法，而絮凝沉淀采用纵深分析法，颗粒的总去除率按式（12-3）计算：

$$E = E_T + \frac{Z'}{Z_0}(E_{T+1} - E_T) + \frac{Z''}{Z_0}(E_{T+2} - E_{T+1}) + \cdots + \frac{Z^i}{Z_0}(E_{T+n} - E_{T+n-1}) \quad (12\text{-}3)$$

式中　E——颗粒的总去除率；

$\quad E_T$——T 时刻 $u_s \geq u_0$ 那部分颗粒的去除率；

$\quad Z^i$——T 时刻各曲线之间的中点高度；

$\quad Z_0$——沉淀池有效水深。

根据絮凝沉淀等去除率曲线，应用图解法近似求出不同时间、不同高度的颗粒去除率，图解法就是在絮凝沉淀曲线上作中间曲线，计算见图 12-2。

去除率与分散颗粒一样，也分为被全部去除的颗粒和部分去除的颗粒两部分。

（1）被全部去除的颗粒。全部去除的颗粒是指在给定的停留时间 $t = T_1$，以及给定的沉淀有效水深 $H = Z_0$ 时，两直线的相交点的等去除率线的 E 值，如图 12-2 中的 $E = E_2$，即在沉淀时间 $t = T_1$，沉降有效水深 $H = Z_0$ 时具有沉速 $u \geq u_0 = \dfrac{Z_0}{T_1}$ 的那些颗粒能全部被去除，其去除率为 E_2。

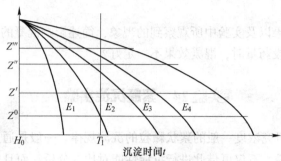

图 12-2　絮凝沉淀颗粒的等去除率曲线

（2）部分被去除的颗粒。悬浮物在沉淀时，虽然有些粒径较小的颗粒沉速较小，不能由池顶下沉至池底，但是在池中某一深度处的颗粒，当下沉至池底所用时间 $t=\dfrac{Z_x}{u_x}\leqslant\dfrac{Z_0}{u_0}$ 时也可被去除。这些颗粒的沉速 $u<\dfrac{Z_0}{T_1}$，大颗粒沉速较快，去除率大。计算方法及原理与分散颗粒一样，用 $\dfrac{Z'}{Z_0}(E_{T+1}-E_T)+\dfrac{Z''}{Z_0}(E_{T+2}-E_{T+1})+\cdots+\dfrac{Z^i}{Z_0}(E_{T+n}-E_{T+n-1})$ 代替了分散颗粒的 $\displaystyle\int_0^{P_0}\dfrac{u_s}{u_0}dP$。式中，$E_{T+n}-E_{T+n-1}=\Delta E$ 表示颗粒沉速 u_0 降到 u_s 时去除的颗粒占全部颗粒的百分比。这些颗粒在沉淀时间 t_0 时，不能全部沉至池底，只有符合条件 $t_s\leqslant t_0$ 的那部分颗粒才能沉至池底，即 $\dfrac{H_s}{u_s}\leqslant\dfrac{H_0}{u_0}$，故有 $\dfrac{u_s}{u_0}=\dfrac{H_s}{H_0}$ 同自由分散沉淀一样，由于 u_s 为未知数，故采用近似计算法，用 H_s/H_0 代替 u_s/u_0，工程上多采用等分 $E_{T+n}-E_{T+n-1}$ 间的中点水深 Z^i 代替 H_i，则 Z^i/H_0 近似地代表了这部分颗粒中所能沉到池底的颗粒所占的百分数。

所以，$\dfrac{Z^i}{H_0}(E_{T+n}-E_{T+n-1})$ 为沉速 $u_s\leqslant u<u_0$ 的这些颗粒的去除量所占全部颗粒的百分比，$\displaystyle\sum\dfrac{Z^i}{H_0}(E_{T+n}-E_{T+n-1})$ 即为 $u_s\leqslant u_0$ 的全部颗粒的去除率。

三、实验仪器与试剂

（1）沉淀柱：有机玻璃沉淀柱，内径 $D\geqslant100$mm，高 $H=1.5$m，沿不同高度设取样口。管最上为溢流口，管下为进水口，共六套。

（2）配水及投配系统：钢板（或塑料）水池，搅拌装置，水泵，配水管。

（3）100mL 量筒，250mL 烧杯，漏斗。

（4）电子天平，烘箱，干燥器，定时钟。

（5）污水或自配水样。

絮凝沉淀实验装置如图 12-3 所示。

四、实验步骤

沉淀柱的不同深度设有取样口。试验时，在不同的沉淀时间，从取样口取出水样，测定悬浮物的浓度，并计算悬浮物的去除百分率。

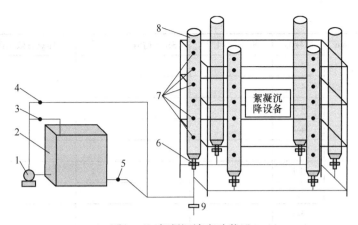

图 12-3 絮凝沉淀实验装置

1—水泵；2—水池；3—水泵循环阀门；4—配水管阀门；5—水池放水阀门；
6—各沉淀柱进水阀门；7—取样口；8—溢流口；9—放空阀门

（1）将待测水样倒入水箱。关掉配水管阀门，打开水泵循环阀门，开启水泵，搅拌水样。待水样搅匀后，测定原水样的悬浮物浓度。同时，打开各沉淀柱进水阀门和放空管阀门，排除管内存水，然后关闭各沉淀柱放空管阀门。

（2）打开配水管阀门及各沉淀柱进水阀门，关闭水泵循环阀门，依次向 1~6 号沉淀柱内进水，至水位达到溢流孔时关闭进水阀门，同时开始记录沉淀时间。6 根沉淀柱的沉淀时间分别为 5min、10min、20min、40min、60min、90min。

（3）当各柱达到预定的沉淀时间时，在每根柱上自上而下地依次取样，测定水样的悬浮物浓度。

（4）将数据记录于表 12-9 中。

表 12-9 实验数据记录

柱号	沉淀时间/min	取样号	SS/mg·L^{-1}	SS 平均值/mg·L^{-1}	取样点有效水深/m	备注
1	5	1-1				
		1-2				
		1-3				
		1-4				
		1-5				
2	10	2-1				
		2-2				
		2-3				
		2-4				
		2-5				
3	20	3-1				
		3-2				
		3-3				
		3-4				
		3-5				

柱号	沉淀时间/min	取样号	SS/mg·L⁻¹	SS 平均值/mg·L⁻¹	取样点有效水深/m	备注
4	40	4-1				
		4-2				
		4-3				
		4-4				
		4-5				
5	60	5-1				
		5-2				
		5-3				
		5-4				
		5-5				
6	90	6-1				
		6-2				
		6-3				
		6-4				
		6-5				

五、注意事项

（1）由于絮凝沉淀的悬浮物去除率与池子深度有关，所以试验用的沉淀柱高度应与拟采用的实际沉淀池的高度相同。

（2）向沉淀柱进水时，速度要适中，既要防止悬浮物由于进水速度过慢而发生絮凝沉淀，又要防止由于进水速度过快，沉淀开始后柱内还存在紊流，影响沉淀效果。

（3）由于要由每个柱的 5 个取样口同时取样，故人员分工、烧杯编号等准备工作要做好，以保证能在较短的时间内同时由每个柱的 5 个取样口从上至下准确地取出水样。

（4）由于水样中悬浮固体浓度较低，在测定时易产生误差，最好每个水样都能做两个平行样品，但取样太多会影响水深，因此可分 2~3 组人员做同样浓度的实验，然后取平均值以减少误差。

（5）在测定悬浮物浓度时，要保证两平行水样的均匀性。

（6）观察颗粒在絮凝沉淀过程中自然絮凝作用以及沉速的变化。

六、实验数据整理

（1）实验基本参数：

实验日期_____；水样性质及来源_____；沉淀柱直径 $d = $_____；柱高 $H = $_____；水温_____℃；原水悬浮物浓度 SS_0_____ mg/L；绘制沉淀柱及管路连接图。

（2）实验数据：将表 12-9 中数据进行整理，并计算各取样点的去除率 E，列成表 12-10。

（3）以沉淀数据 t 为横坐标，以深度为纵坐标，将各取样点的去除率填在各取样点的坐标上。

表 12-10　悬浮物去除率 E 值的计算

柱　号	1	2	3	4	5	6
沉淀时间/min	5	10	20	40	60	90
取样深度/m						

（4）在上述基础上，用内插法给出等去除率曲线。E 最好是以 5% 或 10% 为一间距，如 20%、25%、30%。

（5）选择某一有效水深 H，过 H 做 x 轴平行线，与各去除率线相交，再根据式（12-3）计算不同沉淀时间的总去除率。

（6）以沉淀时间 t 为横坐标，E 为纵坐标，绘制不同有效水深 H 的 E-t 关系曲线及 E-u 曲线。

七、思考与讨论

（1）仔细观察絮凝沉淀现象，并比较与自由沉淀现象的区别。

（2）不同性质的污水的絮凝沉淀实验所得的同一去除率曲线的曲率不同，分析其原因。

（3）在实际工程中，哪些沉淀现象属于絮凝沉淀？

实验 15　过滤与反冲洗实验

一、实验目的

（1）了解过滤实验装置的组成与构造。

（2）通过观察过滤及反冲洗现象，进一步了解过滤及反冲洗原理；加深对滤速、冲洗强度、滤层膨胀率、初滤水浊度的变化、冲洗强度与滤层膨胀率关系的理解。

（3）掌握滤池主要技术参数的测定方法。

二、实验原理

（1）水过滤原理。过滤一般是指以石英砂等颗粒状滤料层截留水中悬浮杂质，从而使水达到澄清的工艺过程。过滤是水中悬浮颗粒与滤料颗粒间黏附作用的结果。黏附作用主要决定于滤料和水中颗粒的表面物理化学性质，当水中颗粒迁移到滤料表面上时，在范德华引力和静电引力以及某些化学键和特殊的化学吸附作用下，它们黏附到滤料颗粒的表面上。此外，某些絮凝颗粒的架桥作用也同时存在。经研究表明，过滤主要还是悬浮颗粒与滤料颗粒经过迁移和黏附两个过程来完成去除水中杂质的过程。

（2）影响过滤的因素。在过滤过程中，随着过滤时间的增加，滤层中悬浮颗粒的量也会随之不断增加，这就必然会导致过滤过程中水力条件的改变。当滤料粒径、形状、滤层级配和厚度及水位一定时，如果孔隙率减小，则在水头损失不变的情况下，必然引起滤速减小。反之，在滤速保持不变时，必然引起水头损失的增加。就整个滤料层而言，上层滤料截污量多，下层滤料截污量小，因此水头损失的增值也由上而下逐渐减小。此外，影响过滤的因素还有水质、水温以及悬浮物的表面性质、尺寸和强度等。

（3）滤料层的反冲洗。过滤时，随着滤层中杂质截留量的增加，当水头损失至一定程度，滤池产水量锐减，或由于滤后水质不符合要求时，滤池必须停止过滤，进行反冲洗。反冲洗的目的是清除滤层中的污物，使滤池恢复过滤能力。反冲洗时，滤料层膨胀起来，截留于滤层的污物，在滤层孔隙中的水流剪力以及滤料颗粒相互碰撞摩擦的作用下，从滤料表面脱落下来，然后被冲洗水流带出滤池。反冲洗效果主要取决于滤层孔隙水量剪力。该剪力既与冲洗流速有关，又与滤层膨胀率有关。冲洗流速小，水流剪力小；而冲洗流速较大时，滤层膨胀度大，滤层孔隙中水流剪力又会降低，因此，冲洗流速应控制在适当的范围。高速水流反冲洗是最常用的一种形式，反冲洗效果通常由滤床膨胀率来控制。根据运行经验，冲洗排水浊度降至 10~20 度以下可停止冲洗。

国外采用气、水反冲洗比较普遍。气、水反冲洗是从浸水的滤层下送入空气，当其上升通过滤层时形成若干气泡，使周围的水产生紊动，促使滤料反复碰撞，将黏附在滤料上的污物搓下，再用水冲出黏附污物。紊动程度的大小随气量及气泡直径大小而异，紊动强烈则滤层搅拌激烈。

气、水反冲洗的优点是可以洗净滤料内层，较好地消除结泥球现象且省水。当用于直接过滤时，优点更为明显，这是由于在直接过滤的原水中，一般都投加高分子助滤剂，它在滤层中所形成的泥球，单纯用水反洗较难去除。

气、水反冲洗的一般做法是先气后水，也可气、水同时反洗，但此种方法滤料容易流失。本实验采用水冲洗的方式。

快滤池冲洗停止时，池中水杂质较多且未投药，故初滤水浊度较高。滤池运行一段时间（约 5~10min 或更长）后，出水浊度开始符合要求。时间长短与原水浊度、出水浊度要求、药剂投量、滤速、水温以及冲洗情况有关。如初滤水历时短，初滤水浊度比要求的出水浊度高不了多少，或者说初滤水对滤池过滤周期出水平均浊度影响不大时，初滤水可以不排除。

为了保证滤池出水水质，常规过滤的滤池进水浊度不宜超过 10~15 度。本实验采用投加混凝剂的直接过滤，进水浊度可以高达几十度以至百度以上。因原水加药较少，混合后不经反应直接进入滤池，形成的矾花粒径小、密度大，不易穿透，故允许进水浊度较高。

三、实验设备及用具

（1）过滤反冲洗实验装置 1 套，如图 12-4 所示。

（2）浊度仪 1 台。

（3）200mL 烧杯 5 个，取水样测浊度用。

（4）秒表 1 块，取样计时。

（5）2000mm 钢卷尺 1 个，温度计 1 个。

（6）1000mL 量筒 1 个。

四、实验步骤及记录

1. 反冲洗强度与滤层膨胀率关系实验

（1）检查过滤反冲洗实验装置的阀门状态（所有的阀门顺时针为开启，逆时针为关闭）：

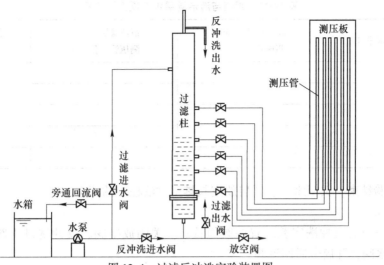

图 12-4 过滤反冲洗实验装置图

旁通回流阀打开、过滤进水阀关闭、过滤出水阀关闭、放空阀关闭。

（2）测量滤料有关的基本数据，并记录在表 12-11。

表 12-11 实验基本数据

滤柱编号	滤柱内径/mm	滤料名称	滤粒粒径/mm	滤料厚度/cm	原水水温/℃	原水浊度	投药量/mg·L⁻¹

（3）启动水泵，打开反冲洗进水阀，反冲洗水从过滤柱底部进水。根据自己设定的流量（反冲洗的最大流量为 2.5m³/h 左右）由小到大调节阀门（本实验要求设定 3~4 个不同的流量进行反冲洗），大流量时逐渐关小旁通回流阀。

（4）每调节一次流量，待冲洗的滤料稳定后，测量滤层膨胀后厚度，并记录于表 12-11。

（5）实验完成后关闭水泵、反冲洗进水阀，打开旁通阀，过滤柱停止进水；开启放空阀，排出过滤柱中部分冲洗水。

2. 滤速与清洁滤层水头损失关系实验

（1）在水箱中注满自来水。

（2）关闭放空阀、反冲洗进水阀，开启旁通回流阀、过滤进水阀、过滤出水阀。

（3）启动水泵，此时清洁水由水箱→水泵→流量计→过滤柱，待清洁水全部淹没滤料，调节过滤进水阀和过滤出水阀使进水和出水流量达到一致，过滤柱中液位保持稳定，打开滤层顶端和底部测压管的开关，测定不同滤速（自己设定 3~4 个不同滤速）时滤层顶部的测压管水位和滤层底部附近（承托层）的测压管水位，并将有关数据记录于表 12-12。

表 12-12　滤速与清洁滤层水头损失的关系

滤速/m·h⁻¹	流量/L·h⁻¹	清洁滤层顶部的测压管水位/cm	清洁滤层底部的测压管水位/cm	清洁滤层的水头损失/cm

（4）实验结束，关闭水泵，开启放空阀排空过滤柱中的清水。

3. 过滤实验

（1）检查过滤反冲洗实验装置的阀门状态。关闭放空阀、反冲洗进水阀、过滤进水阀、过滤出水阀，开启旁通回流阀。

（2）配制实验用水。

1）人工配制浊度为 100 度左右的浑水。

2）启动水泵，通过旁通回流使水箱中的实验用水充分混合，从水箱中取水样测定原水浊度、水温等记录在表 12-11。

3）测算水箱中的浑水体积，并按最佳投药量 18mg/L 的浓度加入混凝剂——硫酸铝。

（3）打开过滤进水阀控制流量 250L/h，此时浑水由水箱→水泵→进水流量计→过滤柱；当过滤柱中的浑水达到一定高度时，开启过滤出水阀，调节过滤进水阀和过滤出水阀使进水和出水流量达到一致（该套装置可调范围为 50~250L/h）；在整个过滤过程中，过滤柱中液位保持稳定。

（4）当过滤柱中浑水水位基本稳定后，计时开始，取 0.5min、1min、1.5min、2min、2.5min、3min、4min、5min、10min、15min、20min、25min、30min 时刻的出水水样（取样时注意用过滤后出水冲洗烧杯），并测定所取水样的剩余浊度，将所得数据记录于表 12-13。

表 12-13　冲洗强度与滤层膨胀率实验记录表

冲洗流量/L·h⁻¹	冲洗强度/L·(s·m²)⁻¹	冲洗时间/min	滤层初时厚度/cm	滤层膨胀后厚度/cm	滤层膨胀率/%

（5）实验结束，关闭水泵，打开放空阀排空过滤柱污水，排空水箱内的浑水。

4. 反冲洗实验

（1）在水箱中注满自来水。

（2）关闭放空阀、过滤进水阀和过滤出水阀，开启反冲洗进水阀和旁通回流阀。

（3）逐渐调大反冲洗进水阀开度同时关闭旁通回流阀，使滤料上部截留的悬浮颗粒被冲洗水流带出滤柱，并记录此刻的流量，观察滤料冲洗现象。

（4）冲洗 3min 后，在反冲洗水出口处取样测定出水浊度，当其小于 20 度时可以停止冲洗即关闭水泵和反冲洗进水阀，记录冲洗时间。

（5）实验结束，打开旁通回流阀、放空阀，排空水箱和过滤柱中的水，切断设备电源。

五、实验数据及结果整理

（1）根据表 12-12 中实验数据，以滤速为横坐标，清洁滤层水头损失为纵坐标，绘制滤速与清洁滤层水头损失关系曲线。

（2）根据表 12-13 中实验数据，以冲洗强度为横坐标，滤层膨胀率为纵坐标，绘制冲洗强度与滤层膨胀率关系曲线。

（3）根据表 12-14 中实验数据，以过滤历时为横坐标，出水浊度为纵坐标，绘制初滤水浊度变化曲线。

表 12-14　过滤实验记录

进水流量/L·h⁻¹	滤速/m·h⁻¹	过滤历时/min	进水浊度	出水浊度
		0.5		
		1		
		1.5		
		2		
		2.5		
		3		
		4		
		5		
		10		
		15		
		20		
		25		
		30		

六、注意事项

（1）滤柱用自来水冲洗时，要注意检查冲洗流量，因给水管网压力的变化及其他滤柱进行冲洗都会影响冲洗流量，应及时调节冲洗水来水阀门开启度，尽量保持冲洗流量不变。

（2）在进行气冲时，滤料上层一定保持 10cm 的水深，以防止空气"短路"现象。

（3）进行水反冲洗时，为了准确地量出砂层厚度，一定要在砂面稳定后再测量，并在每一个反冲洗流量下连续测量 3 次。

（4）反冲洗过滤时，应缓慢开启进水阀，以防滤料冲出过滤柱外。

七、思考与讨论

（1）当原水浊度一定时，采取哪些措施，能降低初滤水出水浊度？

（2）冲洗强度为何不宜过大？

（3）根据表 12-14 中的实验数据所绘制的初滤水浊度变化曲线，设出水浊度不得超过 3 度，问滤柱运行多少分钟出水浊度才符合要求，为什么？

实验 16　活性炭吸附实验

一、实验目的

（1）加深理解吸附的基本原理。

（2）通过实验取得必要的数据，计算吸附容量 q_e，并绘制吸附等温线。

（3）利用绘制的吸附等温线确定费氏吸附参数 K、$1/n$。

二、实验原理

活性炭吸附是目前国内外应用较多的一种水处理方法。由于活性炭对水中大部分污染物都有较好的吸附作用，因此活性炭吸附应用于水处理时往往具有出水水质稳定，适用于多种污水的优点。活性炭吸附常用来处理某些工业污水，在有些特殊情况下也用于给水处理。

活性炭吸附就是利用活性炭多孔性的固体表面对水中一种或多种物质的吸附作用，以达到净化水质的目的。活性炭的吸附作用产生于两个方面，一是由于活性炭内部分子在各个方向都受着同等大小的力而在表面的分子则受到不平衡的力，从而使其他分子吸附于其表面上，此为物理吸附；另一个是由于活性炭与被吸附物质之间的化学作用，此为化学吸附。活性炭吸附是物理吸附和化学吸附综合作用的结果。吸附过程一般是可逆的，一方面，吸附质被吸附剂吸附，另一方面，一部分已被吸附的吸附质，由于分子热运动的结果，能够脱离吸附剂表面又回到液相中去。前者为吸附过程，后者为解吸过程。当吸附速度和解吸速度相等时，即单位时间内活性炭吸附的数量等于解吸的数量时，则吸附质在溶液中的浓度和在活性炭表面的浓度均不再变化而达到了平衡，此时的动态平衡称为吸附平衡，此时吸附质在溶液中的浓度称为平衡浓度。

活性炭的吸附能力以吸附量 q（mg/g）表示。所谓吸附量是指单位重量的吸附剂所吸附的吸附质的重量。实验采用粉状活性炭吸附水中的有机染料，达到吸附平衡后，用光度法测得吸附前后有机染料的初始质量浓度 ρ_0 及平衡浓度 ρ_e，以此计算活性炭的吸附量 q_e。

$$q_e = \frac{(\rho_0 - \rho_e)V}{m} \tag{12-4}$$

式中　q_e——活性炭吸附量，mg/g；

　　　ρ_0——水中有机物的初始质量浓度，mg/L；

　　　ρ_e——水中有机物的平衡质量浓度，mg/L；

　　　m——活性炭投加量，g；

　　　V——废水量，L。

在温度一定的条件下，活性炭的吸附量随被吸附物质平衡浓度的提高而提高，两者之间的变化曲线为吸附等温线。以 $\lg \rho_e$ 为横坐标，$\lg q_e$ 为纵坐标，绘制吸附等温线，求得直线斜率 $1/n$、截距 K。

费氏吸附等温方程：

$$\lg q_e = \lg k + \frac{1}{n}\lg \rho_e \tag{12-5}$$

$1/n$ 越小，吸附性能越好。一般认为 $1/n = 0.1 \sim 0.5$ 时，容易吸附；$1/n$ 大于 2 时，则难于吸附。$1/n$ 较大时，一般采用连续式吸附操作。当 $1/n$ 较小时，多采用间歇式吸附操作。

三、实验仪器

（1）实验搅拌器。

（2）分光光度计。

（3）大小烧杯、漏斗。

（4）粉状活性炭。

（5）染料标准溶液 1000mg/L。

（6）染料废水。

四、实验步骤

（1）分别吸取 100mg/L 的有机染料标准溶液 0.00mL、0.50mL、1.00mL、1.50mL、2.00mL、2.50mL、3.00mL 于 10.0mL 比色管中，用超纯水定容到刻度，配制 0.00mg/L、5.00mg/L、10.00mg/L、15.00mg/L、20.00mg/L、25.00mg/L、30.00mg/L 的标准系列，以超纯水为参比，1cm 比色皿于 500nm 处测其吸光度，绘制标准曲线。

（2）依次称活性炭 50mg、100mg、150mg、200mg、250mg、300mg 于 6 个 1000mL 大烧杯中，加入配制的染料废水 600mL，置于搅拌机上，以 200 r/min 转速搅拌 10min。

（3）取下烧杯，静置 5min。

（4）过滤。用小烧杯接取上述滤液，初滤液（50mL）弃去不用，接取约 20mL 二次滤液，按标准系列的步骤操作，测定吸光度。

五、实验数据处理

（1）列表 12-15 记录实验数据。

表 12-15　实验数据

样品编号	V/mL	m/g	ρ_0/mg·L^{-1}	ρ_e/mg·L^{-1}	$\rho_0-\rho_e$/mg·L^{-1}	q_e/mg·g^{-1}	$\lg\rho_e$	$\lg q_e$

（2）绘制吸附等温线。

（3）确定费氏吸附参数 K、$1/n$。

六、结果讨论

根据确定的吸附参数 $1/n$、K 讨论所用活性炭的吸附性能。

七、思考与讨论

（1）简述实验确定吸附等温线的意义。

（2）静态吸附和动态吸附有何特点？

（3）实验中采用的是哪种吸附操作？

实验 17　水的软化实验

一、实验目的

（1）加深对离子交换基本理论的理解。

（2）用 Na$^+$ 型阳离子交换树脂对含 Ca^{2+}、Mg^{2+} 的水进行软化，测定树脂的工作交换容量。

（3）进一步熟悉水的硬度的测定方法。

二、实验原理

离子交换是目前常用的水软化方法。离子交换树脂是由空间网状结构骨架（即母体）与附属在骨架上的许多活性基团所构成的不溶性高分子化合物。根据其活性基团的酸碱性可分为阳离子交换树脂和阴离子交换树脂。活性基团遇水电离，分成固定部分与活动部分。其中，固定部分仍与骨架牢固结合，不能自由移动，构成固定离子；活动部分能在一定空间内自由移动，并与其周围溶液中的其他同性离子进行交换反应，称为可交换离子或反离子。离子交换的实质是不溶性的电解质（树脂）与溶液中的另一种电解质所进行的化学反应。这一化学反应可以是中和反应、中性盐分解反应或复分解反应。

$$R\text{-}SO_3H + NaOH \longrightarrow R\text{-}SO_3Na + H_2O \quad （中和反应）$$

$$R\text{-}SO_3H + NaCl \longrightarrow R\text{-}SO_3Na + HCl \quad （中性盐分解反应）$$

$$2R\text{-}SO_3Na + CaCl_2 \longrightarrow (R\text{-}SO_3)_2Ca + 2NaCl \quad （复分解反应）$$

交换容量是树脂最重要的性能，它定量地表示树脂交换能力的大小。交换容量可分为全交换容量与工作交换容量。全交换容量指一定量树脂所具有的活性基团或可交换离子的总数量，工作交换容量指树脂在给定工作条件下实际上可利用的交换能力。树脂工作交换容量与实际运行条件有关，如再生方式、原水含盐量及其组成、树脂层高度、水流速度、再生剂用量等均对之有影响。树脂工作交换容量可由模拟试验确定。当树脂的交换容量耗尽后（即穿透），必须进行再生。

实验采用装有 Na$^+$ 型阳离子交换树脂的简易交换器对含有钙盐及镁盐的硬水进行软化。当含有多种阳离子的水流经钠型离子交换层时，水中的 Ca^{2+}、Mg^{2+} 等与树脂中的可交换离子 Na$^+$ 发生交换，使水中的 Ca^{2+}、Mg^{2+} 含量降低或基本上全部去除而软化，根据树脂高度、原水硬度、软化水水量及软化工作时间等求出树脂的工作交换容量。反应式：

$$2RNa^+ + Ca^{2+} + Mg^{2+} \rightleftharpoons R_2Ca(Mg) + 2Na^+$$

离子交换器计算所基于的物料衡算关系式如下：

$$Fhq = QTH_t \tag{12-6}$$

式中 F——离子交换器截面积，m^2；

h——树脂层高度，m；

q——树脂工作交换容量，mmol/L；

Q——软化水流量，m^3/h；

T——软化工作时间，即从软化开始到出现硬度泄漏的时间，h；

H_t——原水硬度以 $c_{(1/2Ca^{2+}+1/2Mg^{2+})}$ 表示，mmol/L。

式（12-6）左边表示交换器在给定工作条件下具有的实际交换能力，右边表示树脂吸着的硬度总量。

三、实验仪器材与试剂

（1）离子交换装置。于酸性滴定管中装入一定高度的已预处理的阳离子交换树脂，自制简易交换装置（滴定管底部装少量纱布防止树脂流失）。

（2）NH_3-NH_4Cl 缓冲溶液：pH = 10。称取 67g NH_4Cl 溶于水，加 500mL 氨水后，用 pH 试纸检查，稀释至 1 升，调节 pH = 10。

（3）EBT 指示剂：称取 1g 铬黑 T，加入 NaCl 100g 进行研磨。

（4）Ca^{2+} 标准溶液：10mmol/L。称取 0.2 ~ 0.25g $CaCO_3$ 于 250mL 烧杯中，先用少量水润湿，盖上表面皿，滴加 6mol/L HCl 10mL，加热溶解。溶解后用少量水洗表面皿及烧杯壁，冷却后，将溶液定量转移至 250mL 容量瓶中，用水稀释至刻度，摇匀。

（5）EDTA 标准溶液：10mmol/L。称取 4g EDTA 溶于水，稀释至 1000mL，以基准 $CaCO_3$ 标定其准确浓度。标定方法如下：

用移液管平行移取 25.00mL 10mmol/L Ca^{2+} 标准溶液 3 份分别于 250mL 锥形瓶中，加 1 滴甲基红指示剂，用氨水（1+2）调至由红色变为淡黄色，加入 20mL 水，氨缓冲溶液 10mL，一小勺 EBT 指示剂，摇匀，用 EDTA 溶液滴定至溶液由紫红色变为纯蓝色，即为终点。记录用量，按式（12-7）计算 EDTA 溶液的当量浓度：

$$c_{EDTA} = \frac{c_1 V_1}{V} \tag{12-7}$$

式中 c_{EDTA}——EDTA 标准溶液的当量浓度，mmol/L；

V——消耗 EDTA 标准溶液的体积，mL；

c_1——钙标准溶液的当量浓度，mmol/L；

V_1——钙标准溶液的体积，mL。

四、实验步骤

（1）测量交换器内径、树脂层高度。

（2）测定原水硬度。取 20mL 原水于锥形瓶中，用 EDTA 络合滴定法测定其硬度。

（3）离子交换。打开止水夹，使含 Ca^{2+}、Mg^{2+} 的原水通过树脂交换层，同时用烧杯接取交换水，控制流速约 15mL/min，每隔 5min 记录交换水的体积，并取 20mL 测定硬度，当出水硬度达到原水硬度时停止交换（硬度的测定方法见第十一章实验 1）。

五、实验数据处理

（1）实验数据记录于表 12-16。

表 12-16　实验数据记录

原水硬度/mmol·L⁻¹		交换器内径/cm	树脂高度/cm	软化工作时间/h
时间/min				
水量/mL				
EDTA/mL				
硬度/mmol·L⁻¹				
工作交换容量 q/mmol·L⁻¹				

（2）计算树脂工作交换容量。

（3）绘制硬度泄漏曲线（软化水剩余硬度–出水量）。

六、注意事项

（1）离子交换时注意控制流速，流速不宜太大，以免影响交换效果。

（2）测定硬度时注意滴定终点把握，以减少测定误差。

（3）Na^+ 型阳离子交换树脂失效（穿透）后须用 10% 的 NaCl 溶液再生。

七、思考与讨论

（1）树脂的工作交换容量与哪些因素有关？

（2）简述离子交换机理。

（3）离子交换树脂为什么要进行再生？

实验 18　酸性废水过滤中和及吹脱实验

目前常用的酸性废水处理方法有酸碱污水混合中和、药剂中和、过滤中和等方法。升流式过滤中和法适用于处理含酸浓度较低的酸性废水，根据废水的种类及酸的浓度，中和作用的时间、流速也不同。掌握其测定技术，对选择工艺设计参数及运行管理具有重要意义。

一、实验目的

（1）了解掌握酸性废水过滤中和及游离 CO_2 吹脱的原理。

（2）测定升流式石灰石滤池在不同滤速时的中和效果。

（3）测定不同形式的吹脱设备（鼓风曝气吹脱、瓷环填料吹脱、筛板塔等）去除水中游离 CO_2 的效果。

二、实验原理

钢铁、机械制造、电镀、化工、化纤等工业生产中排出大量的含酸性物质的酸性废水，若不加处理直接排放将会造成水体污染、腐蚀管道、毁坏农作物、危害渔业生产、破坏污水生物处理系统的正常运行。

酸性废水大体可分为三类：第一类含有强酸（如 HCl、HNO_3），其钙盐易溶于水；第二类含有强酸（如 H_2SO_4），但其钙盐难溶于水；第三类含有弱酸（如 CO_2、CH_3COOH），但其钙盐难溶于水。目前常用的滤料主要有石灰石、大理石和白云石。

第一类酸性废水各种滤料均可用，中和反应后不生成沉淀。例如，石灰石与盐酸反应：

$$2HCl + CaCO_3 \longrightarrow CaCl_2 + H_2O + CO_2 \uparrow$$

第二类酸性废水中和反应后会生成难溶于水的钙盐沉淀，会附着在滤料表面，减缓中和反应速度，因此最好采用白云石滤料。白云石与硫酸中和后产生易溶于水的硫酸镁，其反应式为：

$$2H_2SO_4 + CaCO_3 \cdot MgCO_3 \longrightarrow CaSO_4 \downarrow + MgSO_4 + 2H_2O + 2CO_2 \uparrow$$

第三类酸性废水中和反应速度较慢，用过滤中和法时应采用较小的滤速。

酸性废水的酸浓度较大时，过滤中和会产生大量的 CO_2，使出水 pH 值偏低，应结合吹脱法去除 CO_2，以提高出水的 pH 值。

由于过滤中和法具有设备简单，造价便宜，不需药剂配制与投加系统，耐冲击负荷，故目前生产中应用较多，其中广泛使用的是升流式膨胀过滤中和滤池，其原理发端于化学工业中应用较多的流化床。由于所用滤料直径很小，因此单位容积滤料表面积很大，酸性废水与滤料所需完全中和反应时间大大缩短，故过滤速度可大幅度提高，从而使滤料呈悬浮状态，造成滤料相互碰撞摩擦，这更有利于中和处理后所生成的盐类溶解度小的一类酸性废水。

由于该工艺反应时间短，并减小了硫酸钙结垢影响石灰石滤料活性问题，因而被广泛地应用于酸性废水处理。

三、实验仪器与试剂

实验装置如图 12-5 所示，由吸水池、水泵、恒压高位水箱、石灰石过滤中和柱和吹脱柱组成。

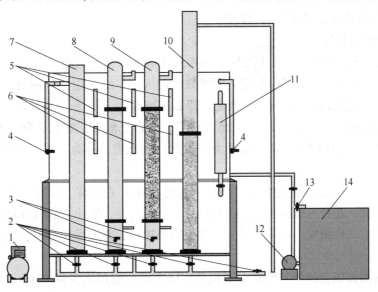

图 12-5 酸性废水处理实验装置

1—空压机；2—放空阀；3—取样阀；4—取样口；5—液体流量计；6—气体流量计；7—鼓风曝气式吹脱塔；8—筛板塔式吹脱塔；9—瓷环填料式吹脱塔；10—升流式过滤柱；11—液体流量计；12—液泵；13—液体回流阀；14—水箱

（1）升流式过滤柱：有机玻璃柱，内径 70mm，有效高度 $H=2.5$m，内装石灰石滤料，粒径为 0.5~3mm，装填高度约 1m。

（2）吹脱设备：有机玻璃柱，内径 90mm，有效高 1.5m，分别为鼓风曝气式、瓷环填料式、筛板塔式。其中，瓷环填料规格 10mm×10mm，装填高度 1m。筛板块数 7，筛板间距 150mm，筛孔孔径 6.5mm，孔中心距 10mm，呈正三角形排列。

（3）防腐吸水池（长×宽×高 = 100cm×80cm×100cm）、塑料泵、循环管路。

（4）空气系统：空压机 1 台，布气管路。

（5）计量设备：转子流量计。

（6）水样测定设备：pH 计，酸度滴定设备，游离 CO_2 测定装置及有关药品，玻璃器皿。

四、实验步骤

（1）分组实验时，选定 4 种滤速 40L/h、60L/h、80L/h、100L/h 进行中和实验。

（2）用工业硫酸或盐酸配制浓度约为 1.2~2g/L 的酸性废水，搅拌均匀，取 200mL 水样测定 pH 值、酸度。

（3）搅拌均匀的酸性废水由水泵提升进入升流式过滤柱，调整滤速至要求值，稳定流动 10min 后，取中和后出水水样一瓶约 300~400mL，取满不留空隙，测定 pH 值、酸度、游离 CO_2 含量。观察中和过程中出现的实验现象。

（4）将中和后出水先排掉一部分再引入到不同的吹脱设备内，调整风量到合适程度（控制气水比为 5m³气/1m³水左右）进行吹脱。中和出水取样 5min 后，再取吹脱后水样一瓶约 300~400mL，取满不留空隙，测 pH 值、酸度、游离 CO_2 含量。

（5）改变滤速，重复上述实验。

（6）每组可采用不同滤速，整理实验成果时，可利用各组测试数据。

（7）将实验数据记录在表 12-17 中。

（8）酸度的测定：

1）测定原理：在水中，由于溶质的解离或水解而产生的氢离子，与碱标准溶液作用至一定 pH 值所消耗的量，定为酸度。酸度数值的大小，随所用指示剂指示终点 pH 值的不同而异。滴定终点的 pH 值有两种规定，即 8.3 和 3.7。用氢氧化钠溶液滴定到 pH = 8.3（以酚酞作指示剂）的酸度，称为"酚酞酸度"，又称总酸度，它包括强酸和弱酸。用氢氧化钠溶液滴定到 pH = 3.7（以甲基橙为指示剂）的酸度，称为"甲基橙酸度"，代表一些较强的酸。

对酸度产生影响的溶解气体（如 CO_2、H_2S、NH_3）在取样、保存或滴定时都可能增加或损失。因此，在打开试样容器后，要迅速滴定到终点，防止干扰气体溶入试样。为了防止 CO_2 等溶解气体损失，在采样后，要避免剧烈摇动，并要尽快分析，否则要在低温下保存。

水样中的游离氯会使甲基橙指示剂褪色，可在滴定前加入少量 0.1mol/L 硫代硫酸钠溶液去除。

对有色的或浑浊的水样，可用无二氧化碳水稀释后滴定，或选用电位滴定法（pH 指示终点值仍为 8.3 和 3.7），其操作步骤按所用仪器说明进行。

表 12-17　酸性废水过滤中和及吹脱实验记录表

组号	原水 酸度 /mg·L⁻¹ pH值			酸性水		石灰石滤料			中和后出水					吹脱水			瓷环填料式吹脱出水					筛板塔式吹脱出水					鼓风曝气式吹脱出水				
	pH值	甲基橙	酚酞	流量 /L·h⁻¹	滤速 /m·h⁻¹	装填高 /mm	膨胀高 /mm	膨胀率 /%	pH值	游离CO₂/mg·L⁻¹	中和效率 /%	甲基橙	酚酞	流量 /L·h⁻¹	滤速 /m·h⁻¹	气量 /m³·h⁻¹	酸度 /mg·L⁻¹ 甲基橙	酚酞	pH值	游离CO₂/mg·L⁻¹	吹脱效率 /%	酸度 /mg·L⁻¹ 甲基橙	酚酞	pH值	游离CO₂/mg·L⁻¹	吹脱效率 /%	酸度 /mg·L⁻¹ 甲基橙	酚酞	pH值	游离/mg·L⁻¹	吹脱效率 /%

2）实验器材：25mL 和 50mL 碱式滴定管，250mL 锥形瓶。

3）试剂：

①无二氧化碳水。将 pH 值不低于 6.0 的蒸馏水，煮沸 15min，加盖冷却至室温。如蒸馏水 pH 值较低，可适当延长煮沸时间。最后水的 pH>6.0。

②0.01mol/L 氢氧化钠标准溶液。称取 60g 氢氧化钠溶于 50mL 水中，转入 150mL 的聚乙烯瓶中，冷却后，用装有碱石灰管的橡皮塞塞紧，静置 24h 以上。吸取上层清液约 1.4mL 置于 1000mL 容量瓶中，用无二氧化碳水稀释至标线，摇匀，移入聚乙烯瓶中保存。

按下述方法进行标定：

称取在 105~110℃ 干燥过的基准试剂级邻苯二甲酸氢钾（KHC$_8$H$_4$O$_4$）约 0.1g（称准至 0.0001g），置于 250mL 锥形瓶中，加无二氧化碳水 100mL 使之溶解，加入 4 滴酚酞指示剂，用待标定的氢氧化钠标准溶液滴定至浅红色为终点。同时，用无二氧化碳水做空白滴定，按下式进行计算：

$$氢氧化钠标准溶液浓度（mol/L）= \frac{m \times 1000}{(V - V_0) \times 204.23}$$

式中　m——称取邻苯二甲酸氢钾的质量，g；

　　　V_0——滴定空白时，所耗氢氧化钠标准溶液体积，mL；

　　　V——滴定苯二甲酸氢钾时所耗氢氧化钠标准溶液的体积，mL；

　204.23——邻苯二甲酸氢钾（KHC$_8$H$_4$O$_4$）摩尔质量，g/mol。

③1% 酚酞指示剂。称取 0.5g 酚酞，溶于 50mL 95% 乙醇中，用水稀释至 100mL。

④0.05% 甲基橙指示剂。称取 0.05g 甲基橙，溶于 100mL 水中。

⑤0.1mol/L 硫代硫酸钠溶液。称取 2.5g NaS$_2$O$_3$·H$_2$O 溶于水中，用无二氧化碳水稀释至 100mL。

4）测定步骤：

①取适量水样置于 150mL 锥形瓶中，用无二氧化碳水稀释至 100mL，加入 2 滴甲基橙指示剂，用氢氧化钠标准溶液滴定至溶液由橙红色变为橘黄色为终点，记录用量（V_1）。

②取适量水样置于 150mL 锥形瓶中，用无二氧化碳水稀释至 100mL，加入 4 滴酚酞指示剂，用氢氧化钠标准溶液滴定至溶液刚变为浅红色为终点，记录用量（V_2）。

如水样中含硫酸铁、硫酸铝时，加酚酞后加热煮沸 2min，趁热滴至红色。

5）计算：

$$甲基橙酸度（CaCO_3，mg/L）= \frac{cV_1 \times 50.05 \times 1000}{V}$$

$$酚酞酸度（总酸度 CaCO_3，mg/L）= \frac{cV_2 \times 50.05 \times 1000}{V}$$

式中　c——标准氢氧化钠溶液浓度，mol/L；

　　　V_1——用甲基橙作指示剂滴定时所消耗氢氧化钠标准溶液的体积，mL；

　　　V_2——用酚酞作指示剂滴定时所消耗氢氧化钠标准溶液的体积，mL；

　　　V——水样体积，mL；

　50.05——1/2 碳酸钙的摩尔质量，g/mol。

（9）游离二氧化碳的测定：

1）方法原理：

由于游离二氧化碳（$CO_2+H_2CO_3$）能定量地与氢氧化钠发生如下反应：

$$CO_2 + NaOH \longrightarrow NaHCO_3$$

$$H_2CO_3 + NaOH \longrightarrow NaHCO_3 + H_2O$$

当其到达终点时，溶液的 pH 值约为 8.3，故可选用酚酞作指示剂。根据氢氧化钠的标准溶液消耗量，可计算出游离二氧化碳的含量。

本方法适用于一般地表水，不适用于含有酸性工矿废水和酸再生阳离子树脂交换器的出水。

2）样品的采集与保存：

应尽量避免水样与空气接触。用虹吸法采样，样品测定尽可能在采样现场进行，特别当样品中含有可水解盐类或含有可氧化态阳离子时，应即时分析。如果现场测定困难，则应取满瓶水样，并在低于取样的温度下妥善保存。分析前不应打开瓶塞，不能过滤、稀释或溶液，并尽快地测定。

水样浑浊、有色均干扰测定，可改用电位滴定法测定。如水样的矿化度高于 1000mg/L、亚铁离子或铝离子含量超过 10mg/L 时，会对测定产生干扰，可于滴定前加入 1mL 50%酒石酸钾钠溶液，以消除干扰。铬、铜、胺类、氨、硼酸盐、亚硝酸盐、磷酸盐、硅酸盐、硫化物和无机酸类及强酸弱碱盐均会影响测定。

3）实验器材：25mL 碱式滴定管，100mL 无分度吸管（为了量取水样时不至于损失游离二氧化碳，可将吸管的下端与插入水样瓶中的虹吸管相连接，量取水样时，先自吸管上端吸气，待水样灌满吸管且从上端溢出约 100mL 时取下吸管，并同时用手指按住吸管上端，待吸管中水样到达刻度处时立刻将水注入锥形瓶中），250mL 锥形瓶。

4）试剂：

①无二氧化碳水。用于制备标准溶液及稀释用水。用蒸馏水或去离子水，临用前煮沸 15min，冷却至室温。pH 值应大于 6.0，电导率小于 2μS/cm。

②1%酚酞指示剂。称取 1g 酚酞，溶于 100mL 95%的乙醇中，然后用 0.1mol/L 氢氧化钠溶液滴至出现淡红色为止。

③终点标准比色液。终点标准比色液，即指 0.1mol/L 的碳酸氢钠溶液。称取碳酸氢钠 8.401g 溶于少量水中，移入 1000mL 容量瓶内，稀释至标线。使用时可吸取 20mL 上述溶液，加入酚酞指示剂 1 滴，摇匀，作为滴定时比较终点颜色用。

④中性酒石酸钾钠溶液。称取酒石酸钾钠，溶于 100mL 水中，加入酚酞指示剂 3 滴，用 0.1mol/L 盐酸溶液滴至溶液红色刚刚消失为止。

⑤氢氧化钠标准溶液。称取 60g 氢氧化钠，溶于 50mL 水中，冷却后移入聚乙烯细口瓶中，盖紧瓶盖静置 4d 以上。而后吸取上层澄清溶液 1.4mL，用水稀释至 1000mL，此溶液约为 0.01mol/L。其精确浓度可用邻苯二甲酸氢钾标定，标定方法如下：

称取在 105~110℃ 干燥过的基准试剂级邻苯二甲酸氢钾（$KHC_8H_4O_4$）约 0.1g（称准至 0.0001g），置于 250mL 锥形瓶中，加无二氧化碳水 100mL 使之溶解，加入 4 滴酚酞指示剂，用待标定的氢氧化钠标准溶液滴定至浅红色为终点。同时，用无二氧化碳水做空白滴定，按下式进行计算：

$$氢氧化钠标准溶液浓度（mol/L）= \frac{m \times 1000}{(V - V_0) \times 204.23}$$

式中 m——称取邻苯二甲酸氢钾的质量，g；

V_0——滴定空白时，所耗氢氧化钠标准溶液体积，mL；

V——滴定苯二甲酸氢钾时所耗氢氧化钠标准溶液的体积，mL；

204.23——邻苯二甲酸氢钾（$KHC_8H_4O_4$）摩尔质量，g/mol。

5）测定步骤：

①用移液管移取水样100mL，注入250mL的锥形瓶中，加入4滴酚酞指示剂。用连接在滴定管上的橡皮塞将锥形瓶塞好，小心振荡均匀，如果产生红色，则说明水样中不含CO_2。

②当水样不生成红色，即迅速向滴定管中加入氢氧化钠标准溶液进行滴定，同时小心振荡直至生成淡红色（与终点标准比色液颜色一致，即为滴定终点）。记录氢氧化钠标准溶液用量。

6）计算：

$$游离二氧化碳（CO_2，mg/L）= \frac{cV_1 \times 44 \times 1000}{V}$$

式中 c——氢氧化钠标准溶液浓度，mol/L；

V_1——氢氧化钠标准溶液用量，mL；

V——滴定时所取水样体积，mL；

44——二氧化碳（CO_2）摩尔质量，g/mol。

7）测定注意事项：

①被测水样不宜过滤，并且移取和滴定时尽量避免与空气接触，操作尽量快速以免引起误差。

②根据水中游离二氧化碳的含量，选用不同浓度的氢氧化钠标准溶液。若游离二氧化碳的含量小于10mg/L，宜用0.01mol/L氢氧化钠标准溶液；大于10mg/L，应采用0.05mol/L氢氧化钠标准溶液。

③如果水样在滴定中发现有浑浊现象，说明水的硬度较大，或含大量铝离子、铁离子。可另取水样于滴定前加入中性酒石酸钾钠溶液1mL，以消除干扰。

④分析中均采用无二氧化碳水。

五、注意事项

（1）在配制酸性废水时，应先将池内水放到计算位置，而后慢慢加入所需浓酸，并慢慢加以搅动，注意不要烧伤手、脚及衣服。

（2）取样时，取样瓶一定要装满，不留空隙，以免CO_2气体逸出和溶入，影响测定结果。

（3）也可做不同滤料装填深度的同类实验，以观察滤料深度与流速的关系。

六、实验结果整理

（1）计算出膨胀率、中和效率、气水比、吹脱效率。

（2）以滤速为横坐标，分别以出水pH值、酸度为纵坐标绘图，并分析自己所作图件，从而得出实验结果。

（3）分析实验中所观察到的现象。

七、思考与讨论

（1）根据实验结果说明处理效果与哪些因素有关。

（2）升流式石灰石滤池处理酸性废水的优缺点及存在问题是什么？

实验 19　成层沉淀实验

成层沉淀实验是研究浓度较高的悬浮颗粒的沉淀规律。一般是通过带有搅拌装置的沉淀柱静沉实验，获取泥面沉淀过程线。借此，不仅可以对比、分析颗粒沉淀性能，还可以为给水、污水处理工程中某些构筑物的设计和运行提供重要基础资料。

一、实验目的

（1）加深对成层沉淀的特点、基本概念，以及沉淀规律的理解。

（2）掌握肯奇单筒测定法绘制成层沉淀 ρ-u 关系曲线。

（3）通过实验确定某种污水曝气池混合液的静沉曲线，并为设计澄清浓缩池提供必要的设计参数。

二、实验原理

浓度大于某值的高浓度水，如黄河高浊水、活性污泥法曝气池混合液、浓集的化学污泥，不论其颗粒性质如何，颗粒的下沉均表现为浑浊液面的整体下沉。这与自由沉淀、絮凝沉淀完全不同，后两者研究的都是一个颗粒沉淀时的运动变化特点（考虑的是悬浮物个体），而对成层沉淀的研究却是针对悬浮物整体，即整个浑液面的沉淀变化过程。成层沉淀时颗粒间相互位置保持不变，颗粒下沉速度即为浑液面等速下沉速度。该速度与原水浓度、悬浮物性质等有关而与沉淀深度无关。但沉淀有效水深影响变浓区沉速和压缩区压实程度。为了研究浓缩，提供从浓缩角度设计澄清浓缩池所必需的参数，应考虑沉降柱的有效水深。此外，高浓度水沉淀过程中，器壁效应更为突出，为了能真实地反映客观实际状态，沉淀柱直径一般不小于 200mm，而且柱内还应装有慢速搅拌装置，以消除器壁效应和模拟沉淀池内刮泥机的作用。

澄清浓缩池在连续稳定运行中，池内可分为四区，如图 12-6 所示。池内污泥浓度沿池高分布如图 12-7 所示。进入沉淀池的混合液，在重力作用下进行泥水、污泥分离下沉，清水上升，最终经过等浓区后进入清水区而流出。因此，为了满足澄清的要求，流出水不带走悬浮物，则水流上升速度 v 一定要小于或等于等浓区污泥沉降速度 u，即

$$v = Q/A \leqslant u$$

工程中：

$$A = \frac{Q}{u\alpha} \tag{12-8}$$

式中　A——沉淀池按澄清要求所需平面面积，m^2；

　　　Q——处理水量，m^3/h；

　　　u——等浓区污泥沉降速度，m/h；

　　　α——修正系数，一般取 $\alpha = 1.05 \sim 1.2$。

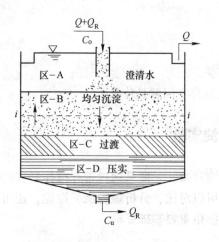

图 12-6 稳定运行沉淀池内状况

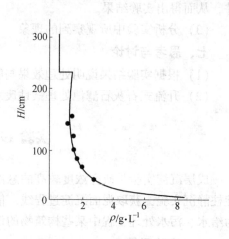

图 12-7 池内污泥浓度沿池高分布

进入沉淀池后分离出来的污泥,从上至下逐渐浓缩,最后由池底排除。这一过程是在两个作用下完成的:

其一是重力作用下形成静沉固体通量 G_S,其值取决于每一断面处污泥质量浓度 ρ_i 及污泥沉降速度 u_i 即

$$G_S = u_i \rho_i \tag{12-9}$$

其二是连续排泥造成污泥下降,形成排泥固体通量 G_B,其值取决于每一断面处污泥浓度和由于排泥而造成的泥面下沉速度

$$G_B = v \rho_i \tag{12-10}$$

$$v = \frac{Q_R}{A} \tag{12-11}$$

式中 Q_R——回流污泥量。

因而,污泥在沉淀池内单位时间,通过单位面积下沉的污泥量,取决于污泥性能 u 和运行条件 $v \cdot \rho$,即固体通量 $G = G_S + G_B = u_i \rho_i + v \rho_i$。该关系由图 12-8 和图 12-9 可以看出。

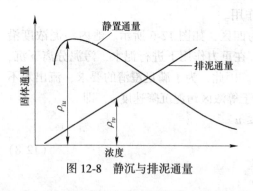

图 12-8 静沉与排泥通量

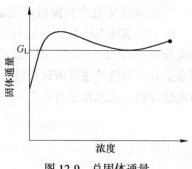

图 12-9 总固体通量

由图 12-9 可见,对于某一特定运行或设计条件下,沉淀池某一断面处存在一个最小的固体通量 G_L,称为极限固体通量,当进入沉淀池的进泥通量 G_0 大于极限固体通量 G_L 时,污泥在下沉到该断面时,多余污泥量将于此断面处积累。长此下去,回流污泥不仅得

不到应有的浓度，池内泥面反而上升，最后随水流出。因此按浓缩要求，沉淀池的设计应满足 $G_0 \leqslant G_L$，即

$$\frac{Q(1+R)\rho_0}{A} \leqslant G_L \tag{12-12}$$

从而保证进入二沉池中的污泥通过各断面到达池底。

工程中：

$$A \geqslant \frac{Q(1+R)\rho_0}{G_L}a \tag{12-13}$$

式中　A——沉淀池按浓缩要求所需平面面积，m^2；

　　　R——回流比；

　　　ρ_0——曝气池混合液污泥质量浓度，kg/m^3；

　　　G_L——极限固体通量，$kg/(m^2 \cdot h)$。

式（12-8）、式（12-13）中设计参数 u、G_L 值，均应通过成层沉淀实验求得。

成层沉淀实验，是在静止状态下，研究浑液面高度随沉淀时间的变化规律。以浑液面高度为纵轴，以沉淀时间为横轴，所绘得的 H-t 曲线，称为成层沉淀过程线，它是求二次沉淀池断面面积设计参数的基础资料。成层沉淀过程线分为四段，如图12-10 所示。

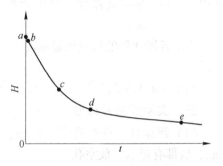

图12-10　成层沉淀过程线

a—b 段，称之为加速段或污泥絮凝段。此段所用时间很短，曲线略向下弯曲，这是浑液面形成的过程，反映了颗粒絮凝性能。

b—c 段，浑液面等速沉淀段或称为等浓沉淀区。此区由于悬浮颗粒的相互牵连和强烈干扰，均衡了它们各自的沉淀速度，使颗粒群体以共同干扰后的速度下沉，沉速为一常量，它不因沉淀历时的不同而变化。表现在沉淀过程线上，b—c 段是一斜率不变的直线段，故称为等速沉淀段。

c—d 段，过渡段又称为变浓区，此段为污泥由等浓区向压缩区的过渡段。其中既有悬浮物的干扰沉淀，也有悬浮物的挤压脱水作用，沉淀过程线上，c—d 段所表现出的弯曲，便是沉淀和压缩双重作用的结果，此时等浓区沉淀区消失，故 c 点又称为成层沉淀临界点。

d—e 段，为压缩段。此区内颗粒间互相直接接触，机械支托，形成松散的网状结构，在压力作用下颗粒重新排列组合，它所挟带的水分也逐渐从网中脱出，这就是压缩过程，此过程也是等速沉淀过程，只是沉速相当小，沉淀极缓慢。

利用成层沉淀求二沉池设计参数、u 及 G_L 的一般实验方法为肯奇单筒测定法和迪克多筒测定法。由于采用迪克多筒测定推求极限固体通量 G_L 值时，污泥在各断面处的沉淀固体通量值 $G_S = \rho_i u_i$ 中的污泥沉速 u_i，均是取自同浓度污泥静沉曲线等速段斜率，用它代替了实际沉淀池中沉淀泥面的沉速，这一作法没有考虑实际沉淀池中污泥浓度的连续分布，没有考虑污泥的沉速不但与周围污泥浓度有关，而且还要受到下层沉速小于它的污泥层的干扰，因而迪克法求得 G_L 值偏高，与实际值出入较大。

本次采用肯奇单筒测定法进行实验。肯奇单筒测定法是取曝气池的混合液进行一次较

长时间的成层沉淀，得到一条浑液面沉淀过程线，如图 12-11 所示，并利用肯奇式

$$\rho_i = \frac{\rho_0 H_0}{H_i'} \tag{12-14}$$

式中　ρ_i——某沉淀断面 i 处的污泥质量浓度；

　　　　ρ_0——实验时，试样质量浓度，g/L；

　　　　H_0——实验时，沉淀初始高度，m；

　　　　H_i'——当沉降历时为 t_i，在 H-t 曲线上
　　　　　　通过点 i 作曲线的切线，与 y 轴
　　　　　　相交所得的截距。

$$u_i = \frac{H_i' - H_i}{t_i} \tag{12-15}$$

式中　u_i——某沉淀断面 i 处泥面沉降速度，

　　　　m/h。

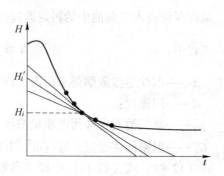

图 12-11　肯奇法求各层浓度

求出各断面处的污泥质量浓度 ρ_i 及泥面沉降速度 u_i（图 12-11 所示）从而得出 ρ-u 关系线。

利用 ρ-u 关系线并按上述方法，绘制 G_S-ρ、G_B-ρ 曲线，采用叠加法后，可求得 G_L 值。

三、实验设备及器皿

（1）沉淀柱：有机玻璃沉淀柱，内径 $D = 200\text{mm}$，$H = 1.5\text{m}$，搅拌装置转速 $n = 1\text{r/min}$，底部有进水、放空孔。

（2）配水及投配系统：整个实验装置如图 12-12 所示。

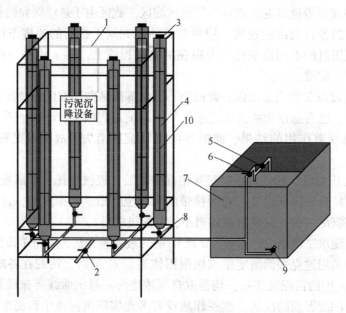

图 12-12　污泥沉降设备图

1—溢流管；2—放空阀；3—小电机；4—沉淀柱；5—搅拌回流阀；6—出水阀；
7—水箱；8—沉淀柱进水阀；9—污泥回流阀；10—搅拌杆

（3）钢卷尺、秒表。

（4）某污水处理厂曝气池混合液。

四、实验步骤及记录

（1）将取自某污水处理厂活性污泥法曝气池内正常运行的混合液，放入水池，搅拌均匀，同时取样测定其浓度 MLSS 值。

（2）开启污泥泵开关，同时打开沉淀柱进水阀，启动沉淀柱的搅拌器。

（3）当混合液上升到溢流管处时，关闭进水阀门。

（4）出现泥水分界面时定期读出界面沉降距离。浑液面沉淀初期，0.5～1min 读数一次，以后改为 1～2min 读数一次。沉淀后期，以 5min 为间隔，记录浑液面的沉淀位置，当界面高度与时间关系曲线由直线转为曲线时停止读数。

（5）实验数据记录见表 12-18。

表 12-18　成层沉淀实验记录（水样 MLSS）

沉淀时间/min	浑液面位置/m	ρ_i	u_i	G_S	G_B	G

五、注意事项

（1）向沉淀柱进水时，速度要适中，既要较快进完水，以防进水过程柱内形成浑液面，又要防止速度过快造成柱内水体紊动，影响静沉实验结果。

（2）沉淀时间要尽可能长一些，最好在 1.5h 以上。

（3）实验完毕，将沉淀柱清洗干净方可离开。

六、实验结果整理

（1）实验基本参数整理。

实验日期＿＿＿＿＿＿＿＿；水样性质及来源＿＿＿＿＿＿＿＿；混合液污泥 30min 沉降比 SV％＝＿＿＿＿＿＿＿；MLSS＝＿＿＿＿＿＿＿ g/L；沉淀柱直径 d＝＿＿＿＿＿＿＿ mm；柱高 H＝＿＿＿＿＿ m；搅拌转速 n＝＿＿＿＿＿ r/min；水温＝＿＿＿＿＿℃。

（2）单筒成层沉淀。

1）根据沉淀柱（MLSS）实验资料所得的 H-t 关系线，并由肯奇式（式（12-14）、式（12-15））分别求得 ρ_i 及与其相应的 u_i 值。

2）根据 ρ_i 及 u_i 值，计算沉淀固体通量 G_S。并以固体通量 G_S 为纵坐标，污泥浓度为横坐标，绘图得沉淀固体通量曲线 G_S-ρ。

3）根据 ρ_i 及排泥速度 v，求得排泥固体通量（G_B）线（图 12-8），排泥速度 v 取经验值（v＝0.25～0.51m/h）。

4）两线叠加，得总固体通量 G-ρ 曲线，进而可求出极限固体通量如图 12-9 所示。

七、思考与讨论

（1）观察实验现象，阐述成层沉淀不同于前述两种沉淀的地方何在，原因是什么？

（2）简述成层沉淀实验的重要性及如何应用到二沉池的设计中。

（3）实验设备，实验条件对实验结果有何影响，为什么，如何才能得到正确的结果，并用于生产之中？

实验 20　颗粒的静置自由沉淀实验

一、实验目的

（1）加深对废水自由沉淀的特点、规律及其基本概念的理解。

（2）通过实验绘制沉淀曲线，求出指定沉淀时间 t_0 的总沉淀率。

二、实验原理

在含有分散性颗粒的废水静置沉淀过程中，设沉淀柱内有效水深为 H，如图 12-13 所示。通过不同的沉淀时间 t 求得不同的颗粒沉淀速度 u_t。对指定的沉淀时间 t_0 可求得颗粒沉淀速度 u_0。对于沉降速度 $u_t \geqslant u_0$ 的颗粒将全部被去除，在悬浮物质的总量中，其去除的百分率为 $(1 - P_0)$，其中 P_0 为沉降速度 $u_t < u_0$ 的颗粒与悬浮物质总量比。对于沉降速度 $u_t < u_0$ 的颗粒只有一部分去除，而且按 u_t/u_0 的比例去除，考虑到颗粒的各种不同粒径，这一类颗粒的去除率为 $\int_0^{P_0} \dfrac{u_t}{u_0} \mathrm{d}P$，总去除率为

$$E = (1 - P_0) + \frac{1}{u_0}\int_0^{P_0} u_t \mathrm{d}P \tag{12-16}$$

式中，$\int_0^{P_0} u_t \mathrm{d}P$ 用图解法求得，即图 12-14 中的阴影部分沉降速度小于 u_0 的颗粒与全部颗粒之比。

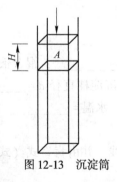

图 12-13　沉淀筒

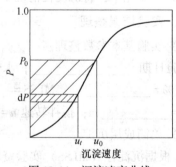

图 12-14　沉淀速率曲线

三、实验仪器设备

（1）沉淀柱（或 1000mL 量筒）6 根；沉淀柱直径 $\phi = 100\text{mm}$。

（2）1/1000 天平一台。

（3）电热鼓风干燥箱。

（4）干燥器。

（5）称量瓶 7 个。

（6）100mL 量筒 7 只。

（7）三角瓶 7 个。

（8）漏斗 7 个。

（9）定性滤纸 7 张。

（10）水箱一个。

四、实验步骤

（1）将盛装水样桶内的城市污水搅拌均匀，使水样中悬浮物分布均匀，准确量取 100mL 水样。此 100mL 水样悬浮物浓度为生活污水原始悬浮物质量浓度 ρ_0。

（2）将水样搅拌均匀，分别装入 6 只 1000mL 量筒内至标记，记下沉淀开始时间。

（3）隔 5min、10min、20min、40min、60min、90min，用虹吸管伸入 1000mL 量筒内用虹吸法取水样 100mL。

（4）将取的 100mL 水样倒入已烘至恒重，并经称重和记录下称重瓶编号及称重瓶加滤纸重量 W_1 的滤纸中过滤。过滤完后将滤纸加悬浮物一起放入原称量瓶中，并置于电热鼓风干燥箱内。在 105~110℃范围内恒温 2h。取出放在干燥器中冷却 30min 称重量，并记录重量 W_2，$W_2 - W_1$ 为水样中悬浮物质量 SS。

（5）计算污水中的悬浮物的质量浓度 ρ_t：

$$\rho_t = \frac{(W_2 - W_1) \times 1000 \times 1000}{V} \qquad (12\text{-}17)$$

式中 ρ_t——经沉淀时间 t 后污水中悬浮物的质量浓度，mg/L；

$\quad W_1$——称量瓶+滤纸重量，g；

$\quad W_2$——称量瓶+滤纸重量+悬浮物重量，g；

$\quad V$——污水体积，100mL。

（6）经沉淀时间 t 后，取样点水样中悬浮物质量浓度 ρ_t 与全部悬浮物质量浓度 ρ_0 之比 P：

$$P = \frac{\rho_t}{\rho_0} \qquad (12\text{-}18)$$

式中 ρ_t——经沉淀时间 t 后，水样中的悬浮物质量浓度，mg/L；

$\quad \rho_0$——原污水中的悬浮物质量浓度，mg/L。

（7）计算污水中颗粒沉降速度 u：

$$u = \frac{H}{t} \qquad (12\text{-}19)$$

式中 u——污水中颗粒沉降速率，mm/s；

$\quad H$——有效水深，水面至取样点高度，mm；

$\quad t$——污水经沉淀时间，s。

（8）列表填写实验记录，整理实验数据。

五、实验要求

（1）自备直角坐标纸、绘制沉淀曲线。

（2）根据沉淀曲线计算 $t=30\text{min}$，即 $u=\dfrac{H}{60\times30}$ 的总去除率

$$E=(1-P_0)+\frac{1}{u_0}\int_0^{P_0}u_t\,\mathrm{d}P \tag{12-20}$$

（3）观察沉淀规律。

实验 21　污泥比阻的测定实验

一、实验目的

污泥机械脱水方法有真空吸滤法、压滤法和离心法等，其基本原理相同。污泥机械脱水是以过滤介质两面的压力差作为推动力，使污泥水分被强制通过过滤介质，形成滤液，固体颗粒则被截留在介质上，形成滤饼，从而达到脱水的目的。造成压力差推动力的方法有四种：

（1）依靠污泥本身厚度的静压力（如干化场脱水）。

（2）在过滤介质的一面造成负压（如真空脱水）。

（3）加压污泥把水分压过介质（如压滤脱水）。

（4）造成离心力（如离心脱水）。

不管哪种脱水方式，污泥在脱水过程中都会受到来自过滤介质和滤饼本身的阻力，阻力越大，污泥脱水性能就越差，比阻测定的目的就是了解不同污泥的脱水性能，以便确定产生最小比阻的泥饼所需的最佳混凝剂投加量。

本试验是用于判断污泥脱水性能的综合性试验，试验综合了污泥的含水率、污泥含水成分、污泥密度、污泥浓度、达西定律等相关概念和知识点，也综合了 MLSS 的测定方法。试验结果对于污水处理厂污泥调质、污泥脱水设备的运转调整、保持良好的脱水效果都有重要的指导意义。

二、实验原理

比阻是衡量污泥脱水性能的指标，基本概念是指在一定压力下，单位过滤介质面积上单位重量的干污泥所受到的阻力，常用 R（m/kg）表示，计算公式如下：

$$R=\frac{2pA^2b}{\mu W} \tag{12-21}$$

式中　p——脱水过程中的推动力，Pa；对于真空脱水，p 为真空能够形成的负压，对于压滤脱水，p 为滤布施加到污泥层上的压力；

　　　A——过滤面积，m^2；

　　　b——比阻测定中的一个斜率系数，其值取决于污泥的性质，S/m^6；

　　　μ——滤液的黏度，$\text{Pa}\cdot\text{s}$；

　　　W——单位体积滤液所产生的干污泥重量，kg/m^3。

式（12-21）中过滤压力、过滤面积可以设为一定，滤液的黏度也可由表 12-19 在对应水温下查得，因此，比阻测定的关键是求得 b 和 W。

表 12-19 水的动力黏度与温度的关系

水温/℃	$\mu/\mathrm{Pa \cdot s}$	水温/℃	$\mu/\mathrm{Pa \cdot s}$
0	17.78×10^{-4}	15	11.41×10^{-4}
5	15.18×10^{-4}	20	10.08×10^{-4}
10	13.08×10^{-4}	30	8.085×10^{-4}

过滤开始时，滤液仅需克服过滤介质的阻力，当滤饼逐渐形成后，还必须克服滤饼本身的阻力。通过分析可得出著名的卡门过滤基本方程

$$\frac{t}{V} = \frac{\mu WR}{2pA^2}V + \frac{\mu R_f}{pA} \tag{12-22}$$

式中　V——滤液体积，m^3；

　　　t——过滤时间，s；

　　　p——过滤压力，Pa；

　　　A——过滤面积，m^2；

　　　μ——滤液的黏度，$\mathrm{Pa \cdot s}$；

　　　R_f——过滤介质的阻抗，$1/\mathrm{m}^2$。

从式（12-22）看出，在压力一定的条件下过滤，t/V 与 V 呈直线关系，直线的斜率和截距分别为

$$b = \frac{\mu WR}{2pA^2} \qquad a = \frac{\mu R_f}{pA} \tag{12-23}$$

由 W 的定义有：

$$W = \frac{Q_0 - Q_y}{Q_y}\rho_g \tag{12-24}$$

式中　Q_0——污泥量，mL；

　　　Q_y——滤液量，mL；

　　　ρ_g——滤饼中固体物质的质量浓度，$\mathrm{g/mL}$。

由液体平衡关系可得：

$$Q_0 = Q_y + Q_g \tag{12-25}$$

由固体物质的质量平衡可得：

$$Q_0\rho_0 = Q_y\rho_y + Q_g\rho_g \tag{12-26}$$

式中　ρ_0——原污泥中固体物质的质量浓度，$\mathrm{g/mL}$；

　　　ρ_y——滤液中固体物质的质量浓度，$\mathrm{g/mL}$；

　　　Q_g——滤饼量，mL。

由以上各式合并加以简化得：

$$W = \frac{\rho_g(\rho_0 - \rho_y)}{\rho_g - \rho_0} \tag{12-27}$$

将测得的 b、W 代入比阻计算公式，可求出污泥的比阻。

三、实验装置

试验装置主要由布氏漏斗、过滤介质、抽滤器、量筒（具塞）、真空表和真空泵组成。装置如图 12-15 所示。测定过程中需要秒表计时。

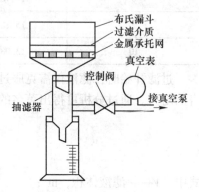

图 12-15　阻尼测试装置

四、实验步骤

（1）取待测泥样，先测定污泥的质量浓度 ρ_0，再取待测泥样 100mL 待测。

（2）对于真空脱水，则在布氏漏斗的金属托网上铺一层滤纸，并用少许蒸馏水湿润；对于压滤脱水，则在布氏漏斗的金属托网上铺一层滤布，也用少许蒸馏水湿润。

（3）将 100mL 待测泥样均匀倒入漏斗内的滤纸或滤布上，静置一段时间，直至漏斗底部不再有滤液流出，该段时间一般约为 2min。

（4）开启真空泵，至额定真空度［一般为 50.66kPa（380mmHg）］时，开始记录滤液体积，每隔 15s 记录一次，直至漏斗污泥层出现裂缝，真空被破坏为止。在该过程中，应不断调节控制阀，以保持真空度的恒定。

（5）从滤纸或滤布上取出部分泥样，测定其 ρ_g，从量筒中取出部分滤液，测定其含固量 ρ_y，并测定滤液水温。

（6）将记录的过滤时间 t 除以对应的滤液体积 V，得 t/V 值，以 t/V 为纵坐标，以 V 为横坐标作图，可得一直线，求得直线的斜率 b。

（7）由式（12-27）计算 W 值。

（8）由式（12-21）计算比阻 R 值（表 12-20）。

表 12-20　各种污泥的大致比阻值

污泥种类	比阻值/m · kg^{-1}	污泥种类	比阻值/m · kg^{-1}
初次沉淀污泥	$(46.1 \sim 60.8) \times 10^{12}$	活性污泥	$(164.8 \sim 282.5) \times 10^{12}$
消化污泥	$(123.6 \sim 139.3) \times 10^{12}$	腐殖污泥	$(59.8 \sim 81.4) \times 10^{12}$

注：各个污泥浓度的测定可参考 MLSS 的测定方法。

实验 22　评价活性污泥性能的测定

一、实验目的

（1）掌握表示活性污泥数量的评价指标-混合液悬浮固体（MLSS）浓度的测定和计算方法。

（2）掌握表示活性污泥的沉降与浓缩性能的评价指标-污泥沉降比（SV%）、污泥指数（SVI）的测定和计算方法。

（3）明确沉降比、污泥体积指数和污泥浓度三者之间的关系，以及它们对活性污泥法处理系统的设计和运行控制的重要意义。

二、实验原理

活性污泥是活性污泥处理系统中的主体作用物质。在活性污泥上栖息着具有强大生命力的微生物群体。在微生物群体新陈代谢功能的作用下，使活性污泥具有将有机污染物转化为稳定的无机物质的活力，故此称之为"活性污泥"。

通过显微镜镜检，观察菌胶团形成状况，活性污泥原生动物的生物相，是对活性污泥质量评价的重要手段之一。同时还可用一些简单、快速、直观的测定方法对活性污泥的数量（混合液悬浮物固体浓度 MLSS）和沉降性能、浓缩性能（污泥沉降比 SV%，污泥指数 SVI）进行评价。

在工程上常用 MLSS 指标表示活性污泥微生物数量的相对值。SV% 在一定程度上反映了活性污泥的沉降性能，特别当污泥浓度变化不大时，用 SV% 可快速反映出活性污泥的沉降性能以及污泥膨胀等异常情况。当处理系统水质、水量发生变化或受到有毒物质的冲击影响或环境因素发生变化时，曝气池中的混合液浓度或污泥指数都可能发生较大的变化，单纯地用 SV% 作为沉降性能的评价指标则很不充分，因为 SV% 中并不包括污泥浓度的因素。这时，常采用 SVI 来判定系统的运行情况，它能客观地评价活性污泥的松散程度和絮凝、沉淀性能，及时地反映出是否有污泥膨胀的倾向或已经发生污泥膨胀。SVI 越低，沉降性能越好。对城市污水，一般认为：

SVI<100　　　　　污泥沉降性能好

100<SVI<200　　　污泥沉降性能一般

200<SVI<300　　　污泥沉降性能较差

SVI>300　　　　　污泥膨胀

正常情况下，城市污水 SVI 值在 100~150 之间。此外，SVI 大小还与水质有关，当工业废水中溶解性有机物含量高时，正常的 SVI 值偏高；而当无机物含量高时，正常的 SVI 值可能偏低。影响 SVI 值的因素还有温度、污泥负荷等。从微生物组成方面看，活性污泥中固着型纤毛类原生动物（如钟虫、盖纤虫等）和菌胶团细菌占优势时，吸附氧化能力较强，出水有机物浓度较低，污泥比较容易凝聚，相应的 SVI 值也较低。

三、实验装置及器皿

（1）漏斗、烧杯、洗瓶、玻璃棒、滤纸等。

（2）干燥箱、天平等。

（3）50mL、100mL 量筒各一只。

四、实验步骤

（1）混合液悬浮固体浓度（MLSS）的测定。

1）将放有一张滤纸的烧杯置于 103~105℃ 的干燥箱中烘干 2h 后，取出放入干燥皿中，冷却后称至恒重为止（两次称重相差不超出 0.0005g）。

2）用 100mL 量筒准确量取一定体积的混合液进行过滤（视污泥的浓度决定取样的体积），并用蒸馏水冲洗滤纸上的悬浮固体 2~3 次。

3）过滤完毕，小心取下滤纸，放入原烧杯中置于 103~105℃ 的干燥箱中烘干 2h 后，取出放入干燥皿中，冷却后称至恒重为止。

计算方法：

$$MLSS(mg/L) = \frac{(A - B) \times 1000 \times 1000}{V} \qquad (12\text{-}28)$$

式中　A——过滤干燥后悬浮固体+烧杯+滤纸重量，g；

　　　B——过滤干燥前烧杯+滤纸重量，g；

　　　V——混合液取样体积，mL。

（2）污泥沉降比（SV%）的测定。准确量取 100mL 均匀的混合液于 100mL 量筒内静置，观察活性污泥絮凝和沉淀的过程和特点，在第 30min 时记录污泥界面以下的污泥容积。

计算方法：

$$SV\% = \frac{混合液在量筒内静沉 30min 后形成污泥的容积}{混合液的取样体积} \times 100\% \qquad (12\text{-}29)$$

（3）污泥体积指数（SVI）的计算：

$$SVI(mL/g) = \frac{混合液(1L)30min 静沉形成的活性污泥容积(mL)}{混合液(1L) 中悬浮固体干重(g)} = \frac{SV}{MLSS} \qquad (12\text{-}30)$$

SVI 值一般都只称数字，把单位简化。

五、实验数据及结果分析

通过所测得的混合液悬浮固体浓度、污泥沉降比和污泥指数，对实验所用活性污泥进行评价。

六、思考与讨论

（1）污泥沉降比和污泥体积指数两者有什么区别和联系？

（2）如何评价活性污泥的活性和沉降性能？

实验 23　曝气设备充氧性能实验

一、实验目的

（1）加深理解曝气充氧的机理及影响因素。

（2）掌握曝气设备清水充氧性能测定方法。

（3）学会利用实验数据，计算氧的总转移系数 K_{La}、充氧能力 Q_s、动力效率 E、氧利用率 η 等参数。

二、实验原理

曝气是人为地通过一些设备加速向水中传递氧的过程，是活性污泥系统的一个重要环节。曝气设备的作用是使空气、活性污泥和污染物三者充分混合，使活性污泥处于悬浮状态，促使氧气从气相转移到液相，再从液相转移到活性污泥上，保证微生物有足够的氧进行新陈代谢。由于氧的供给是保证生化处理过程正常进行的主要因素之一，因此，工程设计人员和操作管理人员常通过实验测定氧的总转移系数 K_{La}，评价曝气设备的供氧能力和动力效率。同时，二级生物处理厂（站）中，曝气充氧电耗占全厂动力消耗的 60%~70%，因而，目前高效节能型曝气设备的研制是污水生物处理技术领域面临的一个重要课题。

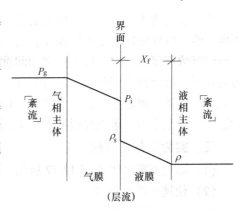

图 12-16　双膜理论模型

现在通用的曝气设备分为机械曝气、鼓风曝气和鼓风-机械联合曝气。无论哪种曝气设备的溶氧过程均属传质过程，氧传递机理符合双膜理论，在氧传递过程中，阻力主要来自液膜，如图 12-16 所示。

氧传递基本方程式为：

$$\frac{\mathrm{d}\rho}{\mathrm{d}t} = K_{\mathrm{La}}(\rho_s - \rho) \qquad (12\text{-}31)$$

$$K_{\mathrm{La}} = \frac{D_{\mathrm{L}}A}{Y_{\mathrm{L}}W}$$

式中　$\dfrac{\mathrm{d}\rho}{\mathrm{d}t}$——液体中溶解氧浓度变化速率，mg/(L·min)；

　　$\rho_s - \rho$——氧传质推动力，mg/L；

　　ρ_s——液膜处溶解氧的质量浓度，mg/L；

　　ρ——液相主体中溶解氧的质量浓度，mg/L；

　　K_{La}——氧总转移系数，L/mg；

　　D_{L}——液膜中氧分子的扩散系数；

　　Y_{L}——液膜厚度，m；

　　A——气液两相接触面积，m²；

　　W——曝气液体面积，m²。

因为液膜厚度 Y_{L} 与液体流态有关，通过实验难以测定与计算，而且力的大小也难以测定与计算，所以用氧总转移系数 K_{La} 代替液膜厚度 Y_{L}。

将式（12-31）积分整理后的曝气设备氧总转移系数 K_{La} 计算式

$$K_{\mathrm{La}} = \frac{2.303}{t - t_0} \lg \frac{\rho_s - \rho_0}{\rho_s - \rho_t} \qquad (12\text{-}32)$$

式中　K_{La}——氧的总转移系数，1/h 或 1/min；

　　t_0, t——曝气时间，min；

　　ρ_0——曝气开始时池内溶解氧质量浓度，mg/L；

　　ρ_s——实验条件下的水样饱和 DO 值，mg/L；

　　ρ_t——相应某一时刻的 DO 值，mg/L。

影响氧传递速率 K_{La} 的因素，除了曝气设备本身结构尺寸、运行条件以外，还与水质、水温等有关。为了便于互相比较，并向设计、使用部门提供产品性能，曝气设备说明书给出的充氧性能均为清水（一般多为自来水）在一个大气压、20℃下的充氧性能；常用指标有氧的总转移系数 K_{La}、充氧能力 Q_s。

曝气设备清水充氧性能实验主要有两种方法：一种是间歇非稳态法，曝气池池水不进不出，池内溶解氧浓度随时间而变；另一种是连续稳态测定法，曝气池内连续进出水，池内溶解氧浓度保持恒定。国内外多用间歇非稳态测定法，向池内注满水，以无水亚硫酸钠为脱氧剂，氯化钴为催化剂，进行脱氧。脱氧至零后开始向水中曝气。曝气后每隔一定时间取曝气水样，测定水中溶解氧浓度，计算 K_{La} 值，或以亏氧值 $(\rho_s - \rho_t)$ 为纵坐标，在半对数坐标纸上绘图，求直线斜率，即 K_{La} 值。

三、实验设备及药剂

（1）曝气充氧装置如图 12-17 所示。

（2）便携式溶解氧仪。

（3）无水亚硫酸钠，氯化钴。

（4）天平，秒表。

（5）烧杯，玻璃棒。

实验装置主要由穿孔曝气筒、空压机、液体泵、原水箱、转子流量计等组成。水由液体泵从原水箱中抽出，经液体阀将水配送到穿孔曝气筒中，液位到达所需高度后即可关闭液体泵及液体阀。

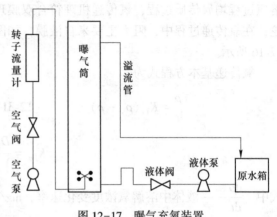

图 12-17　曝气充氧装置

四、实验步骤

（1）检查实验装置的各阀门状态。要求：关闭曝气筒、原水箱排水阀；关闭空气阀；关闭液体阀。

（2）配制实验用水。向原水箱中加满自来水，测量原水箱内原水体积，用便携式溶氧仪测出其 DO 值。

（3）计算 Na_2SO_3、$CoCl_2$ 的加药量。

1）Na_2SO_3 的投加量

$$2Na_2SO_3 + O_2 \xrightarrow{CoCl_2} 2Na_2SO_4$$

相对分子质量之比为

$$\frac{M(O_2)}{2M(Na_2SO_3)} = \frac{32}{2 \times 126} \approx \frac{1}{8} \tag{12-33}$$

故 Na_2SO_3 理论用量为水中溶解氧量的 8 倍。由于水中含有部分杂质会消耗亚硫酸钠，故实际用量为理论用量的 1.5 倍，所以实验投加的 Na_2SO_3 量计算方法如下：

$$W_1 = \frac{1.5 \times 8\rho V}{1000} = 0.012\rho V \tag{12-34}$$

式中　W_1——亚硫酸钠投加量，g；

　　　ρ——实验时测出的 DO 的质量浓度，mg/L；

　　　V——原水体积，L。

2）催化剂（钴盐）的投加量。经验证明，清水中有效钴离子浓度约为 0.4mg/L 为好，一般使用氯化钴（$CoCl_2 \cdot 6H_2O$）作为催化剂，其用量的计算方法如下：

$$\frac{M(\text{CoCl}_2 \cdot 6\text{H}_2\text{O})}{M(\text{Co}^{2+})} = \frac{238}{59} \approx 4.0 \tag{12-35}$$

所以水样投加 $\text{CoCl}_2 \cdot 6\text{H}_2\text{O}$ 量为：

$$W_2 = V \times 0.4 \times 4.0 \tag{12-36}$$

式中　W_2——氯化钴投加量，mg；

　　　V——原水体积，L。

（4）加药。用少量温水将 Na_2SO_3 化开，均匀倒入原水箱内，同时将溶解的钴盐也倒入水中。打开总电源开关，按下液泵开关，调节液体流量计到 1000L/min，此时原水箱内的溶液通过设备的回流系统进行充分混合。

（5）用便携式溶解氧仪测定原水中的 DO 值，待 DO 值降为零或接近零时，方可进行曝气充氧实验。

（6）穿孔曝气实验：

1）打开液体阀，启动液体泵，向曝气筒加水至 35L 处。

2）关闭液体泵和液体阀，防止曝气筒中水回流；同时启动空压机。

3）将便携式溶解氧仪的探头放入曝气筒水中，在进水过程中若无明显充氧，DO 值应接近零，记录此时 DO 值，即为 t_0 时刻的溶解氧浓度。

4）打开空气阀，调节气体流量，控制其流量在 $0.5 \sim 1\text{m}^3/\text{h}$ 范围内。

5）当空气从曝气筒底部均匀冒出，开始计时并定时记录水中的 DO 值（在曝气初期，由于溶解氧的转移速度较快，可 15s 记录一次；2 min 后可调整为 30s 一次；5 min 后可调整为 1 min 一次），直到水中 DO 值不再变化为止（均将原始实验数据记录在表 12-21 中）。

6）关闭空气阀，打开曝气筒放空阀排水，待筒内水排净后关闭放空阀。

7）改变气体流量重新进行一次实验，与前一种曝气条件比较。

五、实验记录

（1）穿孔曝气筒。

水温 ＿＿＿＿＿℃；水样体积 ＿＿＿＿＿ m^3；ρ_s ＿＿＿＿＿ mg/L；$M(\text{Na}_2\text{SO}_3)$ ＿＿＿＿＿ g；$M(\text{CoCl}_2)$ ＿＿＿＿＿ g；气体流量 ＿＿＿＿＿ m^3/h。

表 12-21　溶解氧浓度与曝气时间实验记录

时间/min	$\rho_t/\text{mg} \cdot \text{L}^{-1}$	时间/min	$\rho_t/\text{mg} \cdot \text{L}^{-1}$	时间/min	$\rho_t/\text{mg} \cdot \text{L}^{-1}$

（2）叶轮曝气池。

水温 ＿＿＿＿＿℃；水样体积 ＿＿＿＿＿ m^3；ρ_s ＿＿＿＿＿ mg/L；$M(\text{Na}_2\text{SO}_3)$ ＿＿＿＿＿ g；$M(\text{CoCl}_2)$ ＿＿＿＿＿ g；叶轮转速 ＿＿＿＿＿ r/min。

溶解氧浓度与曝气时间记录于表 12-22 中。

表 12-22　溶解氧浓度与曝气时间实验记录

时间/min	$\rho_t/mg \cdot L^{-1}$	时间/min	$\rho_t/mg \cdot L^{-1}$	时间/min	$\rho_t/mg \cdot L^{-1}$

六、实验结果整理

1. 温度修正系数

因为氧总转移系数 K_{La} 要求在标准状态下测定，即清水在 101325Pa、20℃下的充氧性能。但一般充氧实验过程并非在标准状态下，因此需要对压力和温度进行修正。

（1）温度修正系数：

$$K = 1.024^{20-t} \tag{12-37}$$

修正后的氧总转移系数为：

$$K_{Las} = KK_{La} = 1.024^{20-t}K_{La} \tag{12-38}$$

此式为经验式，它考虑了水温对水的黏滞性和饱和溶解氧的影响，国内外大多采用此式。

（2）水中饱和溶解氧值的修正。由于水中饱和溶解氧值受其中压力和所含无机盐种类及数量的影响，所有式（12-38）中的饱和溶解氧值最好用实测值，即曝气池内的溶解氧达到稳定时的数值。

2. 氧总转移系数 K_{La}

氧总转移系数 K_{La} 是指在单位传质推动力的作用下，在单位时间、向单位曝气液体中所充入的氧量；它的倒数 $1/K_{La}$，单位是时间，表示将满池水从溶解氧为零到溶解氧饱和值时所用时间。因此 $1/K_{La}$ 是反映氧传递速率的一个重要指标。

K_{La} 的计算首先是根据实验记录，在半对数坐标纸上，以 $(\rho_s - \rho_t)$ 为纵坐标，以时间为横坐标绘图求 K_{La} 值后（图 12-18）或利用表 12-23 计算 K_{La}，再利用式（12-38）求得 K_{Las}。

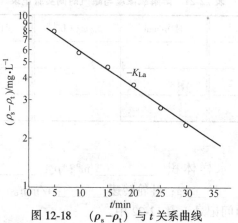

图 12-18　$(\rho_s - \rho_t)$ 与 t 关系曲线

表 12-23 利用表计算 K_{La}

时间/min	ρ_t/mg·L^{-1}	$\rho_s - \rho_t$	$\dfrac{\rho_s - \rho_0}{\rho_s - \rho_t}$	$\lg \dfrac{\rho_s - \rho_0}{\rho_s - \rho_t}$	K_{La}

本次实验要求使用半对数坐标纸求 K_{La}。

3. 充氧能力 Q_s

充氧能力 Q_s 是反映曝气设备在单位时间内向单位液体中充入的氧量。

$$Q_s = K_{Las} \cdot \rho_{s2} \tag{12-39}$$

$$K_{Las} = 1.024^{20-t} \times K_{La} \tag{12-40}$$

式中　K_{Las}——氧总转移系数（标准状态），1/h 或 1/min；

ρ_{s2}——一个大气压、20℃时饱和氧值，$\rho_{s2} = 9.17$mg/L。

4. 动力效率 E

动力效率 E 是指曝气设备每消耗 1kW·h 电时转移到曝气液体的氧量。由此可见，动力效率将曝气供氧与所消耗的动力联系在一起，是一个具有经济价值的指标，它的高低将影响到污水处理厂的运行费用。

$$E = \frac{Q_s \cdot W}{N} \tag{12-41}$$

式中　Q_s——充氧能力，kg/(h·m^3)；

W——曝气液体的体积，m^3；

N——理论功率，即不计管路损失，不计风机和电机的效率，只计算曝气充氧所消耗的有用功。

其中

$$N = \frac{Q_b H_b}{102 \times 3.6} \tag{12-42}$$

式中　H_b——风压，曝气设备上读取，m；

Q_b——风量，曝气设备上读取，m^3/h。

由于供风时计量条件与转子流量计标定时的条件相差较大，而要对 Q_b 进行如下修正：

$$Q_b = Q_{b0} \sqrt{\frac{p_{b0} T_b}{p_b T_{b0}}} \tag{12-43}$$

式中　Q_{b0}——仪表的刻度流量，m^3/h；

p_{b0}——标定时气体的绝对压力，0.1MPa；

T_{b0}——标定时气体的绝对温度，293K；

p_b——被测气体的实际绝对压力，MPa；

T_b——被测气体的实际绝对温度，$273 + t$，K；

Q_b——修正后的气体实际流量，m^3/h。

5. 氧的利用率

$$\eta = \frac{Q_s W}{Q \times 0.28} \times 100\% \tag{12-44}$$

$$Q = \frac{Q_b p_b T_a}{T_b p_a}$$

（12-45）

式中　Q —— 标准状态下（101325Pa、293K）的气量，

Q_b，T_b，p_b——符号意义同前；

p_a——101325Pa（1atm）；

T_a——293K；

0.28——标准状态下，$1m^3$ 空气中所含氧的质量，kg/m^3。

七、注意事项

（1）溶解氧仪使用前应预热 6~8min。

（2）溶解氧仪使用前应检查探头内有无电解液。

（3）各阀门的开关顺序应正确操作，不得颠倒顺序。

（4）读取曝气池 DO 值时，探头在水中至少有 20s 的匀速搅动时间。

（5）开启液泵时，必须打开液体阀，关闭曝气筒放空阀和空气阀。

（6）曝气筒水面高度不宜过于接近溢流口，以防曝气时有水从溢流口流出。

（7）曝气前应检测水样 DO 值是否为零或接近零，同时须待空压机达到一定压力后方可开启空气阀。

八、思考与讨论

（1）论述曝气在生物处理中的作用。

（2）曝气充氧原理及其影响因素是什么？

（3）氧总转移系数 K_{La} 的意义是什么？

（4）曝气设备类型有哪些，各自的优、缺点是什么？

实验 24　污水可生化性能测定

一、实验目的

（1）鉴定城市污水或工业污水能够被微生物降解的程度，以便选用适宜的处理技术和确定合理的工艺流程。

（2）了解污水可生化性实验的测定方法。

（3）掌握 BOD_5/COD 比值法测定污水的可生化性。

二、实验原理

污水可生化性实验用于研究污水中有机污染物可被微生物降解的程度，以便为选定该污水处理工艺方法、处理工艺流程提供必要的依据。生物处理法对去除污水中胶体及溶解有机污染物，具有高效、经济的优点，比较适合于生活污水、城市污水的处理，但对于各种各样的工业污水而言，由于某些工业污水中含有难以生物降解的有机物，或含有能抑制微生物活动的物质，因此，为确保污水处理工艺选择的合理与可靠，通常要进行污水的可生化性实验。污水可生化性测定方法较多，实验采用 BOD_5/COD 比值法测定工业污水的可生化性。

COD 是以重铬酸钾为氧化剂，在一定条件下，氧化有机物时用所消耗氧的量来间接表

示污水中有机物数量的一种综合性指标。BOD_5是在溶解氧充足条件下，好氧微生物分解水中有机物时所消耗的水中溶解氧量，也是一种表示污水中有机物量的综合性指标。测得的BOD_5值可看做可降解的有机物的量，COD值则可看做是全部的有机物，因此，BOD_5/COD比值反映了污水中有机物的可降解程度。按BOD_5/COD比值分为：

BOD_5/COD>0.58为完全可生物降解废水；

BOD_5/COD=0.45~0.58为生物降解性能良好污水；

BOD_5/COD=0.30~0.45为可生物降解污水；

BOD_5/COD<0.30为难生物降解污水。

三、实验器皿及试剂

（1）实验器皿：微波消解仪，恒温培养箱，溶解氧瓶，滴定管，锥形瓶，移液管，容量瓶等。

（2）COD测定所需试剂。

1）含Hg^{2+}消解液：$c_{(1/6 K_2Cr_2O_7)} = 0.2000mol/L$。

称取经120℃烘干2h的基准纯$K_2Cr_2O_7$ 9.806g，溶于600mL水中，再加入$HgSO_4$ 25.0g，边搅拌边慢慢加入浓H_2SO_4 250mL，冷却后移入1000mL容量瓶中，稀释至刻度，摇匀。该溶液适用含氯离子浓度大于100mg/L的水样。

2）硫酸-硫酸银催化剂。于1000mL浓H_2SO_4中加入10g硫酸银，放置1~3天，不时摇动使其溶解。

3）试亚铁灵指示剂。称取邻菲罗啉1.485g，硫酸亚铁（$FeSO_4 \cdot 7H_2O$）0.695g溶于水中，稀释至100mL，贮于棕色瓶内。

4）硫酸亚铁铵标准溶液。称取$(NH_4)_2Fe(SO_4)_2 \cdot 6H_2O$ 16.6g溶于水中，边搅拌边缓慢加入浓H_2SO_4 20mL，冷却后移入1000mL容量瓶中，定容，此溶液浓度约为0.042mol/L，用前用$K_2Cr_2O_7$标准溶液标定。

准确吸取5.00mL重铬酸钾标准溶液于150mL锥形瓶中，加水稀释至约30mL，缓慢加入浓硫酸5mL，混匀。冷却后，加入2滴试亚铁灵指示剂，用硫酸亚铁铵溶液滴定，溶液的颜色由黄色经蓝绿色至红褐色即为终点。

$$c_{[(NH_4)_2Fe(SO_4)_2]} = (0.2000 \times 5.00)/V \tag{12-46}$$

式中　c——硫酸亚铁铵标准溶液的浓度，mol/L；

　　　V——硫酸亚铁铵标准溶液的滴定用量，mL。

（3）BOD_5测定所需试剂。

1）营养盐：

①磷酸盐缓冲溶液。将8.5g磷酸二氢钾（KH_2PO_4），21.75g磷酸氢二钾（K_2HPO_4），33.4g磷酸氢二钠（$Na_2HPO_4 \cdot 7H_2O$）和1.7g氯化铵（NH_4Cl）溶于水，稀释至1000mL。此溶液的pH值应为7.2。

②硫酸镁溶液。将22.5g硫酸镁（$MgSO_4 \cdot 7H_2O$）溶于水中，稀释至1000mL。

③氯化钙溶液。将27.5g无水氯化钙溶于水，稀释至1000mL。

④氯化铁溶液。将0.25g氯化铁（$FeCl_3 \cdot 6H_2O$）溶于水，稀释至1000mL。

2）稀释水。在20L的大玻璃瓶中装入蒸馏水，每升蒸馏水中加入以上四种营养液各

1mL，曝气 1~2 天，至溶解氧饱和，盖严，静置 1 天，使溶解氧稳定。

3）接种稀释水。取适量生活污水于 20℃ 放置 24~36h，上层清液即为接种液，每升稀释水加入 1~3mL 接种液即为接种稀释水。对某些特殊工业废水最好加入专门培养驯化过的菌种。

4）葡萄糖-谷氨酸标准液。葡萄糖和谷氨酸在 103℃ 干燥 1h 后，各称取 150mg 溶于水中，移入 1000mL 容量瓶内并稀释至标线，混匀。此溶液临用前配制。

5）测溶解氧所需试剂：

①硫酸锰溶液。称取 480g 硫酸锰（$MnSO_4 \cdot 4H_2O$）溶于水，稀释至 1000mL，此溶液加至酸化过的碘化钾溶液中，遇淀粉不得产生蓝色。

②碱性碘化钾溶液。称取 500g 氢氧化钠溶解于 300~400mL 水中；另称取 150g 碘化钾溶于 200mL 水中，待氢氧化钠溶液冷却后，将两溶液合并，混匀，用水稀释至 1000mL。如有沉淀，则放置过夜后，倾出上清液，贮于棕色瓶中，用橡皮塞塞紧，避光保存。此溶液酸化后，遇淀粉应不呈蓝色。

③淀粉溶液：1%。称取 1g 可溶性淀粉，用少量水调成糊状，再用刚煮沸的水稀释至 100mL。冷却后，加入 0.1g 水杨酸或 0.4g 氯化锌防腐。

④重铬酸钾标准溶液：0.02500mol/L（1/6 $K_2Cr_2O_7$）。称取于 105~110℃ 烘干 2h，并冷却的重铬酸钾 1.2258g，溶于水，移入 1000mL 容量瓶中，水定容。

⑤硫代硫酸钠溶液。称取 6.2g 硫代硫酸钠（$Na_2S_2O_3 \cdot 5H_2O$）溶于煮沸放冷的水中，加 0.2g 碳酸钠用水稀释至 1000mL，贮于棕色瓶中。使用前用 0.02500mol/L 重铬酸钾标准溶液标定。标定方法如下：

在 250mL 碘量瓶中，加入 100mL 水和 1g 碘化钾，加入 10.00mL 0.02500mol/L 重铬酸钾标准溶液，5mL 硫酸（1+5），密塞，摇匀，于暗处静置 5min 后，用待标定的硫代硫酸钠溶液滴定至溶液呈淡黄色，加入 1mL 淀粉指示剂，继续滴定至蓝色刚好褪去，记录用量，用式（11-2）计算。

四、实验步骤

1. COD 测定

（1）样品测定：

1）准确移取 5.00mL 水样置于消解罐中，再加入 5.00mL 消解液和 5.00mL 催化剂，摇匀（注意，加入各种溶液时，移液管不能接触消解罐内壁，避免破坏其粗糙度，造成分析误差）。

2）旋紧密封盖，将罐均匀置放入消解炉玻璃盘上，离转盘边沿约 2cm。

3）按表 12-24 设置的样品消解时间进行样品消解。

表 12-24　样品消解时间与消解罐数目的关系

消解罐数目	3	4	5	6	7	8	9	10	11	12
消解时间/min	5	6	7	8	10	11	12	13	14	15

4）样品消解结束后，过 2min 将消解罐取出冷却。

5）滴定。将消解罐内溶液转移到 150mL 锥形瓶中，用蒸馏水冲洗罐帽 2~3 次，冲洗液并入锥形瓶中，控制体积约 30mL，加入 2 滴试亚铁灵指示剂，用硫酸亚铁铵标准溶液回滴，溶液的颜色由黄色经蓝绿色变为红褐色为终点，记录 $(NH_4)_2Fe(SO_4)_2$ 的用量，计算 COD_{Cr}。

（2）空白测定：以蒸馏水代替水样，其他步骤同样品测定。

2. BOD_5 测定

（1）水样的预处理：

1）用盐酸或氢氧化钠调节水样 pH 值近于 7，用量不超过水样体积的 0.5%。

2）水样含有重金属等有毒物质时，可使用经驯化的微生物接种液的稀释水进行稀释，或增大稀释倍数，以减小毒物浓度。

3）游离氯大于 0.10mg/L，加亚硫酸钠或硫代硫酸钠除去。

（2）水样稀释：

1）确定稀释倍数。根据 COD_{Cr} 确定，做 3 个稀释比。

若使用稀释水，用 COD_{Cr} 值分别乘以 0.075，0.15，0.225；使用接种稀释水，则分别乘以 0.075，0.15 和 0.25。

2）稀释水样。按确定的稀释倍数，用虹吸法沿筒壁先加入部分稀释水（或接种稀释水）于 1000mL 量筒中，加入需要量的均匀水样，再引入稀释水至 800mL，用带胶板的玻璃棒在水面以下慢慢搅匀（上下提动搅棒），搅拌时勿使搅棒的胶板露出水面，避免产生气泡。

（3）水样装瓶及测定。用虹吸法将量筒中的混匀水样沿瓶壁慢慢转移至两个预先编号、体积相同的（250mL）溶解氧瓶内，至充满后溢出少许为止，加塞水封。注意瓶内不应有气泡。立即测定其中一瓶溶解氧，将另一瓶放入培养箱中，在（20±1）℃培养 5 天后测其溶解氧，测定方法见第十一章实验 2。

（4）空白测定。另取两个有编号的溶解氧瓶，用虹吸法装满稀释水作为空白，分别测定其 5 天前后的溶解氧含量。

五、数据处理

1. COD 值计算

COD_{Cr} 测定实验数据见表 12-25。

表 12-25 COD_{Cr} 测定实验数据

样　品		V_1/mL	V_2/mL	$COD_{Cr}(O_2)$/mg·L^{-1}	V_0/mL	$c_{[(NH_4)_2Fe(SO_4)_2]}$/mol·L^{-1}
水样	1-1					
	1-2					
标　样						

$$COD_{Cr}(O_2, mg/L) = [(V_0 - V_1) \times c_{[(NH_4)_2Fe(SO_4)_2]} \times 8 \times 1000]/V_2 \qquad (12-47)$$

式中　　　V_0——滴定空白消耗 $(NH_4)_2Fe(SO_4)_2$ 溶液量，mL；

　　　　　V_1——滴定水样消耗 $(NH_4)_2Fe(SO_4)_2$ 溶液量，mL；

$c_{[(NH_4)_2Fe(SO_4)_2]}$——$(NH_4)_2Fe(SO_4)_2$ 标准溶液浓度，mol/L；

　　　　　V_2——水样体积，mL。

2. BOD_5 值计算

BOD_5 测定实验数据记于表 12-26 中。ρ_1、ρ_2 的测定方法见第十一章实验 2。

表 12-26　BOD$_5$测定实验数据

样　品		V_1/mL	V_2/mL	ρ_1/mg·L^{-1}	ρ_2/mg·L^{-1}	BOD$_5$/mg·L^{-1}
水样	稀-1					
	稀-2					
	稀-3					
标　样						
空　白						

注：V_1—水样培养前用碘量法测溶解氧时消耗 Na$_2$S$_2$O$_3$ 的体积；V_2—水样培养后用碘量法测溶解氧时消耗 Na$_2$S$_2$O$_3$ 的体积。

$$BOD_5(mg/L) = \frac{(\rho_1 - \rho_2) - (B_1 - B_2)f_1}{f_2} \qquad (12-48)$$

式中　B_1——稀释水（或接种稀释水）培养前的溶解氧质量浓度，mg/L；

　　　B_2——稀释水（或接种稀释水）培养 5 天后的溶解氧质量浓度，mg/L；

　　　ρ_1——水样培养前的溶解氧质量浓度，mg/L；

　　　ρ_2——水样培养 5 天后的溶解氧质量浓度，mg/L；

　　　f_1——稀释水（或接种稀释水）在培养液中所占比例；

　　　f_2——水样在培养液中所占比例。

3. BOD$_5$/COD 值计算

根据上述所测得水样的 BOD$_5$ 和 COD 值，计算其 BOD$_5$/COD 值。

六、结果讨论

根据 BOD$_5$/COD 值，讨论实验所用工业废水的可生物降解性。

七、注意事项

（1）COD 测定时须注意：

1）取样的均匀性，尤其对浑浊及悬浮物较多的水样。

2）滴定时溶液酸度不宜太大，否则终点不明显。

3）干扰消除，本法主要干扰为 Cl$^-$，可加汞盐络合消除。

4）对 COD 小于 50mg/L 的水样，可改用 0.1mol/L K$_2$Cr$_2$O$_7$ 消解液，回滴用 0.021mol/L 的硫酸亚铁铵。

（2）BOD$_5$ 测定时须注意：

1）操作过程中，防止气泡产生。

2）结果取值。在两个或三个稀释比的样品中，凡消耗溶解氧大于 2mg/L 和剩余溶解氧大于 1mg/L 都有效，计算结果时，应取平均值。

3）测定时所带葡萄糖-谷氨酸标样，其 BOD$_5$ 结果应在 180~230mg/L 之间，否则，应检查接种液、稀释水或操作技术问题。

八、思考与讨论

（1）污水可生化性测定有哪几种方法，各有何特点？

（2）本实验的主要误差来源有哪些，实验中应注意哪些问题？

实验 25　隔膜电解法处理含铜电镀废水实验

一、实验目的

（1）了解离子交换膜隔膜电解法的基本概念。

（2）掌握隔膜电解法处理含铜废水的实验方法。

（3）了解评价隔膜电解法处理效果的三项技术经济指标。

二、实验原理

实验要处理的工业废水是强酸性含铜废水，废水中含有铜离子和大量的氯离子等。实验的主要设备是电解槽和直流稳压电源等。电解槽中间安置了一张阳离子交换膜（只允许阳离子在通过），将电解槽分隔成阴、阳二极室。阳极室内插入石墨板作为阳极，与直流稳压电源的正极相接。室内加入5%（体积分数）的稀硫酸，起导电和浓集杂质离子的作用。阴极室内插入紫铜板作为阴极，与直流稳压电源的负极相接。室内加入要处理的强酸性含铜废水。由于离子交换膜的隔膜作用，两极室的极液和反应物不会相互混淆，保证了在阴极还原的铜不会被阳极氧化，从而提高了电解效率。由于阳离子的选择透过性（半透性），阻挡了废水中大量氯离子向阳极移动，使阳极在电解过程中不会产生大量氯气。电解时，电解槽的阴极和阳极之间产生电位差，使铜离子向阴极迁移，在阴极得到电子被还原；硫酸根和其他负离子向阳极迁移，在阳极失去电子被氧化。本实验的电极反应如下：

阳极反应（石墨板）：

$$H_2O \longrightarrow 1/2O \uparrow + 2H^+ + 2e^- \quad （酸性条件下）$$

$$2Cl^- \longrightarrow Cl_2 \uparrow + 2e^- \quad （极少量 Cl^- 渗析透过隔膜）$$

阴极反应（紫铜板）：

$$Cu^{2+} + 2e^- \longrightarrow Cu$$

$$2H^+ + 2e^- \longrightarrow H_2 \uparrow$$

上述反应如图 12-19 所示。

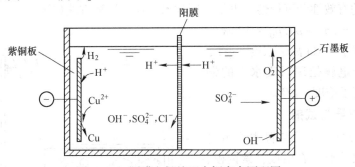

图 12-19　隔膜电解处理含铜废水原理图

电解反应时，能使电解正常进行所需要的最小电压为分解电压。分解电压必须大于理论分解电压（原电池的电动势）、极化电压（浓度极化、化学极化）及溶液内阻与膜阻力之和。分解电压的大小与电极的性质、废水的性质、电流密度及温度等因素相关。铜的理论分解电压为 1.7V，氢的理论分解电压为 2.2V，当外加电压大于铜的分解电压（理论分解电压、极化电压及溶液内阻与膜阻力之和）时，Cu^{2+} 向阴极迁移，当外加电压大于氢的分解电压时，H^+ 也向阴极迁移，使得电压电流曲线上出现了一个很明显的转折点，该转折点的电压值就是本实验条件下的经济工作电压。

离子交换膜隔膜电解法处理效果的好坏，可用以下三项指标评估：

（1）电流效率。电流效率反映了电解设备的电能利用情况，是电解槽的技术性能指标，它总是小于 1。它的大小与 pH 值、电解压力和废水浓度有关。计算方法如下：

$$电流效率 = W_实 / W_理 \times 100\%$$

$$W_实 = (\rho_b - \rho_a) \times V_t$$

$$W_理 = It\frac{M}{2} \Big/ 26.8$$

式中　$W_实$——实际去除的铜量，g；

　　　　$W_理$——理论上应析出的铜量，g；

　　　　ρ_b——处理前废水中的铜离子浓度，g/L；

　　　　ρ_a——处理后废水中的铜离子浓度，g/L；

　　　　V_t——处理废水的体积，L；

　　　　I——电流达到稳定后的数值，A；

　　　　t——电解操作时间，h；

　　　　M——铜的摩尔质量，63.5g/mol；

　　26.8——法拉第常数，A·h/mol。

法拉第常数是指电解反应时，在电极上析出或溶解 1mol 物质所消耗的电量为 26.8A·h。

（2）电耗。电耗是指电解时析出 1kg 铜所消耗的电能。电耗反映了隔膜电解法处理废水的经济效益和能耗情况，是一项经济指标，也是隔膜电解法能否实际应用的重要依据。计算公式如下：

$$电耗(kW \cdot h/kg) = UIt/W_实$$

式中　U——电压，V。

（3）铜离子去除率。铜离子去除率反映了重金属的去除程度及电解效果的好坏，关系到电解隔膜法的有效性和可行性，也是一项技术指标。计算方法如下：

　铜离子去除率 $= (\rho_0 - \rho)/\rho_0 \times 100\%$

式中　ρ_0——废水中 Cu 离子浓度，g/L；

　　　　ρ——经电解处理后废水中的铜离子浓度，g/L。

三、实验仪器与试剂

（1）实验装置。实验装置主要由电解槽、阳离子交换膜、石墨板、紫铜板、直流稳压电源等组成，如图 12-20 所示。电解槽用有机玻璃、塑料块制成，槽中间有一阳离子交换膜，用长螺丝和三角铁将两个半槽体、耐酸橡皮垫片与膜夹紧。膜两边的两个极室中间有凹槽可插铜板和石墨板，每个极室的水容积

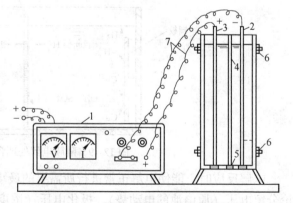

图 12-20　隔膜电解法实验设备装置图

1—直流稳压电源；2—紫铜板；3—石墨板；

4—阳离子膜；5—耐酸橡皮垫片；

6—固定架；7—导线

为 100mL。

（2）仪器设备与试剂：

1）晶体管直流稳压电源：30V/5A，1 台。

2）隔膜电解实验装置：1 套。

3）络合滴定法测定废水中铜离子浓度的仪器：1 套。

4）耐酸橡皮：厚 2 mm，2 块。

四、实验步骤

（1）电解处理含铜废水：

1）配制 5%的稀硫酸溶液。

2）在阳极室中加入 100mL 5%稀硫酸，阴极室中加入 100mL 含铜废水。

3）将石墨板和紫铜板分别插入阳极室和阴极室，并接通直流稳压电源的正负电源接线柱。

4）调节电压为 1V、1.5V、2V、2.5V、3V、3.5V 等，直至电流达到 5A，记录每次电流到达恒值时的数值，将两极室的液体倒掉。

5）按照步骤 4）的记录，以电压为纵坐标，电流为横坐标作图，得到电流—电压曲线，找出曲线转折点的电压值。

6）按照实验步骤 2）、3）操作，并将槽电压加到曲线转折点的电压值，进行电解反应 2h，结束时记录电压值和电流值。

7）测定电解反应前后酸性含铜废水中的铜离子浓度。

（2）络合滴定法测定废水中铜离子含量：

1）实验步骤：

①被测废水中的含铜量应小于等于 200mg/L，如酸性含铜废水中的含铜量大于 200 mg/L，应将此废水用蒸馏水加以稀释。

②取稀释后的水样 50mL 于 250mL 三角瓶中，加 1mol/L 的氨水调节 pH 值，直至水样的 pH 值为 6~7。

③加 0.1mol/L 的醋酸缓冲液 5mL。

④加 40mL 乙醇（分析纯，99.5%的无水乙醇）。加 PAN 指示剂 4~5 滴，摇匀，溶液呈紫红色。

⑤边摇边用 EDTA 标准滴定液滴定至水样刚由红变黄时，记录消耗的 EDTA 体积 V（mL）。

2）计算公式：

$$Cu^{2+}(mg/L) = \frac{V \times 0.0100(EDTA) \times 63.5 \times 1000}{水样体积(mL) \times 2}$$

3）试剂配制：

①0.01mol/L EDTA 滴定液：在恒重的小烧杯中精确称取 EDTA 试剂（乙二胺四乙酸二钠，化学式 $C_{10}H_{14}N_2O_3Na_2 \cdot 2H_2O$，相对分子质量 372.24）3.7200g，用蒸馏水配成 1000mL 的 EDTA 滴定液。

②1mol/L 氨水：用量杯量取氨水（化学式 NH_4OH，相对分子质量 35.05）10mL

（500mL 约 450g，$\dfrac{35.05}{4} \times \dfrac{500}{450} = 9.73 \approx 10\text{mL}$）。

③0.1mol/L 醋酸缓冲液：用天平称取乙酸钠（化学式 $CH_3COONa \cdot 3H_2O$，相对分子质量 136.08）3.4g（$\dfrac{136.08}{4} \times \dfrac{1}{10} = 3.4\text{g}$），加蒸馏水 250mL，配成 0.1mol/L 的醋酸钠溶液，pH=7，在此溶液中加入冰乙酸（CH_3COOH，相对分子质量 60.05）至 pH=6，即成。

④PAN 指示剂：称取 0.1g 或 0.2g 指示剂，溶于 100mL 无水乙醇中，此指示剂 3 周后灵敏度降低，但可用半年。

（3）注意事项：

1）直流稳压电源要预热半小时后才能进行实验。

2）酸性含铜废水有较强的腐蚀性，操作时要谨慎。

3）反应结束后及时关闭电源，小心取出并洗净石墨板和紫铜板，同时刮下紫铜板上的铜粉，洗净电解槽，放入清水，将交换膜浸泡在清水中。

4）滴定时水样 pH 值必须调至 6~7，否则终点到达时指示剂变化不明显。

5）终点即将到达时，水样呈淡红色，应逐滴滴加，充分摇动，以免过量。

6）应保证滴定在含 50% 的醇类中进行，或加热进行。

五、数据记录和处理

（1）测定并记录实验基本参数：

实验日期：＿＿＿＿＿＿＿＿；电解前废水中的铜离子浓度 $\rho_0 = $＿＿＿＿＿＿＿＿ mg/L；

电解时间 $t = $＿＿＿＿＿ h；电解后废水中铜离子浓度 $\rho_i = $＿＿＿＿＿＿＿＿ mg/L；电解电压 =＿＿＿＿＿ V；

电解电流 =＿＿＿＿＿ A；阴极室中加入含铜废水量 $V_i = $＿＿＿＿＿ mL；

阳极室中加入 5%（体积分数）稀硫酸量 =＿＿＿＿＿＿＿ mL。

（2）求转折点电压的实验记录，记于表 12-27。

（3）水样铜离子浓度的测定数据，记于表 12-28。

（4）计算技术指标。

表 12-27　电压、电流记录表

槽电压 E/V	1.0	1.5	2	2.5	3	3.5	4	4.5	5
电流 I/A									

表 12-28　EDTA 滴定数据记录表

水　样	电解前水样	电解后水样
水样体积/mL		
EDTA 终读数/mL		
EDTA 初读数/mL		
差值/mL		

六、思考与讨论

（1）为何在电压—电流曲线上有一较明显的转折点？

（2）如果不用隔膜进行电解，会出现什么不良后果？

（3）为什么要将酸性含铜废水放在阴极室，可否将含铜废水和5%稀硫酸放置的位置互换，为什么？

（4）实验中计算的三项指标说明了什么，如何正确评价电解反应的效果？

附　　录

附录1　废水生物处理过程中常见的微生物

一、细菌

1. 菌胶团

（1）球状、椭球状和蘑菇状菌胶团

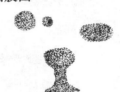

（2）分枝状菌胶团

（3）其他菌胶团

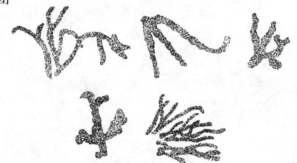

2. 丝状细菌

（1）球衣菌

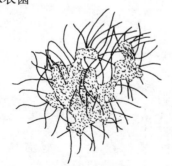 

低倍显微镜下的球衣菌　　　　　　　高倍显微镜下的球衣菌(假分枝)

高倍显微镜下从衣鞘内脱出
的球衣菌黏附于丝状体上

碳素高时菌体粗状排列紧密

高倍显微镜下无数杆菌黏附于
丝状体上使丝状体轮廓变粗

当环境不利时球衣菌从衣鞘内
脱出造成缺位现象

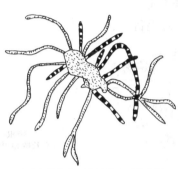

一种球衣菌染色后菌体没有明显分界
一种球衣菌染色后菌体有明显分界

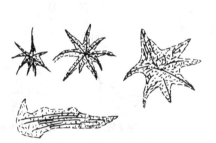

被菌胶团所包裹的球衣菌

（2）丝硫菌

丝硫菌生长在杂质纤维上

丝硫菌在污泥小块上
生长形成刺毛球

当大量的刺毛球形成时
使污泥膨胀结构松散

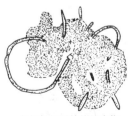

衣鞘内的丝硫菌

成熟的丝状体带着基部的吸盘
从污泥中脱出，游离于污泥中

长短粗细不等的丝硫菌
在污泥中游走

（3）其他丝状菌

二、原生动物

1. 纤毛类

(1) 纤毛目

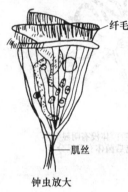

纤毛环

肌丝

钟虫放大

钟虫
（有长柄和短柄的）

钟虫头顶气泡
（缺氧或氧过高）

短柄钟虫
带泥游泳　钟虫收缩

钟虫裂殖　钟虫无性繁殖

雄体

雌体

钟虫有性繁殖

游泳钟虫变为固定型

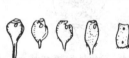

固定钟虫变为游泳型

钟虫尸块

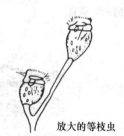

放大的等枝虫

盖纤虫

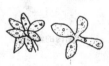

等枝虫(累枝虫)　　褶皱累枝虫　　　盖纤虫

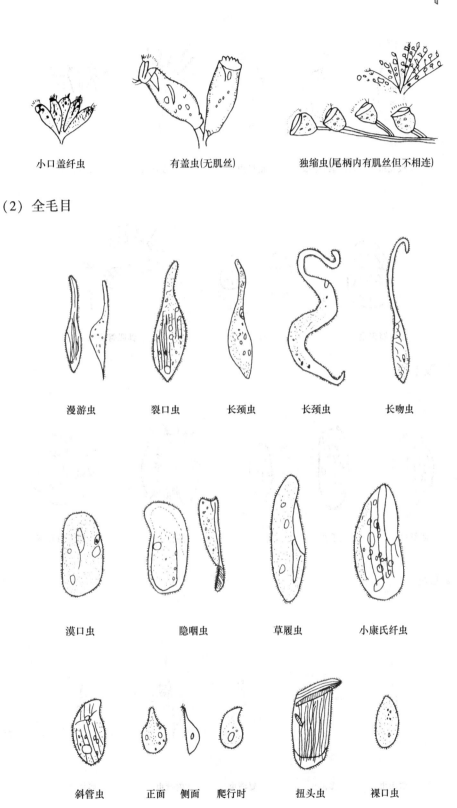

小口盖纤虫　　　　有盖虫(无肌丝)　　　独缩虫(尾柄内有肌丝但不相连)

(2)　全毛目

漫游虫　　裂口虫　　长颈虫　　长颈虫　　长吻虫

漠口虫　　隐咽虫　　草履虫　　小康氏纤虫

斜管虫　　正面　侧面　爬行时　　扭头虫　　裸口虫

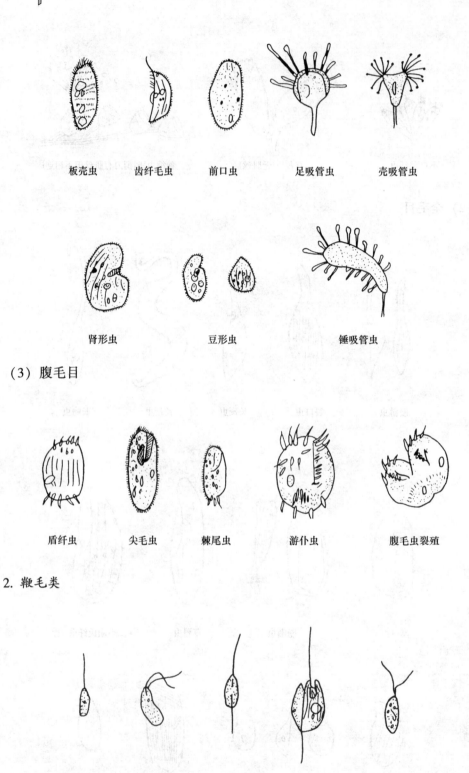

板壳虫　　　齿纤毛虫　　　前口虫　　　足吸管虫　　　壳吸管虫

肾形虫　　　　豆形虫　　　　　锤吸管虫

（3）腹毛目

盾纤虫　　　尖毛虫　　　棘尾虫　　　游仆虫　　　腹毛虫裂殖

2. 鞭毛类

漂眼虫　　　多波虫　　　复滴虫　　　内管虫　　　唇滴虫

3. 肉足类

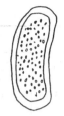

伪足

变形虫　　　　　辐射变形虫　　　　多核变形虫　　　　扇形变形虫

三、后生动物

1. 轮虫

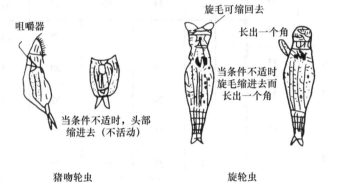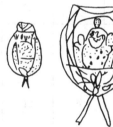

咀嚼器

旋毛可缩回去

长出一个角

当条件不适时
旋毛缩进去而
长出一个角

当条件不适时，头部
缩进去（不活动）

猪吻轮虫　　　　　　　　　旋轮虫　　　　　须足轮虫　　　腔轮虫

2. 线虫

3. 瓢体虫

附录2 秩和临界值

n_1	n_2	$\alpha=0.025$		$\alpha=0.5$		n_1	n_2	$\alpha=0.025$		$\alpha=0.5$	
		T_1	T_2	T_1	T_2			T_1	T_2	T_1	T_2
2	4			3	11	5	5	18	37	19	36
	5			3	13		6	19	41	20	40
	6	3	15	4	14		7	20	45	22	43
	7	3	17	4	16		8	21	49	23	47
	8	3	19	4	18		9	22	53	25	50
	9	3	21	4	20		10	24	56	26	54
	10	4	22	5	21	6	6	26	52	28	50
3	3			6	15		7	28	56	30	54
	4	6	18	7	17		8	29	61	32	58
	5	6	21	7	20		9	31	65	33	63
	6	7	23	8	22		10	33	69	35	67
	7	8	25	9	24	7	7	37	68	39	66
	8	8	28	9	27		8	39	73	41	71
	9	9	30	10	29		9	41	78	43	76
	10	9	33	11	31		10	43	83	46	80
4	4	11	25	12	24	8	8	49	87	52	84
	5	12	28	13	27		9	51	93	54	90
	6	12	32	174	30		10	54	98	57	95
	7	13	35	15	33	9	9	63	108	66	105
	8	14	38	16	36		10	66	114	69	111
	9	15	41	17	39	10	10	79	131	83	127
	10	16	44	18	42						

附录3 格拉布斯（Grubbs）检验临界值 λ$_{(\alpha, n)}$

n	显著性水平 α				n	显著性水平 α			
	0.05	0.025	0.01	0.005		0.05	0.025	0.01	0.005
3	1.153	1.155	1.155	1.155	30	2.745	2.908	3.103	3.236
4	1.463	1.481	1.492	1.496	31	2.759	2.924	3.119	3.253
5	1.672	1.715	1.749	1.764	32	2.773	2.938	3.135	3.270
6	1.822	1.887	1.944	1.973	33	2.786	2.952	3.150	3.286
7	1.938	2.020	2.097	2.139	34	2.799	2.965	3.164	3.301
8	2.032	2.126	2.221	2.274	35	2.811	2.979	3.178	3.316
9	2.110	2.215	2.323	2.387	36	2.823	2.991	3.191	3.330
10	2.176	2.290	2.410	2.482	37	2.835	3.003	3.204	3.343
11	2.234	2.355	2.485	2.564	38	2.846	3.014	3.216	3.356
12	2.285	2.412	2.550	2.636	39	2.857	3.025	3.228	3.369
13	2.331	2.462	2.607	2.699	40	2.866	3.036	3.240	3.381
14	2.371	2.507	2.659	2.755	41	2.877	3.046	3.251	3.393
15	2.409	2.549	2.705	2.806	42	2.887	3.057	3.261	3.404
16	2.443	2.585	2.747	2.852	43	2.896	3.067	3.271	3.415
17	2.475	2.620	2.785	2.894	44	2.905	3.075	3.282	3.425
18	2.504	2.651	2.821	2.932	45	2.914	3.085	3.295	3.435
19	2.532	2.681	2.854	2.968	46	2.923	3.094	3.302	3.445
20	2.557	2.709	2.884	3.001	47	2.931	3.103	3.310	3.455
21	2.580	2.733	2.912	3.031	48	2.940	3.111	3.319	3.464
22	2.603	2.758	2.939	3.060	49	2.948	3.120	3.329	3.474
23	2.624	2.781	2.963	3.087	50	2.956	3.128	3.336	3.483
24	2.644	2.802	2.987	3.112	60	3.025	3.199	3.411	3.560
25	2.663	2.882	3.009	3.135	70	3.082	3.257	3.471	3.622
26	2.681	2.841	3.029	3.157	80	3.130	3.305	3.521	3.673
27	2.698	2.859	3.049	3.178	90	3.171	3.347	3.563	3.716
28	2.714	2.876	3.068	3.199	100	3.207	3.383	3.600	3.754
29	2.730	2.893	3.085	3.218					

附录4 狄克逊（Dixon）检验的临界值 $f_{(\alpha,n)}$ 值及 f_0 计算公式

n	$f_{(\alpha,n)}$		f_0	
	$\alpha=0.01$	$\alpha=0.05$	x_1 可疑时	x_n 可疑时
3	0.994	0.970		
4	0.926	0.829		
5	0.821	0.710	$\dfrac{x_2-x_1}{x_n-x_1}$	$\dfrac{x_n-x_{n-1}}{x_n-x_1}$
6	0.740	0.628		
7	0.685	0.569		
8	0.717	0.608		
9	0.672	0.604		
10	0.635	0.530	$\dfrac{x_2-x_1}{x_{n-1}-x_1}$	$\dfrac{x_n-x_{n-1}}{x_n-x_2}$
11	0.605	0.502		
12	0.579	0.479		
13	0.697	0.611		
14	0.670	0.586		
15	0.647	0.565	$\dfrac{x_3-x_1}{x_{n-2}-x_1}$	$\dfrac{x_n-x_{n-2}}{x_n-x_3}$
16	0.627	0.546		
17	0.610	0.529		
18	0.594	0.514		
19	0.580	0.501		
20	0.567	0.489		
21	0.555	0.478		
22	0.544	0.468		
23	0.535	0.459		
24	0.526	0.451		
25	0.517	0.443		
26	0.510	0.436		
27	0.502	0.429		
28	0.495	0.423		
29	0.489	0.417	$\dfrac{x_3-x_1}{x_{n-2}-x_1}$	$\dfrac{x_n-x_{n-2}}{x_n-x_3}$
30	0.483	0.412		
31	0.477	0.407		
32	0.472	0.402		
33	0.467	0.397		
34	0.462	0.393		
35	0.458	0.388		
36	0.454	0.384		
37	0.450	0.381		
38	0.446	0.377		
39	0.442	0.374		
40	0.438	0.371		

注：本表数据摘自 ISO 5735—1981，与有些文献中表列值稍有出入。

参 考 文 献

[1] 李云雁，胡传荣．试验设计与数据处理［M］．北京：化学工业出版社，2005.

[2] 任露霞．试验优化设计与分析［M］．北京：高等教育出版社，2001.

[3] 邓勃．分析测试数据的统计处理方法［M］．北京：清华大学出版社，1995.

[4] 郑用熙．分析化学中的数理统计方法［M］．北京：科学出版社，1991.

[5] 王武义．误差原理与数据处理［M］．哈尔滨：哈尔滨工业大学出版社，2002.

[6] 李燕城．水处理实验技术［M］．北京：中国建筑工业出版社，1987.

[7] 李桂柱．给水排水工程水处理实验技术［M］．北京：化学工业出版社，2004.

[8] 黄月群，等．流体力学、水力学实验指导书（自编讲义）．2004.

[9] 毛根海，等．工程流体力学实验指导书（自编讲义）．2001.

[10] 高永卫．实验流体力学基础［M］．西安：西北工业大学出版社，2002.

[11] 冬俊瑞，等．水力学实验［M］．北京：清华大学出版社，1991.

[12] 宋文爱，等．工程实验理论基础［M］．北京：兵器工业出版社，2000.

[13] 赵振兴，何建京．水力学实验［M］．南京：河海大学出版社，2001.

[14] 李军，等．水科学与工程实验技术［M］．北京：化学工业出版社，2002.

[15] 赵斌，何绍江．微生物学实验［M］．北京：科学出版社，2002.

[16] 顾夏声，等．水处理微生物学［M］．4版．北京：中国建筑工业出版社，2006.

[17] 钱存柔，黄仪秀．微生物学实验教程［M］．北京：北京大学出版社，1999.

[18] 胡家峻，周群英．环境工程微生物学［M］．北京：高等教育出版社，1996.

[19] 陈绍铭，郑福寿．水生微生物学实验法［M］．北京：海洋出版社，1985.

[20] 马放，任南琪．污染控制微生物学实验［M］．哈尔滨：哈尔滨工业大学出版社，2002.

[21] 肖琳，等．环境微生物实验技术［M］．北京：中国环境科学出版社，2004.

[22] 陈泽堂．水污染控制工程实验［M］．北京：化学工业出版社，2003.

[23] 环境水质监测质量保证手册编写组．环境水质监测质量保证手册［M］．2版．北京：化学工业出版社，1994.